工业和信息化**精品系列**教材

U0725350

Java Web Programming Task Tutorial
2nd Edition

# Java Web

## 程序设计

### 任务教程

第 2 版

黑马程序员 编著

人民邮电出版社
北京

**图书在版编目（CIP）数据**

Java Web程序设计任务教程 / 黑马程序员编著. --
2版. -- 北京：人民邮电出版社，2021.9
工业和信息化精品系列教材
ISBN 978-7-115-56685-0

Ⅰ. ①J… Ⅱ. ①黑… Ⅲ. ①JAVA语言－程序设计－
高等学校－教材 Ⅳ. ①TP312.8

中国版本图书馆CIP数据核字(2021)第113530号

## 内 容 提 要

本书使用深入浅出、通俗易懂的语言阐述 Java Web 相关知识，并结合典型的 Web 应用案例，帮助读者掌握 Web 应用程序的开发技术。

本书共 15 章，详细讲解了网页开发的基础知识和 Java Web 开发的核心知识。其中，网页开发基础知识包括 HTML 技术、CSS 技术、JavaScript 技术和 Bootstrap 技术；Java Web 的核心知识包括 Servlet 技术、会话技术、JSP 技术、JDBC 技术和数据库连接池技术等。本书加入了真实的电商项目，揭示了项目的开发过程，可以让读者切实感受到项目开发带来的乐趣。

本书附有配套视频、源代码、习题、教学课件等资源。为了帮助读者更好地学习本书，作者还提供了在线答疑。

本书适合作为高等教育本、专科院校计算机相关专业的教材，也可供广大计算机编程爱好者自学使用。

◆ 编　著　黑马程序员
　　责任编辑　范博涛
　　责任印制　彭志环

◆ 人民邮电出版社出版发行　　北京市丰台区成寿寺路 11 号
　　邮编　100164　电子邮件　315@ptpress.com.cn
　　网址　https://www.ptpress.com.cn
　　三河市祥达印刷包装有限公司印刷

◆ 开本：787×1092　1/16
　　印张：20.25　　　　　　　2021 年 9 月第 2 版
　　字数：502 千字　　　　　 2025 年 2 月河北第14次印刷

定价：59.80 元

读者服务热线：(010)81055256　印装质量热线：(010)81055316
反盗版热线：(010)81055315

# FOREWORD

本书的创作公司——江苏传智播客教育科技股份有限公司（简称"传智教育"）作为我国第一个实现 A 股 IPO 上市的教育企业，是一家培养高精尖数字化专业人才的公司，主要培养人工智能、大数据、智能制造、软件开发、区块链、数据分析、网络营销、新媒体等领域的人才。传智教育自成立以来贯彻国家科技发展战略，讲授的内容涵盖了各种前沿技术，已向我国高科技企业输送数十万名技术人员，为企业数字化转型、升级提供了强有力的人才支撑。

传智教育的教师团队由一批来自互联网企业或研究机构，且拥有 10 年以上开发经验的 IT 从业人员组成，他们负责研究、开发教学模式和课程内容。传智教育具有完善的课程研发体系，一直走在整个行业的前列，在行业内树立了良好的口碑。传智教育在教育领域有 2 个子品牌：黑马程序员和院校邦。

## 一、黑马程序员——高端 IT 教育品牌

黑马程序员的学员多为大学毕业后想从事 IT 行业，但各方面的条件还达不到岗位要求的年轻人。黑马程序员的学员筛选制度非常严格，包括了严格的技术测试、自学能力测试、性格测试、压力测试、品德测试等。严格的筛选制度确保了学员质量，可在一定程度上降低企业的用人风险。

自黑马程序员成立以来，教学研发团队一直致力于打造精品课程资源，不断在产、学、研 3 个层面创新自己的执教理念与教学方针，并集中黑马程序员的优势力量，有针对性地出版了计算机系列教材百余种，制作教学视频数百套，发表各类技术文章数千篇。

## 二、院校邦——院校服务品牌

院校邦以"协万千院校育人、助天下英才圆梦"为核心理念，立足于中国职业教育改革，为高校提供健全的校企合作解决方案，通过原创教材、高校教辅平台、师资培训、院校公开课、实习实训、协同育人、专业共建、"传智杯"大赛等，形成了系统的高校合作模式。院校邦旨在帮助高校深化教学改革，实现高校人才培养与企业发展的合作共赢。

**（一）为学生提供的配套服务**

1. 请同学们登录"传智高校学习平台"，免费获取海量学习资源。该平台可以帮助同学们解决各类学习问题。

2. 针对学习过程中存在的压力过大等问题，院校邦为同学们量身打造了 IT 学习小助手——邦小苑，可为同学们提供教材配套学习资源。同学们快来关注"邦小苑"微信公众号。

**（二）为教师提供的配套服务**

1. 院校邦为其所有教材精心设计了"教案+授课资源+考试系统+题库+教学辅助案例"的系列教学资源。教师可登录"传智高校教辅平台"免费使用。

2. 针对教学过程中存在的授课压力过大等问题，教师可添加"码大牛"QQ（2770814393），或者添加"码大牛"微信（18910502673），获取最新的教学辅助资源。

# 前言　　　　　　　　　　　　　　PREFACE

在当今网络时代，Java Web 已成为市场上主流的 Web 开发技术之一，无论是大型网站的开发还是企业系统的开发，都有 Java Web 的身影。Java Web 是指所有用于 Web 开发的 Java 技术的总称，主要包括 Servlet、JSP、JavaBean、JDBC 等技术。这些技术已经稳定地占据市场 10 多年，目前仍牢牢地占据着企业 Web 项目开发的市场，因此 Java Web 技术是有志于在 Java 领域发展的人员的必备利器之一。

## ◆ 为什么要学习本书

为加快推进党的二十大精神进教材、进课堂、进头脑，本书在《Java Web 程序设计任务教程》的基础上进行了优化，秉承"坚持教育优先发展，加快建设教育强国、科技强国、人才强国"的思想对教材的编写进行策划。通过教材研讨会、师资培训等渠道，广泛调动教学改革经验的高校教师，以及具有多年开发经验的技术人员共同参与教材编写与审核，让知识的难度与深度、案例的选取与设计，既满足职业教育特色，又满足产业发展和行业人才需求。

本书结合创新驱动发展的重要意义，以任务驱动的方式对知识进行讲解。在针对 Java Web 基础知识进行深入分析的同时，以市场需求作为知识的学习导向，设计对应的知识任务，每个任务的实现都经过逐层分解，融入解决问题的思路，尽可能地使读者可以学以致用，具备解决实际问题的能力。从而全面提高人才自主培养质量，加快现代信息技术与教育教学的深度融合，进一步推动高质量教育体系的发展。

## ◆ 如何使用本书

本书的读者需要具有 Java 和数据库的基础知识。没有 Java 基础知识的读者可学习本书同系列图书《Java 基础案例教程（第 2 版）》。

本书基于 Java Web 开发中最常用到的 JSP+Servlet+JavaBean 技术，详细讲解了这些技术的基础知识和使用方法，力求将一些非常复杂、难以理解的思想和问题简化，让读者能够轻松理解并快速掌握 Java Web 的相关知识。本书对每个知识点都进行了深入分析，并针对知识点精心设计了示例、案例和综合任务，以提高读者的实际操作能力。

本书共分为 15 章，下面分别对每章进行简单介绍，具体如下。

● 第 1 章主要介绍开发 Web 应用时使用的网页基础技术，包括 HTML、CSS、JavaScript 和 Bootstrap 的基础知识。学习完本章，要求读者对 HTML、CSS、JavaScript、Bootstrap 基础知识有大致的了解，并能够运用这些知识完成基础页面的编写。

● 第 2 章主要介绍 Java Web 开发的基础技术，包括 XML、B/S 架构、Tomcat 服务器的使用。学习完本章，要求读者熟悉 XML 的语法和约束，掌握 Tomcat 的下载方法，以及在 IntelliJ IDEA 中配置 Tomcat 服务器的方法。

● 第 3 章主要介绍 HTTP 协议，包括 HTTP 请求消息和 HTTP 响应消息。

● 第 4~7 章主要介绍 Java Web 的核心开发技术，主要讲解了前台页面与后台服务器交互必备的技术，包括 Servlet 技术、会话技术、JSP 技术、EL 表达式和 JSTL 表达式。

● 第 8 章主要介绍 JavaBean 技术、JSP 开发模型和 MVC 设计模式。学习完本章，要求读者对 JavaBean

的应用和 JSP 开发模型的工作原理有所了解，学会使用 JSP Model2 思想来开发程序，并对 MVC 设计模式的思想有所了解。

- 第 9 章主要讲解 Servlet 的高级知识，包括 Filter、Listener、Servlet 3.0 新特性，以及文件的上传和下载。学习完本章，要求读者可以编写过滤器和监听器实现特定功能，并能够熟练使用 Commons-FileUpload 组件。
- 第 10~11 章主要介绍 JDBC 和数据库连接池的相关知识。学习完这两章，要求读者能够熟练使用 JDBC 操作数据库，熟悉 DBCP 和 C3P0 数据源的使用，并熟练使用 DBUtils 工具操作数据库。
- 第 12 章主要介绍 Ajax 的相关知识，包括 Ajax 的概念和基础操作、jQuery 的基础知识与常用操作、jQuery 中的 GET 和 POST 请求，以及 JSON 数据格式。学习完本章，读者应对 Ajax 有基本的了解。
- 第 13~15 章讲解"网上蛋糕商城"综合项目的实现。首先讲解了项目环境的搭建；然后讲解了前台程序的实现，包括用户注册功能、用户登录功能、购物车功能、商品分类查询功能和商品搜索功能；最后讲解后台程序的实现，包括商品管理模块、订单管理模块、客户管理模块和商品类目管理模块。在学习"网上蛋糕商城"项目的实现时，要求读者能够根据项目需求搭建项目环境，并能够独立分析、编写各个功能模块的实现代码。

在学习的过程中，读者一定要亲自动手实现书中案例的代码，如果不能完全理解书中所讲的知识点，可以登录高校教辅平台，通过平台中的教学视频进行深入学习。学习完一个知识点后，要及时在高校学习平台上进行测试，以巩固所学内容。另外，如果读者在理解知识点的过程中遇到困难，建议不要纠结于某个地方，可以先往后学习。通常情况下，随着学习的不断深入，前面看不懂的知识点一般就能豁然贯通了。如果读者在动手实践的过程中遇到问题，建议多思考，理清思路，认真分析问题发生的原因，并在问题解决后多总结。

## ◆ 致谢

本书的编写和整理工作由江苏传智播客教育科技股份有限公司完成，主要参与人员有高美云、薛蒙蒙等，全体人员在这近一年的编写过程中付出了很多辛勤的汗水，在此一并表示衷心的感谢。

## ◆ 意见反馈

尽管我们付出了最大的努力，但书中难免会有不妥之处，欢迎各界专家和读者朋友们来信给予宝贵意见，我们将不胜感激。您在阅读本书时，如发现任何问题可以通过电子邮件与我们取得联系。

请发送电子邮件至 itcast_book@vip.sina.com。

黑马程序员
2023 年 5 月于北京

# 目 录
## CONTENTS

# 第1章

# 网页开发基础

★ 熟悉 HTML 标签的使用

★ 掌握 CSS 样式的引用方式

★ 掌握 CSS 选择器和常用属性

★ 熟悉 DOM 与 BOM 的相关知识

★ 掌握 JavaScript 的使用

★ 熟悉 Bootstrap 框架的下载与使用

★ 掌握 Bootstrap 框架的常用组件

拓展阅读

在学习 Java Web 开发之前，读者需要了解一些网页开发的基础知识。说到网页，其实大家并不陌生，我们平日上网查询信息就是在浏览网页。网页可以看作是承载各种网站应用和信息的容器，网站的所有可视化内容都会通过网页展示给用户。本章将会对 HTML 技术、CSS 技术、JavaScript 技术和 Bootstrap 框架的相关网页开发基础知识进行讲解。

## 1.1 HTML 基础

### 1.1.1 HTML 简介

HTML 是英文 Hyper Text Markup Language 的缩写，中文译为"超文本标记语言"。HTML 的主要作用是通过 HTML 标签对网页中的文本、图片、声音等内容进行描述。HTML 网页就是一个扩展名为".html"或".htm"的文件，它可以用记事本打开，因此简单的 HTML 代码可以在记事本中编写。编写完成后，将文件扩展名修改为".html"或".htm"即可生成一个 HTML 网页。

在实际开发中，项目的静态页面通常由网页制作人员设计和制作，开发人员只需了解页面元素，能够使用和修改页面中的元素，并在项目运行时能够展示出相应的后台数据即可。网页制作人员通常会使用一些专业软件创建 HTML 页面。由于在本书中 HTML 技术只作为 Java Web 学习的辅助技术，故这里不介绍如何使用专业工具制作网页，读者只需要了解页面元素的构成，会调试基本的页面效果即可。

学习任何一门语言，首先要掌握它的基本格式，下面通过一个基本的 HTML 文档讲解 HTML 内部的构成。HTML 文档的内容如文件 1-1 所示。

文件 1-1　htmlDemo01.html

```
1  <!DOCTYPE html PUBLIC "-//W3C//DTD HTML 4.01 Transitional//EN"
2  "http://www.w3.org/TR/html4/loose.dtd">
3  <html>
4  <head>
5     <title>htmlDemo01</title>
6  </head>
7  <body>
8  </body>
9  </html>
```

在文件 1-1 中，带有"<>"符号的元素被称为 HTML 标签，如<html>、<head>、<body>都是 HTML 标签。标签名存放在"<>"中，表示某个功能的编码命令，也称为 HTML 标签或 HTML 元素，本书统一称作 HTML 标签。

文件 1-1 包含了<!DOCTYPE>声明、<html>标签、<head>标签和<body>标签，下面分别对它们进行介绍。

### 1. <!DOCTYPE>声明

<!DOCTYPE>声明必须位于 HTML 文档的第一行，且在<html>标签之前。<!DOCTYPE>声明不是 HTML 标签，是一条指令，它用于向浏览器说明当前文档使用哪种 HTML 标准规范，例如文件 1-1 中使用的是 HTML 4.01 版本。网页在开头处使用<!DOCTYPE>声明为所有的 HTML 文档指定 HTML 版本和类型，这样浏览器将该网页作为有效的 HTML 文档，并按指定的文档类型进行解析。<!DOCTYPE>声明与浏览器的兼容性相关，<!DOCTYPE>声明被删除后，如何展示 HTML 页面的权利就交给了浏览器，即页面的显示效果由浏览器决定。

### 2. <html>标签

<html>标签位于<!DOCTYPE>声明之后，被称为根标签。根标签主要用于告知浏览器该文档是一个 HTML 文档。其中，<html>标签标志着 HTML 文档的开始，</html>标签则标志着 HTML 文档的结束，它们之间是文档的头部和主体内容。

### 3. <head>标签

<head>标签用于定义 HTML 文档的头部信息，也被称为头部标签。<head>标签紧跟在<html>之后，主要用于封装其他位于文档头部的标签，如<title>、<meta>、<link>和<style>等标签。

### 4. <body>标签

<body>标签用于定义 HTML 文档所要显示的内容，也被称为主体标签。浏览器中显示的所有文本、图像、音频和视频等信息都必须位于<body>标签内，才能最终展示给用户。

需要注意的是，一个 HTML 文档只能含有一对<body></body>标签，且<body>标签必须在<html>标签内，位于<head>标签之后，与<head>标签是并列关系。

了解文件 1-1 中的 HTML 标签后，下面以 htmlDemo01.html 文件为例讲解 HTML 文件的创建和运行。

首先，创建一个名称为 chapter01 的文件夹，然后在该文件夹中新建一个文本文件（以.txt 为扩展名），将文件 1-1 中的内容写入该文件中并保存，最后将文件的名称更改为 htmlDemo01，扩展名改为.html，更改之后该文件即是一个 HTML 文件，如图 1-1 所示。

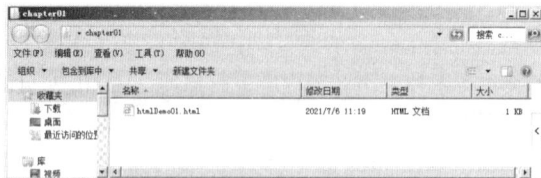

图1-1　htmlDemo01.html文件

使用浏览器打开图 1-1 中的 htmlDemo01.html 文件，此时浏览器页面是空白的，没有显示任何内容。如果想在浏览器页面显示一行文字，可以使用记事本打开 htmlDemo01.html 文件，在第 7 行和第 8 行代码的<body>和</body>标签之间添加一句话，具体如下：

```
<body>
    这是我的第一个 HTML
```

```
</body>
```
　　上述代码添加完成后保存文件，使用浏览器再次打开 htmlDemo01.html 文件，浏览器的显示结果如图 1-2 所示。

图1-2　浏览器的显示结果

　　由图 1-2 可以看出，网页中打印了"这是我的第一个 HTML"内容，这正是在<body>标签中所写的内容。
　　读者在编写 HTML 文件时，可以使用系统自带的记事本，也可以使用 EditPlus、UltraEdit 或 IDEA 等工具。当使用工具创建 HTML 文件时，文件中的基本标签会被自动创建，这些工具还具有代码颜色和代码提示功能，开发者只需根据需求完善功能代码即可。工具的使用有助于提高编码效率，减少出错率。

### 1.1.2　HTML 标签概述

　　根据标签的组成特点，通常将 HTML 标签分为 3 类，分别是单标签、双标签和注释标签。下面对这 3 类标签进行详细介绍。

#### 1. 单标签

　　单标签也被称为"空标签"，是指用一个标签就可以完整地描述某个功能。单标签的基本语法格式如下：
```
<标签名 />
```
　　例如，标签<hr/>就是单标签，该标签用于定义一条水平线。需要注意的是，在标签名与"/"之间有一个空格，虽然在显示效果上有无空格都一样，但是按照规范的要求，建议加上空格。

#### 2. 双标签

　　双标签也称体标签，由开始标签和结束标签组成。双标签的基本语法格式如下：
```
<标签名>内容</标签名>
```
　　例如，文件 1-1 中的<html>和</html>、<body>和</body>等都属于双标签。

#### 3. 注释标签

　　在 HTML 中还有一种特殊的标签——注释标签。如果需要在 HTML 文档中添加一些便于阅读和理解但又不需要显示在页面中的注释文字，就需要使用注释标签。注释标签的基本语法格式如下：
```
<!--注释语句-->
```
　　需要注意的是，注释内容不会显示在浏览器窗口中，但是作为 HTML 文档内容的一部分，注释标签可以被下载到用户的计算机上，或者用户查看源代码时也可以看到注释标签。

▌▌多学一招：为什么要有单标签？

　　HTML 标签的作用原理是选择网页内容进行描述，也就是说需要描述谁就选择谁，所以才会有双标签的出现。双标签有开始标签和结束标签，而单标签本身就可以描述一个功能，不需要选择谁。例如水平线标签<hr/>，按照双标签的语法，它应该写成<hr></hr>，但是水平线标签不需要选择谁，它本身就代表一条水平线，此时写成双标签就显得有些多余，但是又不能没有结束符号，所以单标签的语法格式就是在标签名称后面加一个关闭符，即<标签名 />。

## 1.2　常用的 HTML 标签

　　HTML 标签有很多种，例如段落标签、标题标签、文本样式标签、表格标签和图像标签等。下面介绍几种比较常用的 HTML 标签。

### 1.2.1　段落、行内和换行标签

为了使网页中的文字有条理地显示出来，HTML 提供了段落标签<p>和行内标签<span>。如果希望某段文本强制换行显示，就需要使用换行标签<br>。下面通过案例演示这 3 种标签的使用。在 chapter01 文件夹中创建名称为 htmlDemo02 的 HTML 文件，其关键代码如文件 1-2 所示。

文件 1-2　htmlDemo02.html

```
1  <body>
2      <p>使用 HTML 制作网页时，
3      <span>通过 br 标签</span>可以实现<br />换行效果
4      </p>
5  </body>
```

使用浏览器打开文件 1-2，显示结果如图 1-3 所示。

从图 1-3 中可以看出，使用标签<span>对文本没有影响，但使用换行标签<br/>的文本实现了强制换行的效果。

### 1.2.2　文本样式标签

在 HTML 中，使用<font>标签控制网页中文本的样式，例如字体、字号和颜色。<font>标签的基本语法格式如下：

图1-3　文件1-2的运行结果

```
<font 属性="属性值">文本内容</font>
```

下面通过一个案例演示<font>标签的使用。在 chapter01 文件夹中创建名称为 htmlDemo03 的 HTML 文件，其关键代码如文件 1-3 所示。

文件 1-3　htmlDemo03.html

```
1  <body>
2  我是默认样式的文本<br />
3  <font face="微软雅黑" size="7" color="green"><br />
4  我是 7 号绿色文本，我的字体是微软雅黑哦</font>
5  </body>
```

在文件 1-3 中，第 2 行代码的文本为 HTML 默认文本样式，第 3 行代码使用<font>标签的 face、size 和 color 属性分别设置了文本的字体、大小和颜色。使用浏览器打开文件 1-3，显示结果如图 1-4 所示。

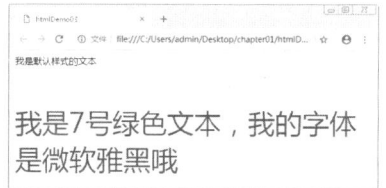

图1-4　文件1-3的运行结果

### 1.2.3　表格标签

在制作网页时，为了使网页中的数据能够有条理地显示，可以使用表格对网页进行规划。在 Word 文档中，可通过插入表格的方式来创建表格，而在 HTML 网页中需要使用相关的表格标签才能创建表格。

在 HTML 网页中创建表格的基本语法格式如下：

```
<table>
    <tr>
        <td>单元格内的文字</td>
    </tr>
</table>
```

上述语法格式包含 3 对 HTML 标签，分别为<table></table>、<tr></tr>、<td></td>，它们是创建表格的基本标签，缺一不可。其中，<table></table>用于定义一个表格；<tr></tr>用于定义表格中的行，必须嵌套在<table></table>标签中；<td></td>用于定义表格中的单元格，也可称为表格中的列，必须嵌套在<tr></tr>标签中。下面通过一个案例演示<table>标签的使用。

在 chapter01 文件夹中创建一个名称为 htmlDemo04 的 HTML 文件，其关键代码如文件 1-4 所示。

文件 1-4　htmlDemo04.html

```
1  <body>
2  <table border="1px">
```

```
3        <tr>
4            <td>姓名</td>
5            <td>语文</td>
6            <td>数学</td>
7            <td>英语</td>
8        </tr>
9        <tr>
10           <td>itcast</td>
11           <td>95</td>
12           <td>80</td>
13           <td>90</td>
14       </tr>
15  </table>
16  </body>
```

在文件 1–4 中，<table>标签的 border 属性会为每个单元格应用边框，并用边框围绕表格。这里将 border 的属性设置为 1，单位是像素，表示该表格边框的宽度为 1 像素。使用浏览器打开文件 1–4，显示结果如图 1–5 所示。

如果 border 属性的值发生改变，那么只有围绕表格的边框尺寸会发生变化，表格内部的边框还是 1 像素宽。如果将 border 的属性值设置为 0 或者删除 border 属性，将显示没有边框的表格。将文件 1–4 中的 border 属性值设置为 0，保存文件后刷新页面，显示结果如图 1–6 所示。

| 图1-5 文件1-4的运行结果 | 图1-6 修改文件1-4后的运行结果 |
| --- | --- |

从图 1–6 可以看出，表格中的内容依然整齐有序地排列着，但是这时已看不到边框。

## 1.2.4 表单标签

表单就是在网页上用于输入信息的区域，它的主要功能是收集数据信息，并将这些信息传递给后台信息处理模块。例如，注册页面中的用户名和密码输入、性别选择、提交按钮等都是用表单中的相关标签定义的。

表单主要由 3 个部分构成，分别为表单控件、提示信息和表单域。这 3 个部分的详细介绍如下。

● 表单控件：包含具体的表单功能项，例如单行文本输入框、密码输入框、复选框、提交按钮等。

● 提示信息：一个表单中通常还需要包含一些说明性的文字即表单控件前的说明文字，用于提示用户进行填写和操作。

● 表单域：它相当于一个容器，用于容纳所有的表单控件和提示信息。

表单中常用标签的使用方法具体如下。

（1）表单域<form>

在 HTML 中，<form>标签用于定义表单域，即创建一个表单。<form>标签基本语法如下：

```
<form action="URL 地址" method="提交方式" name="表单名称">
    各种表单控件
</form>
```

在上述语法中，action、method、name 为<form>标签的常用属性。action 属性用于指定表单提交的地址，例如 action="login.jsp"，表示表单数据会提交到名为 login.jsp 的页面去处理。method 属性用于设置表单数据的提交方式，它有 GET 和 POST 两个值。其中，GET 为默认值，这种方式提交的数据将显示在浏览器的地址栏中，保密性差且有数据量限制；而使用 POST 提交方式不但保密性好，而且可以提交大量的数据，因此开发中通常使用 POST 方式提交表单。

（2）表单控件<input />

浏览网页时经常会看到单行文本输入框、单选按钮、复选框、重置按钮等，使用<input />控件可以在表

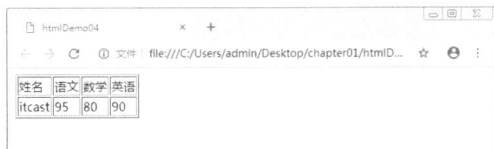

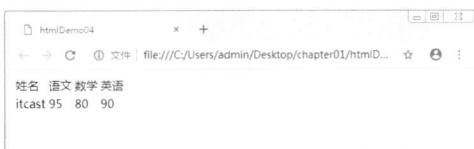

单中定义这些元素。<intput />控件基本语法格式如下：

```
<input type="控件类型" />
```

在上述语法中，type 属性为<input />标签最基本的属性，用于指定不同的控件类型，type 属性的取值有多种。除 type 属性外，<input />控件还可以定义很多其他属性，其中比较常用的有 id、name、value、size，它们分别用于指定<input />控件的 ID 值、名称、控件中的默认值和控件在页面中的显示宽度。下面通过一个案例演示<input />控件的使用。

在 chapter01 文件夹下创建名称为 htmlDemo05 的 HTML 文件，在该文件中使用<input />控件来显示注册页面，其关键代码如文件 1-5 所示。

文件 1-5　htmlDemo05.html

```html
1  <body>
2  <fieldset>
3  <legend>注册新用户</legend>
4      <!-- 表单数据的提交方式为 POST -->
5      <form action="#" method="post">
6          <table cellpadding="2" align="center">
7              <tr>
8                  <td align="right">用户名:</td>
9                  <td>
10                     <!-- 1.文本输入框控件 -->
11                     <input type="text" name="username" />
12                 </td>
13             </tr>
14             <tr>
15                 <td align="right">密码:</td>
16                 <!-- 2.密码输入框控件 -->
17                 <td><input type="password" name="password" /></td>
18             </tr>
19             <tr>
20                 <td align="right">性别:</td>
21                 <td>
22                     <!-- 3.单选按钮控件，因为无法输入 value，所以预先定义好 -->
23                     <input type="radio" name="gender" value="male" /> 男
24                     <input type="radio" name="gender" value="female" /> 女
25                 </td>
26             </tr>
27             <tr>
28                 <td align="right">兴趣:</td>
29                 <td>
30                 <!-- 4.复选框控件 -->
31                 <input type="checkbox" name="interest" value="film" /> 看电影
32                 <input type="checkbox" name="interest" value="code" /> 敲代码
33                 <input type="checkbox" name="interest" value="game" /> 玩游戏
34                 </td>
35             </tr>
36             <tr>
37                 <td align="right">头像:</td>
38                 <td>
39                     <!-- 5.文件上传控件 -->
40                     <input type="file" name="photo" />
41                 </td>
42             </tr>
43             <tr>
44                 <td colspan="2"  align="center">
45                     <!-- 6.提交按钮控件 -->
46                     <input type="submit" value="注册" />
47                     <!-- 7.重置按钮控件，单击后会清空当前表单 -->
48                     <input type="reset" value="重填" />
49                 </td>
50             </tr>
51         </table>
52     </form>
```

```
53      </fieldset>
54  </body>
```

在文件 1-5 中，分别使用<input />定义了文本输入框控件、密码输入框控件、单选按钮和复选框控件、文件上传控件以及提交和重置按钮控件。在上述控件中，name 属性代表控件名称，value 属性表示该控件的值。需要注意的是，单选按钮控件和复选框控件必须指定相同的 name 值，这是为了方便在处理页面数据时获取表单传递的值（表单所传递的是该控件的 value 值）。在上述代码中，还使用了<fieldset>和<legend>标签，<fieldset>标签的作用是将表单内的元素分组，而<legend>标签则用于为<fieldset>标签定义标题。

使用浏览器打开文件 1-5，显示结果如图 1-7 所示。

填写图 1-7 中的表单数据，页面如图 1-8 所示。

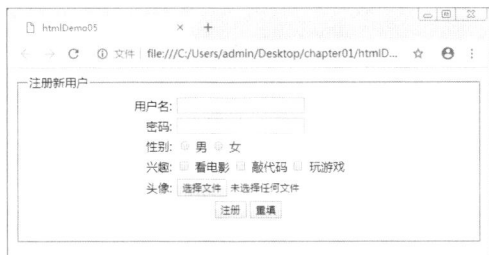

图1-7　文件1-5的运行结果　　　　　　　　图1-8　填写图1-7中的表单数据

从图 1-8 可以看出，密码输入框中内容为不可见状态，单选按钮只能选择一个值，而复选框可以选择多个值。

### 多学一招：HTML的多行文本标签

通过前面的学习可知，使用<input>可以定义单行文本输入框。但是，如果需要输入大量的文本信息，单行文本框将无法显示全部的输入信息，为此 HTML 提供了<textarea>标签，通过此标签可以创建多行文本框。<textarea>标签的基本语法格式如下：

```
<textarea cols="每行中的字符数" rows="显示的行数">
    文本内容
</textarea>
```

下面通过一个案例演示<textarea></textarea>标签的使用。在 chapter01 文件夹中创建一个名称为 htmlDemo06 的 HTML 文件，其关键代码如文件 1-6 所示。

文件 1-6　htmlDemo06.html

```
1  <body>
2      <form action="#" method="post">
3          评论：<br />
4          <textarea cols="60" rows="5">
5      评论时，请注意文明用语。
6      </textarea>
7          <br /> <br />
8      <input type="submit" value="提交" />
9      </form>
10 </body>
```

在文件 1-6 中，<textarea>标签的 cols 属性用于设置文本框每行的字符数，rows 属性用于设置文本框的行数。<textarea></textarea>标签之间的文字为默认显示文本，该文字可以被用户修改或删除，这里起提示作用。使用浏览器打开文件 htmlDemo06.html，显示结果如图 1-9 所示。

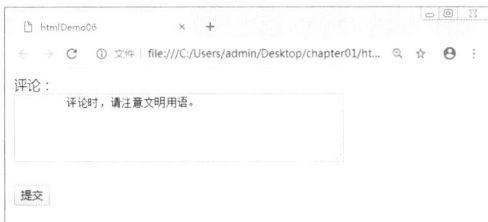

图1-9　文件1-6的运行结果

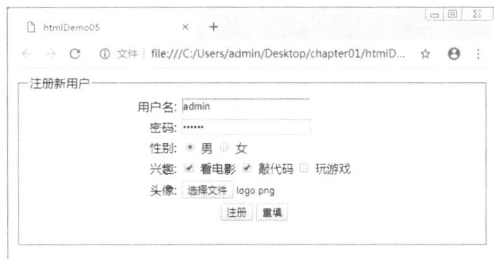

### 1.2.5　列表标签

列表标签是网页结构中常用的标签，网页中的列表按照列表结构划分通常分为 3 类，分别是无序列表、有序列表和定义列表。下面对这 3 类列表标签进行详细讲解。

（1）无序列表

无序列表是一种没有特定顺序的列表，各个列表项之间没有先后顺序之分，通常是并列的。定义无序列表的基本语法格式如下：

```
<ul>
    <li>列表项 1</li>
    <li>列表项 2</li>
    <li>列表项 3</li>
    ...
</ul>
```

在上述语法中，<ul>标签用于定义无序列表，<li>标签嵌套在<ul>标签中，用于描述具体的列表项，每对<ul></ul>中至少应包含一对<li></li>。

下面通过一个案例演示<ul>标签的使用。在 chapter01 文件夹中创建一个名称为 htmlDemo07 的 HTML 文件，其关键代码如文件 1-7 所示。

文件 1-7　htmlDemo07.html

```
1  <body>
2      <font size="5">传智播客学科</font><br />
3      <ul>
4          <li>web 前端</li>
5          <!-- 指定 type 属性值 ,disc 为默认值-->
6          <li type="disc">JAVA</li>
7          <li type="square">PHP</li>
8          <li type="circle">.NET</li>
9      </ul>
10 </body>
```

在文件 1-7 中，<li>标签的 type 属性用于指定列表项目符号，type 常用的属性值有 3 种：disc、square 和 circle，它们的显示效果分别是●、■和○。type 属性的默认值是 disc，第 4 行代码使用了此默认值，第 6 行代码设置了 type 属性值为"disc"。使用浏览器打开文件 1-7，结果如图 1-10 所示。

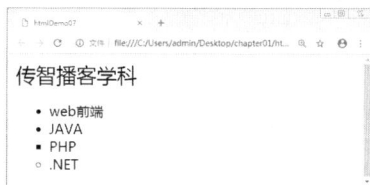

图 1-10　文件 1-7 的运行结果

（2）有序列表

有序列表是一种强调排列顺序的列表，使用<ol>标签定义，内部可以嵌套多个<li>标签。例如，网页中常见的歌曲排行榜、游戏排行榜等都可以通过有序列表来定义。定义有序列表的基本语法格式如下：

```
<ol>
    <li>列表项 1</li>
    <li>列表项 2</li>
    <li>列表项 3</li>
    ...
</ol>
```

在上述语法中，<ol>标签用于定义有序列表，<li>为具体的列表项。与无序列表类似，每对<ol></ol>中也至少应包含一对<li></li>。

有序列表的使用与无序列表类似，此处不再赘述。

（3）定义列表

定义列表与有序列表、无序列表的使用不同，它包含了 3 个标签，即<dl>、<dt>、<dd>。定义列表的基本语法格式如下：

```
<dl>
<dt>名词 1</dt>
```

```
        <dd>dd是名词1的描述信息1</dd>
        <dd>dd是名词1的描述信息2</dd>
<dt>名词2</dt>
        <dd>dd是名词2的描述信息1</dd>
        <dd>dd是名词2的描述信息2</dd>
</dl>
```

在上述语法中，\<dl>标签用于指定定义列表，\<dt>标签和\<dd>标签并列嵌套于\<dl>标签中。其中，\<dt>标签用于指定术语名词，\<dd>标签用于对名词进行解释和描述。一对\<dt>\</dt>可以对应多对\<dd>\</dd>，也就是说可以对一个名词进行多项解释。下面通过一个案例演示定义列表标签的使用。

在 chapter01 文件夹中创建一个名称为 htmlDemo08 的 HTML 文件，其关键代码如文件 1-8 所示。

文件 1-8　htmlDemo08.html

```
1  <body>
2      <dl>
3      <dt>红色 </dt>
4          <dd>是光谱的三原色和心理四色之一</dd>
5          <dd>代表着吉祥、喜庆、火热、幸福、豪放、斗志、革命、轰轰烈烈、激情澎湃等</dd>
6      <dt>绿色</dt>
7          <dd>是自然界中常见的颜色</dd>
8          <dd>绿色有无公害、健康的意思</dd>
9      </dl>
10 </body>
```

文件 1-8 中定义了一个定义列表，其中，第 3~5 行代码中的\<dt>标签内名词为"红色"，其后紧跟着 2 对\<dd>\</dd>标签，用于对\<dt>标签中"红色"进行解释和描述；第 6~8 行代码中的\< dt>标签内名词为"绿色"，其后紧跟着 2 对\<dd>\</dd>标签，用于对\<dt>标签中"绿色"进行解释和描述。使用浏览器打开文件 1-8，显示结果如图 1-11 所示。

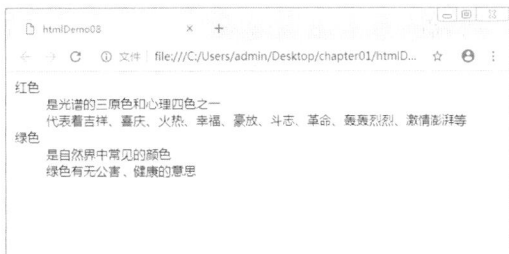

图1-11　文件1-8的运行结果

## 1.2.6　超链接标签

超链接是网页中常用的元素，一个网站通常由多个页面构成，进入网站时首先看到的是首页面，如果想从首页面跳转到子页面，就需要在首页面的相应位置添加超链接。在 HTML 中创建超链接非常简单，只需用\<a>标签环绕需要被链接的对象即可。使用\<a>标签创建超链接的基本语法格式如下：

```
<a href="跳转目标" target="目标窗口的弹出方式">文本或图像</a>
```

在上述语法中，\<a>标签是一个行内标签，用于定义超链接，href 和 target 是\<a>标签的常用属性，具体含义如下。

● href：href 属性用于指定链接指向的页面的 URL，当在\<a>标签中使用 href 属性时，该标签就具有了超链接的功能。

● target：target 属性用于指定页面的打开方式，其值有_self、_blank、_parent 和_top（_self 和_blank 较为常用）。其中，_self 为默认值，表示在原窗口打开；_blank 表示在新窗口打开；_parent 表示在父框架集中打开被链接文档；_top 表示在整个窗口中打开被链接文档。

下面通过一个案例演示\<a>标签的使用。在 chapter01 文件夹中创建一个名称为 htmlDemo09 的 HTML 文件，其关键代码如文件 1-9 所示。

文件 1-9　htmlDemo09.html

```
1  <body>
2  在新窗口打开:
3  <a href="http://www.itcast.cn/" target="_blank">传智播客</a><br />
4  在原窗口打开:
5  <a href="http://www.baidu.com/" target="_self">百度</a>
```

```
6  </body>
```

在文件 1-9 中，使用<a>标签定义了两个超链接，其中"传智播客"首页链接的打开方式设置为在新窗口打开，"百度"首页链接的打开方式设置为在原窗口打开。使用浏览器打开文件 1-9，显示效果如图 1-12 所示。

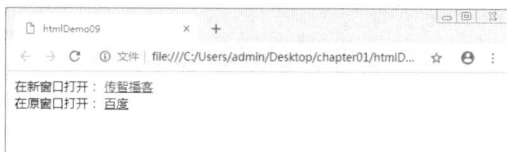

图1-12　文件1-9的运行结果

从图 1-12 中可以看到两个超链接，单击"传智播客"链接后，页面跳转效果如图 1-13 所示。

图1-13　单击"传智播客"链接后打开的新窗口

从图 1-13 中可以看出，当单击"传智播客"链接时，"传智播客"首页在新窗口打开。关闭新窗口，回到原窗口再单击"百度"链接，页面跳转效果如图 1-14 所示。

图1-14　"百度"链接页面在原窗口打开

从图 1-14 中可以看出，当单击"百度"链接后，"百度"首页会在原窗口打开。

### 1.2.7　图像标签

要想在 HTML 网页中显示图像就需要使用图像标签<img>。<img>标签基本语法格式如下：

```
<img src="图像URL" />
```

在上述语法中，src 属性用于指定图像文件的路径，属性值可以是绝对路径，也可以是相对路径，它是<img>标签的必备属性。要想在网页中灵活地应用<img>标签，只使用 src 属性是不行的，还需要其他属性的配合。

下面通过一个案例演示<img>标签的用法。在 chapter01 文件夹中添加一个名称为 itcast.png 的图片文件，然后创建一个名称为 htmlDemo10 的 HTML 文件，其关键代码如文件 1-10 所示。

文件 1-10　htmlDemo10.html

```
1  <body>
2    显示图片: <img src="itcast.png" width="160px" height="130px" border="0" />
3  </body>
```

在文件 1-10 中，width 和 height 属性分别用于设置图像的宽度和高度，单位为像素；border 属性用于设置图像的边框，border="0"表示无边框。使用浏览器打开文件 1-10，显示结果如图 1-15 所示。

从图 1-15 中可以看出，浏览器显示出了相应的图片。

图1-15　文件1-10的运行结果

# 1.3　CSS 技术

随着网页制作技术的不断发展，单调的 HTML 属性样式已经无法满足网页设计的需求。开发者往往需要更多的字体选择、更方便的样式效果、更绚丽的图形动画。CSS 可以在不改变原有 HTML 结构的情况下，增加丰富的样式效果，极大地满足了开发者需求。本节将详细讲解 CSS 技术的相关知识。

## 1.3.1　初识 CSS

使用 HTML 标签属性对网页进行修饰的方式存在很大的局限和不足，因为将所有的样式都写在标签中，这样既不利于代码阅读，又使将来的代码维护非常困难。如果希望页面美观、大方、维护方便，就需要使用 CSS 实现结构与表现的分离。结构与表现相分离是指在页面设计中，HTML 标签只用于搭建网页的基础结构，不使用标签属性设置显示样式，所有的样式交由 CSS 来设置。

CSS（Cascading Style Sheets，层叠样式表）是一种用于（增强）控制网页样式并允许将样式信息与网页内容分离的标签性语言。在实际开发中，CSS 主要用于设置 HTML 页面中的文本格式（字体、大小、对齐方式等）、图片的外形（宽高、边框样式、边距等）和版面的布局等外观显示样式。

CSS 定义的规则具体如下：

```
选择器{属性1:属性值1; 属性2:属性值2; 属性3:属性值3;……}
```

在上述样式规则中，选择器用于指定 CSS 样式作用的 HTML 对象，大括号内的属性是对该对象设置的具体样式。其中，属性和属性值以键值对"属性:属性值"形式出现，例如字体大小、文本颜色等。属性和属性值之间用":"（英文冒号）连接，多个键值对之间用";"（英文分号）进行分隔。

下面通过 CSS 样式对<div>标签进行设置，具体示例如下：

```
div{ border:1px solid red; width:600px; height:400px;}
```

在上述代码中，div 为选择器，表示 CSS 样式作用的 HTML 对象；border、width 和 height 为 CSS 属性，分别表示边框、宽度和高度，其中 border 属性有 3 个值，分别表示该边框为 1 像素、实心边框线、红色。

在 CSS 中，通常使用像素（px）作为计量文本、边框等元素的标准量，px 是相对于显示器屏幕分辨率而言的，而百分比（%）是相对于父对象而言的。例如，一个元素呈现的宽度是 400px，子元素设置为 50%，那么子元素所呈现的宽度为 200px。

在 CSS 中颜色的取值方式有以下 3 种。

● 预定义的颜色值，例如 red、green、blue 等。

● 十六进制形式的值，例如#FF0000、#FF6600、#29D794 等。实际工作中，十六进制形式的值是常用的定义颜色的方式。

● RGB 代码，例如红色可以用 rgb(255,0,0)或 rgb(100%,0%,0%)来表示。如果使用 RGB 代码百分比方式取颜色值，即使值为 0，也不能省略百分号，必须写为 0%。

## 1.3.2　CSS 样式的引用方式

要想使用 CSS 修饰网页，就需要在 HTML 文档中引入 CSS。CSS 提供了 4 种引用方式，分别为行内式、内嵌式、外链式和导入式。下面分别对这 4 种引用方式进行介绍。

### 1. 行内式

行内式也被称为内联式，可通过标签的 style 属性设置标签的样式。行内式基本语法格式如下：

```
<标签名 style="属性1:属性值1;属性2:属性值2;属性3:属性值3;">内容</ 标签名>
```

在上述语法中，style 是标签的属性，实际上任何 HTML 标签都拥有 style 属性，用于设置行内式。属性和属性值的书写规范与 CSS 样式规则一样。行内式 CSS 只对其所在的标签及嵌套在其中的子标签起作用。

通常 CSS 位于<head>头部标签中，但是行内式 CSS 位于<html>根标签中。例如，下面的示例代码即为行内式 CSS 样式的写法。

```
<h1 style="font-size:20px; color:blue; ">使用行内式 CSS 修饰一级标题的字体大小和颜色</h1>
```

在上述代码中，使用<h1>标签的 style 属性设置行内式 CSS 样式，用于修饰一级标题的字体和颜色。行内式 CSS 展示效果如图 1-16 所示。

需要注意的是，行内式 CSS 是通过标签的属性来控制样式的，这样并没有做到结构与样式分离，所以不推荐使用。

图 1-16　行内式 CSS 展示效果

### 2. 内嵌式

内嵌式是将 CSS 代码集中写在 HTML 文档的<head>头部标签中，并用<style>标签定义，其基本语法格式如下：

```
<head>
<style type="text/css">
    选择器 {属性 1:属性值 1; 属性 2:属性值 2; 属性 3:属性值 3;}
</style>
</head>
```

在上述语法中，<style>标签一般位于<head>标签中的<title>标签之后，因为浏览器是从上到下解析代码的，为便于 CSS 代码提前被加载和解析应把其放在头部，以避免网页内容加载后没有样式修饰的问题。在<style>标签中，只有设置 type 的属性值为 "text/css"，浏览器才知道<style>标签包含的是 CSS 代码。下面通过一个案例学习如何在 HTML 文件中使用内嵌式 CSS。

在 chapter01 文件夹中创建一个名称为 cssDemo01 的 HTML 文件，其关键代码如文件 1-11 所示。

文件 1-11　cssDemo01.html

```
1  <head>
2      <title>使用内嵌式 CSS</title>
3      <style type="text/css">
4          /*定义标题标签中对齐*/
5          h2{ text-align:center;}
6          /*定义 div 标签样式*/
7          div{ border:1px solid #CCC; width:300px;  height:80px; color:purple;
8          text-align:center;}
9      </style>
10  </head>
11  <body>
12      <h2>内嵌式 CSS 样式</h2>
13      <div>
14      使用 style 标签可定义内嵌式 CSS 样式表，style 标签一般位于 head 头部标签中，
15      title 标签之后。
16      </div>
17  </body>
```

在文件 1-11 中，HTML 文档的头部使用 style 标签定义内嵌式 CSS 样式，第 5 行代码使用了标题标签<h2>设置标题，第 7 行和第 8 行代码定义了<div>标签的样式。使用浏览器打开文件 1-11，显示效果如图 1-17 所示。

内嵌式 CSS 只对其所在的 HTML 页面有效，因此仅设计一个页面时，使用内嵌式 CSS 是个不错的选择。但在设计网站时，不建议使用这种方式，因为它不能充分发挥 CSS 代码的重用优势。

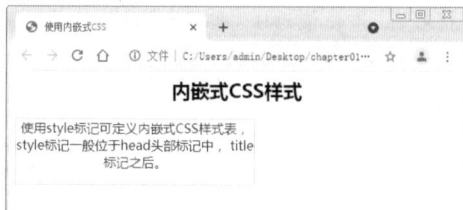

图 1-17　文件 1-11 的运行结果

### 3. 外链式

外链式也叫链入式，是将所有的样式放在一个或多个以.css 为扩展名的外部样式表文件中，通过<link>

标签将外部样式表文件链接到 HTML 文件中。外链式 CSS 的基本语法格式如下：

```
<head>
     <link href="CSS 文件的路径" type="text/css" rel="stylesheet" />
</head>
```

在上述语法中，<link>标签需要放在<head>头部标签中，并且必须指定<link>标签的 3 个属性，具体如下。

● href：定义所链接外部样式表文件的地址，可以是相对路径，也可以是绝对路径。

● type：定义所链接文档的类型，这里需要指定为"text/css"，表示链接的外部文件为 CSS。

● rel：定义当前文档与被链接文档之间的关系，这里需要指定为"stylesheet"，表示被链接的文档是一个样式表文件。

下面通过修改文件 1-11 演示外链式 CSS 的引用方式，具体步骤如下。

（1）创建样式表

在 chapter01 文件夹中创建一个名称为 style 的 CSS 文件，使用记事本打开后，在文件中编写如下代码：

```
<style type="text/css">
   /*定义标题标签居中对齐*/
   h2{ text-align:center;}
   /*定义div标签样式*/
   div{ border: 1px solid #CCC; width: 300px; height: 80px; color:purple;
       text-align:center;}
</style>
```

（2）创建 HTML 文档

在 chapter01 文件夹中创建一个名称为 cssDemo02 的 HTML 文件，其关键代码如文件 1-12 所示。

文件 1-12  cssDemo02.html

```
1   <head>
2    <title>使用外链式 CSS</title>
3        <link href="style.css" type="text/css" rel="stylesheet" />
4    </head>
5    <body>
6      <h2>外链式 CSS 样式</h2>
7      <div>
8           外链式也叫链入式，是将所有的样式放在一个或多个以.css 为扩展名的外部样
9         表文件中。
10      </div>
11   </body>
```

在上述代码中，第 3 行代码使用<link>标签链入了 style.css 文件，代替了内嵌式的<style>标签。使用浏览器打开文件 cssDemo02.html，显示结果如图 1-18 所示。

图1-18  文件1-12的运行结果

从图 1-18 中可以看到，使用外链式与内嵌式引入 CSS 文件的显示效果是一样的。在实际开发中，外链式是使用频率最高、最实用的引入方式，它将 HTML 代码与 CSS 代码分离为两个或多个文件，实现了结构与表现的完全分离，同一个 CSS 文件可以被不同的 HTML 页面链接使用，同时一个 HTML 页面也可以通过多个<link>标签链接多个 CSS 样式表，极大提高了网页开发的工作效率。

### 4. 导入式

导入式与外链式相同，都是通过引入外部样式表文件来实现的。导入式 CSS 对 HTML 头部文档应用<style>标签，并在<style>标签内的开头处使用@import 语句。导入式 CSS 的基本语法格式如下：

```
<style type="text/css" >
```

```
@import url(CSS 文件路径);或@import "CSS 文件路径";
/*在此还可以存放其他CSS 样式*/
</style>
```

在上述语法格式中，<style> 标签内还可以存放其他的内嵌样式；@import 语句需要位于其他内嵌样式的上面。

如果想在文件 1-12 中使用导入式 CSS，只需把 HTML 文档的<link >标签代码替换成下面代码即可。

```
<style type="text/css">
@import "style.css";
</style>
```

或者

```
<style type="text/css">
@import url(style.css);
</style>
```

虽然导入式 CSS 与外链式 CSS 功能基本相同，但是大多数网站采用外链式 CSS 引入外部样式表，主要原因是两者的加载时间和顺序不同。当一个页面被加载时，<link>标签引用的 CSS 样式表将同时被加载，而@import 引用的 CSS 样式表会等页面全部下载完才被加载。因此，当用户的网速较慢时，会先显示没有 CSS 修饰的网页，这样会造成不好的用户体验，所以大多数网站采用外链式 CSS。

### 1.3.3　CSS 选择器和常用属性

要想将 CSS 样式应用于特定的 HTML 元素，首先需要找到该目标元素。在 CSS 中，执行这一样式任务的部分被称为选择器。下面将对 CSS 选择器进行介绍。

#### 1. 标签选择器

标签选择器是指用 HTML 标签名称作为选择器，按标签名称分类，为页面中某一类标签指定统一的样式。标签选择器的基本语法格式如下：

```
标签名{属性1:属性值1; 属性2:属性值2; 属性3:属性值3; }
```

在上述语法中，所有的 HTML 标签都可以作为标签选择器的标签名，例如<body>标签、<h1>标签、<p>标签等。用标签选择器定义的样式对页面中该类型的所有标签都有效，这是它的优点，但同时也是其缺点，因为这样不能设计差异化样式。

#### 2. 类选择器

类选择器使用"."（英文点号）进行标识，后面紧跟类名，其基本语法格式如下：

```
.类名{属性1:属性值1; 属性2:属性值2; 属性3:属性值3; }
```

在上述语法中，类名即为 HTML 页面中元素的 class 属性值，大多数 HTML 元素都可以定义 class 属性。类选择器最大的优势是可以为元素对象定义单独或相同的样式。

#### 3. id 选择器

id 选择器使用"#"进行标识，后面紧跟 id 名，其基本语法格式如下：

```
#id名{属性1:属性值1; 属性2:属性值2; 属性3:属性值3; }
```

在上述语法中，id 名即为 HTML 页面中元素的 id 属性值，大多数 HTML 元素都可以定义 id 属性。元素的 id 值是唯一的，只能对应文档中某一个具体的元素。

#### 4. 通配符选择器

通配符选择器用"*"表示，它是所有选择器中作用范围最广的，能匹配页面中所有的元素。通配符选择器的基本语法格式如下：

```
*{属性1:属性值1; 属性2:属性值2; 属性3:属性值3; }
```

例如下面使用通配符选择器定义的样式能够清除所有 HTML 标签的默认边距。通配符选择器用法的示例代码如下：

```
* {
    margin: 0;   /* 定义外边距*/
    padding: 0;  /* 定义内边距*/
}
```

　　在实际网页开发中，不建议使用通配符选择器，因为它设置的样式对所有的 HTML 标签都生效，这是其优点也是其缺点，因为这样不能设计差异化样式。

　　了解了几种选择器的语法结构后，下面通过一个案例学习这几种选择器的使用。在 chapter01 文件夹中创建一个名称为 cssDemo03 的 HTML 文件，其主要代码如文件 1-13 所示。

文件 1-13　cssDemo03.html

```html
1  <html>
2  <head>
3  <title>选择器</title>
4  <style type="text/css">
5  /* 1.类选择器的定义*/
6  .red {
7      color: red;
8  }
9  .green {
10     color: green;
11 }
12 .font18 {
13     font-size: 18px;
14 }
15 /* 2.id 选择器的定义*/
16 #bold {
17     font-weight: bold;
18 }
19 #font24 {
20     font-size: 24px;
21 }
22 </style>
23 </head>
24 <body>
25     <!--类选择器的使用-->
26     <h1 class="red">标题一：class="red"，设置文字为红色。</h1>
27     <p class="green font18">
28      段落一：class="green font18",设置文字为绿色，字号为18px。
29     </p>
30     <p class="red font18">
31      段落二：class="red font18",设置文字为红色，字号为18px。
32     </p>
33     <!--id 选择器的使用-->
34     <p id="bold">段落 1：id="bold"，设置粗体文字。</p>
35     <p id="font24">段落 2：id="font24"，设置字号为 24px。</p>
36     <p id="font24">段落 3：id="font24"，设置字号为 24px。</p>
37     <p id="bold font24">段落 4：id="bold font24"，同时设置粗体和字号 24px。</p>
38 </body>
39 </html>
```

　　文件 1-13 中，第 4～22 行代码在<style>标签内分别定义了类选择器和 id 选择器。第 6～14 行代码使用了 3 个类选择器，第 6～8 行代码用".red"选择器将页面中 class 属性值为 red 的文字颜色设置为红色，第 9～11 行代码用".green"选择器将页面中 class 属性值为 green 的文字颜色设置为绿色，第 12～14 行代码用".font18"选择器将页面中 class 属性值为 font18 的文本字号设置为 18 像素。第 16～21 行代码使用了 2 个 id 选择器，第 16～18 行代码使用"#bold"选择器将页面中 id 属性值为 bold 的文本字体变为粗体文字，第 19～21 行代码使用"#font24"选择器将页面中 id 属性值为 font24 的文本字号设置为 24 像素。

　　使用浏览器打开文件 1-13，显示结果如图 1-19 所示。

　　在图 1-19 中，"标题一……"和"段落二……"的文本内容均显示为红色，这是因为第 26 行代码和第 30 行代码

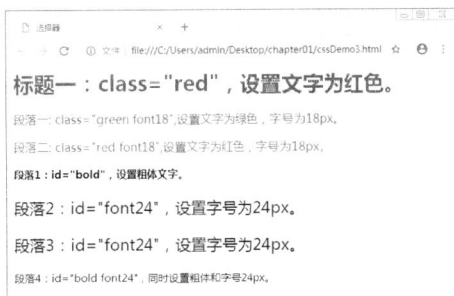

图 1-19　文件 1-13 的运行结果

都调用了名为 red 的类选择器，由此可见同一个类选择器可以被多个标签引用。

图 1-19 中，"段落 2……"和"段落 3……"的字号均为 24 像素，这是由于它们引用了相同的 id 选择器，虽然浏览器并没有报错，但是这种做法是不被允许的，因为在 JavaScript 等脚本语言中 id 值是唯一的。

图 1-19 中，"段落 4……"没有显示任何 CSS 样式，这意味着同一个标签对象不能同时引用多个 id 选择器，例如 id="bold font24"的引用方式是无效的，HTML 标签不会显示任何样式。如果一个标签想要使用多个样式，可以使用类选择器。

除了选择器，CSS 还提供了很多属性来丰富 HTML 标签的样式。CSS 常用属性如表 1-1 所示。

表 1-1　CSS 常用属性

| 属性名称 | 功能描述 |
| --- | --- |
| margin | 用于指定对象的外边距，即对象与对象之间的距离。该属性可指定 1~4 个属性值，各属性值以空格分隔 |
| padding | 用于指定对象的内边距，即对象的内容与对象边框之间的距离。该属性可指定 1~4 个属性值，各属性值以空格分隔 |
| background | 用于设置背景颜色、背景图片、背景图片的排列方式、是否固定背景图片和背景图片的位置。该属性可指定多个属性值，各属性值以空格分隔，没有先后顺序 |
| font-family | 规定元素的字体系列 |
| border | 用于设置边框的宽度、边框的样式和边框的颜色。该属性可以指定多个属性值，各属性值以空格分隔，没有先后顺序 |
| font | 用于设置字体样式、小型的大写字体、字体粗细、文字的大小、行高和文字的字体 |
| height | 用于指定对象的高度 |
| line-height | 用于设置行间距。所谓行间距，就是行与行之间的距离，即字符的垂直间距，一般称为行高 |
| color | 用于指定文本的颜色 |
| text-align | 用于指定文本的对齐方式 |
| text-decoration | 用于指定文本的显示样式，其属性值包括 line-through（删除线）、overline（上画线）、underline（下画线）、blink（闪烁效果，Firefox 浏览器和 Opera 浏览器可以看到效果）和 none（无效果）等 |
| vertical-align | 用于设置元素的垂直对齐方式 |
| display | 用于指定对象的显示形式 |

# 1.4　JavaScript 基础

## 1.4.1　JavaScript 概述

JavaScript 是 Web 中一种功能强大的脚本语言，常用于为网页添加各式各样的动态功能，它不需要进行编译，直接嵌入 HTML 页面中就可以把静态的页面转变成支持用户交互并响应事件的动态页面。

### 1. JavaScript 的组成

JavaScript 是由 ECMAScript、DOM、BOM 共 3 个部分组成的。下面对这 3 个组成部分进行简单介绍。

（1）ECMAScript：JavaScript 的核心。ECMAScript 规定了 JavaScript 的编程语法和基础核心内容，是所有浏览器厂商共同遵守的一套 JavaScript 语法工业标准。

（2）DOM（Document Object Model，文档对象模型）：是 W3C 组织推荐的处理可扩展置标语言（Extensible Markup Language，XML）的标准编程接口，通过 DOM 提供的接口，可以对页面上的各种元素进行操作（例如修改大小、位置、颜色等）。

（3）BOM（Browser Object Model，浏览器对象模型）：它提供了独立于内容的、可以与浏览器窗口进行互动的对象结构。通过 BOM，可以对浏览器窗口进行操作（例如弹出框、控制浏览器导航跳转等）。

### 2. JavaScript 代码引入方式

在 HTML 文档中，引入 JavaScript 代码有 3 种方式，分别是行内式、内嵌式和外链式，下面分别进行介绍。

（1）行内式

行内式是指将单行或少量的 JavaScript 代码写在 HTML 标签的事件属性中。下面通过案例演示行内式引入 JavaScript 代码。

在 chapter01 文件夹中创建一个名称为 JavaScriptDemo01 的 HTML 文件，代码如文件 1-14 所示。

文件 1-14　javaScriptDemo01.html

```
1  <!DOCTYPE>
2  <html>
3  <head>
4      <title> JavaScript 行内式</title>
5  </head>
6  <body>
7      <input type="button" value="点我" onclick="alert('行内式')" />
8  </body>
9  </html>
```

使用浏览器打开文件 1-14，运行结果如图 1-20 所示。

文件 1-14 中，第 7 行代码的 onclick 属性值就是 JavaScript 代码。alert('行内式')的作用是当单击图 1-20 中的"点我"按钮时，会自动弹出一个对话框，如图 1-21 所示。

图1-20　文件1-14的运行结果

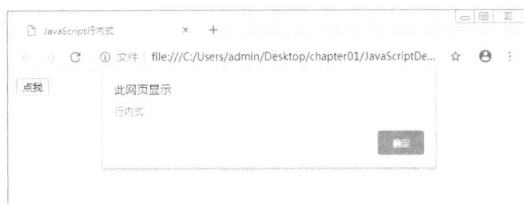

图1-21　单击图1-21"点我"按钮弹出的对话框

在实际开发中，使用行内式还需要注意以下 4 点。

① 注意单引号和双引号的使用。在 HTML 中推荐使用双引号，而 JavaScript 推荐使用单引号。

② 行内式可读性较差，尤其是在 HTML 中编写大量 JavaScript 代码时，不便于阅读。

③ 在遇到多层引号嵌套的情况时，非常容易混淆，导致代码出错。

④ 行内式只有在临时测试或者特殊情况下才使用，一般情况下不推荐使用行内式。

（2）内嵌式

在 HTML 文档中，可以通过<script>标签及其相关属性引入 JavaScript 代码。当浏览器读取到<script>标签时，就会解释执行其中的脚本。使用内嵌式引入 JavaScript 文件的方式如下：

```
<script type="text/javascript">
    // 此处为 JavaScript 代码
</script>
```

在上述代码中，type 属性用于指定 HTML 文档引用的脚本语言类型，当 type 属性的值为 text/javascript 时，表示<script>标签中包含的是 JavaScript 脚本。

下面通过一个具体的案例演示如何在 HTML 文档中使用内嵌式 JavaScript。在 chapter01 文件夹中创建一个名为 JavaScriptDemo02 的 HTML 文件，代码如文件 1-15 所示。

文件 1-15　javaScriptDemo02.html

```
1  <!DOCTYPE>
2  <html>
3  <head>
4  <title>JavaScript 内嵌式</title>
5  <script type="text/javascript">
6    alert('内嵌式');
7  </script>
```

```
8   </head>
9   <body>
10  </body>
11  </html>
```

在文件 1–15 中，第 6 行代码是 JavaScript 代码，末尾的分号 ";" 表示该语句结束，后面可以编写下一条 JavaScript 语句。使用浏览器打开文件 1–15，运行结果如图 1–22 所示。

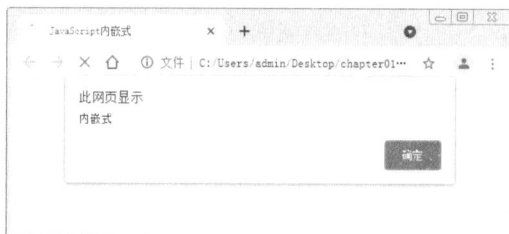

图1-22　文件1-15的运行结果

（3）外链式

外链式是指将 JavaScript 代码写在一个单独的文件中，一般使用 ".js" 作为文件的扩展名，在 HTML 文件中使用<script>标签进行引入 JavaScript 文件。外链式适合 JavaScript 代码量比较多的情况。

外链式有利于 HTML 页面代码结构化，把大段的 JavaScript 代码独立到 HTML 页面之外，既美观，也方便文件级别的代码复用。需要注意的是，外链式的<script>标签内不可以编写 JavaScript 代码。

在 HTML 文件中使用外链式引入 JavaScript 文件的方式如下：

```
<script type="text/javascript" src="JS 文件的路径"></script>
```

下面通过一个具体的案例演示如何在 HTML 文档中通过外链式引入 JavaScript 文件。在 chapter01 文件夹中创建一个名为 jsDemo 的 JS 文件，代码如下：

```
alert('外链式');
```

然后创建一个名称为 javaScriptDemo03 的 HTML 文件，代码如文件 1–16 所示。

文件 1-16　javaScriptDemo03.html

```
1   <!DOCTYPE>
2   <html>
3    <head>
4      <title>JavaScript 外链式</title>
5      <script type="text/javascript" src="jsDemo.js"></script>
6    </head>
7   <body>
8   </body>
9   </html>
```

在文件 1–16 中，第 5 行代码通过外链式引入了 jsDemo.js 文件。运行文件 1–16，结果如图 1–23 所示。

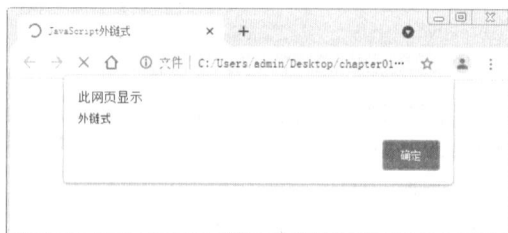

图1-23　文件1-16的运行结果

由图 1–23 可以看出，外链式与内链式的显示效果相同。在实际开发中，如果页面中需要编写的 JavaScript 代码很少，可以使用内嵌式；如果 JavaScript 代码很多，通常使用外链式，使用外链式可以使 HTML 代码更加整洁。

**3. 数据类型**

JavaScript 中常见的数据类型如表 1–2 所示。

表 1-2 JavaScript 中常见的数据类型

| 类型 | 含义 | 说明 |
|---|---|---|
| Number | 数值型 | 数值型数据不区分整型和浮点型，数值型数据不要用引号括起来 |
| String | 字符串类型 | 字符串是用单引号或双引号括起来的一个或多个字符 |
| Boolean | 布尔类型 | 只有 true 和 false 两个值 |
| Object | 对象类型 | 一组数据和功能的键值对集合 |
| Null | 空类型 | 没有任何值 |
| Undefined | 未定义类型 | 指变量被创建，但未赋值时所具有的值 |

### 4. 变量

在 JavaScript 中，使用关键字 var 声明变量，因为 JavaScript 是一种弱类型语言，所以在声明变量时，不需要指定变量的类型，变量的类型将根据变量的赋值确定。声明变量的语法格式如下：

```
var number=27;
var str="传智播客";
```

变量的命名必须遵循命名规则，变量名可以由字母、下画线（_）、美元符号（$）组成，不能有空格、加号、减号等符号，不能使用 JavaScript 的关键字。

### 5. 运算符

运算符也称为操作符，是用于实现赋值、比较和执行算术运算等功能的符号。JavaScript 中的运算符主要包括算术运算符、比较运算符、逻辑运算符、赋值运算符和三元运算符 5 种，下面分别进行介绍。

（1）算术运算符

算术运算符用于连接运算表达式，主要包括+、-、*（乘）、/（除）、%（取模）、++（自增）、--（自减）等运算符。JavaScript 常用的算术运算符如表 1-3 所示。

表 1-3 JavaScript 常用的算术运算符

| 算术运算符 | 描述 |
|---|---|
| + | 加运算符，实现加法运算 |
| - | 减运算符，实现减法运算 |
| * | 乘运算符，实现乘法运算 |
| / | 除运算符，实现除法运算 |
| ++ | 自增运算符，该运算符有 i++(在使用 i 之后，使 i 的值加 1)和++i（在使用 i 之前，使 i 的值加 1）两种使用方式 |
| -- | 自减运算符，该运算符有 i--(在使用 i 之后，使 i 的值减 1)和--i（在使用 i 之前，使 i 的值减 1）两种使用方式 |

（2）比较运算符

比较运算符用于对两个数据进行比较。比较运算的结果是一个布尔值，即 true 或 false。JavaScript 常用的比较运算符如表 1-4 所示。

表 1-4 JavaScript 常用的比较运算符

| 比较运算符 | 描述 | 示例 | 结果 |
|---|---|---|---|
| < | 小于 | 5<5 | false |
| > | 大于 | 5>5 | false |
| <= | 小于等于 | 5<=5 | true |
| >= | 大于等于 | 5>=5 | true |
| == | 等于。只根据表面值进行判断，不涉及数据类型 | 5==4 | false |
| != | 不等于。只根据表面值进行判断，不涉及数据类型 | 5!=4 | true |

（3）逻辑运算符

逻辑运算符用于判断运算符两侧表达式的真假，其结果仍为真值或假值。JavaScript常用的逻辑运算符如表1-5所示。

表1-5　JavaScript 常用的逻辑运算符

| 逻辑运算符 | 描述 |
|---|---|
| && | 逻辑与，只有当两个操作数 a、b 的值都为 true 时，a&&b 的值才为 true，否则为 false |
| \|\| | 逻辑或，只有当两个操作数 a、b 的值都为 false 时，a\|\|b 的值才为 false，否则为 true |
| ! | 逻辑非，!true 的值为 false，而!false 的值为 true |

（4）赋值运算符

赋值运算符的作用是将常量、变量或表达式的值赋给某一个变量。最基本的赋值运算符是等于号"="，其他运算符可以与赋值运算符联合使用，构成组合赋值运算符。JavaScript 常用的赋值运算符如表1-6所示。

表1-6　JavaScript 常用的赋值运算符

| 赋值运算符 | 描述 |
|---|---|
| = | 实现赋值运算，例如，username="name" |
| + = | 实现加等于运算，例如，a+=b，相当于 a=a+b |
| – = | 实现减等于运算，例如，a–=b，相当于 a=a–b |
| *= | 实现乘等于运算，例如，a*=b，相当于 a=a*b |
| / = | 实现除等于运算，例如，a/=b，相当于 a=a/b |
| % = | 实现模等于运算，例如，a%=b，相当于 a=a%b |

（5）三元运算符

三元运算符又叫三目运算符，其语法格式如下：

条件表达式? 表达式 1: 表达式 2

如果条件表达式的值为 true，则整个表达式的结果为"表达式 1"，否则为"表达式 2"。三元运算符用法示例代码如下：

```
<script type="text/javascript">
  var a=5;
  var b=5;
  alert((a==b)?true:false);
</script>
```

在上述 JavaScript 代码中，因为声明的变量 a 与 b 的值相同，所以使用比较运算符 "=="的结果为 true，此时整个表达式的结果就为 true，alert()语句会弹出内容为"true"的对话框；如果变量 a 与 b 的值不相等，则整个语句的执行结果为 false，alert()语句会弹出内容为"false"的对话框。

前面介绍了 JavaScript 的各种运算符，那么在对一些比较复杂的表达式进行运算时，首先要明确表达式中所有运算符参与运算的先后顺序，把这种顺序称作运算符的优先级。表1-7列出了 JavaScript 中运算符的优先级。

表1-7　JavaScript 中运算符的优先级

| 优先级 | 运算符 |
|---|---|
| 1 | . [] () |
| 2 | ++ -- - ~ ! delete new typeof void |
| 3 | * / % |
| 4 | + - |

续表

| 优先级 | 运算符 |
| --- | --- |
| 5 | << >> >>> |
| 6 | < <= > >= instanceof |
| 7 | == != === !== |
| 8 | & |
| 9 | ^ |
| 10 | \| |
| 11 | && |
| 12 | \|\| |
| 13 | ?: |
| 14 | = += -= *= /= %= <<= >>= >>>= &= ^= \|= |
| 15 | , |

在表 1-7 中，运算符的优先级由上至下递减，在同一单元格的运算符具有相同的优先级。从表 1-7 可以看出，小括号"()"是优先级最高运算符。当表达式中有多个小括号时，最内层小括号中的表达式优先级最高。在编写代码时，尽量使用括号"()"来实现想要的运算顺序，以免产生歧义。

### 6. 条件语句 if

所谓条件语句就是对语句中不同条件的值进行判断，进而根据不同的条件执行不同的语句。条件语句中最常用的是 if 判断语句，其使用方法与 Java 语言中的 if 判断语句相似，是通过判断条件表达式的值为 true 或者 false 来确定是否执行某一条语句。可将 if 语句分为单向判断语句、双向判断语句和多向判断语句，具体讲解如下。

（1）单向判断语句

单向判断语句是结构最简单的条件语句，如果程序中存在绝对不执行某些指令的情况，就可以使用单向判断语句，其语法格式如下：

```
if(执行条件){
    执行语句
}
```

在上述语法格式中，if 可以理解为"如果"，小括号"()"内指定 if 语句的执行条件，大括号"{}"内指定满足执行条件后需要执行的语句，当执行语句只有一行时，也可以不写{}。

（2）双向判断语句

双向判断语句是 if 条件语句的基础形式，其语法格式如下：

```
if(执行条件1){
    语句1
}
else {
    语句2
}
```

双向判断语句的语法格式与单向判断语句类似，只是在其基础上增加了一个 else 语句，表示如果条件成立，则执行"语句 1"，否则执行"语句 2"。

（3）多向判断语句

多向判断语句会根据执行条件执行相应的执行语句，其基本语法格式如下：

```
if (执行条件1){
    执行语句1
}
else if (执行条件2){
    执行语句2
```

```
    }
else if（执行条件 3）{
    执行语句 3
}
......
```

在多向判断语句的语法中，通过 else if 语句可以对多个条件进行判断，并且根据判断的结果执行相关的语句。

## 1.4.2　DOM 相关知识

DOM 可以以一种独立于平台和语言的方式访问和修改一个文档的内容和结构。

W3C 中将 DOM 标准分为 3 个不同的部分：核心 DOM、XML DOM 和 HTML DOM。其中，核心 DOM 是针对任何结构化文档的标准模型，XML DOM 是针对 XML 文档的标准模型，而 HTML DOM 是针对 HTML 文档的标准模型。由于本章主要讲解的是网页开发的基础知识，主要涉及的 DOM 内容是 HTML DOM。

HTML DOM 模型被构造为对象的树，该树的根节点是文档（Document）对象，该对象有一个 documentElement 的属性引用，表示文档根元素的 Element 对象。HTML 文档中表示文档根元素的 Element 对象是<html>元素，<head>和<body>元素可以看作树的枝干。

HTML DOM 树的结构如图 1-24 所示。

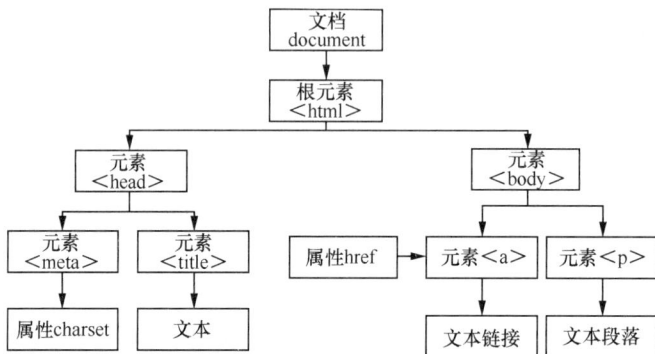

图1-24　HTML DOM树的结构

由图 1-24 中可知，一个页面其实就是一个文档，一个元素就是一个节点。

一个文档中所有的节点关系分为 3 种，具体如下。

● 直接位于一个节点之下的节点被称为该节点的子节点（childNode），例如图 1-24 中元素<title>位于元素<head>之下，所以元素<title>就是元素<head>的子节点。

● 直接位于一个节点之上的节点被称为该节点的父节点（parentNode），例如图 1-24 中元素<head>位于元素<title>之上，所以元素<head>就是元素<title>的父节点。

● 具有相同父节点的两个节点称为兄弟节点（siblingNode），例如图 1-24 中的元素<title>和元素<meta>就是兄弟节点。

在开发中，要想操作页面上的某个部分，例如控制一个 div 的显示或隐藏等，需要先获取到该部分对应的元素，再对其进行操作。下面详细介绍获取元素的两种方式。

### 1. 节点的访问

在 DOM 中，HTML 文档的各个节点被视为各种类型的 Node 对象。通过某个节点的子节点可以找到该元素，其语法如下：

```
父节点对象 = 子节点对象.parentNode;
```

Node 对象的常用属性如表 1-8 所示。

表 1-8　Node 对象的常用属性

| 属性 | 类型 | 描述 |
|------|------|------|
| parentNode | Node | 返回节点的父节点，没有父节点时为 null |
| childNodes | NodeList | 返回节点到子节点的节点列表 |
| firstChild | Node | 返回节点的首个子节点，没有则为 null |
| lastChild | Node | 返回节点的最后一个子节点，没有则为 null |

#### 2. 获取文档中的指定元素

通过遍历节点可以找到文档中指定的元素，但是这种方法有些麻烦，document 对象提供了直接搜索文档中指定元素的方法，具体如下。

（1）通过元素的 id 属性获取元素

Document 的 getElementById( )方法可以通过元素的 id 属性获取元素。例如，获取 id 属性值为 userId 节点的代码如下：

```
document.getElementById("userId");
```

（2）通过元素的 name 属性获取元素

Document 的 getElementsByName( )方法可以通过元素的 name 属性获取元素。因为多个元素可能有相同的 name 值，所以该方法返回值为一个数组，而不是一个元素。如果想获得具体的元素，可以通过数组索引实现。例如，获取 name 属性值为 userName 节点的代码如下：

```
document.getElementsByName("userName")[0];
```

### 1.4.3　BOM 相关知识

BOM 提供了独立于内容且可与浏览器窗口进行交互的对象，其核心对象是 Window。

Window 下又提供了很多对象，这些对象用于访问浏览器，被称为浏览器对象。Window 各内置对象之间按照某种层次组织起来的模型统称为浏览器对象模型，如图 1-25 所示。

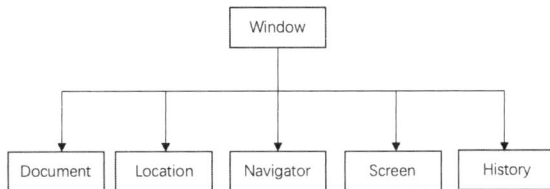

图1-25　浏览器对象模型

从图 1-25 可以看出，BOM 包含了 DOM（ Document ）。BOM 的核心对象是 Window，其他的对象称为 Window 的子对象，子对象是以属性的方式添加到 Window 对象中的。

Window 对象是浏览器顶级对象，具有双重角色，既是 JavaScript 访问浏览器窗口的一个接口，又是一个全局对象，定义在全局作用域中的变量、函数都是 Window 对象的属性和方法。

Window 对象提供了很多事件，下面介绍两个比较常用的事件。

#### 1. window.onload 加载事件

在网页开发中可通过 Window 对象调用 onload 实现窗口（页面）加载事件，当文档内容（包括图像、脚本文件、CSS 文件等）完全加载时会触发该事件，并调用该事件对应的事件处理函数。

JavaScript代码是从上往下依次执行的，如果要在页面加载完成后执行某些代码，并把这些代码写到页面任意地方，可以把这部分代码写到 window.onload 事件处理函数中，因为 onload 事件是等页面内容全部加载完毕再去执行处理函数的。

onload 页面加载事件有两种注册方式，分别如下所示：

```
//方式1
window.onload = function() {};
//方式2
window. addEventListener('load', function() {});
```

需要注意的是，window.onload 注册事件的方式只能写一次，如果有多个 window.onload 注册事件，会以最后一个为准。如果使用 window. addEventListener 注册事件，则不会受注册次数的限制。

### 2. document.DOMContentLoaded 加载事件

document.DOMContentLoaded 加载事件会在 DOM 加载完成时触发。这里所说的加载不包括 CSS 样式表、图片和 Flash 动画等额外内容的加载。因此，该事件的优点在于执行的速度更快，适用于页面中图片很多的情况。当页面图片很多时，用户访问到 onload 事件触发可能需要较长的时间，从而不能实现交互效果，这样会影响用户的体验。这种情况下使用 document.DOMContentLoaded 事件更为合适，只要 DOM 元素加载完即可执行。需要注意的是，document.DOMContentLoaded 事件有兼容性问题，需要浏览器是 IE 9 以上版本。

BOM 中还有许多方法和事件，由于篇幅问题，这里不再赘述。读者可以参考黑马程序员编著的《JavaScript+jQuery 交互式 Web 前端开发》。

## 1.4.4    JavaScript 的使用

下面从函数的定义及调用、事件处理和常用对象三个方面来具体讲解 JavaScript 的使用。

### 1. 函数的定义及调用

在 JavaScript 中，函数的定义是通过 function 语句实现的。定义函数的语法格式如下：

```
function functionName(parameter1,parameter2,…){
    statements;
    return expression;
}
```

在上述语法中，functionName 是必选项，用于标识函数名，在同一个页面中函数名必须是唯一的，并且区分大小写；parameter1,parameter2,…是可选项，代表参数列表，当使用多个参数时，参数间使用逗号进行分隔，一个函数最多可以有 255 个参数；statements 是必选项，代表用于实现函数功能的语句；return expression 是可选项，用于返回函数值，expression 为任意表达式、变量或常量。

在 JavaScript 中，因为函数名区分大小写，所以在调用函数时需要注意函数名称大小写。不带参数的函数使用函数名加上括号即可调用，带参数的函数需要根据参数的个数和类型在括号中传递相应的参数进行调用。如果函数有返回值，可以使用赋值语句将函数值赋给一个变量进行返回。

### 2. 事件处理

采用事件驱动是 JavaScript 语言的一个最基本的特征，所谓的事件是指用户在访问页面时执行的操作。当浏览器探测到一个事件时，例如单击鼠标或按键，它可以触发与这个事件相关联的事件处理程序。事件处理的过程通常分为三步：发生事件、启动事件处理程序和事件处理程序做出反应。

需要说明的是，在上述事件处理过程中，要想事件处理程序能够启动，就需要先调用事件处理程序。事件处理程序可以是任意 JavaScript 语句，但通常使用特定的自定义函数（Function）来对事件进行处理。JavaScript 中还有很多常用的事件类型，如表 1-9 所示。

表 1-9    JavaScript 常用的事件类型

| 类别 | 事件 | 事件说明 |
|---|---|---|
| 表单事件 | onblur | 当前元素失去焦点时触发此事件 |
| | onchange | 当前元素失去焦点并且元素内容发生改变时触发此事件 |
| | onfocus | 当某个元素获得焦点时触发此事件 |
| | onreset | 当表单被重置时触发此事件 |
| | onsubmit | 当表单被提交时触发此事件 |
| 页面事件 | onload | 当页面加载完成时触发此事件 |

### 3. 常用对象

在 JavaScript 中，对象是一种数据类型，它是由属性和方法组成的一个集合。属性是指事物的特征，方法是指事物的行为。下面具体介绍 JavaScript 的常用对象。

（1）Window 对象

Window 对象表示整个浏览器窗口，它处于对象层的顶端，可用于获取浏览器窗口的大小、位置，或设置定时器等。在使用时，JavaScript 允许省略 Window 对象的名称。

Window 对象常用的属性和方法如表 1-10 所示。

表 1-10　Window 对象常用的属性和方法

| 类型 | 名称 | 说明 |
| --- | --- | --- |
| 属性 | document、history、location、navigator、screen | 返回相应对象的引用。例如 document 属性返回 document 对象的引用 |
| | parent、self、top | 分别返回父窗口、当前窗口和最顶层窗口的对象引用 |
| | innerWidth、innerHeight | 分别返回窗口文档显示区域的宽度和高度 |
| | outerWidth、outerHeight | 分别返回窗口的外部宽度和高度 |
| 方法 | open( )、close( ) | 打开或关闭浏览器窗口 |
| | alert ( )、confirm( )、prompt( ) | 分别表示弹出警告框、确认框、用户输入框 |
| | setTimeout( )、clearTimeout( ) | 设置或清除普通定时器 |

（2）Date 对象

Date 对象是用于处理日期和时间的对象，它具有动态性，必须使用 new 关键字创建一个实例才能使用。使用 new 关键字创建 Date 对象实例的语法如下：

```
var Mydate=new Date();
```

Date 对象没有提供直接访问日期和时间的属性，只有获取和设置日期和时间的方法，如表 1-11 所示。

表 1-11　Date 对象的常用方法

| 获取方法 | 说明 | 设置方法 | 说明 |
| --- | --- | --- | --- |
| getFullYear( ) | 返回 4 位数年份 | setFullYear( ) | 设置 4 位数年份 |
| getMonth( ) | 返回月份值（0~11） | setMonth( ) | 设置月份值（0~11） |
| getDate( ) | 返回日期值（1~31） | setDate( ) | 设置日期值（1~31） |
| getDay( ) | 返回星期值（0~6） | setDay( ) | 设置星期值（0~6） |
| getHours( ) | 返回小时值（0~23） | setHours( ) | 设置小时值（0~23） |
| getMinutes( ) | 返回分钟值（0~59） | setMinutes( ) | 设置分钟值（0~59） |
| getSeconds( ) | 返回秒数值（0~59） | setSeconds( ) | 设置秒数值（0~59） |
| getTime( ) | 返回从 1970 年 1 月 1 日至今的毫秒数 | setTime( ) | 使用毫秒形式设置 Date 对象 |

（3）String 对象

String 对象是 JavaScript 提供的字符串处理对象，创建对象实例后才能使用，它提供了处理字符串的属性和方法，如表 1-12 所示。

表 1-12　String 对象的常用属性和方法

| 类型 | 名称 | 说明 |
| --- | --- | --- |
| 属性 | length | 返回字符串中字符的个数，需要注意的是一个汉字也是一个字符 |
| 方法 | indexOf(str[,startIndex]) | 从前向后检索字符串 |
| | lastIndexOf(search[,startIndex]) | 从后向前搜索字符串 |

续表

| 类型 | 名称 | 说明 |
| --- | --- | --- |
| 方法 | substr(startIndex[, length]) | 返回从起始索引号提取字符串中指定数目的字符 |
| | substring( startIndex [,endIndex]) | 返回字符串中两个指定的索引号之间的字符 |
| | split(separator [,limitInteger]) | 把字符串分割为字符串数组 |
| | search(substr) | 检索字符串中指定子字符串或与正则表达式相匹配的值 |
| | replace(substr,replacement) | 替换与正则表达式匹配的子串 |
| | toLowerCase( ) | 把字符串转换为小写字母 |
| | toUpperCase( ) | 把字符串转换为大写字母 |
| | localeCompare( ) | 用本地特定的顺序来比较两个字符串 |

# 1.5　Bootstrap 框架基础

## 1.5.1　Bootstrap 框架简介

Bootstrap 是由 Twitter 公司的设计师 Mark Otto（马克·奥托）和 Jacob Thornton（雅各布·桑顿）合作开发的开源框架，该框架基于 HTML、CSS 和 JavaScript 语言编写，于 2011 年 8 月在 GitHub 上发布，一经推出就颇受欢迎。Bootstrap 具有简单、灵活的特性，能够帮助开发者快速搭建前端页面，常用于开发响应式布局和移动设备优先的 Web 项目。

> **小提示：**
>
> 所谓框架，顾名思义就是一套架构，它有一套比较完整的解决方案，而且控制权在框架本身。Bootstrap 是一款用于网页开发的框架，它拥有样式库、组件和插件，使用者需要按照框架所规定的某种规范进行开发。

Bootstrap 框架结合 HTML、CSS 和 JavaScript 技术，可以构建出非常优雅的前端页面，而且占用资源较少。下面列举了 Bootstrap 框架的一些特点。

### 1. 响应式设计

Bootstrap 框架为用户提供了一套响应式的移动设备优先的流式栅格系统，拥有完备的框架结构，项目开发方便、快捷，提高了开发效率。

### 2. 移动设备优先

随着移动设备的使用者越来越多，自 Bootstrap 3 开始，Bootstrap 框架设计理念发生了改变，转为以移动设备优先为目标，Bootstrap 3 默认样式为移动设备提供了友好支持。

### 3. 浏览器支持

目前主流浏览器都支持 Bootstrap 框架，包括 IE、Firefox、Chrome、Safari 等。Bootstrap 4 兼容 IE 10+和 iOS 7+。

### 4. 低成本、易上手

学习 Bootstrap 框架，只需要读者具备 HTML、CSS 和 JavaScript 的基础知识，门槛不高。Bootstrap 框架拥有完善的文档，在开发中便于查找，使用起来比较方便。Bootstrap 还具有强大的扩展性，能够很好地与 Web 项目相结合。

### 5. CSS 预编译

Bootstrap 框架提供了便捷的语法和特性以供开发者编写源码，并可使用专门的编译工具将源码转化为

CSS 语法。Bootstrap 4 使用 Sass（一种 CSS 扩展语言）进行 CSS 编写和预编译，减少了冗余代码，使得 CSS 样式代码更易于维护和扩展。

### 6. 框架成熟

Bootstrap 框架不断适应 Web 技术的发展，在原有架构的基础上，进行更新迭代和完善，并在大量的项目中充分使用和测试。因此，Bootstrap 框架比较成熟。

### 7. 丰富的组件库

Bootstrap 框架提供了功能强大的组件与插件，例如小图标、按钮组、菜单导航、标签页等。丰富的组件和插件可以使开发人员快速搭建前端页面。开发人员还可以根据实际需要进行组件和插件的定制。

## 1.5.2　Bootstrap 框架的下载与使用

登录 Bootstrap 中文官方网站，获取 Bootstrap 的下载地址。Bootstrap 官方网站首页如图 1-26 所示。

图1-26　Bootstrap官方网站首页

在图 1-26 中单击"下载 Bootstrap"按钮，进入下载页面，如图 1-27 所示。

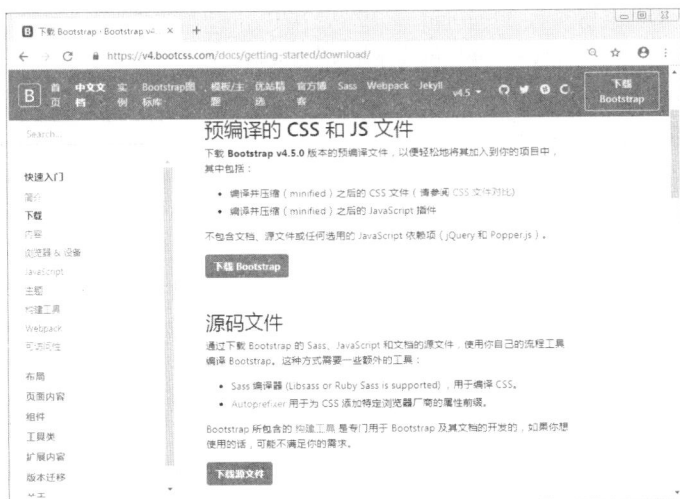

图1-27　Bootstrap下载页面

Bootstrap 提供了 3 种下载方式供开发者进行选择：第 1 种方式是下载预编译的文件；第 2 种方式是下载源文件进行手动编译；第 3 种方式是使用 CDN 引入。

如果不需要了解 Bootstrap 的源代码，则直接选择预编译的文件即可。Bootstrap 预编译文件不包含文档和最初的源代码文件，可以直接应用到 Web 项目中。预编译的 Bootstrap 文件下载成功后，进行解压，在解压文件中会看到 css 和 js 两个文件夹，这两个文件夹下还有很多个子文件，其结构如下：

```
bootstrap/
├── css/
│   ├── bootstrap-grid.css
│   ├── bootstrap-grid.css.map
│   ├── bootstrap-grid.min.css
│   ├── bootstrap-grid.min.css.map
│   ├── bootstrap-reboot.css
│   ├── bootstrap-reboot.css.map
│   ├── bootstrap-reboot.min.css
│   ├── bootstrap-reboot.min.css.map
│   ├── bootstrap.css
│   ├── bootstrap.css.map
│   ├── bootstrap.min.css
│   └── bootstrap.min.css.map
└── js/
    ├── bootstrap.bundle.js
    ├── bootstrap.bundle.js.map
    ├── bootstrap.bundle.min.js
    ├── bootstrap.bundle.min.js.map
    ├── bootstrap.js
    ├── bootstrap.js.map
    ├── bootstrap.min.js
    └── bootstrap.min.js.map
```

在上述 bootstrap 目录的基本结构中，bootstrap.*表示预编译好的文件；bootstrap.min.*表示经过压缩的文件；bootstrap.*.map 表示 CSS 源码映射表文件，这些文件可直接在某些浏览器的开发工具中使用。

了解预编译 Bootstrap 的文件结构之后，下面主要讲解如何在页面开发中引入预编译 Bootstrap 的核心 CSS 和 JavaScript 文件。首先将 bootstrap.min.css 和 bootstrap.min.js 文件复制到之前已经创建的 chapter01 文件夹中，然后在需要使用 bootstrap 时编写代码引入 bootstrap 文件。引入 bootstrap 文件的示例代码如下：

```
<!-- 引入 Bootstrap 核心 CSS 文件 -->
<link rel="stylesheet" href="bootstrap.min.css">
<!-- 引入 Bootstrap 核心 JavaScript 文件 -->
<script src="bootstrap.min.js"></script>
```

上述代码通过<link>标签引入 bootstrap.min.css 文件，其中，href 属性的值为本地文件路径；通过<script>标签引入 bootstrap.min.js 文件，设置 src 属性值为本地文件路径。

# 1.6　Bootstrap 框架的常用组件

Bootstrap 常用组件包括按钮、导航、菜单和表单等。使用 Bootstrap 不需要编写复杂的样式代码，只需要使用 Bootstrap 组件就可以实现复杂的页面架构。下面将对 Bootstrap 常用组件进行详细讲解。

## 1.6.1　按钮

Bootstrap 提供了多种样式的按钮，每个样式的按钮都有自己的语义用途，并附带了一些额外的功能，以便进行更多的控制。下面通过一个案例演示 Bootstrap 中按钮的实现方式。在 chapter01 文件夹中创建名称为 bootstrap01 的 HTML 文件，具体代码如文件 1-17 所示。

文件 1-17　bootstrap01.html

```
1  <!DOCTYPE html>
2  <html>
3  <head>
4    <title>bootstrap01</title>
5    <link rel="stylesheet" href="bootstrap.min.css">
6  </head>
7  <body>
8    <button type="button" class="btn btn-primary">主按钮</button>
```

```
9  </body>
10 </html>
```

在文件 1–17 中，第 5 行代码引入 bootstrap.min.css 核心文件；第 8 行代码定义按钮结构，设置按钮的 type 属性值为 button，表示按钮；设置按钮的类名为 btn 和 btn-primary，表示在 btn 类名的基础上添加 btn-primary 类名，btn-primary 主要用于实现主按钮的结构样式。

使用浏览器打开 bootstrap01.html 文件，运行结果如图 1–28 所示。

图1-28　文件1-17的运行结果

需要注意的是，除了 btn-primary 外，Bootstrap 还包括 btn-secondary、btn-success 和 btn-danger 等类，分别用于实现不同的按钮样式效果。

在定义按钮时，除了提供按钮的基本样式外，Bootstrap 框架还提供了一些特定的类，通过类名可以设置按钮的大小、状态等。下面分别介绍按钮状态和按钮大小的设置。

### 1. 设置按钮状态

在实现按钮时，如果按钮中的文本内容超出了按钮的宽度，在默认情况下按钮中的内容会自动换行排列，如果不希望按钮文本换行，可以在按钮中添加 text-nowrap 类。下面修改 bootstrap01.html 代码，设置按钮状态为禁止文本换行。修改后的代码如文件 1–18 所示。

文件 1-18　修改后的 bootstrap01.html

```
1  <!DOCTYPE html>
2  <html>
3  <head>
4    <style>
5    button {
6      width: 100px;
7    }
8   </style>
9   <title>bootstrap01</title>
10  <link rel="stylesheet" href="bootstrap.min.css">
11 </head>
12 <body>
13   <button type="button" class="btn btn-primary text-nowrap">
14        主按钮主按钮主按钮
15   </button>
16 </body>
17 </html>
```

在文件 1–18 中，第 6 行代码定义按钮的宽度为 100px；第 13～15 行代码定义按钮内容，并且为按钮添加了 text-nowrap 类名，表示禁止文本换行。运行结果如图 1–29 所示。

### 2. 设置按钮大小

在 Bootstrap 中，除了可以直接设置按钮状态外，还可以通过类名调节按钮的大小，修改 bootstrap01.html 代码实现调用不同类名来调节按钮的大小。使用下面代码替换文件 1–18 中第 13～15 行代码。

```
<button type="button" class="btn btn-primary btn-lg">主按钮</button>
<button type="button" class="btn btn-primary btn-sm">主按钮</button>
```

在上述代码中，分别为按钮添加 btn-lg 和 btn-sm 类名，其中 btn-lg 表示大按钮，btn-sm 表示小按钮。

修改完成后，刷新浏览器，结果如图 1–30 所示。

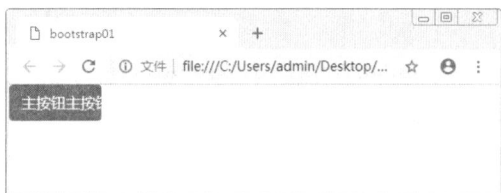

图1-29　文件1-18的运行结果　　　　　　　　　图1-30　修改文件1-18后的运行结果

## 1.6.2　导航

为了更加方便地设计导航栏样式，Bootstrap 提供了相应的组件。

下面通过一个案例演示导航栏的实现方式。在 chapter01 文件夹中创建名称为 bootstrap02 的 HTML 文件，用于设计一个导航栏，具体代码如文件 1-19 所示。

文件 1-19　bootstrap02.html

```
1  <!DOCTYPE html>
2  <html>
3  <head>
4    <style>
5    button {
6      width: 100px;
7    }
8  </style>
9  <title>bootstrap02</title>
10 <link rel="stylesheet" href="bootstrap.min.css">
11 </head>
12 <body>
13 <!-- 导航 -->
14 <ul class="nav">
15   <li class="nav-item">
16     <a class="nav-link" href="#">首页</a>
17   </li>
18   <li class="nav-item">
19     <a class="nav-link" href="#">简介</a>
20   </li>
21   <li class="nav-item">
22     <a class="nav-link" href="#">详情</a>
23   </li>
24   <li class="nav-item">
25     <a class="nav-link disabled" href="#" tabindex="-1"
26        aria-disabled="true">联系电话</a>
27   </li>
28 </ul>
29 </body>
30 </html>
```

在文件 1-19 中，第 10 行代码引入 bootstrap.min.css 文件；第 14 行代码定义类名为 nav 的<ul>标签，表示导航栏的最外层盒子；第 15~27 行代码在 nav 内部定义类名为 nav-item 的<li>标签，表示导航栏中的导航列表，并在每个 nav-item 的内部定义类名为 nav-link 的<a>标签，表示导航标签中的内容。

使用浏览器打开文件 1-19，运行结果如图 1-31 所示。

图1-31　文件1-19的运行结果

## 1.6.3　面包屑导航

1.6.2 小节实现了传统导航栏的页面结构，它不能展示出当前页在导航层次结构中的位置。为此，Bootstrap 提出面包屑导航，通过为导航层次结构自动添加分隔符，展示出当前页在导航层次结构中的位置。

下面通过一个案例演示面包屑导航的实现方式。在 chapter01 文件夹下创建名称为 bootstrap03 的 HTML 文件，用于设计一个面包屑导航栏，具体代码如文件 1-20 所示。

文件 1-20　bootstrap03.html

```
1  <!DOCTYPE html>
2  <html>
3  <head>
4    <title>bootstrap03</title>
5    <link rel="stylesheet" href="bootstrap.min.css">
6  </head>
7  <body>
8    <!-- 面包屑导航 -->
9    <nav aria-label="breadcrumb">
10     <ol class="breadcrumb">
11       <li class="breadcrumb-item"><a href="#">首页</a></li>
12       <li class="breadcrumb-item"><a href="#">简介</a></li>
13     </ol>
14   </nav>
15 </body>
16 </html>
```

在文件 1-20 中，第 5 行代码引入 bootstrap.min.css 文件；第 9~14 行代码定义<nav>标签，并设置 aria-label 属性值为 breadcrumb，表示面包屑导航。其中，第 10 行代码在 nav 标签下定义类名为 breadcrumb 的<ol>有序列表；第 11 行代码在<ol>标签下定义类名为 breadcrumb-item 的<li>标签表示首页链接，第 12 行代码在<ol>标签下定义了类名为 breadcrumb-item 的<li>标签表示简介链接。文件 1-20 的运行结果如图 1-32 所示。

图1-32　文件1-20的运行结果

## 1.6.4　分页

在前端页面开发的过程中，经常会使用到分页器，分页器的功能是帮助用户快速跳转到指定页码的页面。

下面通过一个案例演示分页的实现方式。在 chapter01 文件夹下创建名称为 bootstrap04 的 HTML 文件，用于实现分页效果，具体代码如文件 1-21 所示。

文件 1-21　bootstrap04.html

```
1  <!DOCTYPE html>
2  <html>
3  <head>
4    <title>bootstrap04</title>
5    <link rel="stylesheet" href="bootstrap.min.css">
6  </head>
7  <body>
8    <nav aria-label="Page navigation example">
9      <ul class="pagination">
10       <li class="page-item">
11         <a class="page-link" href="#" aria-label="Previous">
12           <span aria-hidden="true">&laquo;</span>
13         </a>
14       </li>
15       <li class="page-item"><a class="page-link" href="#">1</a></li>
16       <li class="page-item"><a class="page-link" href="#">2</a></li>
17       <li class="page-item"><a class="page-link" href="#">3</a></li>
18       <li class="page-item"><a class="page-link" href="#">4</a></li>
19       <li class="page-item"><a class="page-link" href="#">5</a></li>
20       <li class="page-item"><a class="page-link" href="#">6</a></li>
21       <li class="page-item"><a class="page-link" href="#">7</a></li>
22       <li class="page-item">
23         <a class="page-link" href="#" aria-label="Next">
```

```
24          <span aria-hidden="true">&raquo;</span>
25        </a>
26      </li>
27    </ul>
28  </nav>
29 </body>
30 </html>
```

在文件 1–21 中，第 5 行代码引入 bootstrap.min.css 文件；第 8 行代码设置<nav>标签的 aria-label 属性值为 Page navigation example，表示分页器模块；第 9 行代码定义类名为 pagination 的<ul>标签，表示分页器模块的最外层盒子；第 10～26 行代码在 pagination 内部定义多个类名为 page-item 的<li>标签，表示分页器列表，并且在每一列中定义类名为 page-link 的<a>标签，表示页码标签，在<a>标签中添加数字内容，表示页码。其中，第一个<a>标签定义 aria-label 的属性值为 Previous，表示上一页，并且添加 "<<" 符号，即&laquo，用于折叠页码；在最后一个<a>标签中定义 aria-label 的属性值为 Next，表示下一页，并且添加 ">>" 符号，即 &raquo，用于折叠页码。

使用浏览器打开文件 1–21，运行结果如图 1–33 所示。

### 1.6.5 列表

在没有使用 Bootstrap 之前，为了实现列表页面结构，需要编写列表结构，然后根据列表结构的样式需求编写烦琐的 CSS 代码。为了提高开发效率，Bootstrap 提供了列表组件，可以直接通过列表组件实现列表页面结构。

图1–33    文件1–21的运行结果

下面通过案例演示列表的实现方式。在 chapter01 文件夹下创建名称为 bootstrap05 的 HTML 文件，用于实现列表页面结构，具体代码如文件 1–22 所示。

文件 1–22    bootstrap05.html

```
1 <!DOCTYPE html>
2 <html>
3 <head>
4   <title>bootstrap05</title>
5   <link rel="stylesheet" href="bootstrap.min.css">
6 </head>
7 <body>
8  <!-- 列表组 -->
9  <ul class="list-group">
10  <li class="list-group-item active">列表 1</li>
11  <li class="list-group-item">列表 2</li>
12  <li class="list-group-item">列表 3</li>
13  <li class="list-group-item">列表 4</li>
14  <li class="list-group-item">列表 5</li>
15  </ul>
16 </body>
17 </html>
```

在文件 1–22 中，第 5 行代码引入 bootstrap.min.css 文件；第 9 行代码通过<ul>标签实现无序列表结构，并且为<ul>标签定义 list-group 类名，表示列表组；第 10～14 行代码在 list-group 中定义<li>标签，为每一个<li>标签添加 list-group-item 类名，表示列表中的每一项，并且为第一个<li>标签设置 active 类名，表示第一个列表处于选中状态。

使用浏览器打开文件 1–22，运行结果如图 1–34 所示。

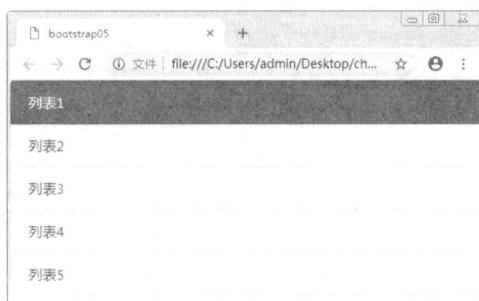

图1–34    文件1–22的运行结果

## 1.6.6　表单

在前端页面开发的过程中，除了导航、列表和按钮等页面结构外，表单也是页面结构中重要的组成部分。表单主要包括 form、button 和 input 等元素，通过在<form>标签中定义<input>和<button>等标签来实现表单页面。Bootstrap 框架提供了实现表单的组件，可以很方便地设计表单样式。

下面通过一个案例演示表单页面结构的实现方式。在 chapter01 文件夹下创建名称为 bootstrap06 的 HTML 文件，用于实现表单，具体代码如文件 1–23 所示。

文件 1–23　bootstrap06.html

```
1  <!DOCTYPE html>
2  <html>
3  <head>
4    <title>bootstrap06</title>
5    <link rel="stylesheet" href="bootstrap.min.css">
6  </head>
7  <body>
8    <!-- 表单 -->
9    <form action="#">
10     <div class="form-group">
11       <label for="User">用户名</label>
12       <input type="text" class="form-control" id="User">
13       <label for="Password">密码</label>
14       <input type="password" class="form-control" id="Password">
15       <label for="Email1">邮箱地址</label>
16       <input type="email" class="form-control" id="Email1">
17     </div>
18     <button type="submit" class="btn btn-primary">提交</button>
19   </form>
20 </body>
21 </html>
```

在文件 1–23 中，第 5 行代码引入 bootstrap.min.css 文件；第 9 行代码定义 form 表单结构；第 10 行代码在<form>标签中定义类名为 form-group 的<div>标签，表示表单组合元素；第 11～16 行代码在 form-group 中定义类名为 form-control 的 3 个<input>标签，分别代表用户名、密码和邮箱地址的输入框，在<input>标签中，设置 form-control 类名，form-control 是一个样式类，用于统一格式，在编写代码时，可以用 form-control 优化样式，包括常规外观、focus 选（点）中状态和尺寸大小等。此外，定义<input>标签的 id 值为 User，并且与 for 属性值为 User 的<label>标签进行绑定。

使用浏览器打开文件 1–23，运行结果如图 1–35 所示。

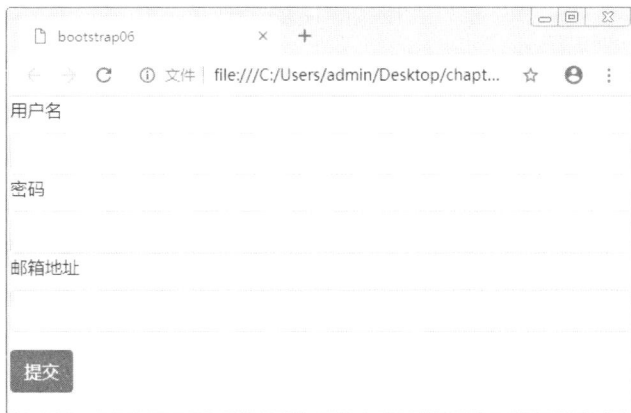

图1–35　文件1–23的运行结果

## 任务：蛋糕商城注册页面

### 【任务目标】

根据本章中所学的网页知识，实现蛋糕商城注册页面的代码编写，页面展示效果如图 1-36 所示。

图1-36　蛋糕商城注册页面

在图 1-36 中，页面主要分为 3 个部分，第一部分为导航内容，包括首页、商品分类、热销、新品、注册、登录、搜索和购物车；第二部分为注册内容，包括标题、注册表单、提交按钮等；第三部分为友情链接与作者署名。

### 【实现步骤】

#### 1. 创建资源文件

创建文件夹 chapter01，在 chapter01 中创建一个名称为 css 的文件夹，该文件夹用于存放蛋糕商城项目中的样式；再创建一个名称为 fonts 的文件夹，该文件夹用于存放蛋糕商城项目中的字体。

#### 2. 创建 header.html 页面

在文件夹 chapter01 中创建名称为 header 的 HTML 文件，在该文件中编写实现代码，完成页面中制作导航栏的任务，此处只展示主要代码，如文件 1-24 所示。

文件 1-24　header.html

```
1    <!--header 顶部导航栏-->
2    <div class="header">
3        <div class="container">
4            <nav class="navbar navbar-default" role="navigation">
5                <!--navbar-header-->
6                <div class="collapse navbar-collapse"
7                id="bs-example-navbar-collapse-1">
8                    <ul class="nav navbar-nav">
9                        <li><a href="#" >首页</a></li>
10                       <li class="dropdown">
11                           <a href="#" class="dropdown-toggle"
12                           data-toggle="dropdown">
13                               商品分类<b class="caret"></b></a>
14                       <ul class="dropdown-menu multi-column columns-2">
15                           <li>
16                               <div class="row">
17                                   <div class="col-sm-12">
18                                       <h4>商品分类</h4>
19                                   </div>
20                               </div>
```

```
21                                        </li>
22                                    </ul>
23                                </li>
24                                <li><a href="#" >热销</a></li>
25                                <li><a href="#" >新品</a></li>
26                                <li><a href="#" class="active">注册</a></li>
27                                <li><a href="#" >登录</a></li>
28                            </ul>
29                        <!--/.navbar-collapse-->
30                        </div>
31                        <!--//navbar-header-->
32                    </nav>
33                    <div class="header-info">
34                        <div class="header-right search-box">
35                            <a href="javascript:;"><span class="glyphicon
36                        glyphicon-search" aria-hidden="true"></span></a>
37                            <div class="search">
38                                <form class="navbar-form" action="/goods_search">
39                                    <input type="text" class="form-control"
40                                    name="keyword">
41                                    <button type="submit" class="btn btn-default"
42                                    aria-label="Left Align">搜索</button>
43                                </form>
44                            </div>
45                        </div>
46                        <div class="header-right cart">
47                            <a href="goods_cart.jsp">
48                                <span class="glyphicon glyphicon-shopping-cart"
49                                    aria-hidden="true">
50                                    <span class="card_num"></span>
51                                </span>
52                            </a>
53                        </div>
54                        <div class="clearfix"> </div>
55                    </div>
56                    <div class="clearfix"> </div>
57                </div>
58        </div>
59    <!--//header-->
```

文件 1–24 主要用于描述蛋糕商城的顶部导航栏，包括首页、商品分类、热销、新品、注册、登录、搜索和购物车，当用户单击"注册"时，页面将跳转到新用户注册页面。

### 3. 创建 footer.html 页面

在文件夹 chapter01 中创建名称为 footer 的 HTML 文件，在该文件中编写实现代码，完成页面中制作友情链接与作者署名的任务，此处只展示主要代码，如文件 1–25 所示。

文件 1-25　footer.html

```
1    <!--footer 友情链接与作者署名-->
2        <div class="footer">
3            <div class="container">
4                <div class="text-center">
5                    <p>heima www.itcast.cn © All rights Reseverd</p>
6                </div>
7            </div>
8        </div>
9    <!--//footer-->
```

文件 1–25 主要用于描述友情链接与作者署名内容，一般放置在页面的底部。

### 4. 创建 user_register.html 页面

在文件夹 chapter01 中创建名称为 user_register 的 HTML 文件，在该文件中编写实现代码，完成页面中制作注册表单的任务，此处只展示主要代码，如文件 1–26 所示。

文件 1-26　user_register.html

```
1    <!DOCTYPE html>
2    <html>
3    <head>
4        <title>用户注册</title>
5        <meta name="viewport" content="width=device-width, initial-scale=1">
6     <meta http-equiv="Content-Type" content="text/html; charset=utf-8">
7        <link type="text/css" rel="stylesheet" href="css/bootstrap.css">
8        <link type="text/css" rel="stylesheet" href="css/style.css">
9    </head>
10   <body>
11       <!--header-->
12           <!--复制粘贴 header.html 中的内容-->
13       <!--//header-->
14       <!--account  注册表单-->
15       <div class="account">
16           <div class="container">
17               <div class="register">
18                   <form action="/user_rigister" method="post">
19                       <div class="register-top-grid">
20                           <h3>注册新用户</h3>
21                           <div class="input">
22                               <span>用户名 <label
23                               style="color:red;">*</label></span>
24                               <input type="text" name="username"
25                           placeholder="请输入用户名" required="required">
26                           </div>
27                           <div class="input">
28                               <span>邮箱 <label
29                                 style="color:red;">*</label></span>
30                               <input type="text" name="email"
31                           placeholder="请输入邮箱" required="required">
32                           </div>
33                           <div class="input">
34                               <span>密码 <label
35                           style="color:red;">*</label></span>
36                               <input type="password" name="password"
37                           placeholder="请输入密码" required="required">
38                           </div>
39                           <div class="input">
40                               <span>收货人<label></label></span>
41                               <input type="text" name="name"
42                               placeholder="请输入收货人">
43                           </div>
44                           <div class="input">
45                               <span>收货电话<label></label></span>
46                               <input type="text" name="phone"
47                               placeholder="请输入收货电话">
48                           </div>
49                           <div class="input">
50                               <span>收货地址<label></label></span>
51                               <input type="text" name="address"
52                               placeholder="请输入收货地址">
53                           </div>
54                           <div class="clearfix"> </div>
55                       </div>
56                       <div class="register-but text-center">
57                           <input type="submit" value="提交">
58                           <div class="clearfix"> </div>
59                       </div>
60                   </form>
61                   <div class="clearfix"> </div>
62               </div>
63           </div>
64       </div>
```

```
65        <!--//account-->
66        <!--footer-->
67        <!--复制粘贴 footer.html 中代码-->
68        <!--//footer-->
69    </body>
70    </html>
```

在文件 1–26 中，首先在<head>标签之间导入了 bootstrap.css 和 style.css 文件，分别用于设计导航栏样式、控制页面的样式。主体 body 部分由 3 个大的<div>标签将页面分为 3 个部分，第一部分用于描述蛋糕商城的顶部导航栏，复制 header.html 中的代码到文件中的指定位置，当用户单击"注册"时，页面将跳转到新用户注册页面；第 2 部分是第 14～65 行代码，用于描述注册信息的 form 表单，用户填写注册信息，单击"提交"按钮就可以完成注册；第 3 部分用于描述友情链接与作者署名内容，复制 footer.html 中的代码到文件中的指定位置。

在文件 1–26 中的<head>标签之间导入的 bootstrap.css 和 style.css 文件，这两个文件中的内容读者能依照所学知识看懂即可，不要求读者自己写出。详细代码请参见项目配套的源代码。

至此，蛋糕商城注册页面的代码已经编写完成。使用浏览器打开文件 1–26，效果如图 1–36 所示，表示任务运行成功。

需要注意的是，在实际项目开发过程中，网页中大部分的 CSS 文件都是由网页设计人员依照需求创建好的，通常这些定义好的样式不需要软件开发人员再去改动，开发者只需将后台的相应数据展示在页面中即可。只有定义好的样式不能满足需求时，才会做相应变动。由于篇幅有限，不在此做过多描述，有兴趣的读者可以深入学习 CSS 的相关知识。

# 1.7　本章小结

本章主要介绍了网页开发的基础知识，首先介绍了 HTML 技术，包括 HTML 简介、HTML 的常用标签；其次介绍了 CSS 技术，包括 CSS 技术简介、CSS 样式引用方式以及 CSS 选择器和常用属性；然后介绍了 JavaScript 基础知识，包括 JavaScript 基础，以及 DOM、BOM 和 JavaScript 的使用；最后介绍了 Bootstrap 框架的基础知识，包括 Bootstrap 框架的简介、下载与使用，以及 Bootstrap 框架的常用组件。通过本章的学习，读者可以熟悉 HTML 标签的使用，掌握 CSS 样式的引用方式，掌握 CSS 选择器和常用属性，熟悉 DOM 与 BOM 的相关知识，掌握 JavaScript 的使用，熟悉 Bootstrap 框架的下载与使用并能掌握 Bootstrap 框架的常用组件。

# 1.8　本章习题

本章课后习题请扫描二维码。

# 第 2 章

# Java Web概述

拓展阅读

Java Web 是使用 Java 技术解决相关 Web 领域的技术栈，开发一个完整的 Java Web 项目涉及静态 Web 资源、动态 Web 资源的编写以及项目的部署。在 Java Web 中，静态 Web 资源开发技术包括 HTML、CSS、JavaScript、XML 等；动态 Web 资源开发技术包括 JSP 和 Servlet 等。本章将对 Java Web 开发所用到的 XML 技术和项目部署服务器 Tomcat 进行详细讲解。

## 2.1 XML 基础

在实际开发中，不同语言（例如Java、JavaScript 等）的应用程序之间数据传递的格式不同，导致不同语言开发的应用程序在数据交换时变得很困难。为解决此问题，W3C 组织推出了一种新的数据交换标准——XML。XML 是一种通用的数据交换格式，可以使数据在各种应用程序之间轻松地实现格式交换。下面将对 XML 进行详细讲解。

### 2.1.1 XML 概述

XML 是一种类似于 HTML 的置标（标记）语言，称为可扩展置标（标记）语言。XML 用于提供数据描述格式，适用于不同应用程序之间的数据交换，而且这种交换不以预先定义的一组数据结构为前提，增强了可扩展性。下面分别从什么是 XML 以及 XML 与 HTML 的比较这两个方面进行讲解。

#### 1. 什么是XML

在现实生活中，很多事物之间都存在着一定的层次关系，例如国家有很多省，每个省又下辖很多城市，国、省、市之间的层次关系可以通过一张树状结构图描述，如图 2-1 所示。

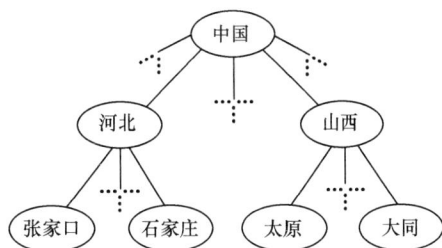

图2-1 国、省、市之间的层次关系图

图 2-1 直观地描述了国、省、市之间的层次关系。但是对于程序而言，解析图片内容非常困难，这时采用 XML 文件保存这种具有树状结构的数据是最好的选择。

使用 XML 前，要了解 XML 文档的基本结构，然后再根据该结构创建所需的 XML 文档。下面通过一个 XML 文档描述图 2-1 所示的关系，如文件 2-1 所示。

文件 2-1　city.xml

```
1  <?xml version="1.1" encoding="UTF-8"?>
2  <中国>
3      <河北>
4          <城市>张家口</城市>
5          <城市>石家庄</城市>
6      </河北>
7      <山西>
8          <城市>太原</城市>
9          <城市>大同</城市>
10     </山西>
11 </中国>
```

在文件 2-1 中，第 1 行代码是 XML 的文档声明；第 2~11 行代码中<中国>、<河北>、<城市>都是用户自己创建的标签，它们都称为元素，这些元素必须成对出现，即包括开始标签和结束标签。例如，<中国>元素中的开始标签为<中国>，结束标签为</中国>。<中国>被视为整个 XML 文档的根元素，在它下面有两个子元素，分别是<河北>和<山西>，在这两个子元素中又分别包含两个<城市>元素。

在 XML 文档中，通过元素的嵌套关系可以很准确地描述具有树状层次结构的复杂信息，因此越来越多的应用程序都采用 XML 格式存放相关的配置信息，以便于读取和修改配置信息。

### 2. XML 与 HTML 的比较

XML 和 HTML 都是基于文本的标记语言，它们在结构上大致相同，都是以标签的形式描述信息。但实际上它们有着本质的区别，具体如下。

（1）HTML 用于显示数据，XML 用于传输和存储数据。

（2）HTML 标签不区分大小写，而 XML 标签严格区分大小写。

（3）HTML 可以有多个根元素，而格式良好的 XML 有且只能有一个根元素。

（4）HTML 中空格是自动过滤的，而在 XML 中空格不会自动过滤。

（5）HTML 中的标签是预定义的标签，而 XML 中的标签可以根据需要自己定义，并且可扩展。

总之，XML 不是 HTML 的升级，也不是 HTML 的替代产品，虽然两者有些相似，但它们的应用领域和范围完全不同。

## 2.1.2　XML 语法

一个 XML 文件可以嵌套很多内容，例如文档声明、元素定义、属性定义、注释等，这些内容的编写都需要遵循一定的语法规范，下面对这些内容的语法进行详细讲解。

### 1. 文档声明

从 XML 1.1 开始，在一个完整的 XML 文档中，必须包含一个 XML 文档的声明，并且该声明必须位于文档的第一行。XML 声明表示该文档是一个 XML 文档，以此判断需要遵循哪个 XML 版本的规范。

XML 文档声明的语法格式如下：

```
<?xml version="version" encoding="value" standalone="value"?>
```

从上述语法格式中可以看出，文档声明以符号"<?"开头，以符号"?>"结束，中间可以声明版本信息、编码信息和文档独立性信息。下面对 XML 声明中的参数进行介绍，具体如下。

　　● version：用于指定遵循 XML 规范的版本号。在 XML 声明中必须包含 version 属性，且该属性必须放在 XML 声明中其他属性之前。

　　● encoding：用于指定 XML 文档所使用的编码集。常用的编码集有 GBK、GB2312、BIG5、ISO-8859-1 和 UTF-8。

　　● standalone：用于指定该 XML 文档是否与一个外部文档嵌套使用，取值为 yes 或 no。如果设置属性值为 yes，说明是一个独立的 XML 文档，与外部文档无关联；如果设置属性值为 no，说明 XML 文档不独立。

　　需要注意的是，在"<"和"?"之间、"?"和">"之间以及第一个"?"和 xml 之间不能有空格。另外，在 XML 声明中，encoding 和 standalone 是可选的，只有 version 是强制性声明。

### 2. 元素定义

　　XML 文档中的主体内容都是由元素（element）组成的，元素是以树状分层结构排列的，一个元素可以嵌套在另一个元素中。XML 文档中有且仅有一个顶层元素，称为文档元素或根元素。元素一般由开始标签、属性、元素内容和结束标签构成，具体示例如下：

```
<城市>北京</城市>
```

　　在上述示例中，"<城市>"和"</城市>"就是 XML 文档中的标签，标签的名称也就是元素的名称。在一个元素中可以嵌套若干子元素。如果一个元素没有嵌套在其他元素内，则这个元素称为根元素。根元素是 XML 文档定义的第一个元素。如果一个元素中没有嵌套子元素，也没有包含文本内容，则这样的元素称为空元素。空元素可以不使用结束标签，但必须在起始标签的">"前增加一个正斜杠"/"说明该元素是个空元素，例如<img></img>可以简写成<img/>。

### 3. 属性定义

　　在 XML 文档中，可以为元素定义属性。属性是对元素的进一步描述和说明。在一个元素中，可以自定义多个属性，属性是依附于元素存在的，并且每个属性都有自己的名称和取值，具体示例如下：

```
<售价 单位="元">68</售价>
```

　　在上述示例中，<售价>元素中定义了一个属性"单位"，属性值为"元"。需要注意的是，在 XML 文档中，属性的命名规范与元素相同，属性值必须要加上双引号（""）或者单引号（''），否则会被视为错误。

### 4. 注释

　　注释是为了便于阅读和理解，会在 XML 文档中插入的一些附加信息，例如作者姓名、地址或电话等，这些信息是对文档结构或文档内容的解释，不属于 XML 文档的内容，因此 XML 解析器不会处理注释内容。XML 文档的注释以字符串"<!--"开始，以字符串"-->"结束。具体语法格式如下：

```
<!--注释信息-->
```

## 2.1.3　DTD 约束

　　经过学习前 2 个小节可知，只要遵守 XML 的语法规定，编写一个结构良好的 XML 文档还是很轻松的。但是，之前所学的都是对文档结构的要求，而没有在语法语义上对文档进行约束。通过 DTD 约束可以比较轻松地对 XML 文档中的内容的语法语义进行约束，并且可以通过解析器来验证 XML 文档是否符合 DTD 约束。下面分别对什么是 XML 约束、什么是 DTD 约束、DTD 的引入和 DTD 约束语法进行介绍。

### 1. 什么是 XML 约束

　　在现实生活中，如果一篇文章的语法正确，但内容包含违法言论或逻辑错误，这样的文章是不允许发表的。同样，在书写 XML 文档时，内容必须满足某些条件的限制。先来看一个例子，具体如下：

```
<?xml version="1.1" encoding="UTF-8"?>
<书架>
    <书>
        <书名>Java 基础案例教程</书名>
        <作者 姓名="黑马程序员"/>
        <售价 单位="元">38</售价>
        <售价 单位="元">28</售价>
```

```
        </书>
    </书架>
```

在上述示例中，尽管这个 XML 文档结构是正确的，用浏览器打开它也不会出现任何问题，但是，由于 XML 文档中的标签是可以随意定义的，同一本书出现了两种售价，如果仅根据标签名称区分哪个是原价，哪个是会员价，这是很难实现的。为此，在 XML 文档中定义了一套规则对文档中的内容进行约束，这套规则称为 XML 约束。

对 XML 文档进行约束时，同样需要遵守一定的语法规则，这种语法规则就形成了 XML 约束语言。

### 2. 什么是 DTD 约束

DTD 约束是早期出现的一种 XML 约束模式语言，根据它的语法创建的文件称为 DTD 文件。在一个 DTD 文件中，可以包含元素的定义、元素之间关系的定义、元素属性的定义以及实体和符号的定义。下面通过一个案例简单认识一下 DTD 约束，如文件 2–2 和文件 2–3 所示。

文件 2–2    book.xml

```
1  <?xml version="1.1" encoding="UTF-8"?>
2  <书架>
3      <书>
4          <书名>Java 基础案例教程</书名>
5          <作者>黑马程序员</作者>
6          <售价>54.00 元</售价>
7      </书>
8      <书>
9          <书名>Java 基础入门</书名>
10         <作者>黑马程序员</作者>
11         <售价>59.00 元</售价>
12     </书>
13 </书架>
```

文件 2–3    book.dtd

```
1  <!ELEMENT 书架 (书+)>
2  <!ELEMENT 书 (书名,作者,售价)>
3  <!ELEMENT 书名 (#PCDATA)>
4  <!ELEMENT 作者 (#PCDATA)>
5  <!ELEMENT 售价 (#PCDATA)>
```

文件 2–3 所示的 book.dtd 是一个简单的 DTD 约束文档。在文件 2–2 中，每个元素都是按照 book.dtd 文档所规定的约束进行编写的。

下面对文件 2–3 所示的约束文档进行详细讲解，具体如下。

（1）第 1 行代码使用<!ELEMENT …>语句定义了一个元素，其中"书架"是元素的名称，"(书+)"表示书架元素中有一个或者多个名称为"书"的元素，其中字符"+"表示它所修饰的元素必须出现一次或者多次。

（2）在第 2 行代码中，"书"是元素名称，"(书名,作者,售价)"表示元素书包含书名、作者、售价这 3 个子元素，并且这些子元素要按照顺序依次出现。

（3）在第 3~5 行代码中，"书名""作者""售价"都是元素名称，"(#PCDATA)"表示元素中嵌套的内容是普通的文本字符串。

### 3. DTD 的引入

对 DTD 文件有了大致了解后，如果想使用 DTD 文件约束 XML 文档，必须在 XML 文档中引入 DTD 文件。在 XML 文档中引入外部 DTD 文件有两种方式，具体如下：

```
第1种方式：<!DOCTYPE 根元素名称 SYSTEM "外部DTD文件的URI">
第2种方式：<!DOCTYPE 根元素名称 PUBLIC "DTD名称" "外部DTD文件的URI">
```

在上述引入 DTD 文件的两种方式中，第 1 种方式用于引用本地的 DTD 文件，第 2 种方式用于引用公共的 DTD 文件。其中，"外部 DTD 文件的 URI"是指 DTD 文件在本地存放的位置，对于第 1 种方式，它可以是 XML 文档的相对路径，也可以是一个绝对路径；对于第 2 种方式，它是 Internet 上的一个绝对 URL 地址。

下面对文件 2-2 进行修改，在 XML 文档中引入本地的 DTD 文件 book.dtd，如文件 2-4 所示。

文件 2-4　book.xml

```
1  <?xml version="1.1" encoding="UTF-8"?>
2  <!DOCTYPE 书架 SYSTEM "book.dtd">
3  <书架>
4      <书>
5          <书名>Java 基础案例教程</书名>
6          <作者>黑马程序员</作者>
7          <售价>54.00 元</售价>
8      </书>
9      <书>
10         <书名>Java 基础入门</书名>
11         <作者>黑马程序员</作者>
12         <售价>59.00 元</售价>
13     </书>
14 </书架>
```

在文件 2-4 中，因为引入的是本地的 DTD 文件，所以在第 2 行代码中使用 SYSTEM 属性引入 book.dtd 文件。

如果希望引入一个公共的 DTD 文件，则需要在<!DOCTYPE>声明语句中使用 PUBLIC 属性，具体示例如下：

```
<!DOCTYPE web-app PUBLIC
   "-//Sun Microsystems, Inc.//DTD Web Application 2.3//EN"
   "http://java.sun.com/dtd/web-app_2_3.dtd">
```

其中，"-//Sun Microsystems, Inc.//DTD Web Application 2.3//EN"是 DTD 名称，用于说明 DTD 符合的标准、所有者的名称以及对 DTD 描述的文件进行说明，虽然 DTD 名称看上去比较复杂，但这完全是由 DTD 文件发布者去考虑的事情，XML 文件的编写者只要对 DTD 文件发布者事先定义好的 DTD 标识名称进行复制就可以了。

DTD 对 XML 文档的约束，除了通过外部引入方式实现外，还可以采用内嵌的方式。在 XML 中直接嵌入 DTD 定义语句的完整语法格式如下：

```
<?xml version="1.1"  encoding="UTF-8"  standalone="yes"?>
<!DOCTYPE 根元素名 [
    DTD 定义语句
    ......
]>
```

下面对文件 2-4 进行修改，在 book.xml 文档中直接嵌入 book.dtd 文件，修改后的代码如文件 2-5 所示。

文件 2-5　book.xml

```
1  <?xml version="1.1" encoding="UTF-8" standalone="yes"?>
2  <!DOCTYPE 书架 [
3      <!ELEMENT 书架 (书+)>
4      <!ELEMENT 书 (书名,作者,售价)>
5      <!ELEMENT 书名 (#PCDATA)>
6      <!ELEMENT 作者 (#PCDATA)>
7      <!ELEMENT 售价 (#PCDATA)>
8  ]>
9  <书架>
10     <书>
11         <书名>Java 基础案例教程</书名>
12         <作者>黑马程序员</作者>
13         <售价>54.00 元</售价>
14     </书>
15     <书>
16         <书名>Java 基础入门</书名>
17         <作者>黑马程序员</作者>
18         <售价>59.00 元</售价>
19     </书>
20 </书架>
```

在文件 2-5 中，第 2~8 行代码实现了在 XML 文档内部直接嵌入 DTD 语句。需要注意的是，因为一个 DTD 文件可能会被多个 XML 文件引用，所以为了避免在每个 XML 文档中都添加一段相同的 DTD 定义语句，通常将其放在一个单独的 DTD 文档中定义，采用外部引用的方式对 XML 文档进行约束。这样，不仅便于管理和维护 DTD 定义，还可以使多个 XML 文档共享一个 DTD 文件。

#### 4. DTD 约束语法

在编写 XML 文档时，需要掌握 XML 语法。同理，在编写 DTD 文档时，也需要遵循 DTD 的语法。DTD 的结构一般由元素定义、属性定义、实体定义、记号定义等构成，一个典型的 DTD 文档类型定义会对将来要创建的 XML 文档的元素结构、属性类型、实体引用等预先进行定义。下面针对 DTD 结构中所涉及的语法进行详细讲解。

（1）元素定义

元素是 XML 文档的基本组成部分，在 DTD 定义中每一条<!ELEMENT…>语句用于定义一个元素，基本语法格式如下：

```
<!ELEMENT 元素名称 元素内容>
```

在上面元素的定义语法格式中，包含了"元素名称"和"元素内容"。其中，"元素名称"是被约束的 XML 文档中的元素，"元素内容"是对元素包含内容的声明，其内容包括数据类型和符号两个部分。

元素内容共有 5 种内容形式，具体如下。

① #PCDATA：表示元素中嵌套的内容是普通文本字符串，其中关键字 PCDATA 是 Parsed Character Data 的缩写。例如<!ELEMENT 书名 (#PCDATA)>表示"书名"所嵌套的内容是字符串类型。

② 子元素：说明元素包含其他元素。通常用一对小括号（）将元素中要嵌套的一组子元素括起来。例如，<!ELEMENT 书 (书名,作者,售价)>表示元素"书"中要嵌套"书名""作者""售价"这 3 个子元素。

③ 混合内容：表示元素既可以包含字符数据，也可以包含子元素。混合内容必须被定义 0 个或多个。例如，<!ELEMENT 书 (#PCDATA|书名)*>表示元素"书"中嵌套的子元素"书名"包含 0 个或多个，并且书名是字符串文本格式。

④ EMPTY：表示该元素既不包含字符数据，也不包含子元素，是一个空元素。如果在文档中元素本身已经表明了明确的含义，就可以在 DTD 中用关键字 EMPTY 表明空元素。例如，<!ELEMENT br EMPTY>，其中"br"元素是一个没有内容的空元素。

⑤ ANY：表示该元素可以包含任何字符数据和子元素。例如，<!ELEMENT 联系人 ANY>表示元素"联系人"可以包含任何形式的内容。但在实际开发中，应该尽量避免使用 ANY，因为除了根元素，其他使用 ANY 的元素都将失去 DTD 对 XML 文档的约束效果。

需要注意的是，在定义元素时，元素内容可以包含一些符号，不同的符号具有不同的作用。下面介绍一些常见的符号。

- 问号[?]：表示该对象可以出现 0 次或 1 次。
- 星号[*]：表示该对象可以出现 0 次或多次。
- 加号[+]：表示该对象可以出现 1 次或多次。
- 竖线[|]：表示在列出的对象中选择 1 个。
- 逗号[,]：表示对象必须按照指定的顺序出现。
- 括号[()]：用于对元素进行分组。

（2）属性定义

在 DTD 文档中，在定义元素的同时，还可以为元素定义属性。DTD 属性定义的基本语法格式如下：

```
<!ATTLIST 元素名
    属性名 1 属性类型 设置说明
    属性名 2 属性类型 设置说明
    ……
>
```

在上述语法格式中，"元素名"是属性所属元素的名字；"属性名"是属性的名称；"属性类型"则用于指定该属性属于哪种类型；"设置说明"用于说明该属性是否必须出现。

关于"设置说明"和"属性类型"的相关讲解，具体如下。

① 设置说明：定义元素的属性时，有 4 种设置说明可以选择，具体如表 2-1 所示。

表 2-1　属性定义的设置说明

| 设置说明 | 含义 |
|---|---|
| #REQUIRED | 表示元素的该属性是必须的。例如，当定义联系人信息的 DTD 时，若希望每一个联系人都有一个联系电话属性，可以在属性声明时使用 REQUIRED |
| #IMPLIED | 表示元素可以包含该属性，也可以不包含该属性。例如，当定义一本书的信息时，发现书的页数属性对读者无关紧要，在属性声明时可以使用 IMPLIED |
| #FIXED | 表示一个固定的属性默认值，在 XML 文档中不能将该属性设置为其他值。使用#FIXED 关键字时，还需要为该属性提供一个默认值。当 XML 文档中没有定义该属性时，其值将被自动设置为 DTD 中定义的默认值 |
| 默认值 | 与 FIXED 一样，如果元素不包含该属性，该属性将被自动设置为 DTD 中定义的默认值。不同的是，该属性的值是可以改变的，如果 XML 文件中设置了该属性，新的属性值会覆盖 DTD 中定义的默认值 |

② 属性类型：在 DTD 中定义元素的属性时，有 10 种属性类型可以选择，下面介绍几种常用的属性类型。

a. CDATA。它是最常用的一种属性类型，表明属性类型是字符数据，与元素内容说明中的#PCDATA 相同。当然，在属性设置值中出现的特殊字符，也需要使用其转义字符序列表示。例如，用 "&amp;" 表示字符 "&"，用 "&lt;" 表示字符 "<" 等。

b. Enumerated（枚举类型）。在声明属性时，可以限制属性的取值只能从一个列表中选择，这类属性属于 Enumerated（枚举类型）。下面通过一个案例学习如何定义 Enumerated 类型的属性，如文件 2-6 所示。

文件 2-6　enum.xml

```
1  <?xml version="1.1" encoding="UTF-8" standalone="yes"?>
2  <!DOCTYPE 购物篮 [
3      <!ELEMENT 购物篮 ANY>
4      <!ELEMENT 肉 EMPTY>
5      <!ATTLIST 肉 品种 (鸡肉|牛肉|猪肉|鱼肉) "鸡肉">
6  ]>
7  <购物篮>
8      <肉 品种="鱼肉"/>
9      <肉 品种="牛肉"/>
10     <肉/>
11 </购物篮>
```

在文件 2-6 中，"品种"属性的类型就是 Enumerated，其值只能为"鸡肉""牛肉""猪肉""鱼肉"，而不能使用其他值。"品种"属性的默认值是"鸡肉"，因此，即使<购物篮>元素中的第三个子元素没有显示定义"品种"这个属性，但它实际上也具有"品种"这个属性，且属性的取值为"鸡肉"。

c. ID。一个 ID 类型的属性用于唯一标识 XML 文档中的某个元素。ID 类型的属性值必须遵守 XML 名称定义的规则。一个元素只能有一个 ID 类型的属性，而且 ID 类型的属性必须设置为#IMPLIED 或#REQUIRED。因为 ID 类型属性的每一个取值都用于标识一个特定的元素，所以为 ID 类型的属性提供默认值，特别是固定的默认值，是毫无意义的。

下面通过一个案例学习如何定义一个 ID 类型的属性，如文件 2-7 所示。

文件 2-7　id.xml

```
1  <?xml version="1.1" encoding="UTF-8" standalone="yes" ?>
2  <!DOCTYPE 联系人列表[
3      <!ELEMENT 联系人列表 ANY>
4      <!ELEMENT 联系人 (姓名,EMAIL)>
5      <!ELEMENT 姓名 (#PCDATA)>
6      <!ELEMENT EMAIL (#PCDATA)>
7      <!ATTLIST 联系人 编号 ID #REQUIRED>
8  ]>
9  <联系人列表>
10     <联系人 编号="id1">
```

```
11          <姓名>张三</姓名>
12          <EMAIL>zhang@itcast.cn</EMAIL>
13      </联系人>
14      <联系人 编号="id2">
15          <姓名>李四</姓名>
16          <EMAIL>li@itcast.cn</EMAIL>
17      </联系人>
18  </联系人列表>
```

在文件 2-7 中，第 2~8 行代码声明了联系人列表的约束。其中，第 7 行代码是将元素为<联系人>的"编号"属性设置为 ID #REQUIRED，说明每个联系人都必须有一个编号，且编号是唯一的。如此一来，通过编号就可以找到唯一对应的联系人了。

d. IDREF 和 IDREFS。在文件 2-7 中，张三和李四两个联系人元素之间没有任何关联，如果要将张三和李四两个联系人元素关联起来，这时可以使用 IDREF 类型，IDREF 类型的属性值必须为一个已经存在的 ID 类型的属性值。IDREF 类型使这两个联系人之间建立一对一的关系。下面通过一个案例学习 IDREF 类型的使用，如文件 2-8 所示。

文件 2-8　idref.xml

```
1   <?xml version="1.1" encoding="UTF-8" standalone="yes"?>
2   <!DOCTYPE 联系人列表[
3       <!ELEMENT 联系人列表 ANY>
4       <!ELEMENT 联系人 (姓名,EMAIL)>
5       <!ELEMENT 姓名 (#PCDATA)>
6       <!ELEMENT EMAIL (#PCDATA)>
7       <!ATTLIST 联系人
8               编号 ID #REQUIRED
9               上司 IDREF #IMPLIED>
10      ]>
11  <联系人列表>
12      <联系人 编号="id1">
13          <姓名>张三</姓名>
14          <EMAIL>zhang@itcast.org</EMAIL>
15      </联系人>
16      <联系人 编号="id2" 上司="id1">
17          <姓名>李四</姓名>
18          <EMAIL>li@itcast.org</EMAIL>
19      </联系人>
20  </联系人列表>
```

在文件 2-8 中，第 2~10 行代码声明了联系人列表的约束，其中第 7~9 行代码是为元素<联系人列表>的子元素<联系人>增加了一个名称为"上司"的属性约束，并且将该属性的类型设置为 IDREF；第 16~19 行代码是在第二个<联系人>元素中，将"上司"属性设置为第一个联系人的编号属性值。如此一来，就在两个联系人元素之间形成了对应关系，即李四的上司为张三。

IDREF 类型可以使两个元素之间建立一对一的关系，但是，如果两个元素之间的关系是一对多，例如一个学生去图书馆可以借多本书，这时需要使用 IDREFS 类型来指定某个人借阅了哪些书。需要注意的是，IDREFS 类型的属性可以引用多个 ID 类型的属性值，这些 ID 的属性值需要用空格分隔。

下面通过一个案例学习 IDREFS 的使用，如文件 2-9 所示。

文件 2-9　library.xml

```
1   <?xml version="1.1" encoding="UTF-8"?>
2   <!DOCTYPE library[
3       <!ELEMENT library (books,records)>
4       <!ELEMENT books (book+)>
5       <!ELEMENT book (title)>
6       <!ELEMENT title (#PCDATA)>
7       <!ELEMENT records (item+)>
8       <!ELEMENT item (data,person)>
9       <!ELEMENT data (#PCDATA)>
10      <!ELEMENT person EMPTY>
11      <!ATTLIST book bookid ID #REQUIRED>
```

```
12        <!ATTLIST person name CDATA #REQUIRED>
13        <!ATTLIST person borrowed IDREFS #REQUIRED>
14    ]>
15    <library>
16        <books>
17            <book bookid="b0101">
18                <title>Java 基础案例教程</title>
19            </book>
20            <book bookid="b0102">
21                <title>Java Web 程序开发入门 </title>
22            </book>
23            <book bookid="b0103">
24                <title>Java 基础入门</title>
25            </book>
26        </books>
27    <records>
28            <item>
29                <data>2013-03-13</data>
30                <person name="张三" borrowed="b0101 b0103"/>
31            </item>
32            <item>
33                <data>2013-05-23</data>
34                <person name="李四" borrowed="b0101 b0102 b0103"/>
35            </item>
36    </records>
37  </library>
```

在文件 2-9 中，第 11 行代码是将元素<book>中属性名为"bookid"的属性设置为 ID 类型，第 13 行代码是将元素<person>中名为"borrowed"的属性设置为 IDREFS 类型。从第 15～37 行代码中可以看出，张三借阅了《Java 基础案例教程》和《Java 基础入门》这两本书，而李四则借阅了《Java 基础案例教程》《Java Web 程序开发入门》和《Java 基础入门》这三本书。

除了上述几种属性类型外，DTD 约束中还有 NMTOKEN、NMTOKENS、NOTATION、ENTITY 和 ENTITYS 几种属性类型，由于篇幅有限，此处就不一一列举。

### 2.1.4  Schema 约束

XML 有非常高的合法性要求，但 DTD 约束的语法相当复杂，自成一个体系，并且它不符合 XML 文件的标准。XML Schema 则不同，它与 XML 有着同样的合法性验证机制。下面对 Schema 约束进行讲解。

#### 1. 什么是 Schema 约束

2.1.3 小节学习了 DTD 约束，同 DTD 一样，XML Schema 也是一种用于定义和描述 XML 文档结构与内容的模式语言，它的出现克服了 DTD 的局限性。与 DTD 相比，XML Schema 具有以下显著优点。

（1）DTD 采用的是非 XML 语法格式，缺乏对文档结构、元素、数据类型等全面的描述。XML Schema 采用的是 XML 语法格式，而且它本身也是一种 XML 文档。因此，XML Schema 语法格式比 DTD 更好理解。

（2）XML 有非常高的合法性要求，XML DTD 对 XML 的描述往往也被用作验证 XML 合法性的基础，但是 XML DTD 本身的合法性却缺少较好的验证机制，必须独立处理。XML Schema 则不同，它与 XML 有着同样的合法性验证机制。

（3）XML Schema 对名称空间支持得非常好，而 DTD 几乎不支持名称空间。

（4）DTD 支持的数据类型非常有限。例如，DTD 可以指定元素中必须包含字符文本（PCDATA），但无法指定元素中必须包含非负整数（Nonnegative Integer），而 XML Schema 比 XML DTD 支持更多的数据类型，包括用户自定义的数据类型。

（5）DTD 定义约束的能力非常有限，无法对 XML 实例文档做出更细致的语义限制，例如无法很好地指定一个元素中的某个子元素必须出现 7～12 次；而 XML Schema 定义约束的能力非常强大，可以对 XML 实例文档做出细致的语义限制。

通过上面的比较可以发现，XML Schema 的功能比 DTD 强大很多，但语法也比 DTD 复杂很多。下面来看一个简单的 Schema 文档，如文件 2-10 所示。

文件 2-10　simple.xsd

```
1  <?xml version="1.0"?>
2  <xs:schema xmlns:xs="http://www.w3.org/2001/XMLSchema">
3    <xs:element name="root" type="xs:string"/>
4  </xs:schema>
```

文件 2-10 是一个 Schema 文档，以.xsd 作为后缀名。在文件 2-10 中，第 1 行代码是文档声明，第 2 行代码中以 xs:schema 作为根元素，表示模式定义的开始。根元素上必须声明名称空间 xmlns:xs="http://www.w3.org/2001/XMLSchema"，因为根元素 xs:schema 的属性都在 http://www.w3.org/2001/XMLSchema 名称空间中。第 3 行代码声明的名称为 "root" 的元素必须来自名称空间 http://www.w3.org/ 2001/XMLSchema 且为 String 类型。

### 2. 名称空间

一个 XML 文档可以引入多个约束文档，但是，因为约束文档中的元素或属性都是自定义的，所以在 XML 文档中极有可能出现现代表不同含义的同名元素或属性，导致名称发生冲突。为此，在 XML 文档中提供了名称空间，它可以唯一标识一个元素或者属性。这就好比打车去小营，由于北京有两个地方叫小营，为了避免司机走错，通常会说 "去亚运村的小营" 或者 "去清河的小营"。这时的亚运村或者清河就相当于一个名称空间。

在使用名称空间时，首先必须声明名称空间。名称空间的声明就是在 XML 文档中为某个模式文档的名称空间指定一个临时名称，它通过一系列的保留属性来声明，这种属性的名字必须是以 "xmlns" 或者 "xmlns:" 作为前缀。它与其他 XML 属性一样，可以直接给出或者使用默认的方式给出。

名称空间声明的语法格式如下：

```
<元素名 xmlns:prefixname="URI">
```

在上述语法格式中，元素名是指在哪一个元素上声明名称空间，在这个元素上声明的名称空间适用于声明它的元素和属性，以及该元素中嵌套的所有元素及其属性。xmlns:prefixname 是指该元素的属性名，它所对应的值是一个 URI 引用，用于标识该名称空间的名称。需要注意的是，如果有两个 URI 并且其组成的字符完全相同，就可以认为它们标识的是同一个名称空间。

了解了名称空间的声明方式后，下面通过一个案例来学习名称空间的使用，如文件 2-11 所示。

文件 2-11　book.xml

```
1  <?xml version="1.1" encoding="UTF-8"?>
2  <it315:书架 xmlns:it315="https://www.itheima.com">
3      <it315:书>
4          <it315:书名> Java 基础案例教程</it315:书名>
5          <it315:作者>黑马程序员</it315:作者>
6          <it315:售价>54.00 元</it315:售价>
7      </it315:书>
8  </it315:书架>
```

在文件 2-11 中，it315 作为多个元素名称的前缀部分，必须通过名称空间声明将它关联到唯一标识某个名称空间的 URI 上，xmlns:it315="https://www.itheima.com" 语句就是将前缀名 it315 关联到名称空间 https://www.itheima.com 上。由此可见，名称空间的应用就是将一个前缀（例如 it315）绑定到代表某个名称空间的 URI（例如 https://www.itheima.com）上，然后将前缀添加到元素名称的前面（例如 it315:书）来说明该元素属于哪个模式文档。

需要注意的是，在声明名称空间时，有两个前缀是不允许使用的，它们是 xml 和 xmlns。xml 前缀被定义为与名称空间名字 http://www.w3.org/XML/1998/namespace 绑定，只能用于 XML 1.0 规范中定义的 xml:space 和 xml:lang 属性。前缀 xmlns 仅用于声明名称空间的绑定，它被定义为与名称空间名字 http://www.w3.org/2000/xmlns 绑定。

### 3. 引入 Schema 文档

若想通过 XML Schema 文件对某个 XML 文档进行约束，必须将 XML 文档与 Schema 文件进行关联。在 XML 文档中引入 Schema 文件有以下两种方式。

（1）使用名称空间引入 XML Schema 文档

在使用名称空间引入 XML Schema 文档时，需要通过属性 xsi:schemaLocation 来声明名称空间的文档，xsi:schemaLocation 属性是在标准名称空间"http://www.w3.org/2001/XMLSchema-instance"中定义的，在该属性中包含了两个 URI，这两个 URI 之间用空白符分隔。其中，第一个 URI 是名称空间的名称，第二个 URI 是文档的位置。下面通过一个案例演示如何使用名称空间引入 XML Schema 文档，如文件 2-12 所示。

文件 2-12　book.xml

```
1  <?xml version="1.1" encoding="UTF-8"?>
2  <书架 xmlns="https://www.itheima.com/xmlbook/schema"
3      xmlns:xsi="http://www.w3.org/2001/XMLSchema-instance"
4       xsi:schemaLocation="https://www.itheima.com/xmlbook/schema
5                           https://www.itheima.com/xmlbook.xsd">
6      <书>
7          <书名>Java 基础案例教程</书名>
8          <作者>黑马程序员</作者>
9          <售价>54.00 元</售价>
10     </书>
11 </书架>
```

在文件 2-12 中，第 4 行代码中的 schemaLocation 属性用于指定名称空间所对应的 XML Schema 文档的位置，因为 schemaLocation 属性是在另外一个公认的标准名称空间中定义的，所以在使用 schemaLocation 属性时，必须声明该属性所属的名称空间。

需要注意的是，一个 XML 实例文档可能引用多个名称空间，这时可以在 schemaLocation 属性值中包含多个名称空间与它们所对应的 XML Schema 文档的存储位置，每一个名称空间的设置信息之间采用空格分隔。下面通过一个案例演示在一个 XML 文档中引入多个名称空间名称的情况，如文件 2-13 所示。

文件 2-13　xmlbook01.xml

```
1  <?xml version="1.1" encoding="UTF-8"?>
2  <书架 xmlns="https://www.itheima.com/xmlbook/schema"
3      xmlns:demo="https://www.itheima.com/demo/schema"
4      xmlns:xsi="http://www.w3.org/2001/XMLSchema-instance"
5      xsi:schemaLocation="https://www.itheima.com/xmlbook/schema
6                          https://www.itheima.com /xmlbook.xsd
7                          https://www.itheima.com /demo/schema
8                          https://www.itheima.com /demo.xsd">
9      <书>
10         <书名>Java 基础案例教程</书名>
11         <作者>黑马程序员</作者>
12         <售价 demo:币种="人民币">54.00 元</售价>
13     </书>
14 </书架>
```

（2）通过 xsi:noNamespaceSchemaLocation 属性直接指定

在 XML 文档中引入 XML Schema 文档，不仅可以通过 xsi:schemaLocation 属性引入名称空间的文档，还可以通过 xsi:noNamespaceSchemaLocation 属性直接指定，noNamespaceSchemaLocation 属性也是在标准名称空间"http://www.w3.org/2001/XMLSchema-instance"中定义的，它用于定义指定文档的位置。下面通过一个案例演示 noNamespaceSchemaLocation 属性在 XML 文档中的使用，如文件 2-14 所示。

文件 2-14　xmlbook02.xml

```
1  <?xml version="1.1" encoding="UTF-8"?>
2  <书架 xmlns:xsi="http://www.w3.org/2001/XMLSchema-instance"
3      xsi:noNamespaceSchemaLocation="xmlbook.xsd">
4      <书>
5          <书名>Java 基础案例教程</书名>
6          <作者>黑马程序员</作者>
7          <售价>54.00 元</售价>
```

```
8          </书>
9      </书架>
```

在文件 2–14 中，第 3 行代码引入的 xmlbook.xsd 文档与引用它的实例文档位于同一目录中。

### 4. Schema 语法

任何语言都有一定的语法，Schema 也不例外。了解了 Schema 的基本用法后，下面将对 Schema 语法进行详细讲解。

（1）元素定义

Schema 与 DTD 一样，可以定义 XML 文档中的元素。在 Schema 文档中，元素定义的语法格式如下：

```
<xs:element name="名称" type="类型"/>
```

在上述语法格式中，element 用于声明一个元素，名称是指元素的名称，类型是指元素的数据类型。在 XML Schema 中有很多内置的数据类型，其中最常用的有以下几种。

- xs:string：表示字符串类型。
- xs:decimal：表示小数类型。
- xs:integer：表示整数类型。
- xs:boolean：表示布尔类型。
- xs:date：表示日期类型。
- xs:time：表示时间类型。

了解了元素的定义方式后，下面来看一个 XML 的示例代码，具体示例如下：

```
<lastname>Smith</lastname>
<age>28</age>
<dateborn>1980-03-27</dateborn>
```

在上面的 XML 示例代码中定义了三个元素，这三个元素对应的 Schema 定义如下：

```
<xs:element name="lastname" type="xs:string"/>
<xs:element name="age" type="xs:integer"/>
<xs:element name="dateborn" type="xs:date"/>
```

（2）属性的定义

在 Schema 文档中，属性定义的语法格式如下：

```
<xs:attribute name="xxx" type="yyy"/>
```

在上述语法格式中，xxx 是指属性名称，yyy 是指属性的数据类型。其中，属性的常用数据类型与元素相同，使用的是 XML Schema 中内创建的数据类型。

了解了属性的定义方式后，下面来看一个简单的 XML 例子，具体示例如下：

```
<lastname lang="EN">Smith</lastname>
```

在上述这段简单的 XML 例子中，属性的名称是 lang，属性值的类型是字符串类型，因此对应的 Schema 定义方式如下：

```
<xs:attribute name="lang" type="xs:string"/>
```

（3）简单类型

在 XML Schema 文档中，只包含字符数据的元素都是简单类型的。简单类型使用 xs:simpleType 元素来定义。如果想对现有元素内容的类型进行限制，则需要使用 xs:restriction 元素。下面通过以下几种情况详细介绍如何对简单类型元素的内容进行限定，具体如下。

① xs:minInclusive 和 xs:maxInclusive 元素对值的限定。

例如，当定义一个雇员的年龄时，雇员的年龄要求是 18～58 周岁之间，这时需要对年龄 age 这个元素进行限定，具体示例代码如下：

```
<xs:element name="age">
<xs:simpleType>
  <xs:restriction base="xs:integer">
    <xs:minInclusive value="18"/>
    <xs:maxInclusive value="58"/>
  </xs:restriction>
</xs:simpleType>
```

```
</xs:element>
```

在上述示例代码中，元素 age 的属性是 integer，通过 xs:minInclusive 和 xs:maxInclusive 元素限制了年龄值的范围。

② xs:enumeration 元素对一组值的限定。

如果希望将 XML 元素的内容限制为一组可接受的值，可以使用枚举约束（Enumeration Constraint）。例如，要限定一个元素名为 car 的元素，可接受的值只有 Audi、Golf、BMW，具体示例如下：

```
<xs:element name="car">
<xs:simpleType>
 <xs:restriction base="xs:string">
  <xs:enumeration value="Audi"/>
  <xs:enumeration value="Golf"/>
  <xs:enumeration value="BMW"/>
 </xs:restriction>
</xs:simpleType>
</xs:element>
```

③ xs:pattern 元素对一系列值的限定。

如果希望把 XML 元素的内容限制定义为一系列可使用的数字或字母，可以使用模式约束（Pattern Constraint）。例如，要定义一个带有限定的元素 letter，要求可接受的值只能是字母 a～z 中的一个，具体示例如下：

```
<xs:element name="letter">
<xs:simpleType>
 <xs:restriction base="xs:string">
  <xs:pattern value="[a-z]"/>
 </xs:restriction>
</xs:simpleType>
</xs:element>
```

④ xs:restriction 元素对空白字符的限定。

在 XML 文档中，空白字符比较特殊，如果需要对空白字符（Whitespace Characters）进行处理，可以使用 whiteSpace 元素。whiteSpace 元素有三个属性值可以设定，分别是 preserve、replace 和 collapse。其中，preserve 表示不对元素中的任何空白字符进行处理，replace 表示移除所有的空白字符，collapse 表示将所有的空白字符缩减为单一字符。下面以 preserve 为例，学习如何对空白字符进行限定，具体示例如下：

```
<xs:element name="address">
<xs:simpleType>
 <xs:restriction base="xs:string">
  <xs:whiteSpace value="preserve"/>
 </xs:restriction>
</xs:simpleType>
</xs:element>
```

在上述示例代码中，对 address 元素内容的空白字符进行了限定。在使用 whiteSpace 限定时，将值设置为 preserve，表示这个 XML 处理器将不会处理该元素内容中的所有空白字符。

需要注意的是，在 Schema 文档中，还有很多限定的情况，例如对长度的限定、对数据类型的限定等，如果想更多地了解这些限定的使用，可以参看 W3C 文档。

（4）复杂类型

在定义复杂类型时，需要使用 xs:complexContent 元素来定义。复杂类型的元素可以包含子元素和属性，这样的元素称为复合元素。在定义复合元素时，如果元素的开始标签和结束标签之间只包含字符数据内容，那么这样的内容是简易内容，需要使用 xs:simpleContent 元素来定义。反之，元素的内容都是复杂内容，需要使用 xs:complexContent 元素来定义。复合类型元素有 4 种基本类型，下面对这 4 种基本类型进行讲解。

① 空元素。这里的空元素是指不包含内容、只包含属性的元素，具体示例如下：

```
<product prodid="1345" />
```

在上述元素定义中，没有定义元素 product 的内容。这时，空元素在 XML Schema 文档中对应的定义方式如下：

```
<xs:element name="product">
  <xs:complexType>
    <xs:attribute name="prodid" type="xs:positiveInteger"/>
  </xs:complexType>
</xs:element>
```

② 包含其他元素的元素。对于 XML 文档中包含其他元素的元素，示例代码如下：

```
<person>
<firstname>John</firstname>
<lastname>Smith</lastname>
</person>
```

在上述示例代码中，元素 person 嵌套了两个元素，分别是 firstname 和 lastname。这时，在 Schema 文档中对应的定义方式如下：

```
<xs:element name="person">
  <xs:complexType>
    <xs:sequence>
      <xs:element name="firstname" type="xs:string"/>
      <xs:element name="lastname" type="xs:string"/>
    </xs:sequence>
  </xs:complexType>
</xs:element>
```

③ 仅包含文本的元素。对于仅包含文本的复合元素，需要使用 simpleContent 元素添加内容。在使用简易内容时，必须在 simpleContent 元素内定义扩展或限定，这时需要使用 extension 或 restriction 元素来扩展或限制元素的基本简易类型。请看一个 XML 的简易例子，其中 shoesize 仅包含文本，具体示例如下：

```
<shoesize country="france">35</shoesize>
```

在上述示例中，元素 shoesize 包含了属性以及元素内容。针对这种仅包含文本的元素，需要使用 extension 来对元素的类型进行扩展，在 Schema 文档中对应的定义方式如下：

```
<xs:element name="shoesize">
  <xs:complexType>
    <xs:simpleContent>
      <xs:extension base="xs:integer">
        <xs:attribute name="country" type="xs:string" />
      </xs:extension>
    </xs:simpleContent>
  </xs:complexType>
</xs:element>
```

④ 包含元素和文本的元素。

在 XML 文档中，某些元素经常需要包含文本以及其他元素。例如，下面的这段 XML 文档：

```
<letter>
Dear Mr.<name>John Smith</name>.
Your order <orderid>1032</orderid>
will be shipped on <shipdate>2001-07-13</shipdate>.
</letter>
```

上述这段 XML 文档在 Schema 文档中对应的定义方式如下：

```
<xs:element name="letter">
  <xs:complexType mixed="true">
    <xs:sequence>
      <xs:element name="name" type="xs:string"/>
      <xs:element name="orderid" type="xs:positiveInteger"/>
      <xs:element name="shipdate" type="xs:date"/>
    </xs:sequence>
  </xs:complexType>
</xs:element>
```

需要注意的是，为了使字符数据可以出现在 letter 元素的子元素之间，使用了 mixed 属性。该属性用于规定是否允许字符数据出现在复杂类型的子元素之间，默认情况下 mixed 的值为 false。

## 2.2　程序开发体系架构

随着网络技术的发展，各种各样的网络程序开发体系架构应运而生，其中应用最多的网络应用程序开发体系架构可分为两种，一种是基于客户端/服务器（Client/Server，C/S）结构，另一种是基于浏览器/服务器（Browser/Server，B/S）架构。本节将针对这两种网络应用程序开发体系架构进行详细讲解。

### 2.2.1　C/S 体系架构

C/S 是指在开发的过程中，客户端需要安装相应的软件才能连接服务器，并且客户端软件承担所有的逻辑运算和界面显示，服务器只提供数据交互。C/S 架构如图 2-2 所示。

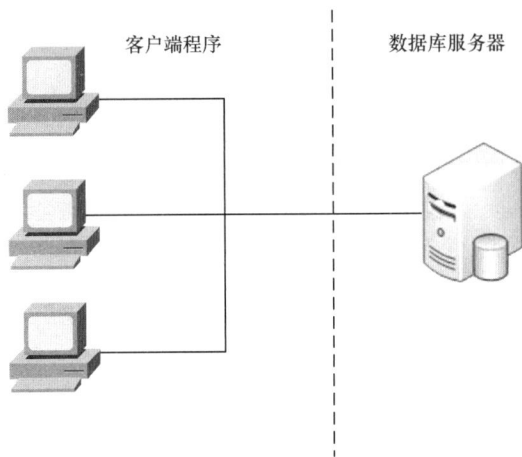

客户端程序　　　数据库服务器

图2-2　C/S架构

从图 2-2 可以看出，在 C/S 架构中，客户端程序与数据库服务器直接建立连接，客户端程序需要利用客户机的数据处理能力，完成应用程序中绝大多数的业务逻辑和界面展示。但是，在长期的实践过程中，大家发现 C/S 架构存在一些致命的缺点，具体如下。

- C/S 架构的客户端程序安装在客户机上，如果有很多人使用，则安装的工作量非常巨大。
- C/S 架构的客户端程序负责整个业务逻辑处理和界面显示，如果对其进行修改，则必须对整个客户端程序进行修改，不利于软件的升级与维护。
- C/S 架构的客户端程序直接与数据库服务器端建立连接，而数据库服务器支持的并发连接数量有限，这样就限制了客户端程序可以同时运行的数量。

### 2.2.2　B/S 体系架构

正是由于 C/S 架构有这样的缺点，所以随着 Internet 技术的兴起，诞生了一种新的软件架构——B/S 架构。B/S 是指在开发的过程中，客户端只需要一个浏览器，就可以实现与服务器交互，服务器承担所有的逻辑和计算，浏览器只负责将结果显示在屏幕上。

B/S 架构是对 C/S 架构的一种改进，是 Web 兴起后的一种网络架构模式。B/S 架构最大的优点是客户机上无须安装专门的客户端程序，程序中的业务逻辑处理都集中到了 Web 服务器上，客户机只要安装一个浏览器就能通过 Web 服务器与数据库进行交互，并将交互的结果以网页的形式展现在浏览器中。下面通过一个图例描述浏览器通过 Web 服务器与数据库交互的过程，如图 2-3 所示。

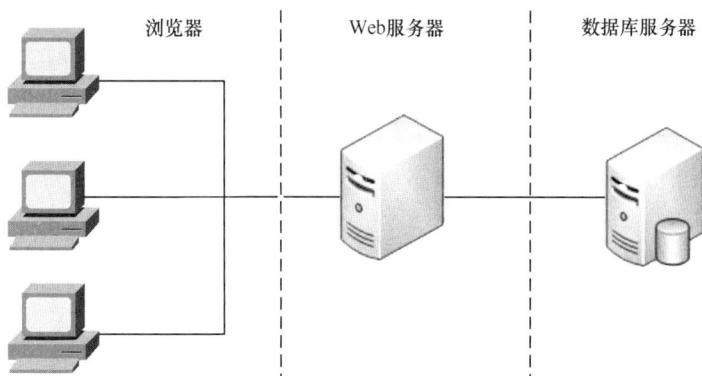

图2-3　浏览器通过Web服务器与数据库交互的过程

从图 2-3 中可以看出，浏览器并不是直接与数据库服务器建立连接的，而是通过 Web 服务器与数据库服务器建立连接。由此可见，B/S 架构可以有效地解决数据库并发数量有限的问题。

与 C/S 架构相比，B/S 架构中用户操作的界面是由 Web 服务器创建的，当要修改系统提供的用户操作界面时，只需要在 Web 服务器端修改相应的网页文档即可。因为 B/S 架构有诸多优点，所以 B/S 架构是目前各类信息管理系统的首选体系架构，它基本上全面取代了 C/S 架构。

# 2.3　Tomcat

学习 Java Web 就是学习如何开发动态 Web 资源，一个动态 Web 资源开发完毕后需要发布在 Web 服务器上才能被外界访问。因此在学习 Web 开发之前需要学习 Web 服务器的一些相关知识。目前，比较常用的 Web 服务器是 Tomcat，本节将对 Tomcat 服务器的安装和使用进行详细讲解。

## 2.3.1　Tomcat 简介

Tomcat 是 Apache 组织的 Jakarta 项目中的一个重要子项目，它是 Sun 公司（已被 Oracle 收购）推荐的运行 Servlet 和 JSP 的容器（引擎），其源代码是完全公开的。Tomcat 不仅具有 Web 服务器的基本功能，而且提供了数据库连接池等许多通用组件功能。

Tomcat 运行稳定、可靠、效率高，不仅可以与目前大部分主流的 Web 服务器（例如 Apache、IIS 服务器）一起工作，而且可以作为独立的 Web 服务器软件。因此，越来越多的软件公司和开发人员都将它作为运行 Servlet 和 JSP 的平台。

Tomcat 的版本在不断升级，功能也不断完善与增强。目前最新版本为 Tomcat 10.1，初学者可以下载相应的版本进行学习。

## 2.3.2　Tomcat 的安装和启动

本书要介绍的 Tomcat 的版本是 Tomcat 8.5，读者可以从 Tomcat 官方网站下载。为了帮助初学者学习 Tomcat 的启动和加载过程，建议初学者下载 ZIP 压缩包，通过解压的方式安装 Tomcat。需要注意的是，安装 Tomcat 之前需要安装 JDK，运行 Tomcat 8.5 建议使用 JDK 8 版本。由于篇幅所限，关于 JDK 的安装以及 Tomcat 8.5 的下载此处不再详细介绍，请自行查阅相关资料或书籍。

下载 Tomcat 压缩文件之后，直接解压到指定的目录便可完成 Tomcat 的安装。这里将 Tomcat 压缩文件直接解压到 D 盘的 Tomcat 文件夹下，解压后会产生一个 apache-tomcat-8.5.16 文件夹，打开这个文件夹可以看到 Tomcat 的目录结构，如图 2-4 所示。

从图 2-4 可以看出，Tomcat 安装目录中包含一系列的子目录，这些子目录分别用于存放不同功能的文件。下面对这些子目录进行简单介绍，具体如下。

（1）bin：用于存放 Tomcat 的可执行文件和脚本文件（扩展名为.bat 的文件），例如 tomcat8.exe、startup.bat。

（2）conf：用于存放 Tomcat 的各种配置文件，例如 web.xml、server.xml。

（3）lib：用于存放 Tomcat 服务器和所有 Web 应用程序需要访问的 JAR 文件。

（4）logs：用于存放 Tomcat 的日志文件。

（5）temp：用于存放 Tomcat 运行时产生的临时文件。

（6）webapps：Web 应用程序的主要发布目录。通常将要发布的应用程序放到这个目录下。

图2-4　apache-tomcat-8.5.16目录结构

（7）work：Tomcat 的工作目录。JSP 编译生成的 Servlet 源文件和字节码文件放到这个目录下。

bin 目录下存放了许多脚本文件，其中 startup.bat 就是启动 Tomcat 的脚本文件，如图 2-5 所示。

双击图 2-5 中的 startup.bat 文件，便会启动 Tomcat 服务器。此时，可以在弹出的命令行看到一些启动信息，如图 2-6 所示。

图2-5　bin目录

图2-6　Tomcat启动信息

Tomcat 服务器启动后，在浏览器的地址栏中输入 http://localhost:8080 或者 http://127.0.0.1:8080（localhost 和 127.0.0.1 都表示本地计算机）访问 Tomcat 服务器，如果浏览器中的显示界面如图 2-7 所示，则说明 Tomcat 服务器安装成功了。

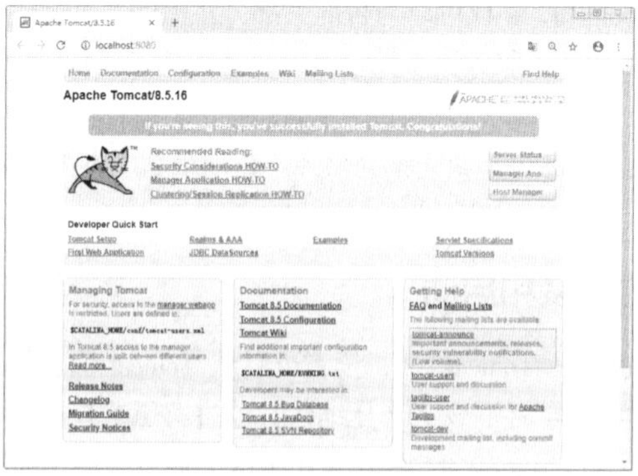

图2-7　Tomcat首页

**注意：**

如果双击 startup.bat 文件时 Tomcat 没有正常启动，而是一闪而过，则说明 Tomcat 的启动发生意外，具体的解决办法将在 2.3.3 小节进行详细讲解。

### 2.3.3　Tomcat 诊断

在 2.3.2 小节启动 Tomcat 时，可能会遇到一种情况，即双击 bin 目录中的 startup.bat 脚本文件时，命令行窗口一闪而过。在这种情况下，因为无法查看到错误信息，所以无法对 Tomcat 进行诊断，分析出错原因。这时，可以先启动一个命令行窗口，在这个命令行窗口中，将目录切换到 Tomcat 安装目录中的 bin 目录，然后在该窗口中执行 startup.bat 命令，就会看到错误信息，如图 2-8 所示。

从图 2-8 中可以看到错误提示为 JRE_HOME 环境变量配置不正确，而运行该程序需要此环境变量。这是因为 Tomcat 服务器是由 Java 语言开发的，它在运行时需要根据 JAVA_HOME 或 JRE_HOME 环境变量来获得 JRE 的安装位置，从而利用 Java 虚拟机来运行 Tomcat。要解决这个问题，只需要将 JAVA_HOME 环境变量配置成 JDK 的安装目录。以 Windows 7 系统为例，配置 JAVA_HOME 环境变量的步骤如下。

（1）右键单击桌面图标【计算机】→【属性】→【系统】→【高级系统设置】，在弹出窗口中单击"环境变量"按钮，此时会显示"环境变量"对话框，如图 2-9 所示。

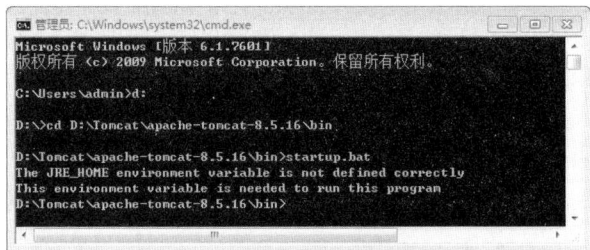

图2-8　运行Tomcat提示错误信息

图2-9　"环境变量"对话框

（2）在图 2-9 中，单击系统变量区域的"新建"按钮，弹出"编辑用户变量"对话框，将变量名设置为"JAVA_HOME"，变量值设置为 JDK 的安装目录"D:\Java\jdk1.8.0_201"，如图 2-10 所示。

添加完成后，单击"确定"按钮，完成 JAVA_HOME 的配置。再次双击 startup.bat 文件，启动 Tomcat 服务器，可以发现 Tomcat 服务器正常启动了。

需要注意的是，配置完 JAVA_HOME 后，可将原来配置在 Path 环境变量中的 JDK 安装路径替换为"%JAVA_HOME%\bin;"，其中%JAVA_HOME%代表环境

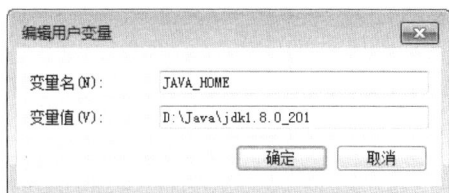

图2-10　"编辑用户变量"对话框

变量 JAVA_HOME 的当前值。路径末尾用英文半角分号（;）结束，与其他 Path 变量值路径隔开。这样做的好处是，当 JDK 的版本或安装路径发生变化时，只需修改 JAVA_HOME 的变量值，而 Path 环境变量和其他引用 JAVA_HOME 的位置不需要改变。

### 脚下留心：Tomcat端口号被占用

Tomcat 在启动时可能会出现启动失败的情况，这种情况还可能是因为 Tomcat 服务器所使用的网络监听端口被其他服务程序占用。现在很多安全工具都提供查看网络监听端口的功能，例如 360 安全卫士、QQ 管家等。此外，也可以通过在命令行窗口中输入"netstat -na"命令，查看本机运行的程序都占用了哪些端口，如果有程序占用了 8080 端口，则可以在任务管理器的"进程"选项卡中结束它的进程，之后重新启动 Tomcat 服务器，在浏览器中输入 http://localhost:8080 就能看到 Tomcat 的首页。

如果在"进程"选项卡中无法结束占用 8080 端口的程序，就需要在 Tomcat 的配置文件中修改 Tomcat

监听的端口号。前面讲过 Tomcat 安装目录中有一个 conf 文件夹用于存放 Tomcat 的各种配置文件，其中 server.xml 就是 Tomcat 的主要配置文件，端口号就是在这个文件中配置的。使用记事本打开 server.xml 文件，在这个文件中有多个元素，如图 2-11 所示。

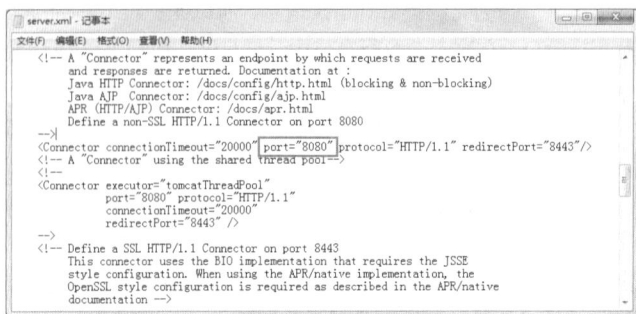

图2-11　server.xml中配置端口的位置

在图 2-11 中可以看到 server.xml 文件中有一个 \<Connector\> 元素，该元素中有一个 port 属性，这个属性就是用于配置 Tomcat 服务器监听的端口号的。当前 port 属性的值为 8080，表示 Tomcat 服务器使用的端口号是 8080。Tomcat 监听的端口号可以是 0~65535 之间的任意一个整数，如果出现端口号被占用的情况，就可以通过修改这个 port 属性的值来修改端口号。

需要注意的是，如果将 Tomcat 服务器的端口号修改为 80，那么在浏览器地址栏中输入 http://localhost:80 访问 Tomcat 服务器，此时会发现 80 端口号自动消失了，这是因为 HTTP 规定 Web 服务器使用的默认端口为 80，访问监听 80 端口的 Web 应用时，端口号可以省略不写，即输入 http://localhost 就可访问 Tomcat 服务器。

### 2.3.4　动手实践：在 IntelliJ IDEA 中配置 Tomcat

IntelliJ IDEA 作为一款强大的软件集成开发工具，对 Web 服务器提供了非常好的支持，它可以集成各种 Web 服务器，方便程序员进行 Web 开发。通过本任务，读者将学会如何在 IntelliJ IDEA 工具中创建一个 Java Web 项目并将项目部署在 Tomcat 服务器，具体实现步骤如下。

（1）启动 IntelliJ IDEA 开发工具，单击工具栏中的【File】→【new】→【Project】选项，此时会进入 "New Project" 界面，如图 2-12 所示。

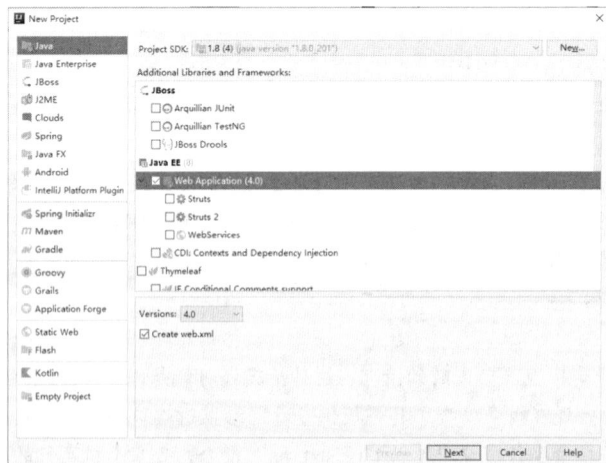

图2-12　"New Project" 界面

（2）在图 2-12 所示的 "New Project" 界面中，单击左边菜单中的 "Java" 选项，在展开的菜单中选择 "Web Application"，单击 "Next" 按钮，进入 Web 项目命名界面，如图 2-13 所示。

（3）在图 2-13 中，在"Project name"文本框中对 Web 项目命名，单击"Finish"按钮，完成项目创建。项目创建成功之后，下面开始配置项目。在 IDEA 的工具栏中，单击【File】→【Project Structure】选项，进入"Project Structure"界面，如图 2-14 所示。

图2-13　Web项目命名界面

图2-14　"Project Structrue"界面

（4）在图 2-14 中单击左侧菜单中的"Modules"选项，单击"Sources"配置项，在项目 web 文件夹下的 WEB-INF 文件夹下创建 classes 和 lib 文件夹，如图 2-15 所示。

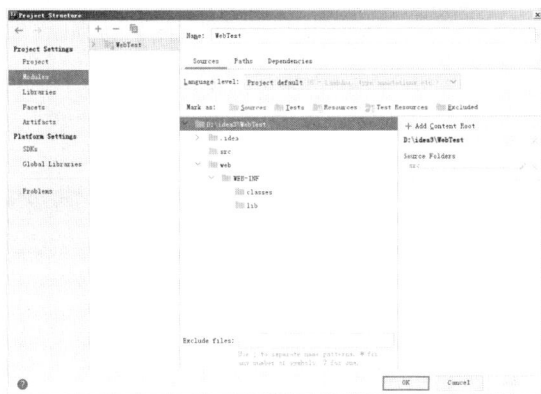

图2-15　创建classes和lib文件夹

（5）单击图 2-15 中的"Paths"配置项，将"Output path"和"Test output path"的地址修改为图 2-15 中创建的 classes 的地址，该操作的作用是配置所有编译为.class 的文件都输出到此文件夹下，具体如图 2-16 所示。

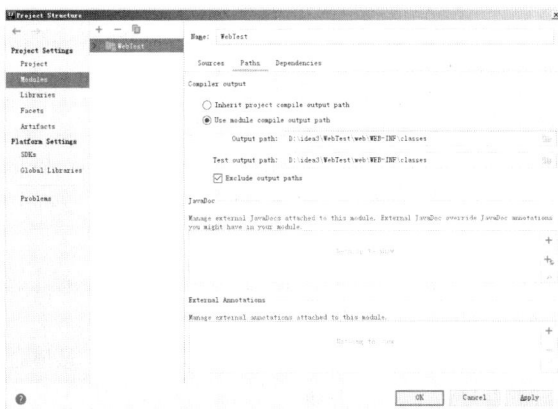

图2-16　Paths配置项界面

（6）单击图 2-16 中的"Dependencies"配置项，关联项目所需 Jar 包，如图 2-17 所示。

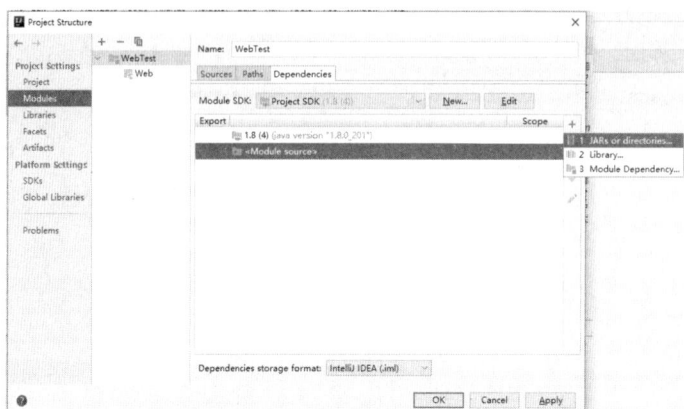

图2-17　Dependencies配置项界面

（7）在图 2-17 中的"Dependencies"配置项中，单击右侧【 + 】→【JARs or directories...】，会弹出一个"Select Path"对话框，如图 2-18 所示。

（8）在图 2-18 中，在"Select Path"对话框中找到创建的 Web 项目，选中项目的 lib 文件夹，单击"OK"按钮，会弹出一个"Choose Categories of Selected Files"界面，如图 2-19 所示。

图2-18　"Select Path"对话框

图2-19　"Choose Categories of Selected Files"界面

（9）在图 2-19 中，选中"Jar Directory"选项，单击"OK"按钮，使项目关联本地 Jar 包，项目就配置完成了。项目配置完成之后，接下来需要配置 Tomcat，将项目部署在 Tomcat 上。首先，在 IDEA 的菜单栏中单击【Run】→【Edit Configurations...】，会弹出一个"Run/Debug Configurations"界面，如图 2-20 所示。

（10）在图 2-20 中，单击"Run/Debug Configurations"左上角的"+"按钮，会弹出一个"Add New Configuration"菜单栏界面，如图 2-21 所示。

（11）在图 2-21 中，在弹出的"Add New Configuration"菜单栏界面选择【Tomcat Server】→【Local】，在 IDEA 配置一个 Tomcat 服务器，如图 2-22 所示。

（12）在图 2-22 中，"Name"后的文本框用于给配置的 Tomcat 命名，这里命名为 Tomcat；"HTTP port"后的文本框可以设置 Tomcat 的端口号，默认是 8080；"Configure"按钮用于配置本地 Tomcat 的路径，单击"Configure"按钮，会进入"Tomcat Servers"界面，如图 2-23 所示。

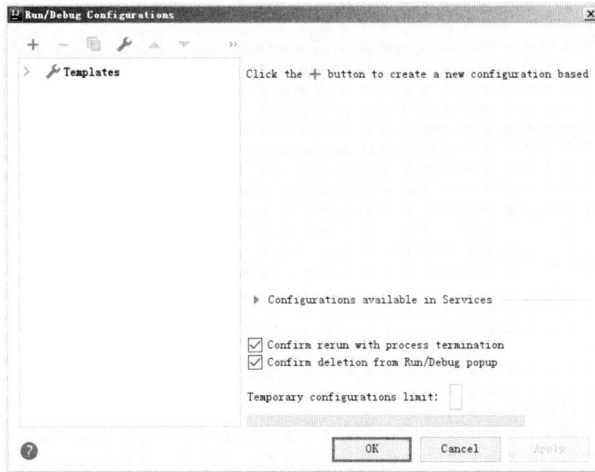

图2-20    "Run/Debug Configurations" 界面

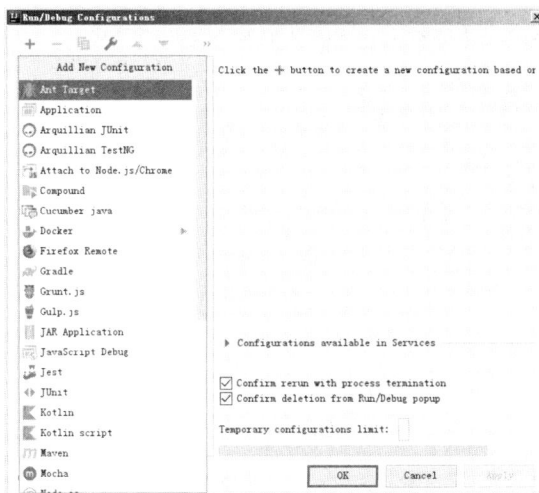

图2-21    "Add New Configuration" 菜单栏界面

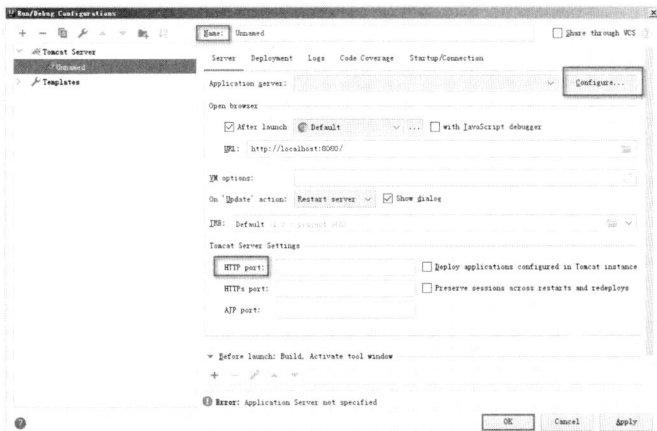

图2-22    配置Tomcat

（13）图 2-23 中，在"Tomcat Home"中选择关联一个本地安装的 Tomcat，单击"OK"按钮，即可成功关联本地 Tomcat，如图 2-24 所示。

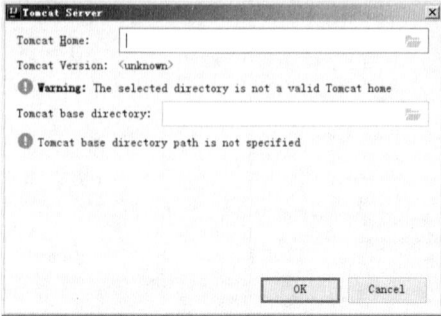

图2-23 "Tomcat Server"界面

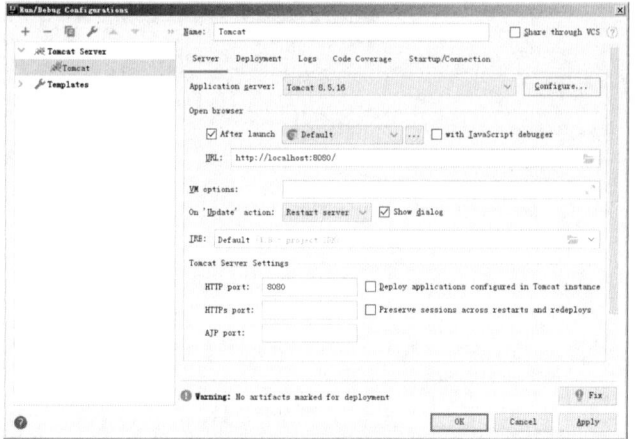

图2-24 Tomcat配置界面

（14）在图 2-24 中，单击 "Deployment" 选项，进入 "Deployment" 配置项界面，如图 2-25 所示。

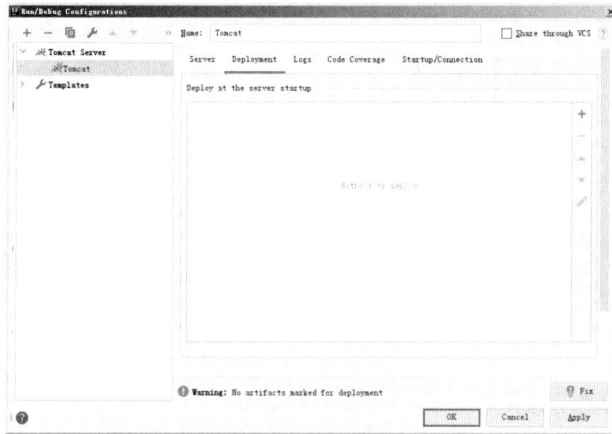

图2-25 Deployment配置项界面

（15）在图 2-25 中，单击右侧【＋】→【Artifact...】将项目部署在 Tomcat，如图 2-26 所示。

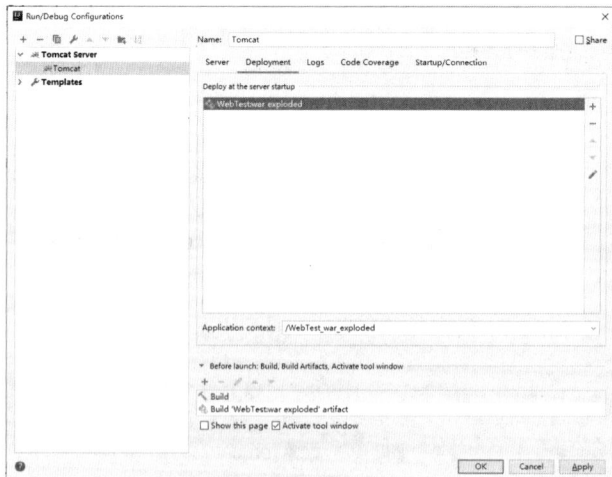

图2-26 将项目部署在Tomcat

（16）在图 2-26 中，单击 "OK" 按钮，项目就部署成功了。在 IDEA 菜单栏中单击【Run】→【Run Tomcat 】启动 Tomcat 进行测试。在浏览器输入项目资源地址 localhost:8080/WebTest_war_exploded/index.jsp 进行访问，具体如图 2-27 所示。

图2-27　浏览器访问页面

如果想要修改项目访问路径，可以在 "Run/Debug Configurations" 界面的 "Application context" 文本框中进行修改，如图 2-28 所示。

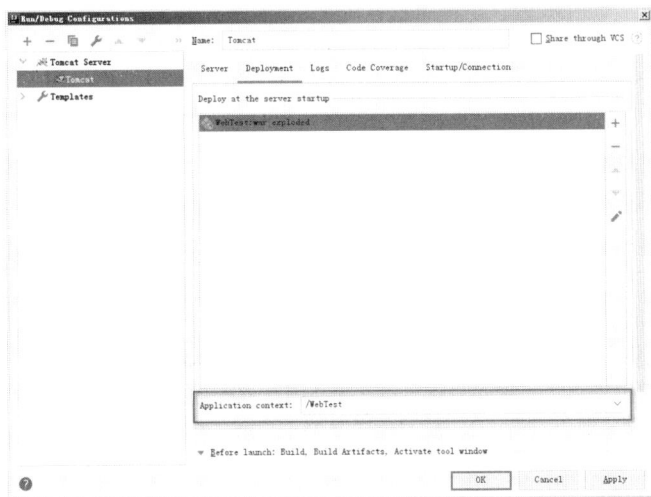

图2-28　修改项目访问路径

在图 2-28 中，修改项目访问路径后，单击 "OK" 按钮，在浏览器输入项目资源地址 localhost:8080/WebTest/index.jsp 进行访问，访问效果与图 2-27 一致。

## 2.4　本章小结

本章主要讲解了 Java Web 的基础知识。首先讲解了有关 XML 的相关知识，包括 XML 概述、XML 语法、DTD 约束和 Schema 约束；然后介绍了程序开发体系架构，包括 C/S 架构和 B/S 架构；最后介绍了 Tomcat 的相关知识，包括 Tomcat 的简介，Tomcat 的安装、启动和诊断，以及 Tomcat 在 IntelliJ IDEA 中的配置。通过本章的学习，初学者能够了解 XML 的概念，掌握 XML 语法，掌握使用 DTD 约束对 XML 文档进行约束，掌握使用 Schema 约束对 XML 进行约束，了解 C/S 体系架构与 B/S 体系架构，熟悉 Tomcat 的安装与启动，掌握在 IntelliJ IDEA 中配置 Tomcat 服务器的方法。

## 2.5　本章习题

本章课后习题请扫描二维码。

# 第 3 章

# HTTP 协议

**学习目标**

★ 了解 HTTP 消息以及 HTTP 1.0 和 HTTP 1.1 的区别

★ 熟悉 HTTP 请求行和常用请求头字段的含义

★ 熟悉 HTTP 响应状态行和常用响应头字段的含义

拓展阅读

如同两个国家元首的会晤过程需要遵守一定的外交礼节，在浏览器与服务器的交互过程中也要遵循一定的规则，这个规则就是 HTTP（HyperText Transfer Protocol，超文本传输协议）。HTTP 专门用于定义浏览器与服务器之间交换数据的过程以及数据本身的格式。对于从事 Web 开发的人员来说，只有深入理解 HTTP，才能更好地开发、维护、管理 Web 应用。本章将对 HTTP 进行详细讲解。

## 3.1 HTTP 概述

HTTP 是一种客户端（用户）请求和服务器（网站）应答的标准，它作为一种应用层协议，应用于分布式、协作式和超媒体信息系统。HTTP 是万维网数据通信的基础。本节将从 HTTP 的概念、HTTP 1.0 和 HTTP 1.1、HTTP 消息三个方面进行讲解。

### 1. HTTP 的概念

HTTP 是一种请求/响应式的协议，客户端在与服务器建立连接后，就可以向服务器发送请求，这种请求被称作 HTTP 请求，服务器接收到请求后会做出响应，称为 HTTP 响应。客户端与服务器在 HTTP 下的交互过程如图 3-1 所示。

下面结合图 3-1 总结一下 HTTP 协议的特点，具体如下。

（1）HTTP 协议支持客户端（浏览器就是一种 Web 客户端）/服务器模式。

（2）简单快速。客户端向服务器请求服务时，只需传送请求方式和路径。常用的请求方式有 GET、POST 等，不同的请求方式规定的客户端与服务器联系的类型也不同。HTTP 比较简单，使得 HTTP 服务器的程序规模小，因而通信速度很快。

（3）灵活。HTTP 允许传输任意类型的数据，正在传输的数据类型由 Content-Type 加以标记。

（4）无状态。HTTP 是无状态协议。无状态是指协议对于事务处理没有记忆能力，如果后续处理需要前面的信息，则必须重新传输，这样可能导致每次连接传送的数据量增大。

## 2. HTTP 1.0 和 HTTP 1.1

HTTP 自诞生以来，先后经历了很多版本。其中，最早的版本是 HTTP 0.9，它于 1990 年问世。后来，为了进一步完善 HTTP，在 1996 年发行了 HTTP 1.0 版本，在 1997 年发行了 HTTP 1.1 版本。由于 HTTP 0.9 版本已经过时，这里不做过多讲解。下面只针对 HTTP 1.0 和 HTTP 1.1 进行详细讲解。

（1）HTTP 1.0

基于 HTTP 1.0 协议的客户端与服务器在交互过程中需要经过建立连接、发送请求信息、回送响应信息、关闭连接 4 个步骤。HTTP 1.0 的交互过程如图 3-2 所示。

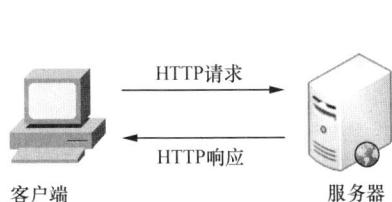

图3-1　客户端与服务器在HTTP下的交互过程

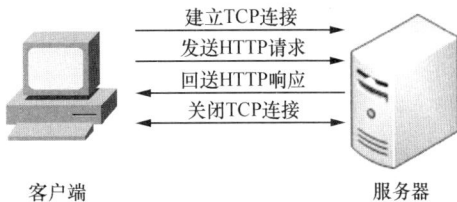

图3-2　HTTP 1.0的交互过程

客户端与服务器建立连接后，每次只能处理一个 HTTP 请求。对于内容丰富的网页来说，这样的通信方式明显有缺陷。在客户端基于 HTTP 1.0 协议访问一个 HTML 页面，该 HTML 页面的具体代码如下：

```html
<html>
 <body>
    <img src="/image01.jpg">
    <img src="/image02.jpg ">
    <img src="/image03.jpg ">
 </body>
</html>
```

上述 HTML 页面包含 3 个<img>标签，并且在<img>标签中使用 src 属性引用图片的 URL 地址，因此，当客户端基于 HTTP 1.0 协议访问这个 HTML 页面时需要发送 3 次请求，并且每次请求都需要与服务器重新建立连接。如此一来，必然导致客户端与服务器交互耗时，影响网页的访问速度。

（2）HTTP 1.1

为了克服上述 HTTP 1.0 客户端与服务器交互耗时的缺陷，HTTP 1.1 版本应运而生，它支持持久连接，也就是说在一个 TCP 连接上可以传送多个 HTTP 请求和响应，从而减少了建立和关闭连接的消耗和延时。基于 HTTP 1.1 的客户端与服务器的交互过程如图 3-3 所示。

由图 3-3 可知，当客户端与服务器建立连接后，客户端可以向服务器发送多个请求，并且在发送下次请求时，无须等待上次请求的返回结果，服务器会按照客户端发送请求的先后顺序依次返回响应结果，以保证客户端能够区分出每次请求的响应内容。由此可见，HTTP 1.1 不仅继承了 HTTP 1.0 的优点，而且有效解决了 HTTP 1.0 的性能问题，显著减少了浏览器与服务器交互所需要的时间。

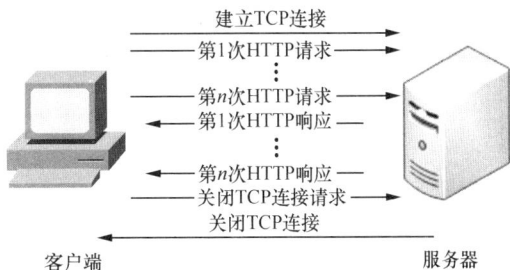

图3-3　基于HTTP 1.1的客户端与服务器的交互过程

## 3. HTTP 消息

当用户在浏览器中访问某个 URL 地址、单击网页的某个超链接或者提交网页上的 form 表单时，浏览器都会向服务器发送请求数据，即 HTTP 请求消息。服务器接收到请求数据后，会将处理后的数据发送给客户端，即 HTTP 响应消息。HTTP 请求消息和 HTTP 响应消息统称为 HTTP 消息。

在 HTTP 消息中，除了服务器的响应实体内容（例如 HTML 网页、图片等）外，其他信息对用户都是不可见的，例如请求方式、HTTP 协议版本号、请求头和响应头等。要想观察这些"隐藏"的信息，需要借助浏览器的网络查看工具。这里使用 Firefox 79.0 Beta 浏览器。单击 Firefox 浏览器右上角的"≡"按钮，会弹出菜单栏，如图 3-4 所示。

图3-4　Firefox浏览器菜单

在图 3-4 的菜单栏中选择【Web Developer】→【Network】，可以查看浏览器和服务器通信的 HTTP 消息，如图 3-5 所示。

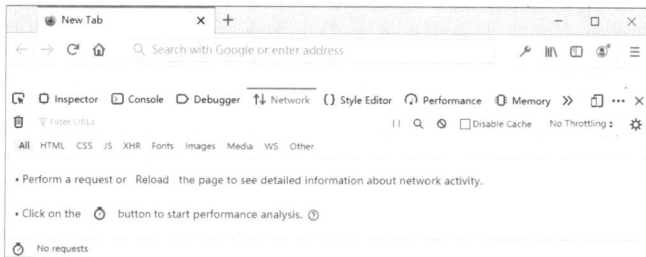

图3-5　浏览器和服务器通信的HTTP消息

为了帮助读者更好地理解 HTTP 消息，下面分步骤讲解如何利用 Firefox 浏览器查看 HTTP 消息。

（1）在浏览器的地址栏中输入 www.baidu.com 访问百度首页，在 Network 选项卡的请求信息栏中可以看到请求的 URL 地址，如图 3-6 所示。

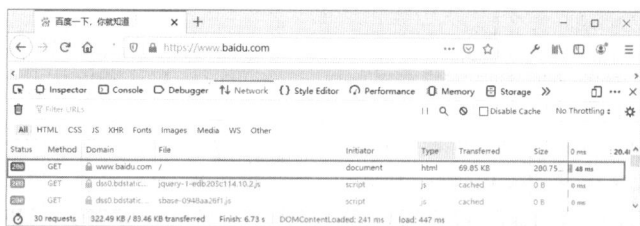

图3-6　请求的URL地址

（2）单击其中任一条请求信息，展开默认头信息选项卡，可以看到格式化后的响应头信息和请求头信息。单击请求头信息一栏左边的"原始头信息"，可以看到原始的请求头信息，具体内容如下：

```
1  GET / HTTP/1.1
2  Host: www.baidu.com
3  User-Agent: Mozilla/5.0 (Windows NT 10.0; Win64; x64; rv:79.0) Gecko/20100101
4  Firefox/79.0
5  Accept:
6  text/html,application/xhtml+xml,application/xml;q=0.9, */*;q=0.8
7  Accept-Language: en-US,en;q=0.5
8  Accept-Encoding: gzip, deflate, br
9  Connection: keep-alive
```

在上述请求消息中，第 1 行为请求行，第 2~9 行为请求头。关于请求消息的其他相关知识，将在后面的章节进行详细讲解。

（3）单击响应头信息一栏左边的"原始头信息"，可以看到原始的响应头信息，具体如下：

```
1   GET / HTTP/1.1
2   Date: Mon, 06 Jul 2020 06:48:44 GMT
3   Content-Type: text/html;charset=utf-8
4   Transfer-Encoding: chunked
5   Connection: Keep-Alive
6   Vary: Accept-Encoding
7   Expires: Mon, 06 Jul 2020 06:47:47 GMT
8   Cache-Control: private
9   Server: BWS/1.0
```

在上述响应消息中，第 1 行为响应状态行，第 2~9 行为响应头。关于响应消息的其他相关知识，将在后面的章节进行详细讲解。

# 3.2　HTTP 请求消息

在 HTTP 中，一个完整的请求消息由请求行、请求头和实体内容 3 个部分组成，每部分都有不同的作用。本节将围绕 HTTP 请求消息组成部分进行详细讲解。

## 3.2.1　HTTP 请求行

HTTP 请求行位于请求消息的第 1 行，它包括 3 个部分，分别是请求方式、资源路径和所使用的 HTTP 版本，具体示例如下：

```
GET /index.html HTTP/1.1
```

上述示例就是一个 HTTP 请求行，其中，GET 是请求方式，index.html 是请求资源路径，HTTP/1.1 是通信使用的协议版本。需要注意的是，请求行中的每个部分需要用空格分隔，最后要以回车换行符结束。

关于请求资源和协议版本，读者都比较容易理解，而 HTTP 请求方式对读者来说比较陌生，下面将对 HTTP 的请求方式进行介绍。

在 HTTP 的请求消息中，请求方式有 GET、POST、HEAD、PUT、DELETE、TRACE、CONNECT 和 OPTIONS 共 8 种，每种方式都指明了操作服务器中指定 URI 资源的方式，具体如表 3-1 所示。

表 3-1　HTTP 的 8 种请求方式

| 请求方式 | 含义 |
| --- | --- |
| GET | 请求获取请求行的 URI 所标识的资源 |
| POST | 向指定资源提交数据，请求服务器进行处理（如提交表单或者上传文件） |
| HEAD | 请求获取 URI 所标识资源的响应消息头 |
| PUT | 将网页放置到指定 URL 位置(上传/移动) |
| DELETE | 请求服务器删除 URI 所标识的资源 |
| TRACE | 请求服务器回送收到的请求信息，主要用于测试或诊断 |
| CONNECT | 保留以供将来使用 |
| OPTIONS | 请求查询服务器的性能，或者查询与资源相关的选项和需求 |

表 3-1 列举了 HTTP 的 8 种请求方式，其中最常用的就是 GET 和 POST 方式，下面分别对这两种请求方式进行介绍。

### 1. GET 方式

当用户在浏览器地址栏中直接输入某个 URL 地址或者单击网页上的一个超链接时，浏览器将使用 GET 方式发送请求。如果将网页上的 form 表单的 method 属性设置为 GET 或者不设置 method 属性（默认值是 GET），当用户提交表单时，浏览器也将使用 GET 方式发送请求。

如果浏览器请求的 URL 中有参数部分，在浏览器生成的请求消息中，参数部分将附加在请求行中的资源路径后面。先来看一个 URL 地址，具体如下：

```
http://www.itcast.cn/javaForum?name=lee&psd=hnxy
```

在上述 URL 中，"?" 后面的内容为参数信息。参数是由参数名和参数值组成的，并且中间使用等号（"="）进行连接。如果 URL 地址中有多个参数，则参数之间用 "&" 分隔。

当浏览器向服务器发送请求消息时，上述 URL 中的参数部分会附加在要访问的 URI 资源后面，具体如下：

```
GET /javaForum?name=lee&psd=hnxy HTTP/1.1
```

需要注意的是，使用 GET 方式传送的数据量有限，最多不能超过 2KB。

### 2. POST 方式

如果网页上 form 表单的 method 属性设置为 POST，当用户提交表单时，浏览器将使用 POST 方式提交表单内容，并把 form 表单的元素和数据作为 HTTP 消息的实体内容发送给服务器，而不是作为 URL 地址的参数传递。另外，在使用 POST 方式向服务器传递数据时，Content-Type 消息头会自动设置为 "application/x-www-form-urlencoded"，Content-Length 消息头会自动设置为实体内容的长度，具体示例如下：

```
POST /javaForum HTTP/1.1
Host: www.itcast.cn
Content-Type: application/x-www-form-urlencoded
Content-Length: 17
name=lee&psd=hnxy
```

对于使用 POST 方式传递的请求信息，服务器会采用与获取 URI 后面参数相同的方式来获取表单各个字段的数据。

需要注意的是，在实际开发中，通常都会使用 POST 方式发送请求，原因主要有以下两个。

（1）POST 传输数据大小无限制

由于 GET 请求方式是通过请求参数传递数据的，因此最多可传递 2KB 的数据。而 POST 请求方式是通过实体内容传递数据的，因此可以传递数据的大小没有限制。

（2）POST 比 GET 请求方式更安全

由于 GET 请求方式的参数信息都会在 URL 地址栏明文显示，而 POST 请求方式传递的参数隐藏在实体内容中，用户是看不到的，因此 POST 比 GET 请求方式更安全。

## 3.2.2  HTTP 请求头

在 HTTP 请求消息中，请求行之后便是若干请求头。请求头主要用于向服务器传递附加消息，例如客户端可以接收的数据类型、压缩方法、语言以及发送请求的超链接所属页面的 URL 地址等信息，具体示例如下：

```
Host: localhost:8080
Accept: image/gif, image/x-xbitmap, *
Referer: http://localhost:8080/itcast/
Accept-Language: zh-cn,zh;q=0.8,en-us;q=0.5,en;q=0.3
Accept-Encoding: gzip, deflate
Content-Type: application/x-www-form-urlencoded
User-Agent: Mozilla/4.0 (compatible; MSIE 7.0; Windows NT 10.0; GTB6.5; CIBA)
Connection: Keep-Alive
Cache-Control: no-cache
```

从上述请求头中可以看出，每个请求头都是由头字段名称和值构成的，头字段名称和值之间用冒号（：）和空格分隔，每个请求头之后使用一个回车换行符标志结束。需要注意的是，头字段名称不区分大小写，但习惯上将单词的第一个字母大写。

当浏览器发送请求给服务器时，根据功能需求的不同，发送的请求头也不相同。常用的请求头字段如表 3-2 所示。

表 3-2　常用的请求头字段

| 头字段 | 说明 |
| --- | --- |
| Accept | Accept 头字段用于指出客户端程序（通常是浏览器）能够处理的 MIME（Multipurpose Internet Mail Extensions）类型 |
| Accept-Charset | Accept-Charset 头字段用于告知服务器客户端所使用的字符集 |
| Accept-Encoding | Accept-Encoding 头字段用于指定客户端能够进行解码的数据编码方式，这里的编码方式通常指的是某种压缩方式 |
| Accept-Language | Accept-Language 头字段用于指定客户端期望服务器返回哪个国家语言的文档 |
| Authorization | 当客户端访问受口令保护的网页时，Web 服务器会发送 401 响应状态码和 WWW-Authenticate 响应头，要求客户端使用 Authorization 请求头来应答 |
| Proxy-Authorization | Proxy-Authorization 头字段的作用和用法与 Authorization 头字段基本相同，只不过 Proxy-Authorization 请求头是服务器向代理服务器发送的验证信息 |
| Host | Host 头字段用于指定资源所在的主机名和端口号 |
| If-Match | 当客户机再次向服务器请求这个网页文件时，可以使用 If-Match 头字段附带以前缓存的实体标签内容，这个请求被视为一个条件请求 |
| If-Modified-Since | If-Modified-Since 请求头的作用和 If-Match 类似，只不过它的值为 GMT 格式的时间 |
| Range | 用于指定服务器只需返回文档中的部分内容及内容范围，这对较大文档的断点续传非常有用 |
| If-Range | If-Range 头字段只能伴随着 Range 头字段一起使用，其值可以是实体标签或 GMT 格式的时间 |
| Max-Forward | 指定当前请求可以途经的代理服务器数量，每经过一个代理服务器，此数值就减 1 |
| Referer | Referer 头字段非常有用，常被网站管理人员用来追踪网站的访问者是如何导航进入网站的。同时 Referer 头字段还可以用于网站的防盗链 |
| User-Agent | User-Agent 译为用户代理，缩写为 UA，它用于指定浏览器或者其他客户端程序使用的操作系统及版本、浏览器及版本、浏览器渲染引擎、浏览器语言等，以便服务器针对不同类型的浏览器而返回不同的内容 |

表 3-2 列举了很多请求头字段，下面将对常用的请求头字段进行详细讲解。

### 1. Accept

Accept 头字段用于指出客户端程序（通常是浏览器）能够处理的 MIME（Multipurpose Internet Mail Extensions，多用途互联网邮件扩展）类型。例如，如果浏览器和服务器同时支持 PNG 类型的图片，则浏览器可以发送包含 image/png 的 Accept 头字段，服务器检查到 Accept 头中包含 image/png 这种 MIME 类型，可能在网页中的 img 元素中使用 PNG 类型的文件。MIME 类型有很多种，例如，下面的这些 MIME 类型都可以作为 Accept 头字段的值。

Accept: text/html，表明客户端希望接收 HTML 文本。

Accept: image/gif，表明客户端希望接收 GIF 图像格式的资源。

Accept: image/*，表明客户端可以接收所有 image 格式的子类型。

Accept: */*，表明客户端可以接收所有格式的内容。

### 2. Accept-Encoding

Accept-Encoding 头字段用于指定客户端能够进行解码的数据编码方式，这里的编码方式通常是指某种压缩方式。在 Accept-Encoding 头字段中，可以指定多个数据编码方式，它们之间以逗号分隔，具体示例如下：

```
Accept-Encoding: gzip,compress
```

在上述头字段中，gzip 和 compress 这两种格式是最常见的数据编码方式。在传输较大的实体内容之前，对其进行压缩编码，可以节省网络带宽和传输时间。服务器接收到这个请求头后，使用其中指定的一种格式对原始文档内容进行压缩编码，然后再将其作为响应消息的实体内容发送给客户端，并且在 Content-Encoding 响应头中指出实体内容所使用的压缩编码格式。浏览器在接收到这样的实体内容之后，需要对其进行反向解压缩。

需要注意的是，Accept-Encoding 和 Accept 消息头不同，Accept 请求头指定的 MIME 类型是指解压后的实体内容类型，Accept-Encoding 消息头指定的是实体内容压缩的方式。

### 3. Host

Host 头字段用于指定资源所在的主机名和端口号，格式与资源完整 URL 中的主机名和端口号部分相同，具体示例如下：

```
Host: www.itcast.cn:80
```

在上述示例中，因为浏览器连接服务器时默认使用的端口号为 80，所以 "www.itcast.cn" 后面的端口号信息 ":80" 可以省略。

需要注意的是，在 HTTP 1.1 中，浏览器和其他客户端发送的每个请求消息中必须包含 Host 请求头字段，以便 Web 服务器能够根据 Host 头字段中的主机名区分客户端所要访问的虚拟 Web 站点。当浏览器访问 Web 站点时，会根据地址栏中的 URL 地址自动生成相应的 Host 请求头。

### 4. If-Modified-Since

If-Modified-Since 请求头的作用与 If-Match 类似，只不过它的值为 GMT 格式的时间。If-Modified-Since 请求头被视作一个请求条件，只有服务器中文档的修改时间比 If-Modified-Since 请求头指定的时间新，服务器才会返回文档内容。否则，服务器将返回一个 304（Not Modified）状态码来表示浏览器缓存的文档是最新的，而不向浏览器返回文档内容，这时浏览器仍然使用以前缓存的文档。通过这种方式，可以在一定程度上减少浏览器与服务器之间的通信数据量，从而提高通信效率。

### 5. Referer

浏览器向服务器发出的请求，可能是直接在浏览器中输入 URL 地址发出的，也可能是单击一个网页上的超链接发出的。对于第一种情况，浏览器不会发送 Referer 请求头。而对于第二种情况，例如在一个页面中包含一个指向远程服务器的超链接，当单击这个超链接向服务器发送 GET 请求时，浏览器会在发送的请求消息中包含 Referer 头字段，具体代码如下：

```
Referer: http://localhost:8080/chapter02/GET.html
```

Referer 头字段非常有用，常被网站管理人员用于追踪网站的访问者是如何导航进入网站的。同时 Referer 头字段还可以用于网站的防盗链。

什么是防盗链呢？假设一个网站的首页中想显示一些图片信息，而在该网站的服务器中并没有这些图片资源，它通过在 HTML 文件中使用<img>标签链接到其他网站的图片资源，将其展示给浏览者，这就是盗链。盗链的网站提高了自己网站的访问量，却加重了被链接网站服务器的负担，损害了其合法利益。所以，一个网站为了保护自己的资源，可以通过 Referer 头检测出从哪里链接到当前的网页或资源，一旦检测到不是通过本站的链接进行访问的，可以阻止访问或者跳转到指定的页面。

### 6. User-Agent

User-Agent（UA，用户代理）用于指定浏览器或者其他客户端程序使用的操作系统及版本、浏览器及版本、浏览器渲染引擎、浏览器语言等，以便服务器针对不同类型的浏览器返回不同的内容。例如，服务器检查 User-Agent 头，如果发现客户端是一个无线手持终端，就返回一个 WML 文档；如果客户端是一个普通的浏览器，则返回 HTML 文档。例如，IE 浏览器生成的 User-Agent 请求信息示例如下：

```
User-Agent: Mozilla/4.0 (compatible; MSIE 11.0; Windows NT 10.0; Trident/4.0)
```

在上述请求头中，User-Agent 头字段首先列出了 Mozilla 版本，然后列出了浏览器的版本（MSIE 11.0 表示 Microsoft IE 11.0）、操作系统的版本（Windows NT 10.0 表示 Windows 10）以及浏览器的引擎名称（Trident/4.0）。

## 3.3　HTTP 响应消息

当服务器收到浏览器的请求后，会发送响应消息给客户端。一个完整的响应消息主要包括响应状态行、响应头和实体内容，每个组成部分都代表了不同的含义。本节将围绕 HTTP 响应消息的组成部分进行详细讲解。

### 3.3.1　HTTP 响应状态行

HTTP 响应状态行位于响应消息的第一行，它包括 3 个部分，分别是 HTTP 版本、一个表示成功或错误的整数代码（状态码）和对状态码进行描述的文本信息。HTTP 响应状态行具体示例如下：

```
HTTP/1.1 200 OK
```

上述示例就是一个 HTTP 响应消息的状态行，其中 HTTP/1.1 是通信使用的协议和协议版本，200 是状态码，OK 是状态描述，说明客户端请求成功。需要注意的是，请求行中的每个部分需要用空格分隔，最后要以回车换行符结束。

关于协议版本和文本信息，读者都比较容易理解，而 HTTP 的状态码对于读者来说则比较陌生，下面对 HTTP 的状态码进行介绍。

状态码由 3 位数字组成，表示请求是否被理解或满足。HTTP 响应状态码的第一位数字定义了响应的类别，后面两位没有具体的分类。第一位数字有 5 种可能的取值。

- 1xx：表示请求已接收，需要继续处理。
- 2xx：表示请求已成功被服务器接收、理解并接受。
- 3xx：为完成请求，客户端需进一步细化请求。
- 4xx：客户端的请求有错误。
- 5xx：服务器出现错误。

HTTP 的状态码数量众多，其中大部分无须记忆。下面仅列举几个 Web 开发中的常见状态码，具体如表 3-3 所示。

表 3-3　Web 开发中的常见状态码

| 状态码 | 说明 |
| --- | --- |
| 200 | 表示服务器成功处理了客户端的请求。客户端的请求成功，响应消息返回正常的请求结果 |
| 302 | 表示请求的资源临时从不同的 URI 响应请求，但请求者应继续使用原有位置来进行以后的请求。例如，在请求重定向中，临时 URI 应该是响应的 Location 头字段所指向的资源 |
| 304 | 如果客户端有缓存的文档，它会在发送的请求消息中附加一个 If-Modified-Since 请求头，表示只有请求的文档在 If-Modified-Since 指定的时间之后发生过更改，服务器才需要返回新文档。状态码 304 表示客户端缓存的版本是最新的，客户端应该继续使用它。否则，服务器将使用状态码 200 返回所请求的文档 |
| 404 | 表示服务器找不到请求的资源。例如，访问服务器不存在的网页经常返回此状态码 |
| 500 | 表示服务器发生错误，无法处理客户端的请求。大部分情况下，是服务器的 CGI、ASP、JSP 等程序发生了错误，一般服务器会在相应消息中提供具体的错误信息 |

### 3.3.2　HTTP 响应头

在 HTTP 响应消息中，第一行为响应状态行，紧接着是若干响应头，服务器通过响应头向客户端传递附加信息，包括服务程序名、被请求资源需要的认证方式、客户端请求资源的最后修改时间、重定向地址等信息。

HTTP 响应头的具体示例如下：

```
Server: Apache-Coyote/1.1
Content-Encoding: gzip
Content-Length: 80
Content-Language: zh-cn
Content-Type: text/html; charset=GB2312
Last-Modified: Mon, 06 Jul 2020 07:47:47 GMT
Expires: -1
```

```
Cache-Control: no-cache
Pragma: no-cache
```

从上述响应头可以看出，HTTP 响应头的格式与 HTTP 请求头的格式相同。当服务器向客户端发送响应消息时，根据请求情况的不同，发送的响应头也不相同。常用的响应头字段如表 3-4 所示。

表 3-4　常用的响应头字段

| 头字段 | 说明 |
| --- | --- |
| Accept-Ranges | 用于标识服务器自身支持范围请求，该头字段的具体值用于定义范围请求的单位，单位值可以为 none 或 bytes |
| Age | 用于指出当前网页文档可以在客户端或代理服务器中缓存的有效时间，设置值为一个以秒为单位的时间数 |
| ETag | 用于向客户端传送代表实体内容特征的标记信息，这些标记信息称为实体标签，每个版本的资源的实体标签是不同的，通过实体标签可以判断在不同时间获得的同一资源路径下的实体内容是否相同 |
| Location | 用于通知客户端获取请求文档的新地址，其值为一个使用绝对路径的 URL 地址 |
| Retry-After | 可以与 503 状态码配合使用，告诉客户端在什么时间可以重新发送请求。也可以与任何一个 3xx 状态码配合使用，告诉客户端处理重定向的最小延时时间。Retry-After 头字段的值可以是 GMT 格式的时间，也可是一个以秒为单位的时间数 |
| Server | 用于指定服务器软件产品的名称 |
| Vary | 用于指定影响了服务器所生成的响应内容的那些请求头字段名 |
| WWW-Authenticate | 当客户端访问受口令保护的网页文件时，服务器会在响应消息中回送 01（Unauthorized）响应状态码和 WWW-Authenticate 响应头，指示客户端应该在 Authenticate 请求头中使用 WWW-Authenticate 响应头指定的认证方式提供用户名和密码信息 |
| Proxy-Authenticate | Proxy-Authenticate 头字段用于代理服务器的用户信息验证，用法与 WWW-Authenticate 头字段类似 |
| Refresh | 用于告诉浏览器自动刷新页面的时间，它的值是一个以秒为单位的时间数 |
| Content-Disposition | 如果服务器希望浏览器不是直接处理响应的实体内容，而是让用户选择将响应的实体内容保存到一个文件中，就需要使用 Content-Disposition 头字段 |

表 3-4 列举了很多响应消息头字段，下面对常用的响应消息头字段进行详细讲解。

### 1. Location

Location 头字段用于通知客户端获取请求文档的新地址，其值为一个使用绝对路径的 URL 地址。Location 响应头字段示例如下：

```
Location: http://www.itcast.org
```

Location 头字段和大多数 3xx 状态码配合使用，以便通知客户端自动重新连接到新的地址请求文档。因为当前响应并没有直接返回内容给客户端，所以使用 Location 头字段的 HTTP 消息不应该有实体内容。由此可见，在 HTTP 消息头中不能同时出现 Location 和 Content-Type 这两个头字段。

### 2. Server

Server 头字段用于指定服务器软件产品的名称，具体示例如下：

```
Server: Apache-Coyote/1.1
```

### 3. Refresh

Refresh 头字段用于告诉浏览器自动刷新页面的时间，它的值是一个以秒为单位的时间数，具体示例如下：

```
Refresh: 3
```

上述所示的 Refresh 头字段用于告诉浏览器在 3 秒后自动刷新此页面。

需要注意的是，在 Refresh 头字段的时间值后面还可以增加一个 URL 参数，时间值与 URL 之间用分号(;)分隔，用于告诉浏览器在指定的时间值后跳转到其他网页。例如，告诉浏览器 3 秒后跳转到 www.itcast.cn 网站，具体示例如下：

```
Refresh: 3;url=http://www.itcast.cn
```

### 4. Content-Disposition

如果服务器希望浏览器不是直接处理响应的实体内容，而是让用户选择将响应的实体内容保存到一个文件中，就需要使用 Content-Disposition 头字段。

Content-Disposition 头字段没有在 HTTP 的标准规范中定义，它是从 RFC2183 中借鉴过来的。在 RFC2183 中，Content-Disposition 指定了接收程序处理数据内容的方式，有 inline 和 attachment 两种标准方式。inline 表示直接处理，而 attachment 则要求用户干预并控制接收程序处理数据内容的方式。而在 HTTP 应用中，只有 attachment 是 Content-Disposition 的标准方式。attachment 后面还可以指定 filename 参数。filename 参数值是服务器建议浏览器保存实体内容的文件名称，浏览器应该忽略 filename 参数值中的目录部分，只取参数中的最后部分作为文件名。在设置 Content-Disposition 之前，一定要设置 Content-Type 头字段，具体示例如下：

```
Content-Type: application/octet-stream
Content-Disposition: attachment; filename=lee.zip
```

## 3.4　本章小结

本章主要讲解了 HTTP 协议的基础知识。首先讲解了 HTTP 协议概念的相关知识，然后介绍了 HTTP 请求消息，包括 HTTP 请求行和 HTTP 请求头两个方面；最后对 HTTP 响应消息的相关知识进行了详细的讲解，包括 HTTP 响应状态行和 HTTP 响应头两个方面。通过本章的学习，初学者可以了解 HTTP 请求消息以及 HTTP 1.0 和 HTTP 1.1 的区别，熟悉 HTTP 请求行和常用请求头字段的含义以及 HTTP 响应状态行和常用响应头字段的含义。

## 3.5　本章习题

本章课后习题请扫描二维码。

# 第 **4** 章

# Servlet 技术

★ 掌握 Servlet 的基本概念

★ 掌握 Servlet 的特点及其接口

★ 熟练使用 IDEA 工具开发 Servlet

★ 掌握 Servlet 的配置以及 Servlet 的生命周期

★ 掌握 ServletConfig 和 ServletContext 接口的使用

★ 掌握 HttpServletRequest 对象的使用

★ 掌握 HttpServletResponse 对象的使用

拓展阅读

随着 Web 应用业务需求的增多，动态 Web 资源的开发变得越来越重要。目前，很多公司都提供了开发动态 Web 资源的相关技术，其中比较常见的有 ASP、PHP、JSP 和 Servlet 等。基于 Java 的动态 Web 资源开发，SUN 公司提供了 Servlet 和 JSP 两种技术。本章将对 Servlet 技术的相关知识进行详细讲解。

# 4.1 Servlet 基础

## 4.1.1 Servlet 概述

Servlet 运行在 Web 服务器端的应用程序，它使用 Java 语言编写。Servlet 对象主要封装了对 HTTP 请求的处理，并且它的运行需要 Servlet 容器的支持。在 Java Web 应用方面，Servlet 的应用占有十分重要的地位，它在 Web 请求的处理方面也非常强大。

Servlet 由 Servlet 容器（本书中指 Tomcat）进行管理。Servlet 容器将 Servlet 动态加载到服务器上。与 HTTP 协议相关的 Servlet 使用 HTTP 请求和 HTTP 响应与客户端进行交互。因此，Servlet 容器支持所有 HTTP 协议的请求和响应。Servlet 应用程序的体系结构如图 4-1 所示。

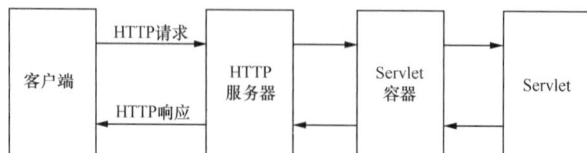

图4-1 Servlet应用程序的体系结构

在图 4-1 中，Servlet 的请求首先会被 HTTP 服务器（例如 Apache）接收，HTTP 服务器只负责静态 HTML 页面的解析，而 Servlet 的请求则转交给 Servlet 容器，Servlet 容器会根据请求路径以及 Servlet 之间的映射关系，调用相应的 Servlet，Servlet 将处理的结果返回给 Servlet 容器，并通过 HTTP 服务器将响应传输给客户端。

## 4.1.2　Servlet 的特点

Servlet 使用 Java 语言编写，它不仅具有 Java 语言的优点，而且还对 Web 的相关应用进行了封装，同时 Servlet 容器还提供了对应用的相关扩展，在功能、性能、安全性等方面都十分优秀。Servlet 的技术特点表现在以下几个方面。

- 功能强大：Servlet 采用 Java 语言编写，它可以调用 JavaAPI 中的对象及方法，此外，Servlet 对象对 Web 应用进行了封装，提供了 Servlet 对 Web 应用的编程接口，还可以对 HTTP 请求进行相应的处理，例如处理提交的数据、会话跟踪、读取和设置 HTTP 头信息等。Servlet 不仅拥有 Java 提供的 API，而且可以调用 Servlet 封装的 Servlet API 编程接口，所以它在业务功能方面十分强大。

- 可移植：Java 语言是跨平台的。所谓跨平台，是指程序的运行不依赖于操作系统平台，它可以运行到多个系统平台中，例如目前常用的 Windows、Linux 和 UNIX 等操作系统。

- 性能高效：Servlet 对象在 Servlet 容器启动时被初始化，当 Servlet 对象第一次被请求时，Servlet 容器将 Servlet 对象实例化，此时 Servlet 对象常驻内存。如果存在多个请求，Servlet 不会再被实例化，仍然由第一次被实例化的 Servlet 对象处理其他请求。每一个请求是一个线程，而不是一个进程。

- 安全性高：Servlet 使用了 Java 的安全框架，同时 Servlet 容器还可以为 Servlet 提供额外的安全功能，它的安全性是非常高的。

- 可扩展：Java 语言是面向对象的编程语言，Servlet 由 Java 语言编写，所以它具有面向对象的优点。在业务逻辑处理中，可以通过封装、继承等特性扩展实际的业务需要。

## 4.1.3　Servlet 接口

针对 Servlet 技术的开发，SUN 公司提供了一系列接口和类，其中最重要的是 javax.servlet.Servlet 接口。Servlet 就是一种实现了 Servlet 接口的类，它由 Web 容器负责创建并调用，用于接收和响应用户的请求。在 Servlet 接口中定义了 5 个抽象方法，具体如表 4-1 所示。

表 4-1　Servlet 接口的方法

| 方法声明 | 功能描述 |
| --- | --- |
| void init(ServletConfig config) | Servlet 实例化后，Servlet 容器调用该方法完成初始化工作 |
| ServletConfig getServletConfig( ) | 用于获取 Servlet 对象的配置信息，返回 Servlet 的 ServletConfig 对象 |
| String getServletInfo( ) | 返回一个字符串，其中包含关于 Servlet 的信息，例如作者、版本和版权等信息 |
| void service(ServletRequest request, ServletResponse response) | 负责响应用户的请求，当容器接收到客户端访问 Servlet 对象的请求时，就会调用此方法。容器会构造一个表示客户端请求信息的 ServletRequest 对象和一个用于响应客户端的 ServletResponse 对象作为参数传递给 service( )方法。在 service( )方法中，可以通过 ServletRequest 对象得到客户端的相关信息和请求信息，在对请求进行处理后，调用 ServletResponse 对象的方法设置响应信息 |
| void destroy( ) | 负责释放 Servlet 对象占用的资源。当服务器关闭或者 Servlet 对象被移除时，Servlet 对象会被销毁，容器会调用此方法 |

表 4-1 列举了 Servlet 接口中的 5 个方法，其中 init( )、service( )和 destroy( )这 3 个方法可以表现 Servlet 的生命周期，它们会在某个特定的时刻被调用。需要注意的是，表 4-1 中提及的 Servlet 容器是指 Web 服务器。

针对 Servlet 接口，SUN 公司提供了两个默认的接口实现类：GenericServlet 和 HttpServlet。GenericServlet 是一个抽象类，该类为 Servlet 接口提供了部分实现，它并没有实现 HTTP 请求处理。HttpServlet 是 GenericServlet 的

子类，它继承了 GenericServlet 的所有方法，并且为 HTTP 请求中的 POST、GET 等方式提供了具体的操作方法。

通常情况下，编写的 Servlet 类都继承自 HttpServlet，在开发中使用的具体的 Servlet 对象就是 HttpServlet 对象。HttpServlet 类的常用方法及功能如表 4-2 所示。

表 4-2　HttpServlet 类的常用方法及功能

| 方法声明 | 功能描述 |
| --- | --- |
| protected void doGet(HttpServletRequest req, HttpServletResponse resp) | 用于处理 GET 类型的 HTTP 请求的方法 |
| protected void doPost(HttpServletRequest req, HttpServletResponse resp) | 用于处理 POST 类型的 HTTP 请求的方法 |
| protected void doPut(HttpServletRequest req, HttpServletResponse resp) | 用于处理 PUT 类型的 HTTP 请求的方法 |

# 4.2　Servlet 开发入门

## 4.2.1　实现 Servlet 程序

在实际开发中，通常都会使用 IDEA（或 Eclipse 等）工具完成 Servlet 的开发。由于 IDEA 具有编码辅助和创新的 GUI 设计等优点，使程序员的开发工作变得更加高效、智能，下面将通过 IDEA 实现一个 Servlet 程序。

### 1. 新建 Web 项目

选择 IDEA 主页的 "Create New Project" 选项，进入新建项目的界面，如图 4-2 所示。

在图 4-2 中，选择左侧栏的 "Java" 选项，然后选择 "Web Application" 选项。选择完毕之后，单击 "Next" 按钮进入填写项目信息的界面，如图 4-3 所示。

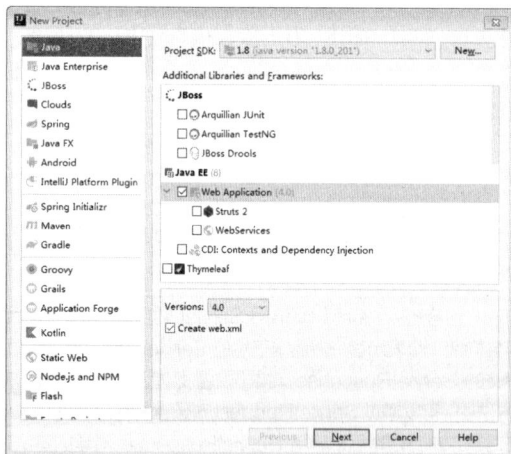

图4-2　新建项目的界面

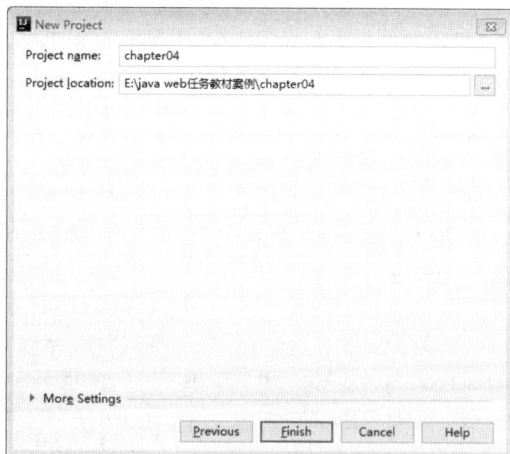

图4-3　填写项目信息的界面

在图 4-3 中，"Project name" 选项用于指定项目的名称，"Project localtion" 选项用于指定 Web 项目的根目录。这里采用默认设置的目录，将 chapter04 作为 Web 项目的名称。设置完成之后，单击 "Finish" 按钮，进入项目结构界面，如图 4-4 所示。

### 2. 添加 Tomcat 的 Servlet-api.jar 包

创建好 Web 项目后，接下来需要在项目中添加 Tomcat 的 Servlet-api.jar 包，在图 4-4 中单击 IDEA 开发工具右上角的 ■ 按钮，进入 "Project Structure" 界面，如图 4-5 所示。

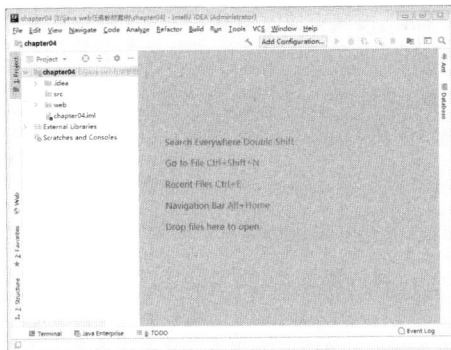

图4-4　项目结构界面

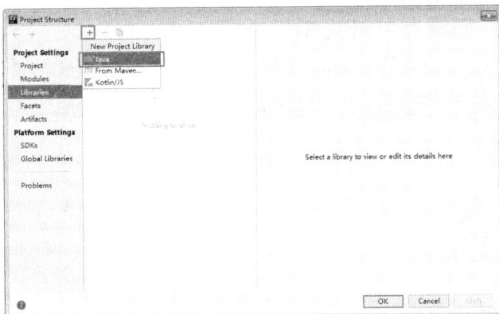

图4-5　"Project Structure"界面

在图 4-5 中，单击【Libraries】→【+】→【Java】，进入"Select Library Files"界面，如图 4-6 所示。在图 4-6 中，选择项目所在的目录后单击"OK"按钮，进入选择项目类型界面，如图 4-7 所示。

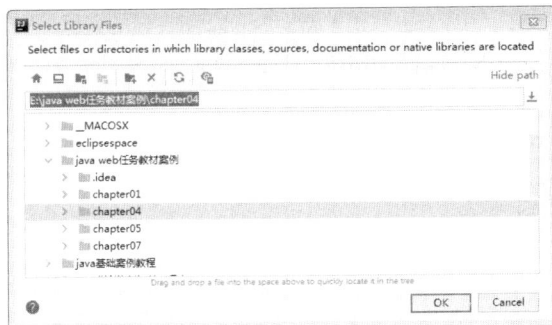

图4-6　"Select Library Files"界面

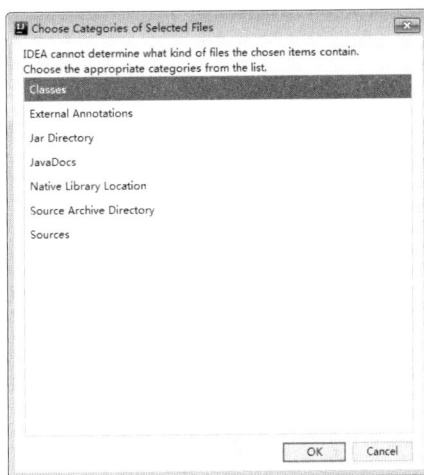

图4-7　选择项目类型界面

在图 4-7 中，选中"Classes"选项，单击"OK"按钮，会显示"Choose Modules"界面，在"Choose Modules"界面直接单击"OK"按钮，此时项目 chapter04 就加载到 IDEA 开发工具中了，如图 4-8 所示。

单击图 4-8 标记的"+"按钮，查找 Tomcat 包下 lib 包的 servlet-api.jar，将其导入 chapter04 项目中，如图 4-9 所示。

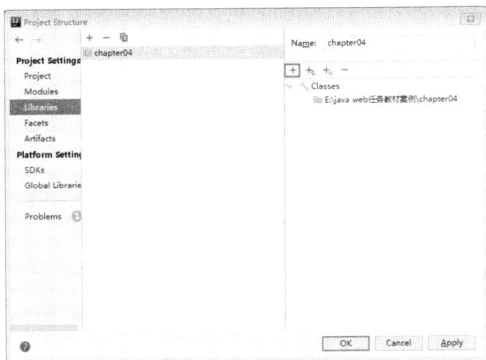

图4-8　加载项目后的"Project Structure"界面

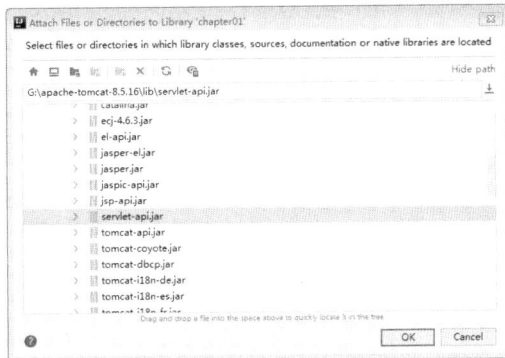

图4-9　选择servlet-api.jar界面

在图 4-9 中单击"OK"按钮后，就可以将 servlet-api.jar 添加到 chapter04 项目中，如图 4-10 所示。

在图 4-10 中单击"Apply"按钮保存配置，然后单击"OK"按钮完成添加。

### 3. 创建 Servlet 类

下面开始新建 Servlet 类了。右键单击 chapter04 项目的 src 文件，选择【New】→【Create New Servlet】选项，进入创建 Servlet 类的界面，如图 4-11 所示。

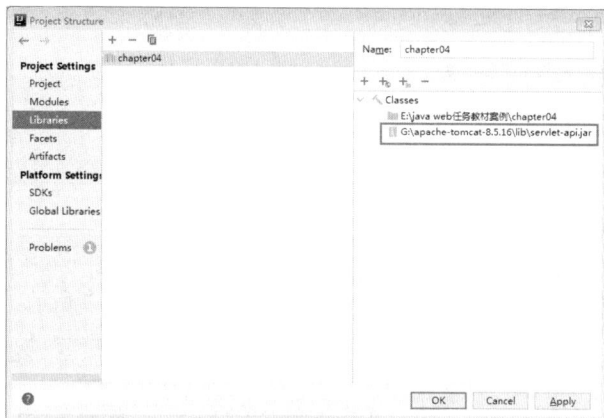

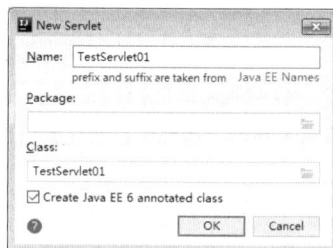

图4-10　添加servlet-api.jar后的界面　　　　图4-11　创建Servlet类的界面

在图 4-11 中，"Name"用于指定 Servlet 类的名称，"Package"用于指定 Servlet 所在包的名称，"Class"是根据"Name"自动生成的 Servlet 类的名称。单击"OK"按钮，IDEA 工具会自动生成 Servlet 类，如文件 4-1 所示。

文件 4-1　TestServlet01.java

```
1  import javax.servlet.ServletException;
2  import javax.servlet.annotation.WebServlet;
3  import javax.servlet.http.HttpServlet;
4  import javax.servlet.http.HttpServletRequest;
5  import javax.servlet.http.HttpServletResponse;
6  import java.io.IOException;
7  @WebServlet(name = "TestServlet01")
8  public class TestServlet01 extends HttpServlet {
9      protected void doPost(HttpServletRequest request, HttpServletResponse
10             response) throws ServletException, IOException {
11     }
12     protected void doGet(HttpServletRequest request, HttpServletResponse
13             response) throws ServletException, IOException {
14     }
15 }
```

在文件 4-1 中，第 7 行代码中的@WebServlet 是一个类级别的注解，用于标注 HttpServlet 类的一个子类。@WebServlet 后面括号中的内容为它的属性，用于配置页面请求路径的接口信息；第 9～11 行代码是自动生成的 doPost()方法，doPost()对应 HTTP 协议中 POST 方法，当用户请求的是 POST 方法时调用 doPost()方法；第 12～14 行代码是自动生成的 doGet()方法，doGet()对应 HTTP 协议中 GET 方法，当用户请求的是 GET 方法时调用 doGet()方法。

为了更好地演示 Servlet 的运行效果，下面在 TestServlet01 的 doGet()和 doPost()方法中添加一些代码，修改后的 TestServlet01 如文件 4-2 所示。

文件 4-2　修改后的 TestServlet01.java

```
1  import javax.servlet.ServletException;
2  import javax.servlet.annotation.WebServlet;
3  import javax.servlet.http.HttpServlet;
4  import javax.servlet.http.HttpServletRequest;
5  import javax.servlet.http.HttpServletResponse;
6  import java.io.IOException;
```

```
7  import java.io.PrintWriter;
8  @WebServlet(name = "TestServlet01",urlPatterns="/TestServlet01")
9  public class TestServlet01 extends HttpServlet {
10 protected void doPost(HttpServletRequest request,
11     HttpServletResponse response) throws ServletException,IOException{
12         PrintWriter out = response.getWriter();
13         out.print("Hello Servlet");
14 }
15 protected void doGet(HttpServletRequest request,
16     HttpServletResponse response) throws ServletException, IOException {
17         this.doPost(request, response);
18 }
19 }
```

在文件 4-2 中，第 8 行代码中 urlPatterns 属性的值用于匹配 Servlet 的 URL；第 10～14 行代码的 doPost( )方法中使用 PrintWriter 的 print( )方法在页面中打印"Hello Servlet"。

**4. 启动 Servlet**

在 IDEA 开发工具中配置本地 Tomcat，接着将项目 chapter04 部署在 Tomcat 中并启动 Tomcat，启动成功后，在浏览器中访问 chapter04 项目的地址 localhost:8080/chapter04，效果如图 4-12 所示。

在浏览器的地址栏中访问地址 localhost:8080/chapter04/TestServlet01，此处访问地址中的项目名是根据第 2 章操作方式修改了 Tomcat 打包后的项目名，效果如图 4-13 所示。

图4-12　chapter04的启动页面　　　　图4-13　TestServlet01的访问页面

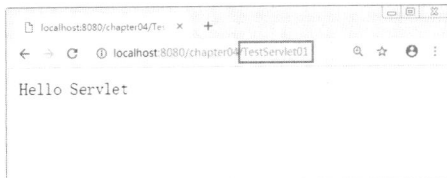

## 4.2.2　Servlet 的配置

若想让 Servlet 正确地运行在服务器中并处理请求信息，必须进行适当的配置。Servlet 的配置主要有两种方式，分别是使用 Web 应用的配置文件 web.xml 和使用@WebServlet 注解。下面详细讲解这两种方式。

**1. 使用 web.xml 配置 Servlet**

在 Servlet 3.0 之前，只能在 web.xml 文件中配置 Servlet。在 web.xml 文件中配置 Servlet 的步骤如下。

（1）在 web.xml 文件中，通过<servlet>标签进行注册。在<servlet>标签下包含若干个子元素，这些子元素的功能如表 4-3 所示。

表 4-3　<servlet>标签下的子元素

| 属性名 | 类型 | 描述 |
|---|---|---|
| <servlet-name> | String | 指定该 Servlet 的名称，一般与 Servlet 类名相同，要求唯一 |
| <servlet-class> | String | 指定该 Servlet 类的位置，包括包名与类名 |
| <description> | String | 指定该 Servlet 的描述信息 |
| <display-name> | String | 指定该 Servlet 的显示名 |

（2）把 Servlet 映射到 URL 地址，使用<servlet-mapping>标签进行映射，使用<servlet-name>子标签指定要映射的 Servlet 名称，名称要和之前在<servlet>标签下注册的相同；使用<url-pattern>子标签映射 URL 地址，地址前必须加"/"，否则访问不到。

下面以一个名称为 HelloServlet 的 Servlet 为例，演示 Servlet 在 web.xml 文件中的配置，具体配置如下：

```
<servlet>
    <servlet-name>HelloServlet</servlet-name>
    <servlet-class>web.controller.HelloServlet</servlet-class>
```

```
</servlet>
<servlet-mapping>
    <servlet-name>HelloServlet</servlet-name>
    <url-pattern>/servlet/HelloServlet</url-pattern>
</servlet-mapping>
```

如果每一个 Servlet 都进行配置，会使项目开发变得非常烦琐。所以，Servlet 3.0 之后提供了@WebServlet 注解，简化 Servlet 的配置。下面针对@WebServlet 注解进行讲解。

### 2. 使用@WebServlet 注解配置 Servlet

@WebServlet 注解用于代替 web.xml 文件中的<servlet>、<servlet-mapping>等标签，该注解将会在项目部署时被容器处理，容器将根据具体的属性配置将相应的类部署为 Servlet。为此，@WebServlet 注解提供了一些属性，具体如表 4-4 所示。

表 4-4 @WebServlet 注解的相关属性

| 属性声明 | 功能描述 |
| --- | --- |
| String name | 指定 Servlet 的 name 属性，等价于 <servlet-name>。如果没有显式指定，则该 Servlet 的取值即为类的全限定名 |
| String[] value | 该属性等价于 urlPatterns 属性。urlPatterns 和 value 属性不能同时使用 |
| String[] urlPatterns | 指定一组 Servlet 的 URL 匹配模式，等价于<url-pattern>标签 |
| int loadOnStartup | 指定 Servlet 的加载顺序，等价于 <load-on-startup>标签 |
| WebInitParam[] | 指定一组 Servlet 初始化参数，等价于<init-param>标签 |
| boolean asyncSupported | 声明 Servlet 是否支持异步操作模式，等价于<async-supported> 标签 |
| String description | Servlet 的描述信息，等价于 <description>标签 |
| String displayName | Servlet 的显示名，通常配合工具使用，等价于 <display-name>标签 |

定义@WebServlet 注解时，value 属性或者 urlPatterns 属性通常是必须的，但二者不能共存，如果同时指定，通常是忽略 value 的取值。

@WebServlet 注解可以标注在任意一个继承了 HttpServlet 类的类之上，属于类级别的注解。下面使用@WebServlet 注解标注 HelloServlet 类，具体用法如下：

```
@WebServlet(name = "HelloServlet",urlPatterns = "/HelloServlet")
public class HelloServlet extends HttpServlet{
    //处理 GET 请求的方法
    public void doGet(HttpServletRequest request, HttpServletResponse
        response) throws ServletException, IOException {}
    //处理 POST 请求的方法
    protected void doPost(HttpServletRequest request, HttpServletResponse
            response) throws ServletException, IOException {}
}
```

在上述代码中，使用@WebServlet 注解将 HelloServlet 类标注为一个 Servlet。@WebServlet 注解中的 name 属性值用于指定 Servlet 的 name 属性，等价于<Servlet-name>。如果没有设置@WebServlet 的 name 属性，其默认值是 Servlet 类的完整名称。urlPatterns 属性值用于指定一组 Servlet 的 URL 的匹配模式，等价于<url-pattern>标签。如果需要在@WebServlet 注解中设置多个属性，则属性之间用逗号隔开。通过@WebServlet 注解能极大地简化 Servlet 的配置步骤，降低了开发人员的开发难度。

## 4.2.3 Servlet 的生命周期

在 Java 中，任何对象都有生命周期，Servlet 也不例外。下面通过一张图描述 Servlet 的生命周期，如图 4-14 所示。

图 4-14 描述了 Servlet 的生命周期。Servlet 的生命周期大致可以分为 3 个阶段，分别是初始化阶段、运行阶段和销毁阶段。下面对 Servlet 生命周期的这 3 个阶段进行详细讲解。

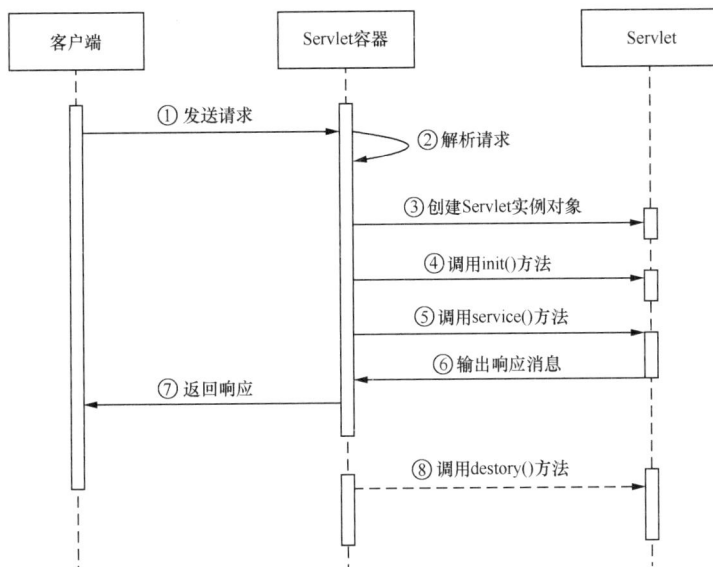

图4-14　Servlet的生命周期

### 1. 初始化阶段

当客户端向 Servlet 容器发出 HTTP 请求访问 Servlet 时，Servlet 容器首先会解析请求，检查内存中是否已经有了该 Servlet 对象，如果有，直接使用该 Servlet 对象；如果没有，就创建 Servlet 实例对象，然后通过调用 init() 方法完成 Servlet 的初始化。需要注意的是，在 Servlet 的整个生命周期内，它的 init() 方法只被调用一次。

### 2. 运行阶段

Servlet 运行阶段是 Servlet 生命周期中最重要的阶段。在这个阶段，Servlet 容器会为客户端请求创建代表 HTTP 请求的 ServletRequest 对象和代表 HTTP 响应的 ServletResponse 对象，然后将它们作为参数传递给 Servlet 的 service() 方法。service() 方法从 ServletRequest 对象中获得客户端请求信息并处理该请求，通过 ServletResponse 对象生成响应结果。在 Servlet 的整个生命周期内，对于 Servlet 的每一次访问请求，Servlet 容器都会调用一次 Servlet 的 service() 方法，并且创建新的 ServletRequest 和 ServletResponse 对象。也就是说，service() 方法在 Servlet 的整个生命周期中会被调用多次。

### 3. 销毁阶段

当服务器关闭或 Web 应用被移除出容器时，Servlet 随着 Web 应用的销毁而销毁。在销毁 Servlet 之前，Servlet 容器会调用 Servlet 的 destroy() 方法，以便让 Servlet 对象释放它所占用的资源。在 Servlet 的整个生命周期中，destroy() 方法也只被调用一次。

需要注意的是，Servlet 对象一旦创建就会驻留在内存中等待客户端的访问，直到服务器关闭或 Web 应用被移除出容器时 Servlet 对象才会销毁。

了解了 Servlet 生命周期的 3 个阶段后，下面通过一个具体的案例演示 Servlet 生命周期中方法的执行效果。

在 chapter04 项目中创建名称为 TestServlet02 的 Servlet，并在 TestServlet02 中编写 init() 方法和 destroy() 方法并重写 service() 方法，代码如文件 4-3 所示。

文件 4-3　TestServlet02.java

```
1   import javax.servlet.annotation.WebServlet;
2   import javax.servlet.*;
3   @WebServlet(name = "TestServlet02",urlPatterns="/TestServlet02")
4   public class TestServlet02 extends GenericServlet {
5       public void init(ServletConfig config) throws ServletException {
6           System.out.println("init method is called");
7       }
8       public void service(ServletRequest request, ServletResponse response)
9               throws ServletException{
```

```
10          System.out.println("Hello World");
11      }
12      public void destroy(){
13          System.out.println("destroy method is called");
14      }
15 }
```

在文件 4-3 中，第 5～7 行代码编写了 init( )方法；第 8～11 行代码重写了 service( )方法；第 12～14 行代码编写了 destroy( )方法。在 IDEA 中启动 Tomcat 后，在浏览器的地址栏访问地址 http://localhost:8080/chapter04/ TestServlet02。IDEA 控制台的打印结果如图 4-15 所示。

由图 4-15 可知，IDEA 控制台输出了 "init method is called" 和 "Hello World" 语句。用户第一次访问 TestServlet02 时，Tomcat 就创建了 TestServlet02 对象，并在调用 service( )方法处理用户请求之前，通过 init( )方法实现了 Servlet 的初始化。

刷新浏览器，多次访问 TestServlet02，Tomcat 控制台的打印结果如图 4-16 所示。

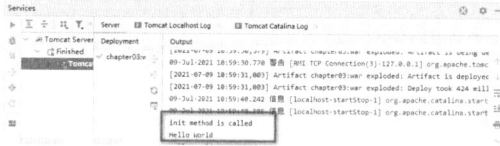

图4-15　文件4-3的运行结果

图4-16　多次访问文件4-3的运行结果

由图 4-16 可知，IDEA 控制台只输出了一遍 "init method is called" 语句，而 "Hello World" 语句输出了 3 遍。由此可见，init( )方法只在第一次访问时执行，service( )方法则在每次访问时都被执行。

如果想将 TestServlet02 移除，可以在 IDEA 中停止 chapter04 项目，此时，Servlet 容器会调用 TestServlet02 的 destroy( )方法，在 IDEA 控制台打印出 "destroy method is called" 语句，如图 4-17 所示。

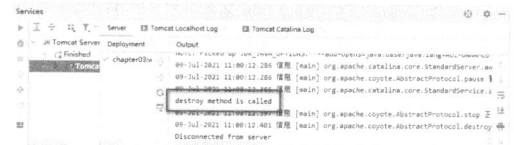

图4-17　移除文件4-3的运行结果

# 4.3　ServletConfig 和 ServletContext

## 4.3.1　ServletConfig 接口

在 Servlet 运行期间，经常需要一些配置信息，例如文件使用的编码、使用 Servlet 程序的共享等，这些信息都可以在@WebServlet 注解的属性中配置。当 Tomcat 初始化一个 Servlet 时，会将该 Servlet 的配置信息封装到一个 ServletConfig 对象中，通过调用 init(ServletConfig config)方法将 ServletConfig 对象传递给 Servlet。ServletConfig 定义了一系列获取配置信息的方法，如表 4-5 所示。

表4-5　ServletConfig 获取配置信息的方法

| 方法说明 | 功能描述 |
| --- | --- |
| String getInitParameter(String name) | 根据初始化参数名返回对应的初始化参数值 |
| Enumeration getInitParameterNames( ) | 返回一个 Enumeration 对象，其中包含了所有的初始化参数名 |
| ServletContext getServletContext( ) | 返回一个代表当前 Web 应用的 ServletContext 对象 |
| String getServletName( ) | 返回 Servlet 的名字 |

了解了表 4-5 中的 ServletConfig 接口的常用方法后，下面以 getInitParameter( )方法为例，分步骤讲解 ServletConfig 方法的调用。

（1）在 chapter04 项目的 src 目录中编写 TestServlet03 类，代码如文件 4-4 所示。

文件 4-4　TestServlet03.java

```
1   import javax.servlet.annotation.WebServlet;
2   import javax.servlet.annotation.WebInitParam;
3   import java.io.*;
4   import javax.servlet.*;
5   import javax.servlet.http.*;
6   @WebServlet(name = "TestServlet03",urlPatterns="/TestServlet03",
7       initParams = {@WebInitParam(name = "encoding",value = "UFT-8")})
8   public class TestServlet03 extends HttpServlet {
9    protected void doGet(HttpServletRequest request,
10      HttpServletResponse response) throws ServletException,IOException{
11          PrintWriter out = response.getWriter();
12      // 获得ServletConfig对象
13          ServletConfig config = this.getServletConfig();
14          // 获得参数名为encoding对应的参数值
15          String param = config.getInitParameter("encoding");
16          out.println("encoding="+param);
17      }
18    protected void doPost(HttpServletRequest request,
19      HttpServletResponse response) throws ServletException, IOException {
20          this.doGet(request, response);
21      }
22  }
```

在文件 4-4 中，第 7 行代码在@WebServlet 注解中使用 initParams 属性配置了一个名为"encoding"的参数，并设置参数的值为 UTF-8。在第 13 行代码中调用 getServletConfig( )方法获取了 ServletConfig 对象。在第 15 行代码中调用 getInitParameter( )方法获取了参数名为 encoding 对应的参数值。

（2）在 IDEA 中启动 Tomcat 服务器，在浏览器的地址栏中输入地址 http://localhost:8080/chapter04/TestServlet03 访问 TestServlet03，显示的结果如图 4-18 所示。

由图 4-18 可知，在 web.xml 文件中为 TestServlet03 配置的编码信息被读取了出来。由此可见，通过 ServletConfig 对象可以获得 web.xml 文件中的参数信息。

图4-18　文件4-4的运行结果

## 4.3.2　ServletContext 接口

当 Servlet 容器启动时，会为每个 Web 应用创建一个唯一的 ServletContext 对象代表当前 Web 应用。ServletContext 对象不仅封装了当前 Web 应用的所有信息，而且实现了多个 Servlet 之间数据的共享。下面针对 ServletContext 接口的不同作用进行讲解。

### 1. 获取 Web 应用程序的初始化参数

在 web.xml 文件中，可以配置 Servlet 的初始化信息，还可以配置整个 Web 应用的初始化信息。Web 应用初始化参数的配置方式具体如下：

```
<context-param>
    <param-name>参数名</param-name>
    <param-value>参数值</param-value>
</context-param>
<context-param>
    <param-name>参数名</param-name>
    <param-value>参数值</param-value>
</context-param>
```

在上述示例中，<context-param>元素位于根元素<web-app>中，它的子元素<param-name>和<param-value>分别用于指定参数的名字和参数值。可以通过调用 ServletContext 接口中定义的 getInitParameter-Names( )和 getInitParameter(String name)方法，分别获取参数名和参数值。

下面通过一个案例演示如何使用 ServletContext 接口获取 Web 应用程序的初始化参数。

（1）在 chapter04 项目的 web.xml 文件中配置初始化参数信息和 Servlet 信息，其代码如下：

```
<context-param>
    <param-name>companyName</param-name>
```

```
    <param-value>itcast</param-value>
</context-param>
<context-param>
    <param-name>address</param-name>
    <param-value>beijing</param-value>
</context-param>
```

（2）在 chapter04 项目的 src 包中创建一个名称为 TestServlet04 的类，该类中使用 ServletContext 接口来获取 web.xml 中的配置信息，如文件 4-5 所示。

文件 4-5　TestServlet04.java

```
1   import javax.servlet.annotation.WebServlet;
2   import java.io.*;
3   import java.util.*;
4   import javax.servlet.*;
5   import javax.servlet.http.*;
6   @WebServlet(name = "TestServlet04",urlPatterns="/TestServlet04")
7   public class TestServlet04 extends HttpServlet {
8       public void doGet(HttpServletRequest request,
9       HttpServletResponse response)throws ServletException, IOException {
10          response.setContentType("text/html;charset=utf-8");
11          PrintWriter out = response.getWriter();
12          // 得到 ServletContext 对象
13          ServletContext context = this.getServletContext();
14          // 得到包含所有初始化参数名的 Enumeration 对象
15          Enumeration<String> paramNames = context.getInitParameterNames();
16          out.println("all the paramName and paramValue are following:");
17          // 遍历所有的初始化参数名，得到相应的参数值并打印
18          while (paramNames.hasMoreElements()) {
19              String name = paramNames.nextElement();
20              String value = context.getInitParameter(name);
21              out.println(name + ":" + value);
22          out.println("<br />");
23          }
24      }
25      public void doPost(HttpServletRequest request,
26      HttpServletResponse response)throws ServletException, IOException {
27          this.doGet(request,response);
28      }
29  }
```

在文件 4-5 中，第 13 行代码通过 this.getServletContext()方法获取到 ServletContext 对象后，首先在第 15 行代码中调用 getInitParameterNames()方法，获取到包含所有初始化参数名的 Enumeration 对象，然后在第 18～23 行代码中遍历 Enumeration 对象，根据获取到的参数名，通过 getInitParameter（String name）方法得到对应的参数值。

（3）在 IDEA 中启动 Tomcat 服务器，在浏览器的地址栏中输入地址 http://localhost:8080/chapter04/TestServlet04 访问 TestServlet04，浏览器的显示结果如图 4-19 所示。

由图 4-19 可知，在 web.xml 文件中配置的信息已被读取出来。由此可见，通过 ServletContext 对象可以获取到 Web 应用的初始化参数。

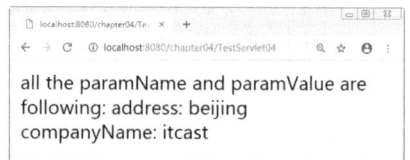

all the paramName and paramValue are following: address: beijing companyName: itcast

图4-19　文件4-5的运行结果

### 2. 实现多个 Servlet 对象共享数据

因为一个 Web 应用中的所有 Servlet 共享同一个 ServletContext 对象，所以 ServletContext 对象的域属性可以被该 Web 应用中的所有 Servlet 访问。ServletContext 接口中定义了用于增加、删除、设置 ServletContext 域属性的 4 个方法，如表 4-6 所示。

表 4-6　ServletContext 接口的方法

| 方法说明 | 功能描述 |
| --- | --- |
| Enumeration getAttributeNames( ) | 返回一个 Enumeration 对象，该对象包含了存放在 ServletContext 中的所有域属性名 |
| Object getAttribute(String name) | 根据参数指定的域属性名返回一个与之匹配的属性性值 |

| 方法说明 | 功能描述 |
|---|---|
| void removeAttribute(String name) | 根据参数指定的域属性名，从 ServletContext 中删除匹配的域属性 |
| void setAttribute(String name,Object obj) | 设置 ServletContext 的域属性，其中 name 是域属性名，obj 是域属性值 |

了解了 ServletContext 接口中操作属性的方法后，下面通过一个案例演示表 4-6 中方法的使用。

使用 IDEA 在 chapter04 项目的 src 包中创建两个 Servlet 类，即 TestServlet05 和 TestServlet06，这两个 Servlet 类中分别调用了 ServletContext 接口中的方法设置和获取属性值，其代码如文件 4-6、文件 4-7 所示。

文件 4-6　TestServlet05.java

```
1   import javax.servlet.annotation.WebServlet;
2   import java.io.*;
3   import javax.servlet.*;
4   import javax.servlet.http.*;
5   @WebServlet(name = "TestServlet05",urlPatterns="/TestServlet05")
6   public class TestServlet05 extends HttpServlet {
7       public void doGet(HttpServletRequest request,
8       HttpServletResponse response)throws ServletException, IOException {
9           ServletContext context = this.getServletContext();
10      // 通过 setAttribute()方法设置属性值
11          context.setAttribute("data", "this servlet save data");
12      }
13      public void doPost(HttpServletRequest request,
14      HttpServletResponse response)throws ServletException, IOException {
15          this.doGet(request, response);
16      }
17  }
```

在文件 4-6 中，第 11 行代码中的 setAttribute( )方法用于设置 ServletContext 对象的属性值。

文件 4-7　TestServlet06.java

```
1   import javax.servlet.annotation.WebServlet;
2   import java.io.*;
3   import javax.servlet.*;
4   import javax.servlet.http.*;
5   @WebServlet(name = "TestServlet06",urlPatterns="/TestServlet06")
6   public class TestServlet06 extends HttpServlet {
7       public void doGet(HttpServletRequest request,
8       HttpServletResponse response)throws ServletException, IOException {
9           PrintWriter out = response.getWriter();
10          ServletContext context = this.getServletContext();
11      // 通过 getAttribute()方法获取属性值
12          String data = (String) context.getAttribute("data");
13          out.println(data);
14      }
15      public void doPost(HttpServletRequest request,
16      HttpServletResponse response)throws ServletException, IOException {
17          this.doGet(request, response);
18      }
19  }
```

在文件 4-7 中，第 12 行代码中的 getAttribute( )方法用于获取 ServletContext 对象的属性值。为了验证 ServletContext 对象是否可以实现多个 Servlet 数据的共享，在 IDEA 中启动 Tomcat 服务器，首先在浏览器的地址栏中输入地址 http://localhost:8080/chapter04/TestServlet05 访问 TestServlet05，将数据存入 ServletContext 对象，然后在浏览器的地址栏中输入地址 http://localhost:8080/chapter04/TestServlet06 访问 TestServlet06，浏览器的显示结果如图 4-20 所示。

由图 4-20 可知，浏览器显示出了 ServletContext 对象存储的属性值。由此说明，ServletContext 对象所存储的数据可以被多个 Servlet 共享。

### 3. 读取 Web 应用下的资源文件

在实际开发中，有时候可能会需要读取 Web 应用中

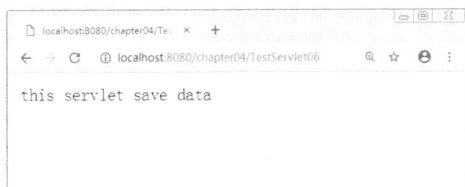

图4-20　文件4-6和文件4-7的运行结果

的一些资源文件，例如配置文件、图片等。为此，ServletContext 接口定义了一些读取 Web 资源的方法，这些方法是依靠 Servlet 容器来实现的。Servlet 容器根据资源文件相对于 Web 应用的路径，返回关联资源文件的 IO 流、资源文件在文件系统的绝对路径等。ServletContext 接口中用于获取资源路径的相关方法如表 4-7 所示。

表 4-7　ServletContext 接口中用于获取资源路径的相关方法

| 方法说明 | 功能描述 |
| --- | --- |
| Set getResourcePaths(String path) | 返回一个 Set 集合，集合中包含资源目录中子目录和文件的路径名称。参数 path 必须以正斜线(/)开始，指定匹配资源的部分路径 |
| String getRealPath(String path) | 返回资源文件在服务器文件系统上的真实路径(文件的绝对路径)。参数 path 代表资源文件的虚拟路径，它应该以正斜线(/)开始，"/"表示当前 Web 应用的根目录，如果 Servlet 容器不能将虚拟路径转换为文件系统的真实路径，则返回 null |
| URL getResource(String path) | 返回映射到某个资源文件的 URL 对象。参数 path 必须以正斜线(/)开始，"/"表示当前 Web 应用的根目录 |
| InputStream getResourceAsStream(String path) | 返回映射到某个资源文件的 InputStream 输入流对象。参数 path 传递规则与 getResource( )方法完全一致 |

了解 ServletContext 接口中用于获得 Web 资源路径的方法后，下面通过一个案例分步骤演示如何使用 ServletContext 对象读取资源文件。

（1）创建一个资源文件。在 chapter04 项目中右键单击 src 目录，选择【New】→【File】选项，创建一个资源文件 itcast.properties。在创建好的 itcast.properties 文件中，输入的配置信息如下：

```
Company = itcast
Address = Beijing
```

（2）编写读取 itcast.properties 资源文件的 Servlet。在 src 包中创建一个名称为 TestServlet07 的 Servlet 类，该类的实现代码如文件 4-8 所示。

文件 4-8　TestServlet07.java

```
1  import javax.servlet.annotation.WebServlet;
2  import java.io.*;
3  import java.util.Properties;
4  import javax.servlet.*;
5  import javax.servlet.http.*;
6  @WebServlet(name = "TestServlet07",urlPatterns="/TestServlet07")
7  public class TestServlet07 extends HttpServlet {
8      public void doGet(HttpServletRequest request,
9      HttpServletResponse response)throws ServletException, IOException {
10         response.setContentType("text/html;charset=utf-8");
11     ServletContext context = this.getServletContext();
12         PrintWriter out = response.getWriter();
13     //获取相对路径中的输入流对象
14         InputStream in = context
15             .getResourceAsStream("/WEB-INF/classes/itcast.properties");
16         Properties pros = new Properties();
17         pros.load(in);
18         out.println("Company=" + pros.getProperty("Company") + "<br />");
19         out.println("Address=" + pros.getProperty("Address") + "<br />");
20  }
21      public void doPost(HttpServletRequest request,
22      HttpServletResponse response)throws ServletException, IOException {
23          this.doGet(request, response);
24      }
25  }
```

在文件 4-8 中，调用 ServletContext 的 getResourceAsStream(String path)方法获得了关联 itcast.properties 资源文件的输入流对象，其中的 path 参数必须以正斜线"/"开始，表示 itcast.properties 文件相对于 Web 应用的相对路径。

（3）在 IDEA 中启动 Tomcat 服务器，在浏览器的地址栏中输入地址 http://localhost:8080/chapter04/TestServlet07 访问 TestServlet07，浏览器的显示结果如图 4-21 所示。

由图 4-21 可知，itcast.properties 资源文件的内容已被读取出来。由此可见，使用 ServletContext 可以读取到 Web 应用中的资源文件。

（4）在 Web 项目开发中，开发者可能需要获取的是资源的绝对路径。在 chapter04 项目的 src 目录中新

图4-21 文件4-8的运行结果

建 TestServlet08 类，通过调用 getRealPath(String path)方法获取资源文件的绝对路径，代码如文件 4-9 所示。

文件 4-9 TestServlet08.java

```
1  import javax.servlet.annotation.WebServlet;
2  import java.io.*;
3  import java.util.Properties;
4  import javax.servlet.*;
5  import javax.servlet.http.*;
6  @WebServlet(name = "TestServlet08",urlPatterns="/TestServlet08")
7  public class TestServlet08 extends HttpServlet {
8      public void doGet(HttpServletRequest request,
9      HttpServletResponse response)throws ServletException, IOException {
10         PrintWriter out = response.getWriter();
11      ServletContext context = this.getServletContext();
12      //获取文件的绝对路径
13         String path = context
14                     .getRealPath("/WEB-INF/classes/itcast.properties");
15         FileInputStream in = new FileInputStream(path);
16         Properties pros = new Properties();
17         pros.load(in);
18         out.println("Company=" + pros.getProperty("Company"));
19         out.println("Address=" + pros.getProperty("Address"));
20      }
21      public void doPost(HttpServletRequest request,
22      HttpServletResponse response)throws ServletException, IOException {
23         this.doGet(request, response);
24      }
25  }
```

在文件 4-9 中，调用 ContextServlet 对象的 getRealPath(String path)方法获得 itcast.properties 资源文件的绝对路径 path，然后使用这个路径创建关联 itcast.properties 文件的输入流对象。

（5）在 IDEA 中启动 Tomcat 服务器，在浏览器的地址栏中再次输入地址 http://localhost:8080/chapter04/TestServlet08 访问 TestServlet08，同样可以看到图 4-21 所显示的内容。

## 4.4 HttpServletResponse 对象

在 Servlet API 中，定义了一个 HttpServletResponse 接口，它继承自 ServletResponse 接口，专门用于封装 HTTP 响应消息。因为 HTTP 响应消息分为响应状态行、响应消息头、响应消息体三部分，所以在 HttpServletResponse 接口中定义了向客户端发送响应状态码、响应消息头、响应消息体的方法，本节将对这些方法进行详细讲解。

### 4.4.1 发送状态码相关的方法

当 Servlet 向客户端回送响应消息时，需要在响应消息中设置状态码，状态码代表客户端请求服务器的结果。为此，HttpServletResponse 接口定义了 3 种发送状态码的方法，下面分别进行介绍。

#### 1. setStatus(int status)方法

setStatus(int status)方法用于设置 HTTP 响应消息的状态码，并生成响应状态行。因为响应状态行中的状

态描述信息直接与状态码相关，而 HTTP 版本由服务器确定，所以只要通过 setStatus（int status）方法设置了状态码，即可实现状态行的发送。例如，在正常情况下，Web 服务器会默认产生一个状态码为 200 的状态行。

### 2. sendError(int sc)方法

sendError(int sc)方法用于发送表示错误信息的状态码。例如，404 状态码表示找不到客户端请求的资源。

### 3. sendError(int code，String message)方法

sendError(int code, String message)方法除了用于设置状态码外，还会向客户端发出一条错误信息。服务器默认会创建一个 HTML 格式的错误服务页面作为响应结果，其中包含参数 message 指定的文本信息，这个 HTML 页面的内容类型为"text/html"，保留 cookies 和其他未修改的响应头信息。如果一个对应传入的错误码的错误页面已经在 web.xml 中声明，那么这个声明的错误页面会将优先建议的 message 参数服务于客户端。

## 4.4.2 发送响应消息头相关的方法

当 Servlet 向客户端发送响应消息时，由于 HTTP 协议的响应头字段有很多种，HttpServletResponse 接口定义了一系列设置 HTTP 响应头字段的方法，如表 4-8 所示。

表 4-8　HttpServletResponse 接口设置 HTTP 响应头字段的方法

| 方法声明 | 功能描述 |
| --- | --- |
| void addHeader(String name, String value) | 这两个方法都用于设置 HTTP 协议的响应头字段，其中，参数 name 用于指定响应头字段的名称，参数 value 用于指定响应头字段的值。不同的是，addHeader( )方法可以增加同名的响应头字段，而 setHeader( )方法则会覆盖同名的头字段 |
| void setHeader(String name, String value) | |
| void addIntHeader(String name, int value) | 这两个方法专门用于设置包含整数值的响应头。避免了调用 addHeader( )与 setHeader( )方法时，需要将 int 类型的设置值转换为 String 类型的麻烦 |
| void setIntHeader(String name, int value) | |
| void setContentLength(int len) | 该方法用于设置响应消息的实体内容的大小，单位为字节。对于 HTTP 协议来说，这个方法就是设置 Content-Length 响应头字段的值 |
| void setContentType(String type) | 该方法用于设置 Servlet 输出内容的 MIME 类型，对于 HTTP 协议来说，就是设置 Content-Type 响应头字段的值。例如，如果发送到客户端的内容是 JPEG 格式的图像数据，就需要将响应头字段的类型设置为"image/jpeg"。需要注意的是，如果响应的内容为文本，setContentType( )方法还可以用于设置字符编码，例如 text/html;charset=UTF-8 |
| void setLocale(Locale loc) | 该方法用于设置响应消息的本地化信息，对于 HTTP 来说，就是设置 Content-Language 响应头字段和 Content-Type 头字段中的字符集编码部分。需要注意的是，如果 HTTP 消息没有设置 Content-Type 头字段，setLocale( )方法设置的字符集编码不会出现在 HTTP 消息的响应头中，如果调用 setCharacterEncoding( )或 setContentType( )方法指定了响应内容的字符集编码，setLocale( )方法将不再具有指定字符集编码的功能 |
| void setCharacterEncoding(String charset) | 该方法用于设置输出内容使用的字符编码，对于 HTTP 协议来说，就是设置 Content-Type 头字段中的字符集编码部分。如果没有设置 Content-Type 头字段，setCharacterEncoding( )方法设置的字符集编码不会出现在 HTTP 消息的响应头中。setCharacterEncoding( )方法比 setContentType( )和 setLocale( )方法的优先权高，setCharacter-Encoding( )方法的设置结果将覆盖 setContentType( )和 setLocale( )方法所设置的字符码表 |

需要注意的是，在表 4-8 列举的一系列方法中，addHeader( )、setHeader( )、addIntHeader( )、setIntHeader( )方法用于设置各种头字段，而 setContentType( )、setLocale( )和 setCharacterEncoding( )方法用于设置字符编码，这些设置字符编码的方法可以有效解决中文字符乱码问题。

### 4.4.3　发送响应消息体相关的方法

因为在 HTTP 响应消息中，大量的数据都是通过响应消息体传递的，所以 ServletResponse 遵循 IO 流传递大量数据的设计理念。在发送响应消息体时，定义了两个与输出流相关的方法，下面分别进行介绍。

#### 1. getOutputStream( )方法

getOutputStream( )方法所获取的字节输出流对象为 ServletOutputStream 类型。由于 ServletOutputStream 是 OutputStream 的子类，它可以直接输出字节数组中的二进制数据。所以，要想输出二进制格式的响应正文，就需要调用 getOutputStream( )方法。

#### 2. getWriter( )方法

getWriter( )方法所获取的字符输出流对象为 PrintWriter 类型。因为 PrintWriter 类型的对象可以直接输出字符文本内容，所以要想输出内容为字符文本的网页文档，就需要调用 getWriter( )方法。

了解 response 对象发送响应消息体的两个方法后，下面通过一个案例学习这两个方法的使用。在 chapter04 项目的 src 目录下，新建一个名称为 cn.itcast.chapter04.response 的包，在包中编写一个名为 PrintServlet 的 Servlet 类，在该类中调用 response 对象的 getOutPutStream( )方法获取输出流对象，如文件 4-10 所示。

文件 4-10　PrintServlet.java

```
1  package cn.itcast.chapter04.response;
2  import java.io.*;
3  import javax.servlet.*;
4  import javax.servlet.annotation.WebServlet;
5  import javax.servlet.http.*;
6  @WebServlet(name = "PrintServlet",urlPatterns = "/PrintServlet")
7  public class PrintServlet extends HttpServlet {
8      public void doGet(HttpServletRequest request,
9        HttpServletResponse response)throws ServletException, IOException {
10         String data = "itcast";
11          // 获取字节输出流对象
12         OutputStream out = response.getOutputStream();
13         out.write(data.getBytes());// 输出信息
14     }
15     public void doPost(HttpServletRequest request,
16       HttpServletResponse response)throws ServletException, IOException {
17         doGet(request, response);
18     }
19 }
```

在 IDEA 中启动 Tomcat 服务器，在浏览器的地址栏中输入地址 http://localhost:8080/chapter04/PrintServlet 访问 PrintServlet 类，浏览器的显示结果如图 4-22 所示。

由图 4-22 可知，浏览器显示出了 response 对象响应的数据。由此可见，response 对象的 getOutputStream( )方法可以很方便地发送响应消息体。

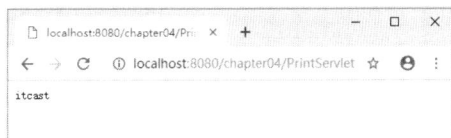

图4-22　文件4-10的运行结果

下面对文件 4-10 进行修改，调用 getWriter( )方法发送消息体，修改后的代码如文件 4-11 所示。

文件 4-11　PrintServlet.java

```
1  package cn.itcast.chapter04.response;
2  import java.io.*;
3  import javax.servlet.*;
4  import javax.servlet.annotation.WebServlet;
5  import javax.servlet.http.*;
6  @WebServlet(name = "PrintServlet",urlPatterns = "/PrintServlet")
7  public class PrintServlet extends HttpServlet {
8      public void doGet(HttpServletRequest request,
9        HttpServletResponse response)throws ServletException, IOException {
10         String data = "itcast";
11         // 获取字符输出流对象
12         PrintWriter print = response.getWriter();
13         print.write(data); // 输出信息
```

```
14        }
15     public void doPost(HttpServletRequest request,
16       HttpServletResponse response)throws ServletException, IOException {
17          doGet(request, response);
18       }
19 }
```

在 IDEA 中重启 Tomcat 服务器，在浏览器的地址栏中输入地址 http://localhost:8080/chapter04/PrintServlet 再次访问 PrintServlet，浏览器的显示结果同样如图 4-22 所示。

# 4.5　HttpServletResponse 应用

## 4.5.1　实现请求重定向

在某些情况下，针对客户端的请求，一个 Servlet 类可能无法完成全部工作。这时，可以使用请求重定向来完成。所谓请求重定向，是指 Web 服务器接收到客户端的请求后，可能由于某些条件限制，不能访问当前请求 URL 所指向的 Web 资源，而是指定了一个新的资源路径，让客户端重新发送请求。

为了实现请求重定向，HttpServletResponse 接口定义了一个 sendRedirect( )方法，该方法用于生成 302 响应码和 Location 响应头，从而通知客户端重新访问 Location 响应头中指定的 URL。

sendRedirect( )方法的完整声明如下：

```
public void sendRedirect(java.lang.String location)throws java.io.IOException
```

需要注意的是，参数 location 可以使用相对 URL，Web 服务器会自动将相对 URL 翻译成绝对 URL，再生成 Location 头字段。

为了使读者更好地理解 sendRedirect( )方法如何实现请求重定向，下面通过一个图描述 sendRedirect( )方法的工作原理，如图 4-23 所示。

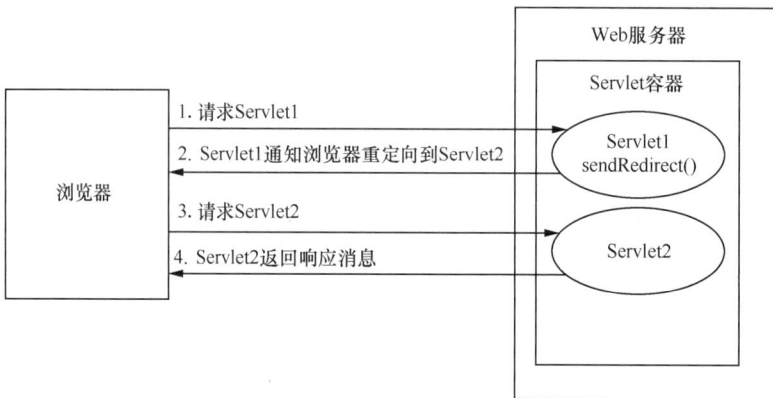

图4-23　sendRedirect( )方法的工作原理

在图 4-23 中，当客户端浏览器访问 Servlet1 时，由于 Servlet1 调用了 sendRedirect( )方法将请求重定向到 Servlet2，Web 服务器会再次收到浏览器对 Servlet2 的请求消息。Servlet2 对请求处理完毕后，再将响应消息回送给客户端浏览器。

了解了 sendRedirect( )方法的工作原理后，通过一个用户登录的案例，分步骤讲解 sendRedirect( )方法的使用。

（1）在 chapter04 项目的 web 目录下编写用户登录的页面 login.html 和登录成功的页面 welcome.html，如文件 4-12 和文件 4-13 所示。

文件 4-12　login.html

```
1  <!DOCTYPE html PUBLIC "-//W3C//DTD HTML 4.01 Transitional//EN"
2                   "http://www.w3.org/TR/html4/loose.dtd">
3  <html>
4  <head>
```

```
5  <meta http-equiv="Content-Type" content="text/html; charset=UTF-8">
6  <title>Insert title here</title>
7  </head>
8  <body>
9      <!--把表单内容提交到 chapter04 项目下的 LoginServlet-->
10     <form action="/chapter04/LoginServlet" method="post">
11     用户名: <input type="text" name="username" /><br />
12     密   码: <input type="password" name="password"/><br />
13         <input type="submit" value="登录" />
14     </form>
15 </body>
16 </html>
```

文件 4-13  welcome.html

```
1  <!DOCTYPE html PUBLIC "-//W3C//DTD HTML 4.01 Transitional//EN"
2                  "http://www.w3.org/TR/html4/loose.dtd">
3  <html>
4  <head>
5  <meta http-equiv="Content-Type" content="text/html; charset=UTF-8">
6  <title>Insert title here</title>
7  </head>
8  <body>
9      欢迎你，登录成功!
10 </body>
11 </html>
```

（2）在 chapter04 项目的 cn.itcast.chapter04.response 包中编写一个名为 LoginServlet 的类，用于处理用户登录请求，如文件 4-14 所示。

文件 4-14  LoginServlet.java

```
1  package cn.itcast.chapter04.response;
2  import java.io.*;
3  import javax.servlet.*;
4  import javax.servlet.annotation.WebServlet;
5  import javax.servlet.http.*;
6  @WebServlet(name = "LoginServlet ",urlPatterns = "/LoginServlet")
7  public class LoginServlet extends HttpServlet {
8      public void doGet(HttpServletRequest request,
9        HttpServletResponse response)throws ServletException, IOException {
10         response.setContentType("text/html;charset=utf-8");
11         // 用 HttpServletRequest 对象的 getParameter()方法获取用户名和密码
12         String username = request.getParameter("username");
13         String password = request.getParameter("password");
14         // 假设用户名和密码分别为 itcast 和 123
15         if (("itcast").equals(username) &&("123").equals(password)) {
16             // 如果用户名和密码正确,重定向到 welcome.html
17           response.sendRedirect("/chapter04/welcome.html");
18         } else {
19             // 如果用户名和密码错误,重定向到 login.html
20             response.sendRedirect("/chapter04/login.html");
21         }
22     }
23     public void doPost(HttpServletRequest request,
24       HttpServletResponse response)throws ServletException, IOException {
25         doGet(request, response);
26     }
27 }
```

在文件 4-14 中，第 6 行代码使用@WebServlet 注解配置了 LoginServlet 的 URL 映射地址；第 10 行代码设置响应字符集编码为 UTF-8；第 12 行和第 13 行代码是通过 getParameter()方法分别获取用户名和密码；第 15～21 行代码判断表单中输入的用户名和密码是否为指定的"itcast"和"123"，如果是，则将请求重定向到 welcome.html 页面，否则重定向到 login.html 页面。

（3）在 IDEA 中启动 Tomcat 服务器，在浏览器的地址栏中输入地址 http://localhost:8080/chapter04/ login.html 访问 login.html，浏览器的显示结果如图 4-24 所示。

（4）在图 4-24 所示的界面填写用户名"itcast"，密码"123"，单击"登录"按钮，浏览器的显示结果如图 4-25 所示。

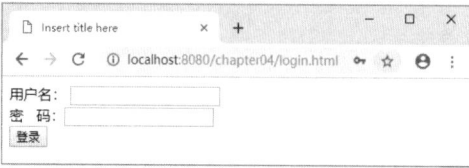

图4-24　文件4-12的运行结果　　　　　图4-25　文件4-13的运行结果

由图 4-25 可知，当用户名和密码输入正确后，浏览器跳转到了 welcome.html 页面。但是，如果用户名或者密码输入错误，则会跳转到图 4-24 所示的登录页面。

### 4.5.2　动手实践：解决中文输出乱码问题

由于计算机中的数据都是以二进制形式存储的，当传输文本时，就会发生字符和字节之间的转换。字符与字节之间的转换是通过查码表完成的。将字符转换成字节的过程称为编码，将字节转换成字符的过程称为解码，如果编码和解码使用的码表不一致，就会导致乱码问题。具体解决办法如下。

在 chapter04 项目的 cn.itcast.chapter04.response 包中编写一个名为 ChineseServlet 的类，在该类中定义一个中文字符串，然后使用字符输出流输出，如文件 4-15 所示。

文件 4-15　ChineseServlet.java

```
1  package cn.itcast.chapter04.response;
2  import java.io.*;
3  import javax.servlet.*;
4  import javax.servlet.http.*;
5  import javax.servlet.annotation.WebServlet;
6  @WebServlet(name = "chineseServlet",urlPatterns = "/chineseServlet")
7  public class ChineseServlet extends HttpServlet {
8      public void doGet(HttpServletRequest request,
9        HttpServletResponse response)throws ServletException, IOException {
10         String data = "中国";
11         PrintWriter out = response.getWriter();
12         out.println(data);
13     }
14     public void doPost(HttpServletRequest request,
15       HttpServletResponse response)throws ServletException, IOException {
16         doGet(request, response);
17     }
18 }
```

在 IDEA 中启动 Tomcat 服务器，在浏览器的地址栏中输入地址 http://localhost:8080/chapter04/chineseServlet 访问 chineseServlet，浏览器的显示结果如图 4-26 所示。

由图 4-26 可知，浏览器显示的内容是 "??"，说明发生了乱码问题。此处产生乱码的原因是 response 对象的字符输出流在编码时采用的是 ISO-8859-1 的字符码表，该码表并

图4-26　文件4-15的运行结果

不兼容中文，会将 "中国" 编码为 "63 63"(在 ISO-8859-1 的码表中查不到的字符就会显示 63)。当浏览器对接收到的数据进行解码时，会采用默认的码表 GB2312，将 "63" 解码为 "?"，因此浏览器将 "中国" 两个字符显示成了 "??"。编码错误过程如图 4-27 所示。

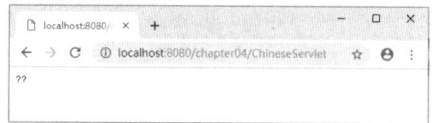

图4-27　编码错误过程

　　为了解决上述编码错误，HttpServletResponse 接口提供了一个 setCharacterEncoding( )方法，该方法用于设置字符的编码方式，下面对文件 4-15 进行修改，在第 8 行和第 9 行代码之间增加一行代码，设置字符编码使用的码表为 UTF-8，代码具体如下：

```
response.setCharacterEncoding("utf-8");
```

　　在浏览器的地址栏中再次访问 http://localhost:8080/chapter04/chineseServlet，浏览器的显示结果如图 4-28 所示。

　　由图 4-28 可知，浏览器中显示的乱码虽然不是"??"，但也不是需要输出的"中国"，这是浏览器解码错误导致的。response 对象的字符输出流设置的编码方式为 UTF-8，而浏览器使用的解码方式是 GB2312，具体分析过程如图 4-29 所示。

图4-28　文件4-15修改后的运行结果

图4-29　解码错误分析

　　对于浏览器编码问题，可以通过修改浏览器的解码方式解决。在浏览器中单击菜单栏中的【开发者工具】→【编码】→【Unicode（UTF-8）】选项，将浏览器的编码方式设置为 UTF-8，浏览器的显示结果如图 4-30 所示。

　　由图 4-30 可知，浏览器的显示内容没有出现乱码，说明通过修改浏览器的编码方式可以解决乱码问题。但

图4-30　修改编码格式后文件4-15的运行结果

是，这样的做法仍是不可取的，因为不能让用户每次都设置浏览器编码。为此，HttpServletResponse 接口提供了两种解决乱码的方案，具体如下。

　　第一种方案：

```
// 设置 HttpServletResponse 使用 utf-8 编码
response.setCharacterEncoding("utf-8");
// 通知浏览器使用 utf-8 解码
response.setHeader("Content-Type","text/html;charset=utf-8");
```

　　第二种方案：

```
// 包含第一种方式的两个功能
response.setContentType("text/html;charset=utf-8");
```

　　在通常情况下，为了使代码更加简洁，会采用第二种方式。对文件 4-15 进行修改，使用 HttpServletResponse 对象的第二种方式解决乱码问题，修改后的代码如文件 4-16 所示。

文件 4-16　ChineseServlet.java

```
1   package cn.itcast.chapter04.response;
2   import java.io.*;
3   import javax.servlet.*;
4   import javax.servlet.http.*;
5   import javax.servlet.annotation.WebServlet;
6   @WebServlet(name = "chineseServlet",urlPatterns = "/chineseServlet")
7   public class ChineseServlet extends HttpServlet {
8       public void doGet(HttpServletRequest request,
9       HttpServletResponse response) throws ServletException, IOException {
10        //设置字符编码
11        response.setContentType("text/html;charset=utf-8");
12          String data="中国";
13          PrintWriter out = response.getWriter();
14          out.println(data);
15      }
```

```
16        public void doPost(HttpServletRequest request,
17        HttpServletResponse response) throws ServletException, IOException {
18            doGet(request,response);
19        }
20 }
```

在 IDEA 中启动 Tomcat 服务器，在浏览器的地址栏中访问地址 http://localhost:8080/chapter04/chineseServlet，浏览器显示出了正确的中文字符，如图 4-31 所示。

# 4.6　HttpServletRequest 对象

在 Servlet API 中，定义了一个 HttpServletRequest 接口，它继承自 ServletRequest 接口，专门用于封装 HTTP 请求消息。本节将对 HttpServletRequest 接口进行详细讲解。

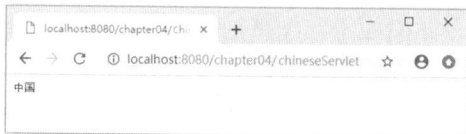

图4-31　文件4-16的运行结果

## 4.6.1　获取请求行信息的相关方法

当访问 Servlet 时，请求消息的请求行中会包含请求方法、请求资源名、请求路径等信息。为了获取这些信息，HttpServletRequest 接口定义了一系列用于获取请求行的方法，如表 4-9 所示。

表 4-9　HttpServletRequest 接口获取请求行的相关方法

| 方法声明 | 功能描述 |
| --- | --- |
| String getMethod( ) | 该方法用于获取 HTTP 请求消息中的请求方式（例如 GET、POST 等） |
| String getRequestURI( ) | 该方法用于获取请求行中资源名称部分，即位于 URL 的主机和端口之后、参数部分之前的数据 |
| String getQueryString( ) | 该方法用于获取请求行中的参数部分，也就是资源路径后面问号（？）以后的所有内容 |
| String getProtocol( ) | 该方法用于获取请求行中的协议名和版本，例如 HTTP/1.0 或 HTTP/1.1 |
| String getContextPath( ) | 该方法用于获取请求 URL 中属于 Web 应用程序的路径，这个路径以 "/" 开头，表示相对于整个 Web 站点的根目录，路径结尾不含 "/"。如果请求 URL 属于 Web 站点的根目录，那么返回结果为空字符串（""） |
| String getServletPath( ) | 该方法用于获取 Servlet 的名称或 Servlet 所映射的路径 |
| String getRemoteAddr( ) | 该方法用于获取请求客户端的 IP 地址，其格式类似于 "192.168.0.3" |
| String getRemoteHost( ) | 该方法用于获取请求客户端的完整主机名，其格式类似于 "pc1.itcast.cn"。需要注意的是，如果无法解析出客户机的完整主机名，该方法将会返回客户端的 IP 地址 |
| int getRemotePort( ) | 该方法用于获取请求客户端网络连接的端口号 |
| String getLocalAddr( ) | 该方法用于获取 Web 服务器上接收当前请求网络连接的 IP 地址 |
| String getLocalName( ) | 该方法用于获取 Web 服务器上接收当前网络连接 IP 所对应的主机名 |
| int getLocalPort( ) | 该方法用于获取 Web 服务器上接收当前网络连接的端口号 |
| String getServerName( ) | 该方法用于获取当前请求所指向的主机名，即 HTTP 请求消息中 Host 头字段所对应的主机名部分 |
| int getServerPort( ) | 该方法用于获取当前请求所连接的服务器端口号，即 HTTP 请求消息中 Host 头字段所对应的端口号部分 |
| String getScheme( ) | 该方法用于获取请求的协议名，例如 HTTP、HTTPS 或 FTP |
| StringBuffer getRequestURL( ) | 该方法用于获取客户端发出请求时的完整 URL，包括协议、服务器名、端口号、资源路径等信息，但不包括后面的查询参数部分。需要注意的是，getRequestURL( )方法返回的结果是 StringBuffer 类型，而不是 String 类型，这样更便于对结果进行修改 |

表 4-9 列出了一系列用于获取请求消息行信息的方法，为了使读者更好地理解这些方法，下面通过一个

案例来演示这些方法的使用。

在 chapter04 项目的 src 目录下创建一个名称为 cn.itcast.chapter04.request 的包，在包中创建一个名为 RequestLineServlet 的类，在该类中编写了用于获取请求行中相关信息的方法，如文件 4-17 所示。

文件 4-17　RequestLineServlet.java

```
1   package cn.itcast.chapter04.request;
2   import java.io.*;
3   import javax.servlet.*;
4   import javax.servlet.http.*;
5   import javax.servlet.annotation.WebServlet;
6   @WebServlet(name = "RequestLineServlet",urlPatterns = "/RequestLineServlet")
7   public class RequestLineServlet extends HttpServlet {
8     public void doGet(HttpServletRequest request,
9         HttpServletResponse response)throws ServletException, IOException {
10        response.setContentType("text/html;charset=utf-8");
11        PrintWriter out = response.getWriter();
12        // 获取请求行的相关信息
13        out.println("getMethod : " + request.getMethod() + "<br />");
14        out.println("getRequestURI : " + request.getRequestURI() + "<br />");
15        out.println("getQueryString:"+request.getQueryString() + "<br />");
16        out.println("getProtocol : " + request.getProtocol() + "<br />");
17        out.println("getContextPath:"+request.getContextPath() + "<br />");
18        out.println("getPathInfo : " + request.getPathInfo() + "<br />");
19        out.println("getPathTranslated : "
20                + request.getPathTranslated() + "<br />");
21        out.println("getServletPath:"+request.getServletPath() + "<br />");
22        out.println("getRemoteAddr : " + request.getRemoteAddr() + "<br />");
23        out.println("getRemoteHost : " + request.getRemoteHost() + "<br />");
24        out.println("getRemotePort : " + request.getRemotePort() + "<br />");
25        out.println("getLocalAddr : " + request.getLocalAddr() + "<br />");
26        out.println("getLocalName : " + request.getLocalName() + "<br />");
27        out.println("getLocalPort : " + request.getLocalPort() + "<br />");
28        out.println("getServerName : " + request.getServerName() + "<br />");
29        out.println("getServerPort : " + request.getServerPort() + "<br />");
30        out.println("getScheme : " + request.getScheme() + "<br />");
31        out.println("getRequestURL : " + request.getRequestURL() + "<br />");
32     }
33     public void doPost(HttpServletRequest request,
34       HttpServletResponse response)throws ServletException,
35       IOException {
36         doGet(request, response);
37     }
38  }
```

在 IDEA 中启动 Tomcat 服务器，在浏览器的地址栏中输入地址 http://localhost:8080/chapter04/RequestLine-Servlet 访问 RequestLineServlet，浏览器的显示结果如图 4-32 所示。

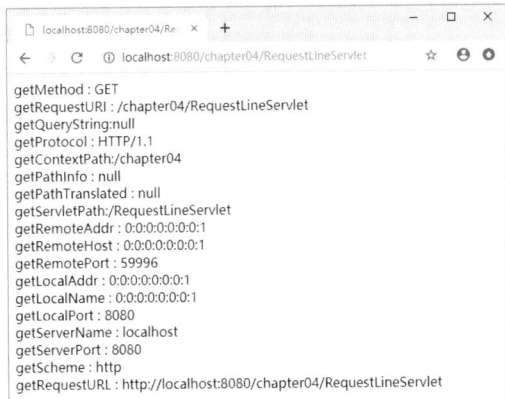

图4-32　文件4-17的运行结果

由图 4-32 可知，浏览器显示出了请求 RequestLineServlet 时发送的请求行信息，由此可见，通过 HttpServletRequest 对象可以很方便地获取到请求行的相关信息。

## 4.6.2 获取请求头的相关方法

当请求 Servlet 时，需要通过请求头向服务器传递附加信息，例如客户端可以接收的数据类型、压缩方式、语言等。为此，HttpServletRequest 接口定义了一系列用于获取 HTTP 请求头字段的方法，如表 4-10 所示。

表 4-10　HttpServletRequest 接口获取 HTTP 请求头字段的方法

| 方法声明 | 功能描述 |
| --- | --- |
| String getHeader(String name) | 该方法用于获取一个指定头字段的值，如果请求消息中没有包含指定的头字段，getHeader( ) 方法返回 null；如果请求消息中包含有多个指定名称的头字段，getHeader( ) 方法返回其中第一个头字段的值 |
| Enumeration getHeaders(String name) | 该方法返回一个 Enumeration 集合对象，该集合对象由请求消息中出现的某个指定名称的所有头字段值组成。在多数情况下，一个头字段名在请求消息中只出现一次，但有时候可能会出现多次 |
| Enumeration getHeaderNames( ) | 该方法用于获取一个包含所有请求头字段的 Enumeration 对象 |
| int getIntHeader(String name) | 该方法用于获取指定名称的头字段，并且将其值转为 int 类型。需要注意的是，如果指定名称的头字段不存在，返回值为-1；如果获取到的头字段的值不能转为 int 类型，将发生 NumberFormatException 异常 |
| long getDateHeader(String name) | 该方法用于获取指定头字段的值，并将其按 GMT 时间格式转换成一个代表日期/时间的长整数，这个长整数是自 1970 年 1 月 1 日 0 点 0 分 0 秒算起的以毫秒为单位的时间值 |
| String getContentType( ) | 该方法用于获取 Content-Type 头字段的值，结果为 String 类型 |
| int getContentLength( ) | 该方法用于获取 Content-Length 头字段的值，结果为 int 类型 |
| String getCharacterEncoding( ) | 该方法用于返回请求消息的实体部分的字符集编码，通常是从 Content-Type 头字段中进行提取，结果为 String 类型 |

表 4-10 列出了一系列用于读取 HTTP 请求头字段的方法，为了更好地掌握这些方法，下面通过一个案例学习这些方法的使用。

在 cn.itcast.chapter04.request 包中编写一个名为 RequestHeadersServlet 的类，该类调用 getHeaderNames( ) 方法获取请求头信息，如文件 4-18 所示。

文件 4-18　RequestHeadersServlet.java

```
1  package cn.itcast.chapter04.request;
2  import java.io.IOException;
3  import java.io.PrintWriter;
4  import java.util.Enumeration;
5  import javax.servlet.*;
6  import javax.servlet.http.*;
7  import javax.servlet.annotation.WebServlet;
8  @WebServlet(name = " RequestHeadersServlet",urlPatterns = "/RequestHeadersServlet")
9  public class RequestHeadersServlet extends HttpServlet {
10     public void doGet(HttpServletRequest request,
11       HttpServletResponse response)throws ServletException, IOException {
12        response.setContentType("text/html;charset=utf-8");
13        PrintWriter out = response.getWriter();
14     // 获取请求消息中所有头字段
15        Enumeration headerNames = request.getHeaderNames();
16     // 使用循环遍历所有请求头，并通过 getHeader()方法获取一个指定名称的头字段
17        while (headerNames.hasMoreElements()) {
18           String headerName = (String) headerNames.nextElement();
19           out.print(headerName + " : "
20              + request.getHeader(headerName)+ "<br />");
```

```
21          }
22      }
23      public void doPost(HttpServletRequest request,
24        HttpServletResponse response)throws ServletException, IOException {
25          doGet(request, response);
26      }
27  }
```

在 IDEA 中启动 Tomcat 服务器，在浏览器的地址栏中输入地址 http://localhost:8080/chapter04/Request-HeadersServlet 访问 RequestHeadersServlet，浏览器的显示结果如图 4-33 所示。

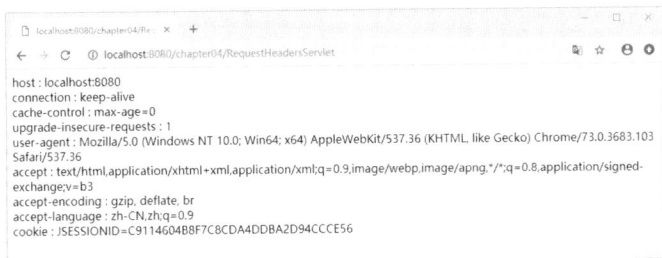

图4-33　文件4-18的运行结果

## 4.6.3　请求转发

Servlet 之间可以相互跳转，利用 Servlet 的跳转可以很容易把一项任务按模块分开，例如，使用一个 Servlet 实现用户登录，然后跳转到另外一个 Servlet 实现用户资料修改。Servlet 的跳转要通过 RequestDispatcher 接口的实例对象实现。HttpServletRequest 接口提供了 getRequestDispatcher( )方法用于获取 RequestDispatcher 对象，getRequestDispatcher( )方法的具体格式如下：

```
RequestDispatcher getRequestDispatcher (String path)
```

getRequestDispatcher( )方法返回封装了某条路径所指定资源的 RequestDispatcher 对象。其中，参数 path 必须以 "/" 开头，用于表示当前 Web 应用的根目录。需要注意的是，WEB-INF 目录中的内容对 Request-Dispatcher 对象也是可见的。因此，传递给 getRequestDispatcher(String path)方法的资源可以是 WEB-INF 目录中的文件。

获取到 RequestDispatcher 对象后，如果当前 Web 资源不想处理请求，RequestDispatcher 接口提供了一个 forward( )方法，该方法可以将当前请求传递给其他 Web 资源，由其他资源对这些信息进行处理并将响应提交给客户端，这种方式称为请求转发。forward( )方法的具体格式如下：

```
forward(ServletRequest request,ServletResponse response)
```

forward( )方法用于将请求从一个 Servlet 传递给另一个 Web 资源。在 Servlet 中，可以对请求做一个初步处理，然后通过调用 forward( )方法将请求传递给其他资源进行响应。需要注意的是，该方法必须在将响应提交给客户端之前被调用，否则将抛出 IllegalStateException 异常。

forward( )方法的工作原理如图 4-34 所示。

由图 4-34 可知，当浏览器访问 Servlet1 时，可以通过 forward( )方法将请求转发给其他 Web 资源，其他 Web 资源处理完请求后，直接将响应结果返回到浏览器。

了解 forward( )方法的工作原理后，下面通过一个案例演示 forward( )方法的使用。在 chapter04 项目的 cn.itcast.chapter04.request 包中创建一个名

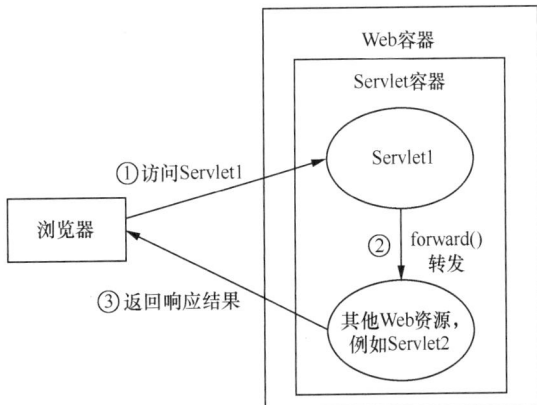

图4-34　forward()方法的工作原理

为 RequestForwardServlet 的 Servlet 类，该类调用 forword( )方法将请求转发到一个新的 Servlet 页面。Request-ForwardServlet 类的实现如文件 4-19 所示。

文件 4-19　RequestForwardServlet.java

```
1  package cn.itcast.chapter04.request;
2  import java.io.IOException;
3  import javax.servlet.*;
4  import javax.servlet.http.*;
5  import javax.servlet.annotation.WebServlet;
6  @WebServlet(name = "RequestForwardServlet",urlPatterns = "/RequestForwardServlet")
7  public class RequestForwardServlet extends HttpServlet {
8     public void doGet(HttpServletRequest request,HttpServletResponse
9          response)throws ServletException, IOException {
10      response.setContentType("text/html;charset=utf-8");
11      request.setAttribute("username", "张三");// 将数据存储到 request 对象中
12      RequestDispatcher dispatcher = request.getRequestDispatcher("/ResultServlet");
13      dispatcher.forward(request,response);
14     }
15     public void doPost(HttpServletRequest request,HttpServletResponse
16          response)throws ServletException,IOException {
17       doGet(request,response);
18     }
19  }
```

在文件 4-19 中，第 11 行代码将数据存储到 request 对象中；第 12～13 行代码通过使用 forward( )方法将当前 Servlet 的请求转发到 ResultServlet 页面。

在 cn.itcast.chapter04.request 包中创建一个名为 ResultServlet 的 Servlet 类，用于获取 RequestForwardServlet 类中存储在 request 对象中的数据并输出。ResultServlet 类的实现如文件 4-20 所示。

文件 4-20　ResultServlet.java

```
1  package cn.itcast.chapter04.request;
2  import java.io.IOException;
3  import java.io.PrintWriter;
4  import javax.servlet.ServletException;
5  import javax.servlet.http.HttpServlet;
6  import javax.servlet.http.HttpServletRequest;
7  import javax.servlet.http.HttpServletResponse;
8  import javax.servlet.annotation.WebServlet;
9  @WebServlet(name = "ResultServlet",urlPatterns = "/ResultServlet")
10 public class ResultServlet extends HttpServlet {
11    public void doGet(HttpServletRequest request, HttpServletResponse
12          response)throws ServletException, IOException {
13      response.setContentType("text/html;charset=utf-8");
14      PrintWriter out = response.getWriter();
15      String username = (String) request.getAttribute("username");
16      if (username != null) {
17         out.println("用户名: " + username + "<br/>");
18      }
19    }
20    public void doPost(HttpServletRequest request, HttpServletResponse
21                     response)throws ServletException, IOException {
22      doGet(request, response);
23    }
24 }
```

在 IDEA 中启动 Tomcat 服务器，在浏览器的地址栏中输入地址 http://localhost:8080/chapter04/RequestForwardServlet 访问 RequestForwardServlet，浏览器的显示结果如图 4-35 所示。

由图 4-35 可知，地址栏中显示的仍然是 Request-ForwardServlet 的请求路径，但是浏览器却显示出了

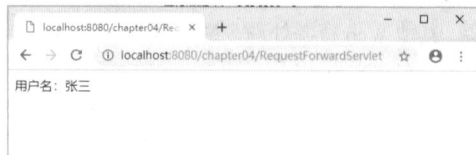

图4-35　文件4-19和文件4-20的运行结果

ResultServlet 中要输出的内容。这是因为请求转发是发生在服务器内部的行为，从 RequestForwardServlet 到 ResultServlet 属于一次请求，在一次请求中可以使用 request 属性进行数据共享。

### 4.6.4 获取请求参数

在实际开发中，经常需要获取用户提交的表单数据，例如用户名、密码、电子邮件等，为了方便地获取表单中的请求参数，在 HttpServletRequest 接口的父类 ServletRequest 中定义了一系列获取请求参数的方法，如表 4-11 所示。

表 4-11　HttpServletRequest 接口中获取请求参数的方法

| 方法声明 | 功能描述 |
| --- | --- |
| String getParameter(String name) | 该方法用于获取某个指定名称的参数值，如果请求消息中没有包含指定名称的参数，getParameter( )方法返回 null；如果指定名称的参数存在但没有设置值，则返回一个空串；如果请求消息中包含多个该指定名称的参数，则 getParameter( )方法返回第一个出现的参数值 |
| String[] getParameterValues(String name) | 该方法用于返回一个 String 类型的数组，HTTP 请求消息中可以有多个相同名称的参数（通常由一个包含多个同名的字段元素的 form 表单生成），如果要获得 HTTP 请求消息中的同一个参数名所对应的所有参数值，那么就应该使用 getParameterValues( )方法 |
| Enumeration getParameterNames( ) | 该方法用于返回一个包含请求消息中所有参数名的 Enumeration 对象，在此基础上可以对请求消息中的所有参数进行遍历处理 |
| Map getParameterMap( ) | 该方法用于将请求消息中的所有参数名和值装入一个 Map 对象中返回 |

表 4-11 列出了 HttpServletRequest 获取请求参数的一系列方法。其中，getParameter( )方法用于获取某个指定的参数，而 getParameterValues( )方法用于获取多个同名的参数。下面通过一个具体的案例分步骤讲解这两个方法的使用。

（1）在 chapter04 项目的 web 根目录下编写一个表单文件 form.html，如文件 4-21 所示。

文件 4-21　form.html

```
1  <!DOCTYPE html PUBLIC "-//W3C//DTD HTML 4.01 Transitional//EN"
2                        "http://www.w3.org/TR/html4/loose.dtd">
3  <html>
4  <head>
5  <meta http-equiv="Content-Type" content="text/html; charset=UTF-8">
6  <title>Insert title here</title>
7  </head>
8  <body>
9      <form action="/chapter04/RequestParamsServlet" method="POST">
10         用户名: <input type="text" name="username"><br />
11         密   码: <input type="password" name="password">
12     <br />
13         爱好:
14         <input type="checkbox" name="hobby" value="sing">唱歌
15         <input type="checkbox" name="hobby" value="dance">跳舞
16         <input type="checkbox" name="hobby" value="football">足球<br />
17         <input type="submit" value="提交">
18     </form>
19 </body>
20 </html>
```

（2）在 cn.itcast.chapter04.request 包中编写一个名称为 RequestParamsServlet 的 Servlet 类，使用该 Servlet 获取请求参数，如文件 4-22 所示。

文件 4-22　RequestParamsServlet.java

```
1  package cn.itcast.chapter04.request;
2  import java.io.*;
3  import javax.servlet.*;
```

```
4    import javax.servlet.http.*;
5    import javax.servlet.annotation.WebServlet;
6    @WebServlet(name = "RequestParamsServlet",urlPatterns = "/RequestParamsServlet")
7    public class RequestParamsServlet extends HttpServlet {
8        public void doGet(HttpServletRequest request,
9         HttpServletResponse response)throws ServletException, IOException {
10           String name = request.getParameter("username");
11           String password = request.getParameter("password");
12           System.out.println("用户名:" + name);
13           System.out.println("密  码:" + password);
14           // 获取参数名为 "hobby" 的值
15           String[] hobbys = request.getParameterValues("hobby");
16           System.out.print("爱好:");
17           for (int i = 0; i < hobbys.length; i++) {
18               System.out.print(hobbys[i] + ", ");
19           }
20       }
21       public void doPost(HttpServletRequest request,
22        HttpServletResponse response)throws ServletException, IOException {
23           doGet(request, response);
24       }
25   }
```

在文件 4-22 中，第 6 行代码使用@WebServlet 注解配置了 RequestParamsServlet 的 URL 映射地址；第 10 行和第 11 行代码通过 getParameter()方法分别获取用户名和密码；由于参数名为 "hobby" 的值可能有多个，第 15～19 行代码调用 getParameterValues()方法获取多个同名参数的值，并返回一个 String 类型的数组，通过遍历数组，打印出每个 "hobby" 参数对应的值。

（3）在 IDEA 中启动 Tomcat 服务器，在浏览器的地址栏中输入地址 http://localhost:8080/chapter04/form.html 访问 form.html 页面，并填写表单相关信息，填写后的浏览器页面如图 4-36 所示。

（4）单击图 4-36 所示的 "提交" 按钮，在 IDEA 的控制台打印出了用户登录的信息，如图 4-37 所示。

图4-36  填写后的浏览器页面

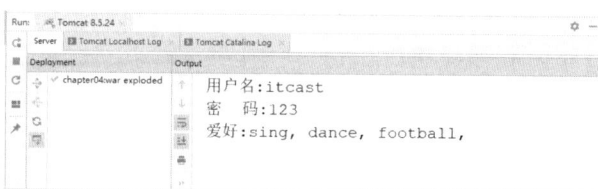

图4-37  用户登录的信息

### 4.6.5  通过 Request 对象传递数据

Request 对象不仅可以获取一系列数据，还可以通过属性传递数据。ServletRequest 接口定义了一系列操作属性的方法，下面分别进行介绍。

#### 1. setAttribute( )方法

setAttribute()方法用于将一个对象与一个 name 关联后存储进 ServletRequest 对象中，其完整声明定义如下：

```
public void setAttribute(String name,Object o);
```

setAttribute()方法的参数列表的第一个参数接收的是一个 String 类型的 name，第二个参数接收的是一个 Object 类型的对象 o。需要注意的是，如果 ServletRequest 对象中已经存在指定名称的属性，setAttribute()方法将会先删除原来的属性，然后再添加新的属性。如果传递给 setAttribute()方法的属性值对象为 null，则删除指定名称的属性，这时的效果等同于 removeAttribute()方法。

#### 2. getAttribute( )方法

getAttribute()方法用于从 ServletRequest 对象中返回指定名称的属性对象，其完整声明如下：

```
public Object getAttribute (String name);
```

### 3. removeAttribute( )方法

removeAttribute( )方法用于从 ServletRequest 对象中删除指定名称的属性，其完整声明如下：

```
public void removeAttribute(String name);
```

### 4. getAttributeNames( )方法

getAttributeNames( )方法用于返回一个包含 ServletRequest 对象中的所有属性名的 Enumeration 对象。在此基础上，可以对 ServletRequest 对象中的所有属性进行遍历处理。getAttributeNames( )方法声明如下：

```
public Enumeration getAttributeNames();
```

需要注意的是，只有属于同一个请求中的数据才可以通过 ServletRequest 对象传递数据。

## 4.6.6  动手实践：解决请求参数的中文乱码问题

在填写表单数据时，难免会输入中文，例如姓名、公司名称等。在浏览器的地址栏中输入地址 http://localhost:8080/chapter04/form.html 再次访问 form.html 页面，输入用户名为"传智播客"以及相关表单信息，如图 4–38 所示。

单击图 4–38 中的"提交"按钮，这时控制台打印出了每个参数的值，具体如图 4–39 所示。

图4-38　文件4-22的页面运行结果　　　　图4-39　文件4-22的控制台运行结果

从图 4–39 可以看出，当输入的用户名为中文时出现了乱码问题。下面将详细讲解如何处理请求参数的中文乱码问题。

### 1. 设置编码方式

在 HttpServletRequest 接口中，提供了一个 setCharacterEncoding( )方法，该方法用于设置 request 对象的解码方式。下面对文件 4–22 进行修改，修改后的代码如文件 4–23 所示。该方法用于返回请求消息的实体部分的字符集编码。

文件 4-23　RequestParamsServlet.java

```
1   package cn.itcast.chapter04.request;
2   import java.io.*;
3   import javax.servlet.*;
4   import javax.servlet.http.*;
5   import javax.servlet.annotation.WebServlet;
6   @WebServlet(name = "RequestParamsServlet",urlPatterns = "/RequestParamsServlet")
7   public class RequestParamsServlet extends HttpServlet {
8       public void doGet(HttpServletRequest request,
9        HttpServletResponse response)throws ServletException, IOException {
10        //设置 request 对象的解码方式
11        request.setCharacterEncoding("utf-8");
12          String name = request.getParameter("username");
13          String password = request.getParameter("password");
14          System.out.println("用户名:" + name);
15          System.out.println("密  码:" + password);
16          // 获取参数名为 "hobby" 的值
17          String[] hobbys = request.getParameterValues("hobby");
18          System.out.print("爱好:");
19          for (int i = 0; i < hobbys.length; i++) {
20              System.out.print(hobbys[i] + ", ");
21          }
22      }
23      public void doPost(HttpServletRequest request,
24       HttpServletResponse response)throws ServletException, IOException {
```

```
25              doGet(request, response);
26        }
27 }
```

**2. 查看运行结果**

在 IDEA 中启动 Tomcat 服务器，再次访问 form.html 页面，输入中文用户名"传智播客"以及相关表单信息，控制台打印的结果如图 4-40 所示。

图4-40　文件4-23的控制台运行结果图

# 4.7　本章小结

本章主要讲解了 Servlet 的基础知识。首先讲解了 Servlet 的概念、特点和常用接口；其次讲解了 Servlet 开发入门知识，包括实现 Servlet 程序、Servlet 的配置和 Servlet 的生命周期；然后讲解了 ServletConfig 接口和 ServletContext 接口的用法；接着讲解了 HttpServletReponse 对象和应用；最后讲解了 HttpServletRequest 对象和应用。通过本章的学习，读者应该熟练掌握 Servlet 相关技术以及 HttpServletReponse 对象和 HttpServletRequest 对象的使用。

# 4.8　本章习题

本章课后习题请扫描二维码。

# 第 5 章

# 会话及会话技术

## 学习目标

★ 了解什么是 Cookie

★ 掌握 Cookie 对象的使用

★ 了解什么是 Session

★ 掌握 Session 对象的使用

拓展阅读

当用户通过浏览器访问 Web 应用时，在通常情况下，服务器需要对用户的状态进行跟踪。例如，用户在网站结算商品时，Web 服务器必须根据请求用户的身份找到该用户所购买的商品。在 Web 开发中，服务器跟踪用户信息的技术称为会话技术，本章将对会话及会话技术进行详细讲解。

## 5.1 会话概述

在日常生活中，从拨通电话到挂断电话之间的一连串的你问我答的过程就是会话。Web 应用中的会话过程类似于生活中的打电话过程，它是指一个客户端（浏览器）与 Web 服务器之间连续发生的一系列请求和响应过程。例如，一个用户在某网站上的整个购物过程就是会话。

在打电话过程中，通话双方会有通话内容，同样，在客户端与服务器交互的过程中也会产生一些数据。例如，用户甲和用户乙分别登录了购物网站，用户甲购买了一个 iPhone 手机，用户乙购买了一个 iPad，当这两个用户结账时 Web 服务器需要对用户甲和用户乙的信息分别进行保存。

为了保存会话过程中产生的数据，Servlet 提供了两个用于保存会话数据的对象，分别是 Cookie 和 Session。下面详细讲解 Cookie 和 Session 的使用。

## 5.2 Cookie 对象

Cookie 是一种会话技术，它可以将会话过程中的数据保存到用户的浏览器中，从而使浏览器和服务器可以更好地进行数据交互。本节将对 Cookie 进行详细讲解。

### 5.2.1 什么是 Cookie

在现实生活中，顾客在购物时商城经常会赠送顾客一张会员卡，卡上记录了用户的个人信息（姓名、手机号等）、消费额度和积分额度等。若顾客接受了会员卡，以后每次光临该商场时都可以使用这张会员卡，商场也将根据会员卡上的消费记录计算会员的优惠额度和累加积分。

在 Web 应用中，Cookie 的功能类似于会员卡，当用户通过浏览器访问 Web 服务器时，服务器会给客户端发送一些信息，例如用户信息和商品信息，这些信息都保存在 Cookie 中。这样，当该浏览器再次访问服务器时，会在请求头中将 Cookie 发送给服务器，以便服务器对浏览器做出正确的响应。

服务器向客户端发送 Cookie 时，会在 HTTP 响应头字段中增加 Set-Cookie 响应头字段。Set-Cookie 响应头字段中设置 Cookie 的具体示例如下：

```
Set-Cookie: user=itcast; Path=/;
```

在上述示例中，user 表示 Cookie 的名称，itcast 表示 Cookie 的值，Path 表示 Cookie 的属性。Cookie 必须以键值对的形式存在，Cookie 属性可以有多个，属性之间用分号 ";" 和空格分隔。

Cookie 在浏览器和服务器之间的传输过程如图 5-1 所示。

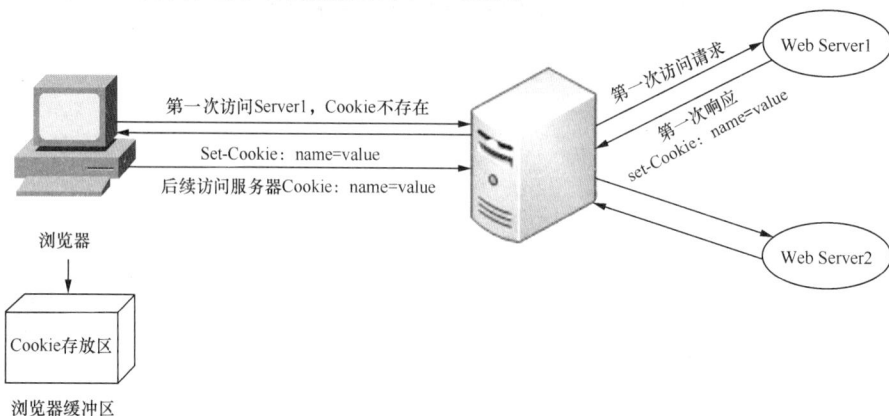

图5-1　Cookie在浏览器和服务器之间的传输过程

图 5-1 描述了 Cookie 在浏览器和服务器之间的传输过程。当用户第一次访问服务器时，服务器会在响应消息中增加 Set-Cookie 头字段，将用户信息以 Cookie 的形式发送给浏览器。用户浏览器一旦接收了服务器发送的 Cookie 信息，就会将它保存在自身的缓冲区中。这样，当浏览器后续访问该服务器时，都会在请求消息中将用户信息以 Cookie 的形式发送给服务器，从而使服务器分辨出当前请求是由哪个用户发出的。

## 5.2.2　Cookie API

为了封装 Cookie 信息，Servlet API 提供了 javax.servlet.http.Cookie 类，该类包含了生成 Cookie 信息和提取 Cookie 信息的方法。

下面分别介绍 Cookie 类的构造方法和常用方法。

### 1. 构造方法

Cookie 类有且仅有一个构造方法，具体语法格式如下：

```
public Cookie(java.lang.String name,java.lang.String value);
```

在 Cookie 的构造方法中，参数 name 用于指定 Cookie 的名称，value 用于指定 Cookie 的值。需要注意的是，Cookie 一旦创建，它的名称就不能再更改，Cookie 的值可以为任何值，创建后允许被修改。

### 2. 常用方法

通过 Cookie 构造方法创建 Cookie 对象后，便可调用该类的所有方法，Cookie 类的常用方法如表 5-1 所示。

表 5-1　Cookie 类的常用方法

| 方法声明 | 功能描述 |
| --- | --- |
| String getName( ) | 用于返回 Cookie 的名称 |
| void setValue(String newValue) | 用于为 Cookie 设置一个新的值 |

续表

| 方法声明 | 功能描述 |
| --- | --- |
| String getValue( ) | 用于返回 Cookie 的值 |
| void setMaxAge(int expiry) | 用于设置 Cookie 在浏览器客户机上保持有效的秒数 |
| int getMaxAge( ) | 用于返回 Cookie 在浏览器客户机上保持有效的秒数 |
| void setPath(String uri) | 用于设置该 Cookie 项的有效目录路径 |
| String getPath( ) | 用于返回该 Cookie 项的有效目录路径 |
| void setDomain(String pattern) | 用于设置该 Cookie 项的有效域 |
| String getDomain( ) | 用于返回该 Cookie 项的有效域 |
| void setVersion(int v) | 用于设置该 Cookie 项采用的协议版本 |
| int getVersion( ) | 用于返回该 Cookie 项采用的协议版本 |
| void setComment(String purpose) | 用于设置该 Cookie 项的注解部分 |
| String getComment( ) | 用于返回该 Cookie 项的注解部分 |
| void setSecure(boolean flag) | 用于设置该 Cookie 项是否只能使用安全的协议传送 |
| boolean getSecure( ) | 用于返回该 Cookie 项是否只能使用安全的协议传送 |

表 5-1 列举了 Cookie 类的常用方法，由于大多数方法都比较简单，下面只针对表 5-1 中比较难以理解的方法进行讲解，具体如下。

（1）setMaxAge(int expiry)方法和 getMaxAge( )方法

setMaxAge(int expiry)和 getMaxAge( )方法分别用于设置和返回 Cookie 在浏览器上保持有效的秒数。如果设置的值为一个正整数，则浏览器会将 Cookie 信息保存在本地硬盘中。从当前时间开始，在没有超过指定的秒数之前，这个 Cookie 都保持有效，并且同一台计算机上运行的该浏览器都可以使用这个 Cookie 信息。如果设置的值为负整数，则浏览器会将 Cookie 信息保存在浏览器的缓存中，当浏览器关闭时，Cookie 信息会被删除。如果设置的值为 0，则浏览器会立即删除这个 Cookie 信息。

（2）setPath(String uri)方法和 getPath( )方法

setPath(String uri)方法和 getPath( )方法是针对 Cookie 的 Path 属性的。如果创建的某个 Cookie 对象没有设置 Path 属性，那么该 Cookie 只对当前访问路径所属的目录及其子目录有效。如果想让某个 Cookie 项对站点的所有目录下的访问路径都有效，应调用 Cookie 对象的 setPath( )方法将其 Path 属性设置为 "/"。

（3）setDomain(String pattern)方法和 getDomain( )方法

setDomain(String pattern)方法和 getDomain( )方法是针对 Cookie 的 domain 属性的。domain 属性用于指定浏览器访问的域。例如，传智播客的域为 "itcast.cn"。设置 domain 属性时，其值必须以 "." 开头，如 domain=.itcast.cn。在默认情况下，domain 属性的值为当前主机名，浏览器在访问当前主机下的资源时，都会将 Cookie 信息发送给服务器（当前主机）。需要注意的是，domain 属性的值不区分大小写。

## 任务：显示用户上次访问时间

### 【任务目标】

当用户访问某些 Web 应用时，经常会显示出该用户上一次的访问时间。例如，QQ 登录成功后，会显示用户上次的登录时间。本案例要求使用 Cookie 技术显示用户上次访问时间。

显示用户上次访问时间的效果图如图 5-2 所示。

### 【实现步骤】

要想使用 Cookie 技术显示用户上次访问时间，首先需要在 Servlet 类中获取 Cookie 信息，然后判断 Cookie 中是否有信息，如果有信息，则证明用户已经访问过，如果没有信息，

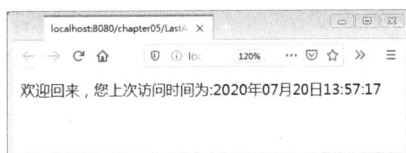

图5-2　显示用户上次访问时间的效果图

则证明用户是首次访问。具体实现步骤如下。

### 1. 创建 Servlet

在 IDEA 中新建 Web 项目 chapter05 并添加 servlet-api.jar 包，在 chapter05 项目的 src 包中编写一个名称为 LastAccessServlet 的 Servlet 类，该类主要用于获取 Cookie 信息中的时间并发送给客户端。LastAccessServlet 类的具体实现代码如文件 5-1 所示。

文件 5-1　LastAccessServlet.java

```
1  import java.io.IOException;
2  import java.net.URLDecoder;
3  import java.net.URLEncoder;
4  import java.text.SimpleDateFormat;
5  import java.util.Date;
6  import javax.servlet.ServletException;
7  import javax.servlet.annotation.WebServlet;
8  import javax.servlet.http.*;
9  @WebServlet(name = "LastAccessServlet",urlPatterns = "/LastAccessServlet")
10 public class LastAccessServlet extends HttpServlet {
11     private static final long serialVersionUID = 1L;
12     public void doGet(HttpServletRequest request,
13         HttpServletResponse response)
14         throws ServletException,IOException {
15         //指定服务器输出内容的编码方式为UTF-8，防止发生乱码
16         response.setContentType("text/html;charset=utf-8");
17         //获取所有cookie
18         Cookie[] cookies=request.getCookies();
19         //定义flag的boolean变量，用于判断cookies是否为空
20         boolean flag=false;
21         //遍历cookie数组
22         if(cookies.length >0&&cookies!=null){
23             for(Cookie cookie:cookies) {
24                 //获取cookie的名称
25                 String name=cookie.getName();
26                 //判断名称是否是lastTime
27                 if("lastTime".equals(name)){
28                     //该cookie不是第一次访问
29                     flag=true;
30                     //响应数据
31                     //获取cookie的value时间
32                     String value=cookie.getValue();
33                     System.out.println("解码前: "+value);
34                     //URL解码
35                     value= URLDecoder.decode(value, "utf-8");
36                     System.out.println("解码后: "+value);
37                     response.getWriter().write("欢迎回来，您上次访问时间" +
38                                             "为:"+value);
39                     //设置cookie的value
40                     //获取当前时间的字符串，重新设置cookie的值，重新发送cookie
41                     Date date=new Date();
42                     SimpleDateFormat timesdf=new SimpleDateFormat("yyyy年MM" +
43                                             "月dd日 HH:mm:ss");
44                     String str_time=timesdf.format(date);
45                     System.out.println("编码前: "+str_time);
46                     //URL编码
47                     str_time=URLEncoder.encode(str_time, "utf-8");
48                     System.out.println("编码后: "+str_time);
49                     cookie.setValue(str_time);
50                     //设置cookie存活时间
51                     cookie.setMaxAge(60*60*24*30);   //一个月
52                     //加入当前cookie请求时间
53                     response.addCookie(cookie);
54                     break;
55                 }
56             }
57         //如果cookies中没有时间，也就是没有访问过
58         if(cookies==null || cookies.length==0 || flag==false){
59             //设置cookie的value
```

```
60                    //获取当前时间的字符串，重新设置cookie的值，重新发送cookie
61                    Date date=new Date();
62                    SimpleDateFormat sdf=new SimpleDateFormat("yyyy年MM月dd日" +
63                                                       "HH:mm:ss");
64                    String str_date=sdf.format(date);
65                    System.out.println("编码前: "+str_date);
66                    //URL编码
67                    str_date= URLEncoder.encode(str_date,"utf-8");
68                    System.out.println("编码后: "+str_date);
69                    Cookie cookie=new Cookie("lastTime",str_date);
70                    //设置cookie存活时间
71                    cookie.setMaxAge(60*60*24*30);//一个月
72                    response.addCookie(cookie);
73                    response.getWriter().write("您好，欢迎您首次访问");
74            }
75        }
76    }
77    public void doPost(HttpServletRequest request,HttpServletResponse
78                        response)throws ServletException,IOException{
79        this.doPost(request,response);
80        }
81 }
```

在文件 5-1 中，第 16 行代码指定服务器输出内容的编码方式为 UTF-8，目的是防止发生乱码现象。第 18 行代码定义名称为 cookies 的数组获取所有的 Cookie。第 20 行代码定义了名称为 flag 的变量，用于标识 Cookie 是否有值，如果为 false，则表示 Cookie 无值；如果为 true，则表示 Cookie 有值。第 22～56 行代码用于遍历所有的 Cookie，其中第 27～55 行代码使用 if 判断是否存在名为 lastTime 的 Cookie，并使用 URL 解码获取名为 lastTime 的 Cookie，再使用 response 传参到页面；第 51 行代码使用 Cookie 的 setMaxAge 属性定义 Cookie 的存活时间为一个月。第 58～75 行代码是当 cookies 中无值时，第 61～63 行代码获取当前时间的字符串，在第 71 行代码中设置 Cookie 的值并重新发送 Cookie，最后在页面输出"您好，欢迎您首次访问"的字符。

**2. 查看运行效果**

启动 IDEA 中的 Tomcat 服务器，在浏览器的地址栏中输入 http://localhost:8080/chapter05/LastAccessServlet 访问 LastAccessServlet，由于是第一次访问 LastAccessServlet，会在浏览器中看到"您好，欢迎您首次访问"的信息，如图 5-3 所示。

刷新访问地址 http://localhost:8080/chapter05/LastAccessServlet，浏览器的显示结果如图 5-4 所示。

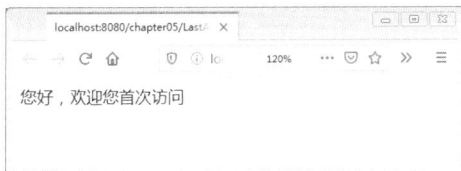

图5-3　文件5-1的运行结果

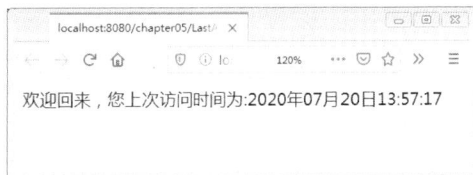

图5-4　文件5-1的第二次运行结果

图 5-4 显示了用户上次访问时间，这是因为用户第一次访问 LastAccessServlet 时，LastAccessServlet 向浏览器发送并保存用户访问时间的 Cookie 信息。第二次访问 LastAccessServlet 时，服务器读取该 Cookie 信息，并在浏览器显示。将图 5-3 所示的浏览器关闭后再次打开，访问 LastAccessServlet 时浏览器的显示结果如图 5-5 所示。

从图 5-5 中可以看出，浏览器依旧显示了时间，是因为在文件 5-1 的第 51 行代码设置了 Cookie 的有效时间为

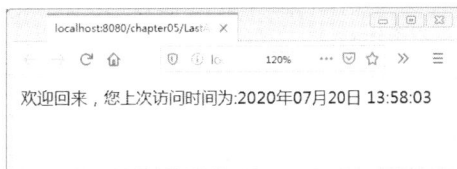

图5-5　文件5-1的第三次运行结果

一个月。但在默认的情况下，Cookie 对象的 maxAge 属性的值是-1，即浏览器关闭时删除这个 Cookie 对象，那么关闭浏览器后重新访问 http:// localhost:8080/chapter05/LastAccessServlet 时，会显示首次访问提示。

## 5.3　Session 对象

Cookie 技术可以将用户的信息保存在各自的浏览器中，并且可以在多次请求下实现数据的共享。但是，如果传递的信息比较多，使用 Cookie 技术显然会增大服务器程序处理的难度。为此，Servlet 提供了另一种会话技术——Session，Session 可以将会话数据保存到服务器。本节将对 Session 进行详细讲解。

### 5.3.1　什么是 Session

当人们去医院就诊时，就诊病人需要办理医院的就诊卡，就诊卡上只有卡号，没有其他信息。但病人每次去该医院就诊时，只要出示就诊卡，医务人员便可根据卡号查询到病人的就诊信息。Session 技术类似医院办理就诊卡和医院为每个病人保留病历档案的过程。

当浏览器访问 Web 服务器时，Servlet 容器就会创建一个 Session 对象和 ID 属性，Session 对象就相当于病历档案，ID 就相当于就诊卡号。当客户端后续访问服务器时，只要将 ID 传递给服务器，服务器就能判断出该请求是哪个客户端发送的，从而选择与之对应的 Session 对象为其服务。

为了使读者更好地理解 Session，下面以网站购物为例，通过一张图描述 Session 保存用户信息的原理，具体如图 5-6 所示。

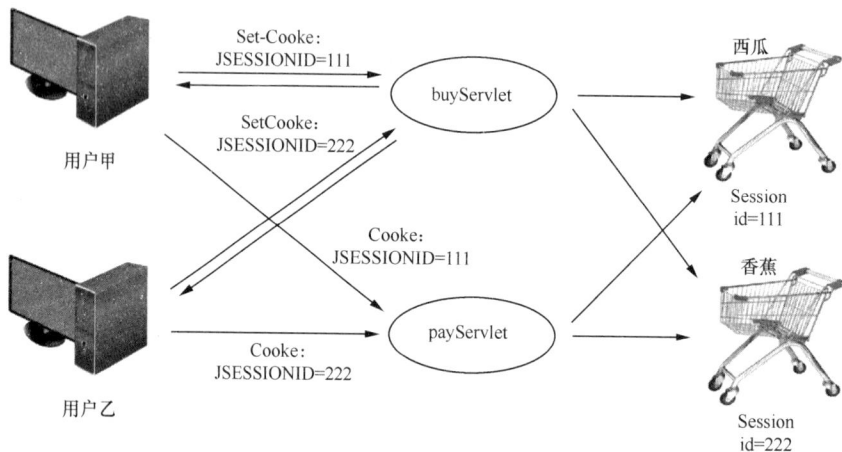

图5-6　Session保存用户信息的原理

在图 5-6 中，用户甲和用户乙都调用 buyServlet 将商品添加到购物车，调用 payServlet 进行商品结算。由于用户甲和用户乙购买商品的过程类似，在此，以用户甲为例进行详细说明。当用户甲访问购物网站时，服务器为甲创建了一个 Session 对象（相当于购物车）。当甲将西瓜添加到购物车时，西瓜的信息便存放到了 Session 对象中。同时，服务器将 Session 对象的 ID 属性以 Cookie（Set-Cookie: JSESSIONID=111）的形式返回给用户甲的浏览器。当用户甲完成购物进行结账时，需要向服务器发送结账请求，这时，浏览器自动在请求消息头中将 Cookie（Cookie: JSESSIONID=111）信息发送给服务器，服务器根据 ID 属性找到为用户甲所创建的 Session 对象，并将 Session 对象中所存放的西瓜信息取出进行结算。

除此之外，Session 还具有更高的安全性，它将关键数据保存在服务器中。Cookie 则是将数据保存在客户端的浏览器中。因此 Cookie 是较为危险的，若客户端遭遇黑客攻击，Cookie 信息容易被窃取，数据也可能被篡改，而运用 Session 可以有效地避免这种情况的发生。

### 5.3.2　HttpSession API

Session 是与每个请求消息紧密相关的，为此，HttpServletRequest 定义了用于获取 Session 对象的 getSession() 方法，该方法有两种重载形式，具体如下：

```
public HttpSession getSession(boolean create)
public HttpSession getSession()
```

上面重载的两个方法都用于返回与当前请求相关的 HttpSession 对象。不同的是，第一个 getSession() 方法根据传递的参数判断是否创建新的 HttpSession 对象，如果参数为 true，则在相关的 HttpSession 对象不存在时创建并返回新的 HttpSession 对象，否则不创建新的 HttpSession 对象，而是返回 null。

第二个 getSession() 方法相当于第一个方法参数为 true 时的情况，在相关的 HttpSession 对象不存在时总是创建新的 HttpSession 对象。需要注意的是，由于 getSession() 方法可能会产生发送会话标识号的 Cookie 头字段，所以必须在发送任何响应内容之前调用 getSession() 方法。

要想使用 HttpSession 对象管理会话数据，不仅需要获取 HttpSession 对象，还需要了解 HttpSession 接口中的相关方法。HttpSession 接口中的常用方法如表 5-2 所示。

表 5-2 HttpSession 接口中的常用方法

| 方法声明 | 功能描述 |
|---|---|
| String getId( ) | 用于返回与当前 HttpSession 对象关联的会话标识号 |
| long getCreationTime( ) | 用于返回 Session 创建的时间，这个时间是创建 Session 的时间与 1970 年 1 月 1 日 00:00:00 之间时间差的毫秒表示形式 |
| long getLastAccessedTime( ) | 用于返回客户端最后一次发送与 Session 相关请求的时间，这个时间是发送请求的时间与 1970 年 1 月 1 日 00:00:00 之间时间差的毫秒表示形式 |
| void setMaxInactiveInterval(int interval) | 用于设置当前 HttpSession 对象可空闲的以秒为单位的最长时间，也就是修改当前会话的默认超时间隔 |
| boolean isNew( ) | 判断当前 HttpSession 对象是否是新创建的 |
| void invalidate( ) | 用于强制使 Session 对象无效 |
| ServletContext getServletContext( ) | 用于返回当前 HttpSession 对象所属的 Web 应用程序对象，即代表当前 Web 应用程序的 ServletContext 对象 |
| void setAttribute(String name,Object value) | 用于将一个对象与一个名称关联后存储到当前的 HttpSession 对象中 |
| String getAttribute( ) | 用于从当前 HttpSession 对象中返回指定名称的属性值 |
| void removeAttribute(String name) | 用于从当前 HttpSession 对象中删除指定名称的属性 |

### 5.3.3 Session 的生命周期

Session 也具有一定的生命周期，下面从 Session 生效与失效两个方面讲解 Session 对象的生命周期。

#### 1. Session 生效

Session 在用户第一次访问服务器时创建。需要注意的是，只有访问 JSP（JSP 将在第 6 章讲解）、Servlet 等程序时才会创建 Session。此外，还可调用 request.getSession(true) 强制生成 Session。只访问 HTML、IMAGE 等静态资源并不会创建 Session。

#### 2. Session 失效

有两种方法可以实现 Session 失效，分别是通过"超时限制"使 Session 失效和强制 Session 失效。下面详细讲解 Session 失效的两种方法。

（1）Web 服务器采用"超时限制"判断客户端是否还在继续访问。在一定时间内，如果某个客户端一直没有请求访问，那么 Web 服务器就会认为该客户端已经结束请求，并且将与该客户端会话所对应的 HttpSession 对象变成垃圾对象，等待垃圾收集器将其从内存中彻底清除。如果浏览器超时后再次向服务器发出请求访问，那么 Web 服务器会创建一个新的 HttpSession 对象，并为其分配一个新的 ID 属性。

（2）表 5-2 中有一个 invalidate() 方法，该方法可以强制 Session 对象失效，具体用法如下：

```
HttpSession session = request.getSession();
session.invalidate();//注销该 request 的所有 session
```

有时默认的 Session 失效时间并不能满足人们的需求。这时需要自定义 Session 的失效时间，自定义 Session

的失效时间有以下几种。

- 在项目的 web.xml 文件中配置 Session 的失效时间，具体代码如下：

```
<session-config>
    <session-timeout>30</session-timeout>
</session-config>
```

需要注意的是，在 web.xml 中配置的 Session 失效时间默认是分钟，所以上述代码设置的 Session 失效时间为 30 分钟。

- 在 Servlet 程序中手动设置 Session 的失效时间，具体代码如下：

```
session.setMaxInactiveInterval(30 * 60);//设置单位为秒,设置为-1 则永不过期
```

上述代码设置了 Session 的失效时间为 30 分钟，如果将值设置为–1，则该 Session 永不过期。在<Tomcat 安装目录>\conf\web.xml 文件中，可以找到如下配置信息：

```
<session-config>
    <session-timeout>30</session-timeout>
</session-config>
```

在上述代码的配置信息中，设置的时间值是以分钟为单位的，即 Tomcat 服务器的默认会话超时间隔为 30 分钟。如果将<session-timeout>元素中的时间值设置成 0 或负数，则表示会话永不超时。需要注意的是，<Tomcat 安装目录>\conf\web.xml 文件对站点内的所有 Web 应用程序都起作用。

## 任务：实现购物车

### 【任务目标】

通过所学 Session 知识及购物车的访问流程，以购买蛋糕为例，模拟实现购物车功能。购物车的实现流程具体如图 5-7 所示。

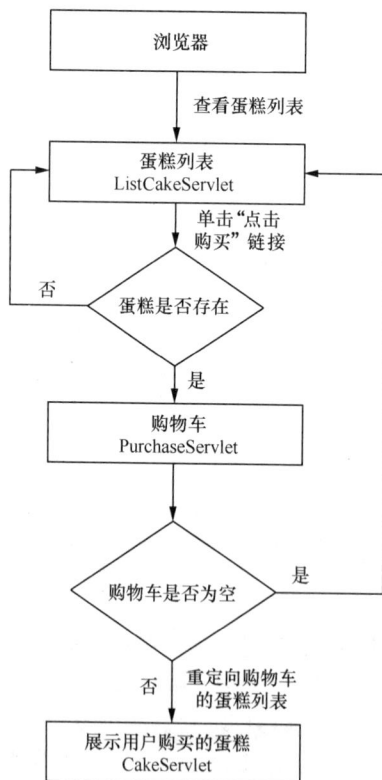

图5-7　购物车的实现流程图

图 5-7 描述的是购物车的实现流程，当用户使用浏览器访问某个网站的蛋糕列表页面时，如果想购买某个蛋糕，那么首先会判断蛋糕是否存在，如果存在就加入购物车，跳转到购物车中所购买蛋糕的列表页面。

否则，返回蛋糕列表页面。

**【实现步骤】**

根据图 5-7 所示的流程图，首先需要封装一个蛋糕的实体类，该实体类中应该包含 id 和 name 属性，然后需要模拟数据库模型类，最后创建 Servlet 实现购物车以及购买的功能。具体实现代码如下。

### 1. 创建封装蛋糕信息的类

在 chapter05 项目下新建一个名称为 cn.itcast.session.entity 的包，在该包中创建一个名称为 Cake 的类，该类用于封装蛋糕的信息，其中定义了 id 和 name 属性，分别用于表示蛋糕的编号和名称。其实现代码如文件 5-2 所示。

文件 5-2　Cake.java

```
1  package cn.itcast.session.entity;
2  public class Cake {
3       private static final long serialVersionUID = 1L;
4       private String id;
5       private String name;
6       public Cake() {
7       }
8       public Cake(String id, String name) {
9          this.id = id;
10         this.name = name;
11      }
12      public String getId() {
13         return id;
14      }
15      public void setId(String id) {
16         this.id = id;
17      }
18      public String getName() {
19         return name;
20      }
21      public void setName(String name) {
22         this.name = name;
23      }
24  }
```

### 2. 创建数据库模拟类

在 cn.itcast.session.entity 包中创建一个名称为 CakeDB 的类，该类用于模拟保存所有蛋糕的数据库。其实现代码如文件 5-3 所示。

文件 5-3　CakeDB.java

```
1  package cn.itcast.session.entity;
2  import java.util.Collection;
3  import java.util.LinkedHashMap;
4  import java.util.Map;
5  public class CakeDB {
6    private static Map<String, Cake> cake = new LinkedHashMap<String, Cake>();
7    static {
8       cake.put("1", new Cake("1", "A 类蛋糕"));
9       cake.put("2", new Cake("2", "B 类蛋糕"));
10      cake.put("3", new Cake("3", "C 类蛋糕"));
11      cake.put("4", new Cake("4", "D 类蛋糕"));
12      cake.put("5", new Cake("5", "E 类蛋糕"));
13   }
14   // 获得所有的蛋糕
15   public static Collection<Cake> getAll() {
16      return cake.values();
17   }
18   // 根据 id 指定的获取蛋糕
19   public static Cake getCake(String id) {
20      return cake.get(id);
21   }
22  }
```

在上述代码中，通过 Map 集合存储了 5 个不同的 Cake 对象，提供了获取指定蛋糕和所有蛋糕的相关方法。

### 3. 创建 Servlet

（1）创建一个名称为 ListCakeServlet 的 Servlet 类，该 Servlet 用于显示所有可购买蛋糕的列表，通过单击"点击购买"链接，便可将指定的蛋糕添加到购物车中。其实现代码如文件 5–4 所示。

文件 5–4　ListCakeServlet.java

```java
1  package cn.itcast.session.Servlet;
2  import cn.itcast.session.entity.Cake;
3  import cn.itcast.session.entity.CakeDB;
4  import java.io.*;
5  import java.util.Collection;
6  import javax.servlet.ServletException;
7  import javax.servlet.annotation.WebServlet;
8  import javax.servlet.http.*;
9  @WebServlet(name = "ListCakeServlet",urlPatterns="/ListCakeServlet")
10 public class ListCakeServlet extends HttpServlet {
11     private static final long serialVersionUID = 1L;
12     public void doGet(HttpServletRequest req, HttpServletResponse resp)
13          throws ServletException, IOException {
14       resp.setContentType("textml;charset=utf-8");
15       PrintWriter out = resp.getWriter();
16       Collection<Cake> cakes = CakeDB.getAll();
17       out.write("本站提供的蛋糕有：<br>");
18       for (Cake cake : cakes) {
19          String url = "PurchaseServlet?id=" + cake.getId();
20          out.write(cake.getName() + "<a href='" + url
21             + "'>点击购买</a><br>");
22       }
23     }
24 }
```

（2）创建一个名称为 PurchaseServlet 的 Servlet 类，其实现代码如文件 5–5 所示。

文件 5–5　PurchaseServlet.java

```java
1  package cn.itcast.session.Servlet;
2  import cn.itcast.session.entity.Cake;
3  import cn.itcast.session.entity.CakeDB;
4  import java.io.IOException;
5  import java.util.*;
6  import javax.servlet.ServletException;
7  import javax.servlet.annotation.WebServlet;
8  import javax.servlet.http.*;
9  @WebServlet(name = "PurchaseServlet",urlPatterns="/PurchaseServlet")
10 public class PurchaseServlet extends HttpServlet {
11     private static final long serialVersionUID = 1L;
12     public void doGet(HttpServletRequest req, HttpServletResponse resp)
13          throws ServletException, IOException {
14       // 获得用户购买的商品
15       String id = req.getParameter("id");
16       if (id == null) {
17          // 如果 id 为 null，重定向到 ListCakeServlet 页面
18          String url = "ListCakeServlet";
19          resp.sendRedirect(url);
20          return;
21       }
22       Cake cake = CakeDB.getCake(id);
23       // 创建或者获得用户的 Session 对象
24       HttpSession session = req.getSession();
25       // 从 Session 对象中获取用户的购物车
26       List<Cake> cart = (List) session.getAttribute("cart");
27       if (cart == null) {
28          // 首次购买，为用户创建一个购物车(List 集合模拟购物车)
29          cart = new ArrayList<Cake>();
30          // 将购物车存入 Session 对象
31          session.setAttribute("cart", cart);
32       }
33       // 将商品放入购物车
```

```
34        cart.add(cake);
35        // 创建 Cookie 存放 Session 的标识号
36        Cookie cookie = new Cookie("JSESSIONID", session.getId());
37        cookie.setMaxAge(60 * 30);
38        cookie.setPath("/Servlet");
39        resp.addCookie(cookie);
40        // 重定向到购物车页面
41        String url = "CartServlet";
42        resp.sendRedirect(url);
43    }
44 }
```

文件 5-5 中实现了两个功能，一个是将用户购买的蛋糕信息保存到 Session 对象中，另一个是在用户购买蛋糕结束后将页面重定向到用户已经购买的蛋糕列表。该类在实现时，通过 ArrayList 集合模拟了一个购物车，然后将购买的所有蛋糕添加到购物车中，最后通过 Session 对象传递给 CartServlet，由 CartServlet 展示用户已经购买的蛋糕。

（3）创建一个名称为 CartServlet 的 Servlet 类，该类主要用于展示用户已经购买的蛋糕列表，其实现代码如文件 5-6 所示。

文件 5-6　CartServlet.java

```
1  package cn.itcast.session.Servlet;
2  import cn.itcast.session.entity.Cake;
3  import java.io.*;
4  import java.util.List;
5  import javax.servlet.ServletException;
6  import javax.servlet.annotation.WebServlet;
7  import javax.servlet.http.*;
8  @WebServlet(name = "CartServlet",urlPatterns="/CartServlet")
9  public class CartServlet extends HttpServlet {
10     public void doGet(HttpServletRequest req, HttpServletResponse resp)
11            throws ServletException, IOException {
12        resp.setContentType("text/html;charset=utf-8");
13        PrintWriter out = resp.getWriter();
14        // 变量 cart 引用用户的购物车
15        List<Cake> cart = null;
16        // 变量 purFlag 标记用户是否买过商品
17        boolean pruFlag = true;
18        // 获得用户的 session
19        HttpSession session = req.getSession(false);
20        // 如果 session 为 null，则 purFlag 置为 false
21        if (session == null) {
22           purFlag = false;
23        } else {
24           // 获得用户购物车
25           cart = (List) session.getAttribute("cart");
26           // 如果用的购物车为 null，则 purFlag 置为 false
27           if (cart == null) {
28              purFlag = false;
29           }
30        }
31        /*
32         * 如果 purFlag 为 false，表明用户没有购买蛋糕，则重定向到 ListServlet 页面
33         */
34        if (!purFlag) {
35           out.write("对不起！您还没有购买任何商品！<br>");
36        } else {
37           // 否则显示用户购买蛋糕的信息
38           out.write("您购买的蛋糕有：<br>");
39           double price = 0;
40           for (Cake cake : cart) {
41              out.write(cake.getName() + "<br>");
42           }
43        }
44    }
45 }
```

文件 5-6 中通过 getSession() 获取到所有的 Session 对象，然后判断用户是否已经购买蛋糕。如果已经购

买，则显示购买的蛋糕列表，否则在页面友好提示"对不起! 您还没有购买任何商品!"。

**4. 运行项目，查看结果**

在 IDEA 中启动 Tomcat 服务器，在浏览器中输入地址 http://localhost:8080/chapter05/ListCakeServlet 访问 ListCakeServlet，浏览器显示的结果如图 5-8 所示。

单击图 5-8 中"A 类蛋糕"后面的"点击购买"链接，浏览器显示的结果如图 5-9 所示。

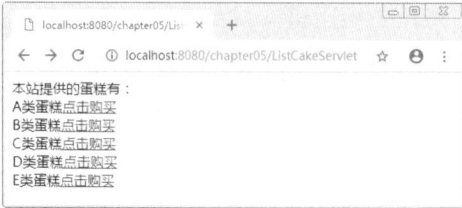

图5-8　文件5-5的运行结果图　　　　　　　　图5-9　文件5-6的运行结果图（1）

再次访问 ListCakeServlet，单击"B 类蛋糕"后面的"点击购买"链接，浏览器显示的结果如图 5-10 所示。

至此，使用 Session 实现购物车的程序完成了。

图5-10　文件5-6的运行结果图（2）

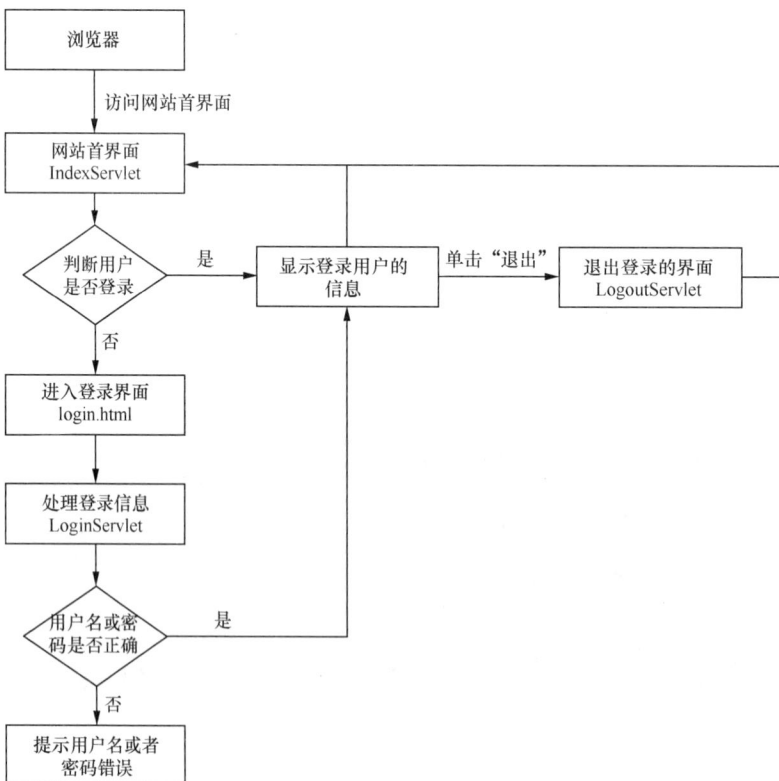

## 任务：应用 Session 对象模拟用户登录

### 【任务目标】

通过所学 Session 知识，已学会如何使用 Session 技术模拟用户登录的功能。为了使读者可以更直观地了解用户登录的流程，下面通过一张图来描述，具体如图 5-11 所示。

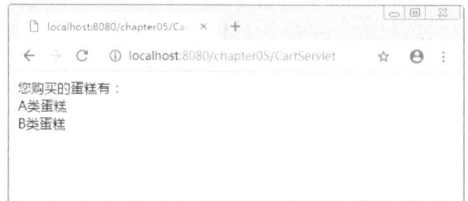

图5-11　用户登录的流程图

图 5–11 描述了用户登录的整个流程，当用户访问某个网站的首页时，首先会判断用户是否登录，如果已经登录，则在首页中显示用户登录信息，否则进入登录页面，实现用户登录功能，然后显示用户登录信息。在用户登录的情况下，如果单击用户登录界面中的"退出"，就会注销当前用户的信息，返回首页。

**【实现步骤】**

### 1. 创建封装用户信息类

在 chapter05 项目的 src 目录下的 cn.itcast.session.entity 包中编写一个名称为 User 的类，User 类中包含 username 和 password 两个属性以及其 getter 和 setter 方法，实现代码如文件 5–7 所示。

文件 5–7　User.java

```
1  package cn.itcast.session.entity;
2  public class User {
3      private String username;
4      private String password;
5      public String getUsername() {
6          return username;
7      }
8      public void setUsername(String username) {
9          this.username = username;
10     }
11     public String getPassword() {
12         return password;
13     }
14     public void setPassword(String password) {
15         this.password = password;
16     }
17 }
```

### 2. 创建 Servlet

（1）在 cn.itcast.session.servlet 包中编写 IndexServlet 类，该类用于显示网站的首页，代码如文件 5–8 所示。

文件 5–8　IndexServlet.java

```
1  package cn.itcast.session.servlet;
2  import cn.itcast.session.entity.User;
3  import java.io.IOException;
4  import javax.servlet.ServletException;
5  import javax.servlet.annotation.WebServlet;
6  import javax.servlet.http.*;
7  @WebServlet(name = "IndexServlet",urlPatterns="/IndexServlet")
8  public class IndexServlet extends HttpServlet {
9  public void doGet(HttpServletRequest request,HttpServletResponse response)
10             throws ServletException, IOException {
11         // 解决乱码问题
12         response.setContentType("text/html;charset=utf-8");
13         // 创建或者获取保存用户信息的 Session 对象
14         HttpSession session = request.getSession();
15         User user = (User) session.getAttribute("user");
16         if (user == null) {
17             response.getWriter().print(
18             "您还没有登录，请<a href='/chapter05/login.html'>登录</a>");
19         } else {
20             response.getWriter().print("您已登录，欢迎你, " + user.getUsername() + "! ");
21             response.getWriter().print(
22                     "<a href='/chapter05/LogoutServlet'>退出</a>");
23             // 创建 Cookie, 存放 Session 的标识号
24             Cookie cookie = new Cookie("JSESSIONID", session.getId());
25             cookie.setMaxAge(60 * 30);
26             cookie.setPath("/chapter05");
27             response.addCookie(cookie);
28         }
29     }
30     public void doPost(HttpServletRequest request,
31                     HttpServletResponse response)
```

```
32              throws ServletException, IOException {
33              doGet(request, response);
34          }
35  }
```

在文件 5-8 中，如果用户没有登录，那么首页会提示用户登录，否则显示用户已经登录的信息。为了判断用户是否登录，该类在实现时获取了保存用户信息的 Session 对象。

（2）在 cn.itcast.session.servlet 包中编写 LoginServlet，该 Servlet 用于显示用户登录成功后的界面，其实现代码如文件 5-9 所示。

文件 5-9　LoginServlet.java

```
1   package cn.itcast.session.servlet;
2   import cn.itcast.session.entity.User;
3   import java.io.*;
4   import javax.servlet.ServletException;
5   import javax.servlet.annotation.WebServlet;
6   import javax.servlet.http.*;
7   @WebServlet(name = "LoginServlet",urlPatterns="/LoginServlet")
8   public class LoginServlet extends HttpServlet {
9       public void doGet(HttpServletRequest request,
10                      HttpServletResponse response)
11              throws ServletException, IOException {
12          response.setContentType("text/html;charset=utf-8");
13          String username = request.getParameter("username");
14          String password = request.getParameter("password");
15          PrintWriter pw = response.getWriter();
16          //假设正确的用户名是 itcast，密码是 123
17          if ("itcast".equals(username) && "123".equals(password)) {
18              User user = new User();
19              user.setUsername(username);
20              user.setPassword(password);
21              request.getSession().setAttribute("user", user);
22              response.sendRedirect("/chapter05/IndexServlet");
23          } else {
24              pw.write("用户名或密码错误，登录失败");
25          }
26      }
27      public void doPost(HttpServletRequest request,
28                      HttpServletResponse response)
29              throws ServletException, IOException {
30          doGet(request, response);
31      }
32  }
```

在文件 5-9 中，如果用户登录成功，则跳转到网站首页，否则在页面友好提示“用户名或密码错误，登录失败”。

（3）在 cn.itcast.session.servlet 包中编写 LogoutServlet，该 Servlet 用于实现用户注销功能，其实现代码如文件 5-10 所示。

文件 5-10　LogoutServlet.java

```
1   package cn.itcast.session.servlet;
2   import java.io.IOException;
3   import javax.servlet.ServletException;
4   import javax.servlet.annotation.WebServlet;
5   import javax.servlet.http.*;
6   @WebServlet(name = "LogoutServlet",urlPatterns="/LogoutServlet")
7   public class LogoutServlet extends HttpServlet {
8       public void doGet(HttpServletRequest request,
9                      HttpServletResponse response)
10              throws ServletException, IOException {
11          // 将 Session 对象中的 User 对象移除
12          request.getSession().removeAttribute("user");
13          response.sendRedirect("/chapter05/IndexServlet");
14      }
```

```
15      public void doPost(HttpServletRequest request,
16    HttpServletResponse response)throws ServletException, IOException {
17          doGet(request, response);
18      }
19  }
```

在文件 5-10 中，当用户单击"退出"按钮时，该类会将 Session 对象中的用户信息移除，并跳转到网站的首界面。

### 3. 创建登录页面

在 chapter05 项目的 web 目录下创建一个名称为 login 的 HTML 文件，该文件中包含用户登录表单信息，如文件 5-11 所示。

文件 5-11　login.html

```
1  <html>
2  <head>
3     <meta charset="UTF-8">
4     <meta http-equiv="Content-Type" content="text/html">
5     <title>Title</title>
6  </head>
7  <body>
8  <form name="reg" action="http://localhost:8080/webtest/LoginServlet"
9        method="post">
10    用户名: <input name="username" type="text"/><br/>
11    密码:   <input name="password" type="password"/><br/>
12    <input type="submit" value="提交" id="bt"/>
13  </form>
14  </body>
15  </html>
```

### 4. 启动项目，查看结果

在 IDEA 中启动 Tomcat 服务器，在浏览器的地址栏中输入地址 http://localhost:8080/chapter05/login.html 访问 login.html，浏览器显示的结果如图 5-12 所示。

在图 5-12 中的用户名和密码文本框中输入用户名"itcast"和密码"123"后，单击"提交"按钮，其页面显示效果如图 5-13 所示。

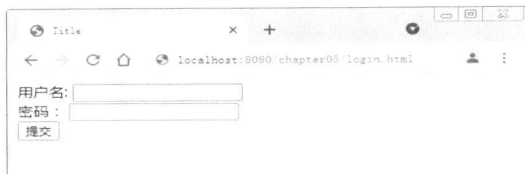

图5-12　文件5-11的运行结果图

图5-13　登录后页面显示

从图 5-13 中可以看出，用户登录成功，提示信息为"您已登录，欢迎你，itcast！"。如果用户想退出登录，可以单击"退出"链接，此时，浏览器显示的效果如图 5-14 所示。

但是，如果用户输入的用户名或者密码错误，那么，当单击"提交"按钮时，登录会失败，浏览器显示的效果如图 5-15 所示。

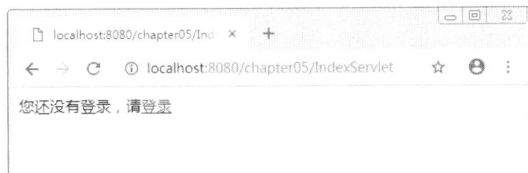

图5-14　退出后的页面

图5-15　登录失败的页面

至此，用户登录功能已经实现成功。

## 5.4　本章小结

　　本章主要讲解了 Cookie 对象和 Session 对象的相关知识。首先讲解了会话的概念，从而引出 Cookie 对象和 Session 对象；其次讲解了 Cookie 对象，包括 Cookie 对象的概述和 Cookie 的 API，并通过一个案例实现了用 Cookie 显示用户上次访问时间；最后讲解了 Session 对象，包括 Session 对象的概述、Session 的 API 和 Session 的生命周期。通过本章的学习，读者应该了解 Cookie 对象和 Session 对象，并熟练掌握 Cookie 对象与 Session 对象的使用。

## 5.5　本章习题

　　本章课后习题请扫描二维码。

# 第 6 章

# JSP技术

在动态网页开发中，经常需要动态生成 HTML 内容。例如，一篇新闻报道的浏览次数需要动态生成。如果使用 Servlet 实现 HTML 页面数据的统计，需要调用大量的 Servlet 输出语句，使静态内容和动态内容混合在一起，导致程序非常臃肿。为了克服 Servlet 的这些缺点，Oracle（Sun）公司推出了 JSP 技术。本章将围绕 JSP 技术进行详细讲解。

## 6.1  JSP 概述

### 6.1.1  什么是 JSP

JSP（Java Server Pages，Java 服务器页面）是 Servlet 更高级别的扩展。在 JSP 文件中，HTML 代码与 Java 代码共同存在，其中，HTML 代码用于实现网页中静态内容的显示，Java 代码用于实现网页中动态内容的显示。最终，JSP 文件会通过 Web 服务器的 Web 容器编译成一个 Servlet，用于处理各种请求。

使用 JSP 技术开发的 Web 应用程序是基于 Java 语言开发的，JSP 可以用一种简捷的方法将 Java 程序生成 Web 页面，在使用上具有以下几点特征。

● 跨平台：JSP 是基于 Java 语言开发的，使用 JSP 开发的 Web 应用是跨平台的，可以应用于不同的系统中，例如 Windows、Linux 等。当从一个平台移植到另一个平台时，JSP 和 JavaBean 的代码并不需要重新编译，这是因为 Java 的字节码是与平台无关的，这也符合了 Java 语言"一次编译，到处运行"的特点。

● 业务代码相分离：在使用 JSP 技术开发 Web 应用时，可以将页面的开发与应用程序的开发分离开。开发人员使用 HTML 设计页面，使用 JSP 标签和脚本动态生成页面上的内容。在服务器端（本书中指 Tomcat），JSP 容器负责解析 JSP 标签和脚本程序，生成所请求的内容，并将执行结果以 HTML 页面的形式返回给浏览器。

● 组件重用：JSP 中可以使用 JavaBean 编写业务组件，也就是使用一个 JavaBean 封装业务处理代码或者作为一个数据存储模型，在 JSP 页面中，甚至在整个项目中，都可以重复使用这个 JavaBean，同时 JavaBean 也可以应用到其他 Java 应用程序中。

● 预编译：预编译就是在用户第一次通过浏览器访问 JSP 页面时，服务器对 JSP 页面代码进行编译，并且仅执行一次编译。编译好的代码将被保存，在用户下一次访问时，会直接执行编译好的代码。这样不仅节约了服务器的 CPU 资源，还大大提升了客户端的访问速度。

### 6.1.2　编写 JSP 文件

在 IDEA 中，创建一个名称为 chapter06 的 Web 项目，然后右键单击项目中的 web 文件夹→【new】→【JSP/JSPX】，弹出一个名称为"Create JSP/JSPX page"的对话框，如图 6-1 所示。

在图 6-1 中的 Name 文本框中填写 JSP 文件名称 helloworld，单击"OK"按钮，JSP 页面就创建完成了。创建好的 helloworld.jsp 文件如图 6-2 所示。

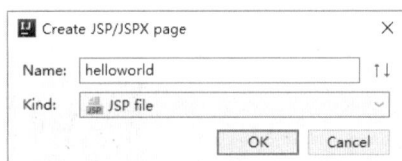

图6-1　"Create JSP/JSPX page"对话框

图6-2　helloworld.jsp文件

由图 6-2 可知，新创建的 JSP 文件与传统的 HTML 文件几乎没有什么区别，唯一的区别是默认创建时，页面代码最上方多了一条 page 指令，并且该文件的后缀名是.jsp，而不是.html。

JSP 文件必须发布到 Web 容器的某个 Web 应用中才能显示出效果。在 helloworld.jsp 文件的<body>标签内添加上文字"My First JSP"并保存，在 IDEA 中启动 Tomcat 并在浏览器中访问 http://localhost:8080/chapter06/helloworld.jsp，此时浏览器显示的效果如图 6-3 所示。

由图 6-3 可知，helloworld.jsp 的<body>标签中添加的内容已被显示出来，这说明 HTML 元素可以被 JSP 容器解析。实际上，JSP 只是在原有的 HTML 文件中加入了一些具有 Java 特点的代码，这些称为 JSP 的语法元素。

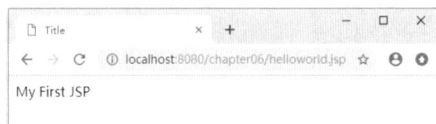

图6-3　helloworld.jsp文件显示效果

### 6.1.3　JSP 运行原理

JSP 的工作模式是请求/响应模式，客户端首先发出 HTTP 请求，JSP 程序收到请求后进行处理并返回处理结果。一个 JSP 文件第一次被请求时，JSP 容器把该 JSP 文件转换成 Servlet，而这个容器本身也是一个 Servlet。JSP 的运行原理如图 6-4 所示。

下面结合图 6-4 介绍 JSP 的运行过程。

（1）客户端发送请求，请求访问 JSP 文件。

（2）JSP 容器先将 JSP 文件转换成一个 Java 源文件（Java Servlet 源程序），在转换过程中，如果发现 JSP 文件中存在任何语法错误，则中断转换过程，并向服务端和客户端返回出错信息。

（3）如果转换成功，则 JSP 容器将生成的 Java 源文件编译成相应的字节码文件*.class。该.class 文件就是一个 Servlet，Servlet 容器会像处理其他 Servlet 一样来处理它。

（4）由 Servlet 容器加载转换后的 Servlet 类（.class 文件）创建一个该 Servlet（JSP 页面的转换结果）的实例，并执行 Servlet 的 jspInit()方法完成初始化。jspInit()方法在 Servlet 的整个生命周期中只会执行一次。

（5）JSP 容器执行 jspService( )方法处理客户端的请求。对于每一个请求，JSP 容器都会创建一个新的线程来处理它。如果多个客户端同时请求该 JSP 文件，则 JSP 容器会创建多个线程，使每一个客户端请求都对应一个线程。

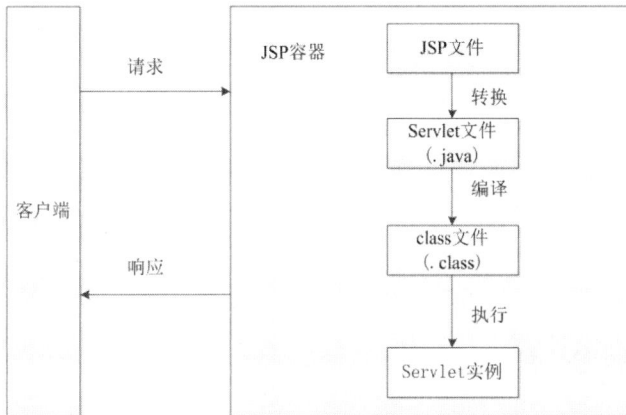

图6-4　JSP的运行原理

JSP 运行过程中采用的这种多线程的执行方式可以极大地减少对系统资源的消耗，增加系统的并发量并缩短响应时间。需要注意的是，因为步骤（4）生成的 Servlet 实例是常驻内存的，所以响应速度非常快。

（6）如果 JSP 文件被修改了，则服务器将根据新的设置决定是否对该文件进行重新编译。如果需要重新编译，则使用重新编译后的结果取代内存中常驻的 Servlet 实例，并继续上述处理过程。

（7）虽然 JSP 效率很高，但在第一次调用的时候往往由于需要转换和编译，会产生一些轻微的延迟。此外，由于系统资源不足等原因，JSP 容器可能会以某种不确定的方式将 Servlet 实例从内存中移除，发生这种情况时，JSP 容器首先会调用 jspDestroy( )方法，然后 Servlet 实例会被加入"垃圾收集"处理。

（8）当请求处理完成后，响应对象由 JSP 容器接收，并将 HTML 格式的响应信息发送回客户端。

了解了 JSP 的运行原理后，完全可以利用其中的一些步骤来做一些工作。例如，可以在 jspInit( )方法中进行一些初始化工作（建立数据库的连接、建立网络连接、从配置文件中获取一些参数等），在 jspDestroy( )方法中释放相应的资源等。

# 6.2　JSP 基本语法

在 JSP 文件中可以嵌套很多内容，例如 JSP 的脚本元素和注释等，这些内容的编写都需要遵循一定的语法规范。本节将对 JSP 的基本语法进行详细讲解。

## 6.2.1　JSP 页面的基本构成

在前面的学习中，虽然已经创建过 JSP 文件，但是并未对 JSP 页面的构成进行详细介绍，下面将详细介绍 JSP 页面的基本构成。

一个 JSP 页面可以包括指令标识、HTML 代码、JavaScript 代码、嵌入的 Java 代码、注释和 JSP 动作标识等内容。

下面通过一个简单的例子介绍 JSP 页面的构成。在项目 chapter06 的 web 文件夹下创建一个名称为 timeInfo 的 JSP 文件，在该文件中显示当前时间，具体代码如文件 6-1 所示。

文件 6-1　timeInfo.jsp

```
1  <%@ page contentType="text/html;charset=UTF-8" language="java" %>
2  <%@ page import="java.util.Date" %>
3  <%@ page import="java.text.SimpleDateFormat" %>
```

```
4   <html>
5     <head>
6       <title>JSP 页面---显示系统时间</title>
7     </head>
8     <body>
9       <%
10        Date date = new Date();
11        SimpleDateFormat df = new SimpleDateFormat("yyyy-MM-dd HH:mm:ss");
12        String today =df.format(date);
13      %>
14      当前时间: <%=today%>
15    </body>
16  </html>
```

在文件 6-1 中，第 1～3 行代码是指令标识；第 4～8 行代码、第 15 行和第 16 行代码是 HTML 代码；第 9～14 行代码是嵌入的 Java 代码。

文件 6-1 的运行结果如图 6-5 所示。

## 6.2.2　JSP 脚本元素

JSP 脚本元素是指嵌套在"<%"和"%>"中的一条或多条 Java 程序代码。通过 JSP 脚本元素可以将 Java

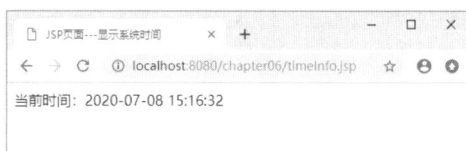

图6-5　文件6-1的运行结果

代码嵌入 HTML 代码中，所有可执行的 Java 代码都可以通过 JSP 脚本执行。

JSP 脚本元素主要包含以下 3 种类型：

（1）JSP Scriptlets；

（2）声明标识；

（3）JSP 表达式。

通过上述 3 种类型，在 JSP 页面中可以像编写 Java 程序一样声明变量、定义函数或进行各种表达式运算。下面对这 3 种类型进行详细介绍。

### 1. JSP Scriptlets

JSP Scriptlets 是一段代码片段。所谓代码片段，就是在 JSP 页面中嵌入的 Java 代码或脚本代码。代码片段将在页面请求的处理期间被执行，通过 Java 代码可以定义变量或流程控制语句等；而脚本代码可以应用 JSP 的内置对象在页面输出内容、处理请求和访问 Session 会话等。

JSP Scriptlets 的语法格式如下：

```
<% java 代码 (变量、方法、表达式等) %>
```

下面通过一个案例演示 JSP Scriptlets 的使用。

在 chapter06 项目的 web 目录下创建一个名称为 example01 的 JSP 文件，在该文件中编写 JSP Scriptlets，如文件 6-2 所示。

文件 6-2　example01.jsp

```
1   <%@ page contentType="text/html;charset=UTF-8" language="java" %>
2   <html>
3   <head>
4       <title>JSP Scriptlets</title>
5   </head>
6   <body>
7   <%
8       int a = 1, b = 2; //定义两个变量a,b
9       out.println(a+b);
10  %>
11  </body>
12  </html>
```

在文件 6-2 中，第 7～10 行代码定义了一个 JSP Scriptlets，在 JSP Scriptlets 中定义了两个变量 a 和 b，最后输出这两个变量的和。在 IDEA 中启动项目后，再使用浏览器访问地址 http://localhost:8080/chapter06/example01.jsp，结果如图 6-6 所示。

图6-6　文件6-2的运行结果

## 2. 声明标识

在 JSP Scriptlets 中可以进行属性的定义，也可以输出内容，但是不可以进行方法的定义。如果想在脚本元素中定义方法，可以使用声明标识。声明标识用于在 JSP 页面中定义全局变量或方法，它以"<%!"开始，以"%>"结束。通过声明标识定义的变量和方法可以被整个 JSP 页面访问，所以通常使用该标识定义整个 JSP 页面需要引用的变量或方法。

声明标识的语法格式如下：

```
<%!
    定义变量或方法等
%>
```

在上述语法格式中，在 JSP 声明语句中定义的都是成员方法、成员变量、静态方法、静态变量、静态代码块等。在 JSP 声明语句中声明的方法在整个 JSP 页面内有效，但是在方法内定义的变量只在该方法内有效。当声明的方法被调用时，会为方法内定义的变量分配内存，并在调用结束后立刻释放所占的内存。

在一个 JSP 页面中可以有多个 JSP 声明标识，单个声明中的 Java 语句可以是不完整的，但是多个声明组合后的结果必须是完整的 Java 语句。

下面通过一个案例演示 JSP 声明标识的使用。在 chapter06 项目的 web 目录下创建一个名称为 example02 的 JSP 文件，在该文件中编写声明语句，如文件 6-3 所示。

文件 6-3　example02.jsp

```
1  <%@ page contentType="text/html;charset=UTF-8" language="java" %>
2  <html>
3  <head>
4      <title>JSP 声明语句</title>
5  </head>
6  <%!
7      public int print() { //定义 print 方法
8          int a = 1, b = 2; //定义两个变量 a,b
9          return a+b;
10     }
11 %>
12 <body>
13 <br />
14 <%
15     out.println(print());//调用 print()方法，输出其返回值
16 %>
17 </body>
18 </html>
```

在文件6-3中，第6~11行代码是在声明标识中定义了一个print()方法，在print()方法中定义了变量a、b，并返回a、b之和。第14~16行代码使用代码片段输出了print()方法中的返回信息。在 IDEA 中启动项目后，再使用浏览器访问地址http://localhost:8080/chapter06/example02.jsp,结果如图6-7所示。

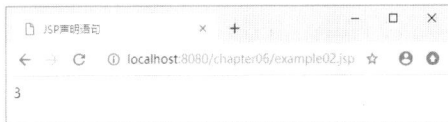

图6-7　文件6-3的运行结果

由图 6-7 可知,控制台中已经打印出了相应的结果"3"。需要注意的是，"<%!"和"%>"里面定义的属性是成员属性，相当于类的属性，方法相当于全局的方法，也相当于类里面的方法，但是在"<%!"和"%>"里面是不可以进行输出的，只能进行方法的定义和属性的定义。

总之，"<%!"和"%>"是用于定义属性和方法的，而"<%"和"%>"主要是用于输出内容的。因此，

如果涉及成员变量的操作，那么就应该使用 "<%!" 和 "%>"；而如果涉及输出内容，就使用 "<%" 和 "%>"。

> **注意：**
>
> 通过声明标识创建的变量和方法在当前 JSP 页面中有效，它的生命周期是从创建开始到服务器结束；代码片段创建的变量或方法也是在当前 JSP 页面有效，但它的生命周期是页面关闭后就会被销毁。

### 3. JSP 表达式

JSP 表达式（Expression）用于向页面输出信息，它以 "<%=" 开始，以 "%>" 结束，其基本的语法格式如下：

```
<%= expression %>
```

在上述语法格式中，参数 expression 可以是 Java 语言中任意完整的表达式，该表达式的最终运算结果将被转换成一个字符串。

将 JSP 表达式插入 JSP 页面的相应位置，对 JSP 表达式的运算结果进行输出。例如，对 example01.jsp 文件进行修改，将<body>标签内的脚本元素修改为表达式，具体如下：

```
1  <%@ page contentType="text/html;charset=UTF-8" language="java" %>
2  <html>
3  <head>
4      <title>JSP Scriptlets</title>
5  </head>
6  <%!
7    int a = 1, b = 2; //定义两个变量a,b
8  %>
9  <body>
10   <%=a+b %><br />
11 </body>
12 </html>
```

在浏览器中再次访问 example01.jsp 页面，同样可以正确地输出图 6-6 所示的结果。

> **注意：**
>
> "<%=" 是一个完整的符号，"<%" 和 "=" 之间不能有空格，且 JSP 表达式中的变量或表达式后面不能有分号（;）。

## 6.2.3　JSP 注释

同其他编程语言一样，JSP 也有自己的注释方式。JSP 的注释主要包括带有 JSP 表达式的注释、隐藏注释和动态注释。下面分别对这 3 种注释方式进行讲解。

### 1. 带有 JSP 表达式的注释

在 JSP 页面中可以嵌入代码片段，在代码片段中也可以加入注释。代码片段中的注释与 Java 的注释相同，包括以下 3 种情况。

（1）单行注释

单行注释以 "//" 开头，后面接注释内容，其语法格式如下：

```
//注释内容
```

（2）多行注释

多行注释以 "/*" 开头，以 "*/" 结束。在这个标识中间的内容为注释内容，并且注释内容可以换行。其语法格式如下：

```
/*
注释内容1
注释内容2
……
*/
```

为了程序的美观，习惯上在每行注释内容的前面加上一个 "*"，格式如下：

```
/*
 * 注释内容1
 * 注释内容2
 * ......
 */
```

（3）提示文档注释

提示文档注释是对代码结构和功能的描述，其语法格式如下：

```
/**
  提示信息1
  提示信息2
  ......
 */
```

同多行注释一样，为了程序的美观，提示文档注释也可以在每行注释的前面加上一个"*"，格式如下：

```
/**
 * 提示信息1
 * 提示信息2
 * ......
 */
```

提示文档注释方法与多行注释很相似，但细心的读者会发现，它以"/**"作为注释的开始标记，而不是"/*"。提示文档注释所注释的内容，服务器不会做任何处理。

### 2. 隐藏注释

在文档中添加的 HTML 注释虽然在浏览器页面中不显示，但是可以通过查看源代码的方式看到这些注释信息。所以严格地说，这些注释是不安全的。为此，JSP 提供了隐藏注释，隐藏注释不仅在浏览器页面中看不到，在查看页面源码时也看不到，所以隐藏注释有着较高的安全性。

隐藏注释的语法格式如下：

```
<%-- 注释内容 --%>
```

下面通过一个案例演示 JSP 注释的使用。在 chapter06 项目的 web 目录下创建一个名称为 example03 的 JSP 页面，如文件 6-4 所示。

文件 6-4　example03.jsp

```
1  <%@ page contentType="text/html;charset=UTF-8" language="java" %>
2  <html>
3  <head>
4  <meta http-equiv="Content-Type" content="text/html; charset=UTF-8">
5  <title>JSP注释</title>
6  </head>
7  <body>
8      <!-- 这个是HTML注释 -->
9      <%-- 这个是JSP注释 --%>
10 </body>
11 </html>
```

上述页面代码包含 HTML 注释和 JSP 注释两种方式。在 IDEA 中启动 Tomcat 服务器，然后使用浏览器访问 http://localhost:8080/chapter06/example03.jsp，可以看到 example03.jsp 文件的内容都不显示。接下来在打开的页面中单击鼠标右键，在弹出菜单中选择"查看网页源代码"选项，结果如图 6-8 所示。

由图 6-8 可知，网页源代码只显示出了 HTML 注释，而没有显示 JSP 注释。这是因为 Tomcat 编译 JSP 文件时，会将 HTML 注释当成普通文本发送到客户端，而 JSP 页面中格式为"<%-- 注释信息 --%>"的内容则会被忽略，不会发送到客户端。

### 3. 动态注释

由于 HTML 注释对 JSP 嵌入的代码不起作用，因此可以利用它们的组合构成动态的 HTML 注释文本。下面以一个案例讲解如何在 JSP 页面中添加动态注释，具体代码如文件 6-5 所示。

文件 6-5　example04.jsp

```
1  <%@ page contentType="text/html;charset=UTF-8" language="java" %>
2  <%@ page import="java.util.Date" %>
3  <html>
```

```
4   <head>
5   <meta charset="UTF-8">
6   <title>动态注释</title>
7   </head>
8   <body>
9       <!-- <%=new Date()%> -->
10  </body>
11  </html>
```

在文件 6-5 中，第 9 行代码将当前日期和时间作为 HTML 注释文本。在 IDEA 中启动 Tomcat 服务器，然后使用浏览器访问 http://localhost:8080/chapter06/example04.jsp，此时可以看到浏览器页面什么都不显示，接下来在打开的页面中单击鼠标右键，在弹出菜单中选择"查看网页源代码"选项，结果如图 6-9 所示。

图6-8　文件6-4的网页源代码

图6-9　文件6-5的网页源代码

# 6.3　JSP 指令

为了设置 JSP 页面中的一些信息，Sun 公司提供了 JSP 指令。JSP 2.0 中定义了 page、include、taglib 3 种指令，每种指令都定义了各自的属性。本节将对这 3 种指令进行讲解。

## 6.3.1　page 指令

在 JSP 页面中，经常需要对页面的某些特性进行描述，例如页面的编码方式、JSP 页面采用的语言等，这些特性的描述可以通过 page 指令实现。

page 指令的具体语法格式如下：

```
<%@ page 属性名1= "属性值1" 属性名2= "属性值2" ...%>
```

在上述语法格式中，page 用于声明指令名称；属性用于指定 JSP 页面的某些特性。page 指令提供了一系列与 JSP 页面相关的属性，page 指令的常用属性如表 6-1 所示。

表 6-1　page 指令的常用属性

| 属性名称 | 取值范围 | 描述 |
|---|---|---|
| language | java | 指定 JSP 页面所用的脚本语言，默认为 Java |
| import | 任何包名、类名 | 指定在 JSP 页面翻译成的 Servlet 源文件中导入的包或类。import 是唯一可以声明多次的 page 指令属性。一个 import 属性可以引用多个类，中间用英文逗号隔开 |
| session | true false | 指定该 JSP 是否内置 Session 对象，如果为 true，则说明内置 Session 对象，可以直接使用，否则没有内置 Session 对象。在默认情况下，session 属性的值为 true。需要注意的是，JSP 容器自动导入以下 4 个包：<br>java.lang.*；<br>javax.servlet.*；<br>javax.servlet.jsp.*；<br>javax.servlet.http.* |

续表

| 属性名称 | 取值范围 | 描述 |
|---|---|---|
| isErrorPage | true、false | 指定该页面是否为错误处理页面，如果为 true，则该 JSP 内置有一个 Exception 对象的 exception，可直接使用。在默认情况下，isErrorPage 的值为 false |
| errorPage | 某个 JSP 页面的相对路径 | 指定一个错误页面，如果该 JSP 程序抛出一个未捕捉的异常，则转到 errorPage 指定的页面。errorPage 指定页面的 isErrorPage 属性值为 true，且内置的 Exception 对象为未捕捉的异常 |
| contentType | 有效的文档类型 | 指定当前 JSP 页面的 MIME 类型和字符编码，例如：<br>HTML 格式为 text/html；<br>纯文本格式为 text/plain；<br>JPG 图像为 image/jpeg；<br>GIF 图像为 image/gif；<br>Word 文档为 application/msword |
| pageEncoding | 当前页面 | 指定页面编码格式 |

表 6–1 列举了 page 指令的常见属性，除了 import 属性外，其他的属性都只能出现一次，否则会编译失败。

下面列举两个使用 page 指令的示例：

```
<%@ page language="java" contentType="text/html; charset=UTF-8"
pageEncoding="UTF-8"%>
<%@ page import="java.awt.*" %>
<%@ page import="java.util.*","java.awt.*"%>
```

上述代码中使用了 page 指令的 language、contentType、pageEncoding 和 import 属性。需要注意的是，page 指令对整个页面都有效，与其书写的位置无关，但是习惯上把 page 指令写在 JSP 页面的最前面。

### 6.3.2　include 指令

在实际开发时，有时需要在 JSP 页面中包含另一个 JSP 页面，这时可以通过 include 指令实现。include 指令的具体语法格式如下：

```
<%@ include file="被包含的文件地址"%>
```

include 指令只有一个 file 属性，用于指定要包含文件的路径。需要注意的是，插入文件的路径一般不以 "/" 开头，而是使用相对路径。

为了使读者更好地理解 include 指令的使用，下面通过一个案例学习 include 指令的具体用法。

在 chapter06 项目的 web 目录下创建名称为 date 和 include 的 JSP 文件，使用 include 指令将 date.jsp 文件包含至 include.jsp 文件中，具体代码如文件 6–6 和文件 6–7 所示。

文件 6–6　date.jsp

```
1  <%@ page language="java" contentType="text/html; charset=UTF-8"%>
2  <%@ page import="java.util.Date" %>
3  <%@ page import="java.text.SimpleDateFormat" %>
4  <html>
5  <head><title>date</title>
6  </head>
7  <body>
8  当前时间是:
9      <%
10         Date date = new Date();
11         SimpleDateFormat df = new SimpleDateFormat("yyyy-MM-dd HH:mm:ss");
```

```
12            String today =df.format(date);
13            out.println(today);
14      %>
15 </body>
16 </html>
```

文件 6-7　include.jsp

```
1 <%@ page language="java" contentType="text/html; charset=UTF-8"%>
2 <html>
3 <head>
4 <title>欢迎你</title>
5 </head>
6 <body>
7     <%@ include file="date.jsp"%>
8 </body>
9 </html>
```

在 IDEA 中启动 Tomcat 服务器，然后在浏览器中访问地址 http://localhost:8080/chapter06/include.jsp，结果如图 6-10 所示。

由图 6-10 可知，date.jsp 文件中输出的当前时间的字符串已经显示出来，这说明 include 指令成功地将 date.jsp 文件中的代码合并到 include.jsp 文件中。

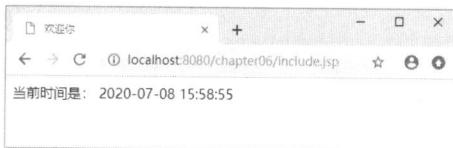

图6-10　文件6-7的运行结果

关于 include 指令的具体应用，有很多问题需要注意，下面介绍几个常见的问题。

（1）被引入的文件必须遵循 JSP 语法，其中的内容可以包含静态 HTML、JSP 脚本元素和 JSP 指令等普通 JSP 页面所具有的一切内容。

（2）除指令元素外，被引入的文件中的其他元素都被转换成相应的 Java 源代码，然后插入当前 JSP 页面所翻译成的 Servlet 源文件中，插入位置与 include 指令在当前 JSP 页面中的位置保持一致。

（3）file 属性的设置值必须使用相对路径，如果以 "/" 开头，表示相对于当前 Web 应用程序的根目录（注意不是站点根目录）；否则表示相对于当前文件。需要注意的是，这里的 file 属性指定的相对路径是相对于文件（file），而不是相对于页面（page）。

（4）在应用 include 指令进行文件包含时，为了使整个页面的层次结构不发生冲突，建议在被包含页面中将<html>、<body>等标签删除，因为在包含页面的文件中已经指定了这些标签。

### 6.3.3　taglib 指令

在 JSP 文件中，可以通过 taglib 指令标识该页面中所使用的标签库，同时引用标签库并指定标签的前缀。在页面中引用标签库后，就可以通过前缀来引用标签库中的标签。

taglib 指令的具体语法格式如下：

```
<%@ taglib prefix="tagPrefix" uri="tagURI" %>
```

taglib 指令的属性说明如下。

● prefix：用于指定标签的前缀，该前缀不能命名为 jsp、jspx、java、sun、servlet 和 sunw。

● uri：用于指定标签库文件的存放位置。

在页面中引用 JSTL 中的核心标签库，示例代码如下：

```
<%@ taglib prefix="c" uri="http://java.sun.com/jsp/jstl/core" %>
```

JSTL 中的核心标签库将在第 7 章进行讲解，这里不进行详细介绍。

## 6.4　JSP 动作元素

JSP 动作元素用于控制 JSP 的行为，执行一些常见的 JSP 页面动作。通过动作元素可以实现使用多行 Java 代码才能够实现的效果，例如包含页面文件、实现请求转发等。

### 6.4.1　包含文件元素<jsp:include>

在 JSP 页面中，<jsp:include>动作元素用于向当前页面引入其他的文件，被引入的文件可以是动态文件，也可以是静态文件。

<jsp:include>动作元素的具体语法格式如下：

```
<jsp:include page="URL" flush="true|false" />
```

<jsp:include>动作元素的属性说明如下。

● page：用于指定被引入文件的相对路径。例如，指定属性值为 top.jsp，则表示将当前 JSP 文件所在文件夹下的 top.jsp 文件引入当前 JSP 页面中。

● flush：用于指定是否将当前页面的输出内容刷新到客户端。在默认情况下，flush 属性的值为 false。

<jsp:include>包含的原理是将被包含页面编译处理后的结果包含在当前页面中。例如，在页面 1 中使用<jsp:include>元素包含了页面 2，当浏览器第一次请求页面 1 时，Web 容器首先会编译页面 2，然后将编译处理后的返回结果包含在页面 1 中，之后编译页面 1，最后将两个页面组合的结果回应给浏览器。为了使读者更好地理解<jsp:include>动作元素，下面通过一个案例演示<jsp:include>动作元素的使用。

（1）在 chapter06 项目的 web 目录下编写两个 JSP 文件，分别是 included.jsp 和 dynamicInclude.jsp。在 dynamicInclude.jsp 页面引入 included.jsp 页面。included.jsp 作为被引入的文件，让它暂停 5 秒后再输出内容，这样可以方便测试<jsp:include>元素的 flush 属性。included.jsp 的具体代码如文件 6–8 所示，dynamicInclude.jsp 的具体代码如文件 6–9 所示。

文件 6-8　included.jsp

```
1  <%@ page contentType="text/html;charset=UTF-8" language="java" %>
2  <html>
3  <head>
4  <title>include</title>
5  </head>
6  <body>
7      <%Thread.sleep(5000);%>
8      included.jsp 内的中文<br />
9  </body>
10 </html>
```

文件 6-9　dynamicInclude.jsp

```
1  <%@ page contentType="text/html;charset=UTF-8" language="java" %>
2  <html>
3  <head>
4  <title>dynamicInclude page</title>
5  </head>
6  <body>
7      dynamicInclude.jsp 内的中文
8      <br />
9      <jsp:include page="included.jsp" flush="true" />
10 </body>
11 </html>
```

（2）在 IDEA 中启动 Tomcat 服务器，使用浏览器访问地址 http://localhost:8080/chapter06/dynamicInclude.jsp 后，发现浏览器首先会显示 dynamicInclude.jsp 页面中的输出内容，等待 5 秒后才会显示 included.jsp 页面的输出内容。说明被引用的资源 included.jsp 在当前 JSP 页面输出内容后才被调用。dynamicInclude.jsp 的最终显示结果如图 6–11 所示。

（3）修改 dynamicInclude.jsp 文件，将<jsp:include>动作元素中的 flush 属性设置为 false，刷新浏览器，再次访问地址 http://localhost:8080/chapter06/dynamicInclude.jsp。浏览器等待 5 秒后，dynamicInclude.jsp 和 included.jsp 页面的输出内容同时显示出来。由此可见，Tomcat 调用被引入的资源

图6-11　dynamicInclude.jsp的最终显示结果

included.jsp 时，并没有将当前 JSP 页面中已输出的内容刷新到客户端。

6.3.2 小节介绍了 include 指令，该指令与<jsp:include>动作元素都可以用于包含文件。但它们之间存在很大差别，下面对 include 指令与<jsp:include>动作元素的区别进行详细介绍。

● include 指令通过 file 属性指定被包含的文件，file 属性不支持任何表达式；<jsp:include>动作元素通过 page 属性指定被包含的文件，page 属性支持 JSP 表达式。

● 使用 include 指令时，被包含的文件内容会原封不动地插入包含页中，然后 JSP 编译器再将合成后的文件编译成一个 Java 文件；使用<jsp:include>动作元素包含文件时，当该元素被执行时，程序会将请求转发到被包含的页面，并将执行结果输出到浏览器中，然后返回包含页，继续执行后面的代码。因为服务器执行的是多个文件，所以如果一个页面包含了多个文件，JSP 编译器会分别对被包含的文件进行编译。

● 在应用 include 指令包含文件时，因为被包含的文件最终会生成一个文件，所以在被包含文件、包含文件中不能有重复的变量名或方法；而在应用<jsp:include>动作元素包含文件时，因为每个文件是单独编译的，所以被包含文件和包含文件中的重名变量和方法是不冲突的。

> **注意：**
>
> <jsp:include>动作元素对包含的动态文件和静态文件的处理方式是不同的，如果被包含的是静态文件，则包含页面执行后，在使用了<jsp:include>动作元素的位置将会输出被包含文件的内容。如果<jsp:include>动作元素包含的是一个动态文件，那么 JSP 编译器将编译并执行被包含文件。

### 6.4.2　请求转发元素<jsp:forward>

<jsp:forward>动作元素可以将当前请求转发到其他 Web 资源（例如 HTML 页面、JSP 页面和 Servlet 等），执行请求转发之后，当前页面将不再执行，而是执行该元素指定的目标页面。

<jsp:forward>的具体语法格式如下：

```
<jsp:forward page="relativeURL" />
```

在上述语法格式中，page 属性用于指定请求转发到的资源的相对路径，该路径的目标文件必须是当前应用中的内部资源。

为了使读者更好地理解<jsp:forward>动作元素，下面通过一个案例学习<jsp:forward>动作元素的具体用法。

首先编写一个用于实现转发功能的 jspforward.jsp 页面和一个用于显示当前时间的 welcome.jsp 页面，具体代码如文件 6-10 和文件 6-11 所示。

文件 6-10　jspforward.jsp

```
1  <%@ page contentType="text/html;charset=UTF-8" language="java" %>
2  <%@ page import="java.util.Date" %>
3  <html>
4  <head>
5  <meta http-equiv="Content-Type" content="text/html; charset=UTF-8">
6  <title>forword page</title>
7  </head>
8  <body>
9      <jsp:forward page="welcome.jsp" />
10 </body>
11 </html>
```

文件 6-11　welcome.jsp

```
1  <%@ page contentType="text/html;charset=UTF-8" language="java" %>
2  <html>
3  <head>
4  <title>welcome page</title>
5  </head>
6  <body>
7      你好，欢迎进入首页，当前访问时间是：
8      <%
9      out.print(new java.util.Date());
```

```
10      %>
11 </body>
12 </html>
```

在 IDEA 中启动 Tomcat 服务器，然后使用浏览器访问 http://localhost:8080/chapter06/jspforward.jsp，浏览器显示的界面如图 6-12 所示。

由图 6-12 可知，虽然地址栏中访问的是 jspforward.jsp，但浏览器显示出了 welcome.jsp 页面的输出内容。因为请求转发是服务器端的操作，浏览器并不知道请求的页面，所以浏览器的地址栏不会发生变化。

图 6-12　文件 6-10 的运行结果

## 6.5　JSP 隐式对象

### 6.5.1　隐式对象的概述

在 JSP 页面中，有一些对象需要频繁使用，如果每次都重新创建这些对象会非常麻烦。为了简化 Web 应用程序的开发，JSP 2.0 规范中提供了 9 个隐式（内置）对象，它们是 JSP 默认创建的，可以直接在 JSP 页面中使用。这 9 个隐式对象的名称、类型和描述如表 6-2 所示。

表 6-2　JSP 隐式对象

| 名称 | 类型 | 描述 |
|---|---|---|
| out | javax.servlet.jsp.JspWriter | 用于页面输出 |
| request | javax.servlet.http.HttpServletRequest | 得到用户请求信息 |
| response | javax.servlet.http.HttpServletResponse | 服务器向客户端的回应信息 |
| config | javax.servlet.ServletConfig | 服务器配置，可以取得初始化参数 |
| session | javax.servlet.http.HttpSession | 用于保存用户的信息 |
| application | javax.servlet.ServletContext | 所有用户的共享信息 |
| page | java.lang.Object | 指当前页面转换后的 Servlet 类的实例 |
| pageContext | javax.servlet.jsp.PageContext | JSP 的页面容器 |
| exception | java.lang.Throwable | 表示 JSP 页面所发生的异常，在错误页中才起作用 |

表 6-2 列举了 JSP 的 9 个隐式对象及它们各自对应的类型。其中，由于 request、response、config、session 和 application 所属的类及其用法在前面的章节都已经讲解过，而 page 对象在 JSP 页面中很少被用到，因此在后面的小节中将对 out、pageContext 和 exception 对象进行详细讲解。

### 6.5.2　out 对象

在 JSP 页面中，经常需要向客户端发送文本内容。向客户端发送文本内容可以使用 out 对象实现。out 对象是 javax.servlet.jsp.JspWriter 类的实例对象，它的作用与 ServletResponse.getWriter() 方法返回的 PrintWriter 对象非常相似，都是用于向客户端发送文本形式的实体内容。不同的是，out 对象的类型为 JspWriter，它相当于带缓存功能的 PrintWriter。下面通过一张图描述 out 对象与 Servlet 引擎提供的缓冲区之间的工作关系，如图 6-13 所示。

由图 6-13 可知，在 JSP 页面中，通过 out 隐式对象写入数据相当于将数据插入 JspWriter 对象的缓冲区中，只有调用了 ServletResponse.getWriter() 方法，缓冲区中的数据才能真正写入 Servlet 引擎所提供的缓冲区中。为了验证上述说法是否正确，下面通过一个具体的案例演示 out 对象的使用。

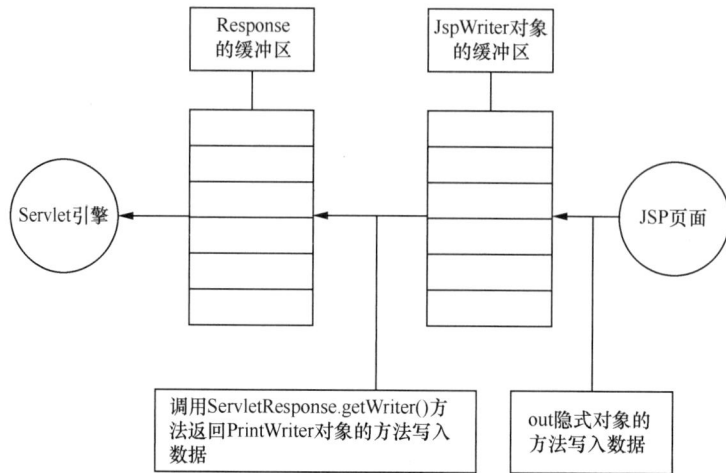

图6-13   out对象与Servlet引擎提供的缓冲区之间的工作关系

在 chapter06 项目的 web 目录下创建一个名称为 out 的 JSP 页面，如文件 6-12 所示。

文件 6-12   out.jsp

```
1  <%@ page contentType="text/html;charset=UTF-8" language="java" %>
2  <html>
3  <head>
4  <title>Insert title here</title>
5  </head>
6  <body>
7  <%
8    out.println("first line<br />");
9    response.getWriter().println("second line<br />");
10 %>
11 </body>
12 </html>
```

在 IDEA 中启动 Tomcat 服务器，然后使用浏览器访问 http://localhost:8080/chapter06/out.jsp，浏览器显示的结果如图 6-14 所示。

由图 6-14 可知，程序先输出了 second line，后输出了 first line。这是因为 out 对象通过 print 语句写入数据后，直到整个 JSP 页面结束，out 对象中输入缓冲区的数据（first line）才真正写入 Serlvet 引擎提供的缓冲区中，而 response.getWriter().println()语句则直接把内容（second line）写入 Servlet 引擎提供的缓冲区中，Servlet 引擎按照缓冲区中的数据存放顺序输出内容。

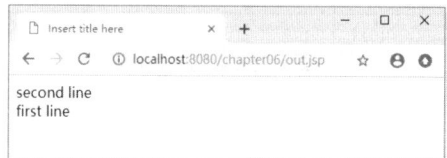

图6-14   文件6-12的运行结果

**多学一招：使用page指令设置out对象的缓冲区大小**

有时候，开发人员希望 out 对象可以直接将数据写入 Servlet 引擎提供的缓冲区中，这时可以通过 page 指令中操作缓冲区的 buffer 属性来实现。下面对文件 6-12 进行修改，修改后的代码如文件 6-13 所示。

文件 6-13   修改后的 out.jsp

```
1  <%@ page language="java" contentType="text/html; charset=UTF-8
2                             buffer="0kb"%>
3  <html>
4  <head>
5  <title>Insert title here</title>
6  </head>
7  <body>
8  <%
9    out.println("first line<br />");
```

```
10     response.getWriter().println("second line<br />");
11 %>
12 </body>
13 </html>
```

在 IDEA 中启动 Tomcat 服务器，然后使用浏览器访问
http://localhost:8080/chapter06/out.jsp，浏览器显示的界面如图
6-15 所示。

由图 6-15 可知，out 对象输出的内容在 response.getWriter().
println()语句输出的内容之前，由此可见，out 对象中的数据直
接写入了 Servlet 引擎提供的缓冲区中。此外，当写入 out 对象

图6-15　文件6-13的运行结果

中的内容充满了 out 对象的缓冲区时，out 对象中输入缓冲区的数据也会真正写入 Servlet 引擎提供的缓冲区中。

## 6.5.3　pageContext 对象

在 JSP 页面中，使用 pageContext 对象可以获取 JSP 的其他 8 个隐式对象。pageContext 对象是 javax.servlet.jsp.PageContext 类的实例对象，它代表当前 JSP 页面的运行环境，并提供了一系列用于获取其他隐式对象的方法。pageContext 对象获取隐式对象的方法如表 6-3 所示。

表 6-3　pageContext 对象获取隐式对象的方法

| 方法名 | 功能描述 |
| --- | --- |
| JspWriter getOut( ) | 用于获取 out 隐式对象 |
| Object getPage( ) | 用于获取 page 隐式对象 |
| ServletRequest getRequest( ) | 用于获取 request 隐式对象 |
| ServletResponse getResponse( ) | 用于获取 response 隐式对象 |
| HttpSession getSession( ) | 用于获取 session 隐式对象 |
| Exception getException( ) | 用于获取 exception 隐式对象 |
| ServletConfig getServletConfig( ) | 用于获取 config 隐式对象 |
| ServletContext getServletContext( ) | 用于获取 application 隐式对象 |

pageContext 对象不仅提供了获取隐式对象的方法，还提供了存储数据的功能。pageContext 对象存储数据是通过操作属性实现的。表 6-4 列举了 pageContext 操作属性的相关方法。

表 6-4　pageContext 操作属性的相关方法

| 方法名称 | 功能描述 |
| --- | --- |
| void setAttribute(String name,Object value,int scope) | 用于设置 pageContext 对象的属性 |
| Object getAttribute(String name,int scope) | 用于获取 pageContext 对象的属性 |
| void removeAttribute(String name,int scope) | 用于删除指定范围内名称为 name 的属性 |
| void removeAttribute(String name) | 用于删除所有范围内名称为 name 的属性 |
| Object findAttribute(String name) | 用于从 4 个域对象中查找名称为 name 的属性 |

表 6-4 列举了 pageContext 对象操作属性的相关方法，其中，参数 name 指定的是属性名称，参数 scope 指定的是属性的作用范围。pageContext 对象的作用范围有 4 个值，具体如下。

- pageContext.PAGE_SCOPE：表示页面范围。
- pageContext.REQUEST_SCOPE：表示请求范围。
- pageContext.SESSION_SCOPE：表示会话范围。
- pageContext.APPLICATION_SCOPE：表示 Web 应用程序范围。

需要注意的是，当调用 findAttribute( )方法查找名称为 name 的属性时，会按照 page、request、session 和 application 的顺序依次进行查找，如果找到，则返回属性的名称，否则返回 null。

下面通过一个案例演示 pageContext 对象的使用。在 chapter06 项目的 web 目录下创建一个名称为 pageContext 的 JSP 页面，如文件 6-14 所示。

文件 6-14　pageContext.jsp

```
1  <%@ page language="java" contentType="text/html; charset=UTF-8"%>
2  <html>
3  <head>
4  <title>pageContext</title>
5  </head>
6  <body>
7      <%
8          //获取 request 对象
9          HttpServletRequest req = (HttpServletRequest) pageContext
10                 .getRequest();
11         //设置 page 范围内属性
12         pageContext.setAttribute("str", "Java",pageContext.PAGE_SCOPE);
13         //设置 request 范围内属性
14         req.setAttribute("str", "Java Web");
15         //获得的 page 范围属性
16         String str1 = (String)pageContext.getAttribute("str",
17                                          pageContext.PAGE_SCOPE);
18         //获得的 request 范围属性
19         String str2 = (String)pageContext.getAttribute("str",
20                                          pageContext.REQUEST_SCOPE);
21     %>
22     <%="page 范围: "+str1 %><br />
23     <%="request 范围: "+str2 %><br />
24  </body>
25  </html>
```

在上述代码中，第 9～12 行代码使用 pageContext 获取 request 对象，并设置 page 范围内属性；第 14 行代码使用 pageContext 获取的 request 对象设置 request 范围内属性；第 16～20 行代码使用 pageContext 对象获得 page 和 request 范围内的相应属性；第 22 行和第 23 行代码使用 JSP 表达式输出数据。

在 IDEA 中启动 Tomcat 服务器，然后使用浏览器访问 http://localhost:8080/chapter06/pageContext.jsp，浏览器显示的结果如图 6-16 所示。

由图 6-16 可知，通过 pageContext 对象可以获取到 request 对象，并且还可以获取不同范围内的隐式对象的属性。

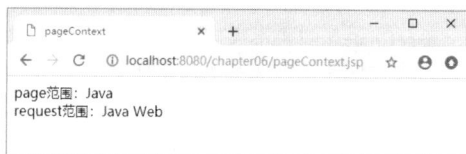

图6-16　文件6-14的运行结果

### 6.5.4　exception 对象

在 JSP 页面中，经常需要处理一些异常信息，处理异常信息可以通过 exception 对象实现。exception 对象是 java.lang.Exception 类的实例对象，它用于封装 JSP 中抛出的异常信息。需要注意的是，exception 对象只有在错误处理页面才可以使用，即 page 指令中指定了属性<%@ page isErrorPage="true"%>的页面。

下面通过一个案例学习 exception 对象的使用。在 chapter06 项目的 web 目录下创建一个名称为 exception 的 JSP 文件，在其中编写发生异常的代码，如文件 6-15 所示。

文件 6-15　exception.jsp

```
1  <%@ page language="java" contentType="text/html; charset=UTF-8"
2                 pageEncoding="UTF-8" errorPage="error.jsp"%>
3  <!DOCTYPE html PUBLIC "-//W3C//DTD HTML 4.01 Transitional//EN"
4                 "http://www.w3.org/TR/html4/loose.dtd">
5  <html>
6  <head>
7  <meta http-equiv="Content-Type" content="text/html; charset=UTF-8">
8  <title>exception object test</title>
```

```
9    </head>
10   <body>
11       <%
12           int a = 3;
13           int b = 0;
14       %>
15       输出结果为：<%=(a / b)%><!--此处会产生异常   -->
16   </body>
17   </html>
```

在项目 chapter06 的 web 目录下创建一个名称为 error 的 JSP 页面，获取从 exception.jsp 页面中传递过来的 exception 对象。需要注意的是，在 error.jsp 页面的 page 指令中要将 isErrorPage 属性设置为 true，如文件 6–16 所示。

文件 6-16　error.jsp

```
1    <%@ page language="java" contentType="text/html; charset=UTF-8"
2        pageEncoding="UTF-8" isErrorPage="true"%>
3    <!DOCTYPE html PUBLIC "-//W3C//DTD HTML 4.01 Transitional//EN"
4                    "http://www.w3.org/TR/html4/loose.dtd">
5    <html>
6    <head>
7    <meta http-equiv="Content-Type" content="text/html; charset=UTF-8">
8    <title>error page</title>
9    </head>
10   <body>
11       <!-- 显示异常信息 -->
12       <%=exception.getMessage()%><br />
13   </body>
14   </html>
```

在 IDEA 中启动 Tomcat 服务器，然后使用浏览器访问 http://localhost:8080/chapter06/exception.jsp，效果如图 6–17 所示。

由图 6–17 可知，浏览器显示了异常信息，说明当 exception.jsp 页面发生异常时会自动调用 error.jsp 页面进行异常处理。

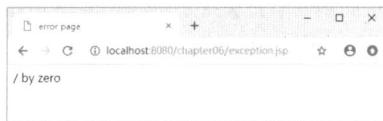

图6-17　文件6-16的运行结果

## 任务：将页面转发到用户登录页面

### 【任务目标】

在实际的项目开发过程中，Servlet 中的 service( )方法由 Servlet 容器调用，所以一个 Servlet 的对象无法调用另一个 Servlet 的方法。但是在实际项目中，客户端请求做出的响应可能会比较复杂，例如用户登录，需要多个 Servlet 来协作完成，这就需要使用请求转发技术了。本任务要求使用<jsp:forward>动作元素将请求转发到用户登录页面。

### 【实现步骤】

实现将页面转发到用户登录页面需要编写中转页面和登录页面，在中转页面使用<jsp:forward>动作元素将请求转发到 login.jsp 登录页面，具体步骤如下。

#### 1. 编写中转页面

在项目的 web 目录下创建名称为 forward 的 JSP 文件，在 forward.jsp 文件中使用<jsp:forward>动作元素将请求转发到 login.jsp 页面。forward.jsp 的代码实现如文件 6–17 所示。

文件 6-17　forward.jsp

```
1    <%@ page contentType="text/html;charset=UTF-8" language="java" %>
2    <html>
3    <head>
4        <title>中转页</title>
5    </head>
6    <body>
7    <jsp:forward page="login.jsp"/>
8    </body>
9    </html>
```

在文件 6-17 中，第 7 行代码使用<jsp:forward>动作元素将请求转发到 login.jsp 页面。

### 2. 编写用户登录页面

在项目的 web 目录下创建名称为 login 的 JSP 文件，在该文件中添加用户填写登录信息的表单及表单元素。login.jsp 的代码实现如文件 6-18 所示。

文件 6-18　login.jsp

```
1  <%@ page contentType="text/html;charset=UTF-8" language="java" %>
2  <html>
3  <head>
4      <title>用户登录</title>
5  </head>
6  <body>
7    <form name="form1" method="post" action="">
8       用户名: <input name="name" type="text" id="name" style="width:
9        200px"><br><br>
10       密   码: <input name="pwd" type="password" id="pwd"
11       style="width: 200px"><br><br>
12       <input type="submit" name="Submit" value="提交">
13    </form>
14  </body>
15  </html>
```

在文件 6-18 中，第 7～13 行代码编写了一个 form 表单，并在 form 表单中编写了用户填写登录信息的表单元素，包括用户名文本框、密码文本框和"提交"按钮。

### 3. 运行项目，查看效果

在 IDEA 中启动 Tomcat 服务器，然后在浏览器中访问地址 http://localhost:8080/chapter06/forward.jsp，会自动重定向到用户登录界面，如图 6-18 所示。

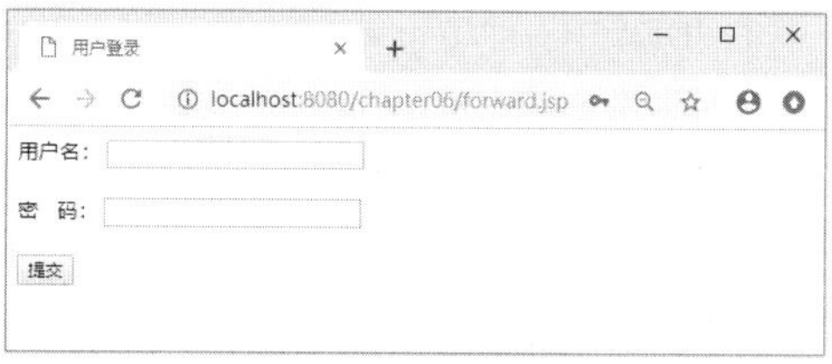

由图 6-18 可知，用户访问中转页面 forward.jsp 后，请求重定向到了用户登录界面，但 URL 地址并没有改变。

图6-18　用户登录界面

## 任务：网上蛋糕商城 JSP 页面

### 【任务目标】

通过所学 JSP 知识，根据第 1 章实现的用户注册页面，使用 JSP 页面实现网上蛋糕商城注册页面。实现效果如图 6-19 所示。

图6-19　实现效果

从图 6-19 可以看出，网上蛋糕商城注册页面由 3 个部分组成，分别为顶部导航栏、注册表单和底部提示信息栏。顶部导航栏和底部提示信息栏在网上蛋糕商城的其他页面中也是固定的位置和内容，因此可以将这两部分提取成单独的 2 个页面，由其他页面引入即可。

**【实现步骤】**

根据第 1 章实现的用户注册页面代码，抽取出顶部导航栏、注册表单和底部提示信息栏 3 个 JSP 文件，并在注册表页面的顶端和底端分别引入顶部导航栏和底部提示信息栏，具体步骤如下。

### 1. 创建顶部文件

创建用于显示页面导航栏的顶部文件 header.jsp，header.jsp 的代码实现如文件 6-19 所示。

文件 6-19　header.jsp

```
1   <%@ page contentType="text/html;charset=UTF-8" language="java" %>
2   <div class="header">
3       <div class="container">
4           <nav class="navbar navbar-default" role="navigation">
5               <!--navbar-header-->
6               <div class="collapse
7                   navbar-collapse" id="bs-example-navbar-collapse-1">
8                   <ul class="nav navbar-nav">
9                       <li><a href="/index" >首页</a></li>
10                      <li class="dropdown">
11                          <a href="#" class="dropdown-toggle "
12                              data-toggle="dropdown">商品分类
13                              <b class="caret"></b>
14                          </a>
15                          <ul class="dropdown-menu multi-column columns-2">
16                              <li>
17                                  <div class="row">
18                                      <div class="col-sm-12">
19                                          <h4>商品分类</h4>
20                                      </div>
21                                  </div>
22                              </li>
23                          </ul>
24                      </li>
25                      <li><a href="#" >热销</a></li>
26                      <li><a href="#" >新品</a></li>
27                      <li><a href="#" class="active">注册</a></li>
28                      <li><a href="#" >登录</a></li>
29                  </ul>
30                  <!--/.navbar-collapse-->
31              </div>
32              <!--//navbar-header-->
33          </nav>
34          <div class="header-info">
35              <div class="header-right search-box">
36                  <a href="javascript:;">
37                      <span class="glyphicon glyphicon-search"
38                          aria-hidden="true"></span>
39                  </a>
40                  <div class="search">
41                      <form class="navbar-form" action="/">
42                          <input type="text" class="form-control"
43                              name="keyword">
44                          <button type="submit" class="btn btn-default"
45                              aria-label="LeftAlign"> 搜索
46                          </button>
47                      </form>
48                  </div>
49              </div>
50              <div class="header-right cart">
51                  <a href="goods_cart.jsp">
```

```
52                  <span class="glyphicon glyphicon-shopping-cart "
53                        aria-hidden="true">
54                      <span class="card_num"></span>
55                  </span>
56              </a>
57          </div>
58          <div class="clearfix"> </div>
59      </div>
60          <div class="clearfix"> </div>
61      </div>
62  </div>
63  <!--//header-->
```

文件 6–19 将会被其他页面所引入，所以不需要在文件 6–19 中引入页面所需的样式，只需在引入文件 6–19 的文件中设置即可。

### 2. 创建底部文件

创建用于显示提示信息的底部文件 footer.jsp，footer.jsp 的代码实现如文件 6–20 所示。

文件 6-20　footer.jsp

```
1   <%@ page contentType="text/html;charset=UTF-8" language="java" %>
2   <!--footer-->
3   <div class="footer">
4       <div class="container">
5           <div class="text-center">
6               <p>heima www.itcast.cn © All rights Reseverd</p>
7           </div>
8       </div>
9   </div>
10  <!--//footer-->
```

与文件 6–19 一样，也不需要在文件 6–20 中引入页面所需的样式。

### 3. 创建用户注册文件

创建用于用户注册的文件 user_register.jsp，页面中编写用户注册的表单，并在表单的顶端和底端分别引入页面的顶部文件和底部文件，其中页面所需的样式在资源中已经提供。user_register.jsp 的代码实现如文件 6–21 所示。

文件 6-21　user_register.jsp

```
1   <%@ page contentType="text/html;charset=UTF-8" language="java" %>
2   <!DOCTYPE html>
3   <html>
4   <head>
5       <title>用户注册</title>
6       <meta name="viewport" content="width=device-width, initial-scale=1">
7       <meta http-equiv="Content-Type" content="text/html; charset=utf-8">
8       <link type="text/css" rel="stylesheet" href="css/bootstrap.css">
9       <link type="text/css" rel="stylesheet" href="css/style.css">
10  </head>
11  <body>
12      <!--header-->
13      <jsp:include page="/header.jsp"/>
14      <!--//header-->
15      <!--account-->
16      <div class="account">
17          <div class="container">
18              <div class="register">
19                  <form action="/user_rigister" method="post">
20                      <div class="register-top-grid">
21                          <h3>注册新用户</h3>
22                          <div class="input">
23                              <span>用户名
24                              <label style="color:red;">*</label>
25                              </span>
26                                  <input type="text" name="username"
```

```
27                        placeholder="请输入用户名" required="required">
28                    </div>
29                    <div class="input">
30                        <span>邮箱
31                        <label style="color:red;">*</label>
32                    </span>
33                        <input type="text" name="email"
34                        placeholder="请输入邮箱" required="required">
35                    </div>
36                    <div class="input">
37                        <span>密码
38                        <label style="color:red;">*</label>
39                    </span>
40                        <input type="password" name="password"
41                        placeholder="请输入密码" required="required">
42                    </div>
43                    <div class="input">
44                        <span>收货人<label></label></span>
45                        <input type="text" name="name"
46                        placeholder="请输入收货人">
47                    </div>
48                    <div class="input">
49                        <span>收货电话<label></label></span>
50                        <input type="text" name="phone"
51                        placeholder="请输入收货电话">
52                    </div>
53                    <div class="input">
54                        <span>收货地址<label></label></span>
55                        <input type="text" name="address"
56                        placeholder="请输入收货地址">
57                    </div>
58                    <div class="clearfix"> </div>
59                </div>
60                <div class="register-but text-center">
61                    <input type="submit" value="提交">
62                    <div class="clearfix"> </div>
63                </div>
64            </form>
65            <div class="clearfix"> </div>
66        </div>
67    </div>
68  </div>
69  <!--//account-->
70  <!--footer-->
71  <jsp:include page="/footer.jsp"/>
72  <!--//footer-->
73 </body>
74 </html>
```

文件 6-21 中，第 13 行代码使用<jsp:include>标签引入了页面的顶部文件 header.jsp；第 19～64 行代码编写了用户注册表单；第 71 行代码使用<jsp:include>标签引入了页面的底部文件 footer.jsp。

### 4. 运行项目，查看效果

在 IDEA 中启动 Tomcat 服务器，在浏览器中访问网上蛋糕商城注册页面的地址 http://localhost:8080/ chapter06/ user_register.jsp，如图 6-20 所示。

图6-20　网上蛋糕商城注册页面

　　由图 6-20 可知，user_register.jsp 页面在浏览器中与 HTML 版的用户注册页面展示效果一样。因此，可根据用户注册页面的 HTML 代码，抽取出顶端和底端的公共代码页面，并在注册表单页面中引入公共代码页面。

# 6.6　本章小结

　　本章主要讲解了 JSP 技术。首先是 JSP 的概述，包括什么是 JSP、使用 IDEA 编写 JSP 文件和 JSP 的运行原理；其次讲解了 JSP 的基本语法，包括 JSP 页面的基本构成、JSP 的脚本元素和 JSP 的注释；然后讲解了 JSP 的指令，包括 page 指令、include 指令和 taglib 指令；接着讲解了 JSP 动作元素，包括包含文件元素 <jsp:include>和请求转发元素<jsp:forward>；最后讲解了 JSP 隐式对象。通过本章的学习，读者可以了解 JSP 的概念和特点，熟悉 JSP 的运行原理，掌握 JSP 的基本语法 ，熟悉 JSP 指令的使用，并掌握 JSP 动作元素和 JSP 隐式对象的使用。

# 6.7　本章习题

　　本章课后习题请扫描二维码。

# 第 **7** 章

# EL 和 JSTL

**学习目标**

★ 掌握 EL 的基本语法

★ 熟悉 EL 中常见的隐式对象

★ 了解 JSTL 标签库

★ 熟悉 JSTL 的下载与使用

★ 掌握 Core 标签库中的常用标签

拓展阅读

前面已学习了 JSP 页面，在 JSP 开发中，为了获取 Servlet 域对象中存储的数据，经常需要书写很多 Java 代码，这样会使 JSP 页面混乱。为了降低 JSP 页面的复杂度，增强代码的重用性，Sun 公司制定了一套标准标签库 JSTL，同时为了获取 Servlet 域对象中存储的数据，JSP 2.0 规范还提供了 EL（表达式语言），大大降低了开发的难度。本章将对 EL 和 JSTL 进行详细讲解。

## 7.1 EL

EL（Expression Language，表达式语言）是 JSP 2.0 引入的新内容。EL 可以简化 JSP 开发中的对象引用，从而规范页面代码，增强程序的可读性和可维护性。EL 为不熟悉 Java 语言页面开发的人员提供了一个开发 Java Web 应用的新途径。本节将对 EL 的语法、变量、常量及运算符等进行详细介绍。

### 7.1.1 EL 的语法格式

EL 的语法非常简单，以 "${" 开始，以 "}" 结束，具体格式如下：

```
${表达式}
```

"${表达式}" 中的表达式必须符合 EL 的语法要求。

**小提示：**

由于 EL 的语法以 "${" 开头，如果在 JSP 网页中要显示字符串 "${"，必须在前面加上符号 "\"，即 "\${"，或者写成 "${'${'}"，也就是用表达式输出符号 "${"。

为了证明 EL 可以简化 JSP 页面，下面通过一个案例对比使用 Java 代码与 EL 获取信息。

首先，在 IDEA 中创建一个名称为 chapter07 的 Web 项目，并配置 Tomcat、加载 servlet-api.jar 包，然后

在项目的 src 目录下创建包 cn.itcast.servlet，在包中创建一个用于存储用户名和密码的类 MyServlet，代码如文件 7-1 所示。

文件 7-1　MyServlet.java

```
1  package cn.itcast.servlet;
2  import java.io.*;
3  import javax.servlet.*;
4  import javax.servlet.http.*;
5  import javax.servlet.annotation.WebServlet;
6  @WebServlet(name = "MyServlet", urlPatterns="/MyServlet")
7  public class MyServlet extends HttpServlet {
8      public void doGet(HttpServletRequest request,
9      HttpServletResponse response) throws ServletException, IOException {
10         request.setAttribute("username", "itcast");
11         request.setAttribute("password", "123");
12       RequestDispatcher dispatcher = request
13               .getRequestDispatcher("/myjsp.jsp");
14         dispatcher.forward(request, response);
15     }
16     public void doPost(HttpServletRequest request,
17     HttpServletResponse response) throws ServletException, IOException {
18         doGet(request, response);
19     }
20 }
```

在 web 目录下编写一个名称为 myjsp 的 JSP 文件，使用该页面输出 MyServlet 所存储的信息。myjsp 代码如文件 7-2 所示。

文件 7-2　myjsp.jsp

```
1  <%@ page language="java" contentType="text/html; charset=utf-8">
2  <html>
3  <head></head>
4  <body>
5      用户名: <%=request.getAttribute("username")%><br />
6      密 码: <%=request.getAttribute("password")%><br />
7  </body>
8  </html>
```

在文件 7-2 中，使用 Java 代码获取 Servlet 中存储的数据。下面修改文件 7-2，在 myjsp.jsp 文件中通过 EL 获取 MyServlet 中存储的信息，修改后的页面代码如文件 7-3 所示。

文件 7-3　myjsp.jsp

```
1  <%@ page language="java" contentType="text/html; charset=utf-8"%>
2  <html>
3  <head></head>
4  <body>
5      用户名: <%=request.getAttribute("username")%><br />
6      密 码: <%=request.getAttribute("password")%><br />
7      <hr />
8      使用EL:<br />
9      用户名: ${username}<br />
10     密 码: ${password}<br />
11 </body>
12 </html>
```

修改完成之后，在 IDEA 中启动 Tomcat 服务器，在浏览器的地址栏中输入地址 http://localhost:8080/chapter07/MyServlet 访问 MyServlet 页面，浏览器窗口中显示的结果如图 7-1 所示。

由图 7-1 可知，文件 7-3 中使用 EL 同样可以成功获取 Servlet 中存储的数据，但 EL 明显简化了 JSP 页面的书写，使程序简洁且易维护。另外，当域对象里面的值不存在时，使用 EL 获取域对象里面的值时返回空字符串；而使用 Java 方式获取时，如果返

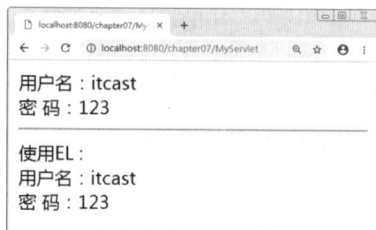

图7-1　文件7-1和文件7-3的运行结果

回值是 null，会报空指针异常，所以在实际开发中推荐使用 EL 的方式获取域对象中存储的数据。

EL 除了语法简单和使用方便外，还具有以下特点。

- EL 可以与 JavaScript 语句结合使用。
- EL 可以自动进行类型转换。如果想通过 EL 获取两个字符串数值（例如 number1 和 number2）的和，可以直接通过"+"符号进行连接（例如\${number1+number2}）。
- EL 不仅可以访问一般变量，还可以访问 JavaBean 中的属性、嵌套属性和集合对象。
- 在 EL 中，可以执行算术运算、逻辑运算、关系运算和条件运算等。
- 在 EL 中，可以获取 pageContext 对象，进而获取其他内置对象。
- 在使用 EL 进行除法运算时，如果除数为 0，则返回表示无穷大的 Infinity，而不返回错误。
- 在 EL 中，可以访问 JSP 的作用域（request、session、application 和 page）。

### 7.1.2　EL 中的标识符

在 EL 中，经常需要使用一些符号标记一些名称，如变量名、自定义函数名等，这些符号被称为标识符。EL 中的标识符可以由任意的大小写字母、数字和下划线组成。为了避免出现非法的标识符，在定义标识符时还需要遵循以下规范：

- 不能以数字开头。
- 不能是 EL 中的关键字，例如 and、or、gt 等。
- 不能是 EL 中的隐式对象，例如 pageContext。
- 不能包含单引号（'）、双引号（"）、减号（_）和正斜线（/）等特殊字符。

下面的这些标识符都是合法的。

```
username
username123
user_name
_userName
```

注意，下面的这些标识符都是不合法的。

```
123username
or
user"name
pageContext
```

### 7.1.3　EL 中的关键字

关键字就是编程语言里事先定义好并赋予了特殊含义的单词。与其他语言一样，EL 中也定义了许多关键字，例如 false、not 等。EL 中所有的关键字如下：

```
and       eq        gt        true      instanceof
or        ne        le        false     empty
not       lt        ge        null      div        mod
```

### 7.1.4　EL 中的变量

EL 中的变量就是一个基本的存储单元，不用事先定义就可以直接使用。EL 可以将变量映射到一个对象上，具体示例如下：

```
${product}
```

在上述示例中，product 就是一个变量，通过表达式\${product}就可以访问变量 product 的值。

### 7.1.5　EL 中的常量

EL 中的常量又称字面量，它是不能改变的数据。EL 包含多种常量，下面分别对这些常量进行介绍。

#### 1. 布尔常量

布尔常量用于区分一个事物的正反两面，它的值只有两个，分别是 true 和 false。

### 2. 整型常量

整型常量与 Java 中的十进制整型常量相同，它的取值范围是 Java 语言中定义的常量 Long.MIN_VALUE 到 Long.MAX_VALUE 之间，即（−2）^63～2^63−1 之间的整数。

### 3. 浮点数常量

浮点数常量用整数部分加小数部分表示，也可以用指数形式表示。例如，1.2E4 和 1.2 都是合法的浮点数常量。浮点数常量的取值范围是 Java 语言中定义的常量 Double.MIN_VALUE 到 Double.MAX_VALUE 之间，即 4.9E−324～1.8E308 之间的浮点数。

### 4. 字符串常量

字符串常量是用单引号或双引号引起来的一连串字符。因为字符串常量需要用单引号或双引号引起来，所以字符串本身包含的单引号或双引号需要用反斜杠（\）进行转义，即用"\'"表示字面意义上的单引号，用"\""表示字面意义上的双引号。如果字符串本身包含反斜杠（\），也要进行转义，即用"\\"表示字面意义上的一个反斜杠。

需要注意的是，只有字符串常量用单引号引起来时，字符串本身包含的单引号才需要进行转义，而双引号不必进行转义，例如，'ab\'4c"d5\\e'表示的字符串是 ab'4c"d5\e；只有字符串常量用双引号引起来时，字符串本身包含的双引号才需要进行转义，而单引号不必转义，例如"ab'4c\"d5\\e"表示的字符串是 ab'4c"d5\e。

### 5. Null 常量

Null 常量用于表示变量引用的对象为空，它只有一个值，用 null 表示。

## 7.1.6  EL 访问数据

EL 中提供了两种运算符操作数据，分别是点运算符（.）和方括号运算符（[ ]），并且这两种运算符的功能相同。下面分别讲解这两种运算符的用法。

### 1. 点运算符（.）

EL 中的点运算符用于访问 JSP 页面中某些对象的属性，例如 JavaBean 对象中的属性、List 集合中的属性、Array 数组中的属性等，其用法示例如下：

```
${customer.name}
```

在上述语法格式中，表达式${customer.name}中点运算符的作用就是访问 customer 对象中的 name 属性。

### 2. 中括号运算符（[ ]）

EL 中的中括号运算符与点运算符的功能相同，都用于访问 JSP 页面中某些对象的属性。当获取的属性名中包含一些特殊符号，例如"−"或"?"等非字母或数字的符号，就只能使用中括号运算符访问该属性。中括号运算符的用法示例如下：

```
${user["My-Name"]}
```

这两种运算符在实际开发中的应用情况如下：

● 点运算符和中括号运算符在某种情况下可以互换，例如${student.name}等价于${student["name"]}。

● 中括号运算符还可以访问 List 集合或数组中指定索引的某个元素，例如表达式${users[0]}用于访问集合或数组中第一个元素。

● 中括号运算符和点运算符可以相互结合使用，例如表达式${users[0].userName}可以访问集合或数组中的第一个元素的 userName 属性。

## 7.1.7  EL 中的运算符

EL 支持简单的运算，例如加（+）、减（−）、乘（*）、除（/）等。为此，在 EL 中提供了多种运算符。根据运算方式的不同，EL 中的运算符包括以下几种。

### 1. 算术运算符

EL 中的算术运算符用于对整数和浮点数的值进行算术运算。EL 中的算术运算符如表 7−1 所示。

表7-1　EL 中的算术运算符

| 算术运算符 | 说明 | 算术表达式 | 结果 |
|---|---|---|---|
| + | 加 | ${10+2} | 12 |
| − | 减 | ${10−2} | 8 |
| * | 乘 | ${10*2} | 20 |
| / (或 div ) | 除 | ${10/4}或${10 div 2} | 2.5 |
| % (或 mod ) | 取模 (取余) | ${10%4}或${10 mod 2} | 2 |

表7-1 列举了 EL 中所有的算术运算符，这些运算符相对来说比较简单。在使用这些运算符时需要注意两个问题。

（1）"−"运算符既可以作为减号，也可以作为负号。

（2）"/"或"div"运算符在进行除法运算时，商为小数。

**小提示：**

EL 的"+"运算符与 Java 的"+"运算符不同，它不能实现两个字符串之间的连接，如果使用该运算符连接两个不可以转换为数值型的字符串，将抛出异常；如果使用该运算符连接两个可以转换为数值型的字符串，EL 会自动将这两个字符串转换为数值型，再进行加法运算。

### 2. 比较运算符

EL 中的比较运算符用于比较两个操作数的大小，操作数可以是各种常量、EL 变量或 EL 表达式，所有的比较运算符执行的结果都是布尔类型。EL 中的比较运算符如表 7-2 所示。

表7-2　EL 中的比较运算符

| 比较运算符 | 说明 | 算术表达式 | 结果 |
|---|---|---|---|
| == (或 eq ) | 等于 | ${10==2}或${10 eq 2} | false |
| != (或 ne ) | 不等于 | ${10!=2}或${10 ne 2} | true |
| < (或 lt ) | 小于 | ${10<2}或${10 lt 2} | false |
| > (或 gt ) | 大于 | ${10>2}或${10 gt 2} | true |
| <= (或 le ) | 小于等于 | ${10<=2}或${10 le 2} | false |
| >= (或 ge ) | 大于等于 | ${10>=2}或${10 ge 2} | true |

表7-2 列举了 EL 中所有的比较运算符，在使用这些运算符时需要注意两个问题。

（1）比较运算符中的"=="是两个等号，千万不可只写一个等号。

（2）为了避免与 JSP 页面的标签产生冲突，对于后 4 种比较运算符，EL 中通常使用表 7-2 中括号内的表示方式。例如，使用"lt"代替"<"运算符，如果运算符后面是数字，在运算符和数字之间至少要有一个空格，例如${1lt 2}；如果后面有其他符号，则可以不加空格，例如${1lt(1+1)}。

### 3. 逻辑运算符

EL 中的逻辑运算符用于对结果为布尔类型的表达式进行运算，运算的结果仍为布尔类型。EL 中的逻辑运算符如表 7-3 所示。

表7-3　EL 中的逻辑运算符

| 逻辑运算符 | 说明 | 算术表达式 | 结果 |
|---|---|---|---|
| && (and) | 逻辑与 | ${true&&false}或${true and false} | false |
| \|\| (or) | 逻辑或 | ${false\|\|true}或${false or true} | true |
| ! (not) | 逻辑非 | ${!true}或${not true} | false |

表 7-3 列出了 EL 中的 3 种逻辑运算符，需要注意的是，在使用"&&"运算符时，如果有一个表达式的结果为 false，则整个表达式的结果必为 false；在使用"||"运算符时，如果有一个表达式的结果为 true，则整个表达式的结果必为 true。

### 4. empty 运算符

在 EL 中，判断对象是否为空，可以通过 empty 运算符实现，该运算符是一个前缀（prefix）运算符，即 empty 运算符位于操作数前方，用于确定一个对象或变量是否为 null 或空。

empty 运算符的语法格式如下：

```
${empty expression}
```

在上述语法格式中，expression 用于指定要判断的变量或对象。定义两个 request 范围内的变量 user 和 user1，分别设置它们的值为 null 和""，示例代码如下：

```
<%request.setAttribute("user",""); %>
<%request.setAttribute("user1",null); %>
```

通过 empty 运算符判断 user 和 user1 是否为空，代码如下：

```
${empty user}      //返回值为true
${empty user1}     //返回值为true
```

由上述代码可知，一个变量或对象为 null 或空，代表的意义是不同的。null 表示这个变量没有指明任何对象，而空表示这个变量所属的对象内容为空，例如空字符串、空的数组或者空的 List 容器。

### 5. 条件运算符

EL 中条件运算符（?:）用于执行某种条件判断，它类似于 Java 语言中的 if-else 语句，其语法格式如下：

```
${A?B:C}
```

在上述语法格式中，表达式 A 的计算结果为布尔类型，如果表达式 A 的计算结果为 true，就执行表达式 B，并返回 B 的值作为整个表达式的结果；如果表达式 A 的计算结果为 false，就执行表达式 C，并返回 C 的值作为整个表达式的结果。例如，表达式${(1==2)?3:4}的结果为 4。

### 6. "（ ）"运算符

EL 中的小括号用于改变其他运算符的优先级。例如，表达式${a*b+c}，正常情况下会先计算 a 与 b 的积，然后再将计算的结果与 c 相加，如果在这个表达式中加一个小括号运算符，将表达式修改为${a*(b+c)}，则会先计算 b 与 c 的和，再将计算的结果与 a 相乘。

需要注意的是，EL 中的运算符都有不同的运算优先级，当 EL 中包含多种运算符时，它们必须按照各自优先级的大小进行运算。EL 中运算符的优先级如表 7-4 所示。

表 7-4　EL 中运算符的优先级

| 优先级 | 运算符 |
| --- | --- |
| 1 | [] . |
| 2 | ( ) |
| 3 | -(unary)　not　!　empty |
| 4 | *　/　div　%　mod |
| 5 | +　-(binary) |
| 6 | <　>　<=　>=　lt　gt　le　ge |
| 7 | ==　!=　eq　ne |
| 8 | &&　and |
| 9 | ||　or |
| 10 | ?: |

表 7-4 列举了 EL 中不同运算符的优先级大小。对于初学者来说，这些运算符的优先级不必刻意去记忆。为了防止产生歧义，建议读者尽量使用"()"运算符实现想要的运算顺序。

> **注意：**
>
> 在应用 EL 取值时，没有数组的下标越界，没有空指针异常，没有字符串的拼接。

## 7.2　EL 隐式对象

为了能够获得 Web 应用程序中的相关数据，EL 提供了 11 个隐式对象，这些对象类似于 JSP 的内置对象，可以直接通过对象名进行各种操作。在 EL 的隐式对象中，除了 PageContext 是 JavaBean 对象，对应于 javax.servlet.jsp.PageContext 类型，其他的隐式对象都对应于 java.util.Map 类型。这些隐式对象可以分为页面上下文对象、访问作用域范围的隐式对象和访问环境信息的隐式对象 3 种，具体如表 7–5 所示。

表 7–5　EL 中的隐式对象

| 隐式对象名称 | 描述 |
| --- | --- |
| pageContext | 对应于 JSP 页面中的 pageContext 对象 |
| pageScope | 代表 page 域中用于保存属性的 Map 对象 |
| requestScope | 代表 request 域中用于保存属性的 Map 对象 |
| sessionScope | 代表 session 域中用于保存属性的 Map 对象 |
| applicationScope | 代表 application 域中用于保存属性的 Map 对象 |
| param | 表示一个保存了所有请求参数的 Map 对象 |
| paramValues | 表示一个保存了所有请求参数的 Map 对象，对于某个请求参数，返回的是一个 String 类型数组 |
| header | 表示一个保存了所有 HTTP 请求头字段的 Map 对象 |
| headerValues | 表示一个保存了所有 HTTP 请求头字段的 Map 对象，返回 String 类型数组 |
| cookie | 用于获取使用者的 Cookie 值，Cookie 的类型是 Map |
| initParam | 表示一个保存了所有 Web 应用初始化参数的 Map 对象 |

在表 7–5 列举的隐式对象中，pageContext 可以获取 JSP 的隐式对象，pageScope、requestScope、sessionScope、applicationScope 是用于获取指定域的隐式对象；param 和 paramValues 是用于获取请求参数的隐式对象；header 和 headerValues 是用于获取 HTTP 请求消息头的隐式对象；cookie 是用于获取 Cookie 信息的隐式对象；initParam 是用于获取 Web 应用初始化信息的隐式对象。

### 7.2.1　pageContext 对象

为了获取 JSP 页面的隐式对象，可以使用 EL 中的 pageContext 隐式对象。pageContext 隐式对象用法示例代码如下：

```
${pageContext.response.characterEncoding}
```

在上述示例中，pageContext 对象用于获取 response 对象中的 characterEncoding 属性。

在 chapter07 项目的 web 目录下创建一个名为 pageContext 的 JSP 文件，用于演示 pageContext 隐式对象的具体用法。pageContext.jsp 的代码如文件 7–4 所示。

文件 7–4　pageContext.jsp

```
1  <%@ page language="java" contentType="text/html; charset=utf-8"%>
2  <html>
3  <head></head>
4  <body>
5      请求 URI 为：${pageContext.request.requestURI} <br />
6      Content-Type 响应头：${pageContext.response.contentType} <br />
7      服务器信息为：${pageContext.servletContext.serverInfo} <br />
8      Servlet 注册名为：${pageContext.servletConfig.servletName} <br />
```

```
9   </body>
10  </html>
```

在 IDEA 中启动 Tomcat 服务器，在地址栏中输入 http://localhost:8080/chapter07/pageContext.jsp 访问 pageContext.jsp 页面，浏览器窗口中显示的结果如图 7-2 所示。

由图 7-2 可知，第 5~8 行代码使用 EL 中的 pageContext 对象成功获取到了 request、response、servletContext 和 servlet Config 对象中的属性。需要注意的是，不要将 EL 中的隐式对象与 JSP 中的隐式对象混淆，只有 pageContext 对象是它们共有的，其他隐式对象则毫不相关。

图7-2　文件7-4的运行结果

## 7.2.2　Web 域相关对象

在 EL 中提供了 4 个用于访问作用域范围的隐式对象，即 pageScope、requestScope、sessionScope 和 applicationScope。应用这 4 个隐式对象指定所要查找的标识符的作用域后，系统将不再按照默认的顺序（page、request、session 和 application）查找相应的标识符。它们与 JSP 中的 page、request、session 和 application 内置对象类似，只不过这 4 个隐式对象只能用于获取指定范围内的属性值，而不能获取其他相关信息。

具体示例代码如下：

```
${pageScope.userName}
${requestScope.userName}
${sessionScope.userName}
${applicationScope.userName}
```

上述代码中，pageScope、requestScope、sessionScope、applicationScope 对象分别在 PageContext 页面范围域、ServletRequest 请求范围域、HttpSession 会话范围域、ServletContext 应用范围域中获取键 userName 对应的值。

为了让读者更好地学习这 4 个隐式对象，下面通过一个案例演示这 4 个隐式对象如何访问 JSP 域对象中的属性。在 chapter07 项目的 web 目录下新建一个名为 scopes 的 JSP 文件，代码如文件 7-5 所示。

文件 7-5　scopes.jsp

```
1   <%@ page language="java" contentType="text/html; charset=utf-8"%>
2   <html>
3   <head></head>
4   <body>
5       <% pageContext.setAttribute("userName", "itcast"); %>
6       <% request.setAttribute("bookName", "Java Web"); %>
7       <% session.setAttribute("userName", "itheima"); %>
8       <% application.setAttribute("bookName", "Java 基础"); %>
9       表达式\${pageScope.userName}的值为: ${pageScope.userName} <br />
10      表达式\${requestScope.bookName}的值为: ${requestScope.bookName} <br />
11      表达式\${sessionScope.userName}的值为: ${sessionScope.userName} <br />
12      表达式\${applicationScope.bookName}的值为: ${applicationScope.bookName}
13      <br />
14      表达式\${userName}的值为: ${userName}
15  </body>
16  </html>
```

在文件 7-5 中，第 9~12 行代码使用 pageScope、requestScope、sessionScope 和 applicationScope 这 4 个隐式对象成功地获取到了相应 JSP 域对象中的属性值。需要注意的是，使用 EL 获取某个域对象中的属性时，也可以不使用这些隐式对象指定查找域，而直接引用域中的属性名称。例如，表达式${userName}就是在 page、request、session、application 这 4 个作用域内按顺序依次查找 userName 属性。

在 IDEA 中启动 Tomcat 服务器，在浏览器地址栏中输入地址 http://localhost:8080/chapter07/scopes.jsp 访问 scopes.jsp 页面，浏览器窗口中显示的结果如图 7-3 所示。

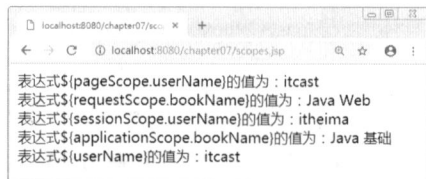

图7-3　文件7-5的运行结果

### 7.2.3　访问环境信息的隐式对象

在 JSP 页面中，经常需要获取客户端传递的请求参数，为此，EL 提供了 param 和 paramValues 两个隐式对象，这两个隐式对象专门用于获取客户端访问 JSP 页面时传递的请求参数。

param 对象用于获取请求参数的某个值，它是 Map 类型，与 request.getParameter() 方法相同，在使用 EL 获取参数时，如果参数不存在，则返回的是空字符串，而不是 null。param 对象的语法格式比较简单，具体示例如下：

```
${param.num}
```

如果一个请求参数有多个值，可以使用 paramValues 对象获取请求参数的所有值，该对象返回请求参数所有值所组成的数组。如果要获取某个请求参数的第一个值，可以使用如下代码：

```
${paramValues.nums[0]}
```

为了让读者更好地学习这两个隐式对象，下面通过一个案例演示 param 和 paramValues 隐式对象如何获取请求参数的值。在 chapter07 项目的 web 目录下新建一个名为 param 的 JSP 文件，代码如文件 7-6 所示。

文件 7-6　param.jsp

```
1  <%@ page language="java" contentType="text/html; charset=utf-8"%>
2  <html>
3  <head></head>
4  <body style="text-align: center;">
5      <form action="${pageContext.request.contextPath}/param.jsp">
6          num1: <input type="text" name="num1"><br />
7          num2: <input type="text" name="num"><br />
8          num3: <input type="text" name="num"><br /> <br />
9          <input type="submit" value="提交" />  
10         <input type="submit" value="重置" /><hr />
11         num1: ${param.num1}<br />
12         num2: ${paramValues.num[0]}<br />
13         num3: ${paramValues.num[1]}<br />
14     </form>
15 </body>
16 </html>
```

在 IDEA 中启动 Tomcat 服务器，在浏览器地址栏中输入地址 http://localhost:8080/chapter07/param.jsp 访问 param.jsp 页面，效果如图 7-4 所示。

在图 7-4 所示的表单中输入 3 个数字，分别为 10、20、30，然后单击"提交"按钮，浏览器窗口中显示的结果如图 7-5 所示。

图7-4　文件7-6的运行结果

图7-5　单击"提交"按钮后文件7-6的运行结果

由图 7-5 可知，输入的 3 个数字全部在浏览器中显示了，这是因为文件 7-6 中第 11 行代码使用 param 对象获取了请求参数 num1 的值为 10，第 12 行和第 13 行代码使用 paramValues 对象获取了同一个请求参数 num 的两个值，分别为 20 和 30。需要注意的是，如果一个请求参数有多个值，那么在使用 param 获取请求参数时，返回请求参数的第一个值。

### 7.2.4　Cookie 对象

在 JSP 开发中经常需要获取客户端的 Cookie 信息，为此，在 EL 中提供了 Cookie 隐式对象。该对象是一个集合了所有 Cookie 信息的 Map 集合，Map 集合中元素的键为各个 Cookie 的名称，值则为对应的 Cookie 对象。

Cookie 对象用法示例如下：

```
获取 cookie 对象的信息：${cookie.userName}
获取 cookie 对象的名称：${cookie.userName.name}
获取 cookie 对象的值：${cookie.userName.value}
```

在 chapter07 项目的 web 目录下新建一个名为 cookie 的 JSP 文件，用于演示如何获取 Cookie 对象中的信息。cookie.jsp 的实现如文件 7-7 所示。

文件 7-7　cookie.jsp

```
1  <%@page language="java" contentType="text/html; charset=utf-8"%>
2  <html>
3  <head></head>
4  <body>
5      Cookie 对象的信息: <br />
6      ${cookie.userName } <br />
7      Cookie 对象的名称和值: <br />
8      ${cookie.userName.name }=${cookie.userName.value }
9    <% response.addCookie(new Cookie("userName", "itcast")); %>
10 </body>
11 </html>
```

在 IDEA 中启动 Tomcat 服务器，在浏览器地址栏中输入地址 http://localhost:8080/chapter07/cookie.jsp 访问 cookie.jsp 页面。因为浏览器第一次访问 cookie.jsp 页面时，服务器还没有将名称为 userName 的 Cookie 信息返回浏览器，此时浏览器窗口不会显示 userName 的 Cookie 信息。接下来刷新浏览器，第二次访问 cookie.jsp 页面，此时浏览器窗口中显示的结果如图 7-6 所示。

由图 7-6 可知，浏览器窗口中显示了获取到的 Cookie 信息。这是因为第一次访问服务器时服务器会向浏览器回写一个 Cookie，此时的 Cookie 信息是存储在浏览器中

图7-6　文件7-7的运行结果

的，当刷新浏览器，第二次访问 cookie.jsp 页面时，由于浏览器中已经存储了名为 userName 的 Cookie 信息，浏览器会将此 Cookie 信息一同发送给服务器，这时使用表达式${cookie.userName.name }和${cookie.userName.value }便可以获取 Cookie 的名称和值。

## 7.2.5　initParam 对象

initParam 对象用于获取 Web 应用初始化参数的值，下面通过一个案例具体讲解 initParam 对象的使用。

在 chapter07 项目的 web.xml 文件中设置一个初始化参数 author，具体代码如下：

```
<context-param>
    <param-name>author</param-name>
    <param-value>黑马程序员</param-value>
</context-param>
```

使用 initParam 对象获取参数 author 的代码如下：

```
${initParam.author}
```

在 chapter07 项目的 web 目录下创建名为 initParam 的 JSP 文件，代码如文件 7-8 所示。

文件 7-8　initParam.jsp

```
1  <%@ page language="java" contentType="text/html; charset=utf-8"%>
2  <html>
3  <head></head>
4  <body>
        author 的值为: ${initParam.author}
5  </body>
6  </html>
```

在 IDEA 中启动 Tomcat 服务器，在浏览器地址栏中输入地址 http://localhost:8080/chapter07/initParam.jsp 访问 initParam.jsp 页面，浏览器窗口中显示的结果如图 7-7 所示。

由图 7-7 可知，浏览器窗口中显示了获取到的 author 的值正是在 web.xml 中定义的值。

图7-7　文件7-8的运行结果

# 7.3　JSTL

JSTL 是一个不断完善的开放源代码的 JSP 标签库，JSP 2.0 已将 JSTL 作为标准支持。使用 JSTL 可以取代在传统 JSP 程序中嵌入 Java 代码的做法，大大提高了程序的可维护性。本节将对 JSTL 的下载和配置以及 JSTL 的核心标签进行详细介绍。

## 7.3.1　什么是 JSTL

从 JSP 1.1 规范开始，JSP 就支持使用自定义标签。使用自定义标签大大降低了 JSP 页面的复杂度，同时增强了代码的重用性。为此，许多 Web 应用厂商都制定了自身应用的标签库，然而不同的 Web 应用厂商针对同一功能制定的标签可能是不同的，这就导致市面上出现了很多功能相同的标签，令网页制作者无从选择。为了解决这个问题，SUN 公司制定了一套 JSP 标准标签库（Java server pages standard tag library，JSTL）。

JSTL 包含 5 类标准标签库，它们分别是核心标签库、国际化/格式化标签库、SQL 标签库、XML 标签库和函数标签库。在使用这些标签库之前，必须在 JSP 页面的顶部使用<%@ taglib%>指令定义引用的标签库和访问前缀。下面分别讲解这 5 种标签库的引用指令格式和作用。

（1）使用核心标签库的 taglib 指令格式如下：
```
<%@ taglib prefix="c" url="http://java.sun.com/jsp/jstl/core" %>
```
核心标签库主要用于完成 JSP 页面的常用功能，包括 JSTL 的表达式标签、URL 标签、流程控制标签。例如，用于输出文本内容的<c:out>标签、用于条件判断的<c:if>标签、用于迭代循环的<c:forEach>标签等。

（2）使用格式标签库的 taglib 指令格式如下：
```
<%@ taglib prefix "fmt" url="http://java.sun.com/jsp/jstl/fmt"%>
```
国际化/格式化标签库包含实现 Web 应用程序的国际化标签和格式化标签。例如，设置 JSP 页面的本地信息、设置 JSP 页面的时区、使日期按照本地格式显示等。

（3）使用 SQL 标签库的 taglib 指令格式如下：
```
<%@ taglib prefix="sql" url="http://java.sun.com/jsp/jstl/sql" %>
```
SQL 标签库包含用于访问和操作数据库的标签。例如，获取数据库连接、从数据库表中检索数据等。因为在软件分层开发模型中，JSP 页面仅作为显示层，一般不会在 JSP 页面中直接操作数据库，所以 JSTL 中提供的这套标签库不经常使用。

（4）使用 XML 标签库的 taglib 指令格式如下：
```
<%@ taglib prefx="xml" url="http://java.sun.com/jsp/jstl/xml" %>
```
XML 标签库包含对 XML 文档中的数据进行操作的标签。例如，解析 XML 文件、输出 XML 文档中的内容，以及迭代处理 XML 文档中的元素。XML 广泛应用于 Web 开发，使用 XML 标签库处理 XML 文档更加简单方便。

（5）使用函数标签库的 taglib 指令格式如下：
```
<%@ taglib prefix= "fn" url="http://java.sun.com/jsp/jstl/functions"%>
```
函数标签库提供了一套自定义 EL 函数，包含 JSP 网页制作者经常要用到的字符串操作。例如，提取字符串中的子字符串、获取字符串的长度等。

### 7.3.2　JSTL 的下载和使用

通过 7.3.1 小节的学习，已了解了 JSTL 的基本知识，要想在 JSP 页面中使用 JSTL，首先需要安装 JSTL。下面分步骤演示 JSTL 的安装和测试。

#### 1. 下载 JSTL 包

从 Apache 的网站下载 JSTL 的 JAR 包 jakarta-taglibs-standard-1.1.2.zip，将下载好的 JSTL 安装包进行解压，此时在 lib 目录下可以看到两个 JAR 文件，分别为 jstl.jar 和 standard.jar。其中，jstl.jar 文件包含 JSTL 规范中定义的接口和相关类，standard.jar 文件包含用于实现 JSTL 的.class 文件以及 JSTL 中 5 类标签库的描述符（TLD）文件。

#### 2. 导入 JSTL 包

在 chapter07 项目的 web 目录下的 WEB-INF 文件夹创建一个名称为 lib 的文件夹，将 jstl.jar 和 standard.jar 这两个文件复制到 lib 文件夹下，如图 7-8 所示。

由图 7-8 可知，jstl.jar 和 standard.jar 这两个文件已经被导入 chapter07 项目的 lib 文件夹中，下面需要在 IDEA 中配置导入的两个文件才可以正常使用。

在 IDEA 界面单击【File】→【Settings】，在 Settings 界面下单击【Languages & Frameworks】→【Schemas and DTDs】，如图 7-9 所示。

图7-8　导入jstl.jar和standard.jar文件

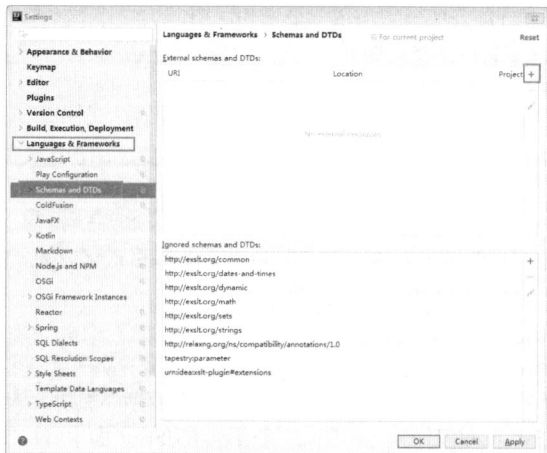

图7-9　"Settings"界面

在图 7-9 中单击右上角 ╋ 进入 "Map External Resource" 界面，如图 7-10 所示。

在图 7-10 上方的 "URI" 选项中填入 http://java.sun.com/jsp/jstl/core，在 "File" 选项中找到解压文件 jakarta-taglibs-standard-1.1.2 的 tld 目录下的 c.tld 文件，单击 "OK" 按钮完成导入。至此，JSTL 安装配置完成，在 chapter07 项目中就可以使用 JSTL 标签库了。

#### 3. 测试 JSTL

因为在测试的时候需要使用<c:out>标签，所以需要使用taglib

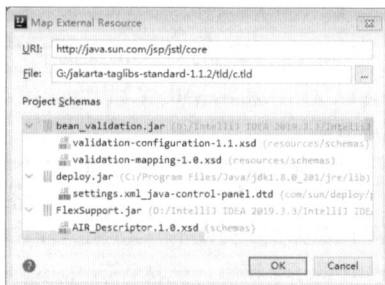

图7-10　"Map External Resource"界面

指令导入 Core 标签库，具体代码如下：

```
<%@ taglib uri="http://java.sun.com/jsp/jstl/core" prefix="c"%>
```

在上述代码中，taglib 指令的 uri 属性用于指定引入标签库描述符文件的 URI，prefix 属性用于指定引入标签库描述符文件的前缀，在 JSP 文件中使用这个标签库中的某个标签时都需要使用这个前缀。

下面编写一个简单的 JSP 文件 test.jsp，使用 taglib 指令引入 Core 标签库，在该文件中使用<c:out>标签，如文件 7-9 所示。

文件 7-9　test.jsp

```
1  <%@ page language="java" contentType="text/html; charset=utf-8"%>
2  <%@ taglib uri="http://java.sun.com/jsp/jstl/core" prefix="c"%>
3  <html>
4  <head></head>
5  <body>
6      <c:out value="Hello World!"></c:out>
7  </body>
8  </html>
```

在 IDEA 中启动 Tomcat 服务器，打开浏览器，在地址栏中输入地址 http://localhost:8080/chapter07/test.jsp 访问 test.jsp 页面，此时浏览器窗口中显示的结果如图 7-11 所示。

由图 7-11 可知，使用浏览器访问 test.jsp 页面时，输出了 "Hello World!"。由此可见，成功使用了 JSTL 标签。

图7-11　文件7-9的运行结果

# 7.4　JSTL 中的 Core 标签库

通过前面的讲解可以知道 JSTL 包含 5 个标签库，其中，Core 标签库是 JSTL 中的核心标签库，包含了 Web 应用中通用操作的标签。本节将对 Core 标签库中常用的标签进行详细讲解。

## 7.4.1　表达式标签

JSTL 的核心标签库包含了很多表达式标签，比较常用的两个表达式标签为<c:out>和<c:remove>标签，下面分别介绍这两个标签的使用。

### 1. <c:out>标签

在 JSP 页面中，最常见的操作就是向页面输出一段文本信息，为此，Core 标签库提供了<c:out>标签，该标签可以将一段文本内容或表达式的结果输出到客户端。如果<c:out>标签输出的文本内容中包含需要进行转义的特殊字符，例如>、<、&、'、"等，<c:out>标签会默认对它们进行 HTML 编码转换后再输出。

<c:out>标签有两种语法格式，具体如下。

（1）没有标签体的情况

```
<c:out value="value" [default="defaultValue"]
[escapeXml="{true|false}"]/>
```

（2）有标签体的情况

```
<c:out value="value" [escapeXml="{true|false}"]>
    defaultValue
</c:out>
```

在上述语法格式中，没有标签体的情况需要使用 default 属性指定默认值，有标签体的情况在标签体中指定输出的默认值。<c:out>标签有多个属性，下面对这些属性进行讲解。

● value 属性用于指定输出的文本内容。

● default 属性用于指定当 value 属性为 null 时所输出的默认值，该属性是可选的（方括号中的属性都是可选的）。

● escapeXml 属性用于指定是否将>、<、&、'、" 等特殊字符进行 HTML 编码转换后再输出，默认值为 true。

需要注意的是，只有当 value 属性值为 null 时，<c:out>标签才会输出默认值，如果没有指定默认值，则默认输出空字符串。

下面通过具体的案例学习<c:out>标签的使用。

（1）使用<c:out>标签输出默认值

使用<c:out>标签输出默认值有两种方式，一种是通过使用<c:out>标签的 default 属性输出默认值，另一种是通过使用<c:out>标签的标签体输出默认值。下面通过一个案例演示这两种使用方式。

在 chapter07 项目的 web 目录下创建一个名为 c_out1 的 JSP 文件，代码如文件 7-10 所示。

文件 7-10　c_out1.jsp

```
1  <%@ page language="java" contentType="text/html; charset=utf-8"%>
2  <%@ taglib uri="http://java.sun.com/jsp/jstl/core" prefix="c"%>
3  <html>
4  <head></head>
5  <body>
6      <%--第 1 个 out 标签 --%>
7      userName 属性的值为:
8      <c:out value="${param.username}" default="unknown"/><br />
9      <%--第 2 个 out 标签 --%>
10     userName 属性的值为:
11     <c:out value="${param.username}">
12      unknown
13     </c:out>
14 </body>
15 </html>
```

在 IDEA 中启动 Tomcat 服务器，在浏览器地址栏中输入地址 http://localhost:8080/chapter07/c_out1.jsp 访问 c_out1.jsp 页面，浏览器窗口中显示的结果如图 7-12 所示。

由图 7-12 可知，浏览器窗口输出的两个默认值均为 unknown，这是通过使用<c:out>标签的 default 属性和标签体两种方式来设置的默认值，这两种方式实现的效果相同。因为在客户端访问 c_out1.jsp 页面时并没有传递 username 参数，所以表达式${param.username}的值为 null，<c:out>标签就会输出默认值。

如果不想让<c:out>标签输出默认值，可以在客户端访问 c_out1.jsp 页面时传递一个参数，在浏览器地址栏中访问地址 http://localhost:8080/chapter07/c_out1.jsp?username=itcast，浏览器窗口中显示结果如图 7-13 所示。

图7-12　文件7-10的运行结果（1）

图7-13　文件7-10的运行结果（2）

由图 7-13 可知，浏览器窗口中输出了 itcast，这是因为在客户端访问 c_out1.jsp 页面时传递了一个 username 参数，该参数的值为 itcast，表达式${param.username}就会获取到这个参数值，并将其输出到 JSP 页面中。

（2）使用<c:out>标签的 escapeXml 属性对特殊字符进行转义

<c:out>标签有一个重要的属性 escapeXml，该属性可以将特殊的字符进行 HTML 编码转换后再输出。

下面通过一个案例演示如何使用 escapeXml 属性将特殊字符进行转义。在 chapter07 项目的 web 目录下创建一个名为 c_out2 的 JSP 文件，代码如文件 7-11 所示。

文件 7-11　c_out2.jsp

```
1  <%@ page language="java" contentType="text/html; charset=utf-8"%>
2  <%@ taglib uri="http://java.sun.com/jsp/jstl/core" prefix="c"%>
3  <html>
4  <head></head>
5  <body>
6      <c:out value="${param.username }" escapeXml="false">
```

```
 7              <meta http-equiv="refresh"
 8                  content="0;url=http://www.itcast.cn" />
 9          </c:out>
10  </body>
11  </html>
```

在 IDEA 中重启 Tomcat 服务器，在浏览器地址栏中输入地址 http://localhost:8080/chapter07/c_out2.jsp 访问 c_out2.jsp 页面，浏览器窗口中显示的结果如图 7-14 所示。

图7-14　文件7-11的运行结果

由图 7-14 可知，浏览器窗口中显示的是网站 http://www.itcast.cn 的信息，这是因为在<c:out>标签中将 escapeXml 的属性值设置为 false，<c:out>标签不会对特殊字符进行 HTML 转换，<meta>标签便可以发挥作用，在访问 c_out2.jsp 页面时就会跳转到 http://www.itcast.cn 网站。

如果想对页面中输出的特殊字符进行转义，可以将 escapeXml 属性的值设置为 true。下面将文件 7-11 中 <c:out>标签的 escapeXml 属性值修改为 true，再次访问 c_out2.jsp 页面，浏览器窗口显示的结果如图 7-15 所示。

由图 7-15 可知，将文件 7-11 第 6 行代码中<c:out>标签的 escapeXml 属性值设置为 true 后，在 JSP 页面中输入的<meta>标签便会进行 HTML 编码转换，最终以字符串的形式输出了。需要注意的是，如果在<c:out>标签中不设置 escapeXml 属性，则该属性的默认值为 true。

图7-15　文件7-11修改后的运行结果

### 2. <c:remove>移除标签

<c:remove>标签用于移除指定的 JSP 范围内的变量，其语法格式如下：

```
<c:remove var="name" [scope="范围"]/>
```

<c:remove>标签的参数含义如下。

● var：用于指定要移除的变量名。

● scope：用于指定变量的有效范围，可选值有 page、request、session 和 application，默认值为 page。如果在该标签中没有指定变量的有效范围，那么将分别在 page、request、session 和 application 的范围内查找要移除的变量并移除。例如，在一个页面中，存在不同范围的两个同名变量，当不指定范围时移除该变量，这两个范围内的变量都将被移除。因此，在移除变量时最好指定变量的有效范围。

## 7.4.2　流程控制标签

流程控制在程序中会根据不同的条件执行不同的代码，产生不同的运行结果。使用流程控制可以处理程序中的逻辑问题。在 JSTL 中的<c:if>、<c:choose> 等流程控制标签可以实现程序的流程控制。下面介绍 JSTL

中 Core 标签库比较常用的两个流程控制标签。

### 1. <c:if>标签

在程序开发中经常需要使用 if 语句进行条件判断，如果要在 JSP 页面中进行条件判断，就需要使用 Core 标签库提供的<c:if>标签。该标签专门用于执行 JSP 页面中的条件判断，它有两种语法格式，具体如下。

（1）没有标签体的情况

```
<c:if test="testCondition" var="result"
[scope="{page|request|session|application}"]/>
```

（2）有标签体的情况，需要在标签体中指定要输出的内容

```
<c:if test="testCondition" var="result"
[scope="{page|request|session|application}"]>
    body content
</c:if>
```

在上述语法格式中，可以看到<c:if>标签有 3 个属性，下面对这 3 个属性分别进行讲解。

- test 属性：用于设置逻辑表达式。

- var 属性：用于指定逻辑表达式中变量的名字。

- scope 属性：用于指定 var 变量的作用范围，默认值为 page。

通过前面的讲解，已对<c:if>标签有了一个简单的认识，下面通过一个具体的案例演示如何在 JSP 页面中使用<c:if>标签。

在 chapter07 项目的 web 目录下创建一个名为 c_if 的 JSP 文件，代码如文件 7-12 所示。

文件 7-12    c_if.jsp

```
1  <%@ page language="java" contentType="text/html; charset=utf-8"
2  import="java.util.*"%>
3  <%@ taglib uri="http://java.sun.com/jsp/jstl/core" prefix="c"%>
4  <html>
5  <head></head>
6  <body>
7      <c:set value="1" var="visitCount" property="visitCount" />
8      <c:if test="${visitCount==1 }">
9          This is your first visit. Welcome to the site!
10     </c:if>
11 </body>
12 </html>
```

在 IDEA 中启动 Tomcat 服务器，在浏览器地址栏中输入地址 http://localhost:8080/chapter07/c_if.jsp 访问 c_if.jsp 页面，浏览器窗口中显示的结果如图 7-16 所示。

由图 7-16 可知，浏览器窗口中显示了<c:if>标签体中的内容。这是因为在文件 7-12 中，第 8～10 行代码使用了<c:if>标签，当执行到<c:if>标签时会通过 test 属性判断表达式 ${visitCount==1}是否为 true，如果为 true 就输出标签体中的内容，否则输出空字符串。因为在第 7 行代码中使用了<c:set>标签将 visitCount 的值设置为 1，所以表达式 ${visitCount==1}的结果为 true，会输出<c:if>标签体中的内容。

图7-16    文件7-12的运行结果

### 2. <c:choose>、<c:when>和<c:otherwise>标签

在程序开发中不仅需要使用 if 条件语句，还经常会使用 if-else 语句，为了在 JSP 页面中也可以实现同样的功能，Core 标签库提供了<c:choose>标签，该标签用于指定多个条件选择的组合边界，它必须与<c:when>、<c:otherwise>标签一起使用。下面分别讲解< c:choose>、<c:when>和<c:otherwise>标签的语法。

（1）<c:choose>标签

<c:choose>标签没有属性，在它的标签体中只能嵌套一个或多个<c:when>标签、零个或一个<c:otherwise>标签，并且同一个<c:choose>标签中所有的<c:when>子标签必须出现在<c:otherwise>子标签之前，其语法格式如下：

```
<c:choose>
    Body content(<when> and <otherwise> subtags)
</c:choose>
```

（2）<c:when>标签

<c:when>标签只有一个 test 属性，该属性的值为布尔类型。test 属性支持动态值，其值可以是一个条件表达式，如果条件表达式的值为 true，就执行这个<c:when>标签体的内容，其语法格式如下：

```
<c:when test="testCondition">
    Body content
</c:when>
```

（3）<c:otherwise>标签

<c:otherwise>标签没有属性，它必须作为<c:choose>标签的最后分支出现，当所有的<c:when>标签的 test 条件都不成立时，才执行和输出<c:otherwise>标签体的内容，其语法格式如下：

```
<c:otherwise>
    conditional block
</c:otherwise>
```

为了使读者更好地学习<c:choose>、<c:when>和<c:otherwise>这 3 个标签，下面通过一个案例演示这些标签的使用。在 chapter07 项目的 web 目录下创建一个名为 c_choose 的 JSP 文件，代码如文件 7-13 所示。

文件 7-13　c_choose.jsp

```
1  <%@ page language="java" contentType="text/html; charset=utf-8"
2  import="java.util.*"%>
3  <%@ taglib uri="http://java.sun.com/jsp/jstl/core" prefix="c"%>
4  <html>
5  <head></head>
6  <body>
7      <c:choose>
8          <c:when test="${empty param.username}">
9              unKnown user.
10         </c:when>
11         <c:when test="${param.username=='itcast' }">
12             ${ param.username} is manager.
13         </c:when>
14         <c:otherwise>
15             ${ param.username} is employee.
16         </c:otherwise>
17     </c:choose>
18 </body>
19 </html>
```

在 IDEA 中启动 Tomcat 服务器，在浏览器地址栏中输入地址 http://localhost:8080/chapter07/c_choose.jsp 访问 c_choose.jsp 页面，此时浏览器窗口中显示的结果如图 7-17 所示。

由图 7-17 可知，当使用 http://localhost:8080/chapter07/c_choose.jsp 地址直接访问 c_choose.jsp 页面时，浏览器中显示的信息为"unKnown user."，这是因为在访问 c_choose.jsp 页面时并没有在 URL 地址中传递参数，<c:when test="${empty param.username}">标签中 test 属性的值为 true，便会输出<c:when>标签体中的内容。

如果在访问 c_choose.jsp 页面时传递一个参数 username=itcast，此时浏览器窗口中显示的结果如图 7-18 所示。

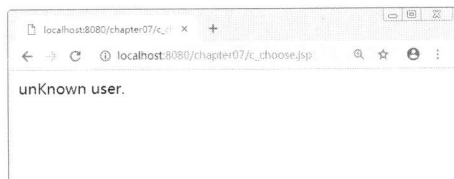

图7-17　文件7-13第一次的运行结果

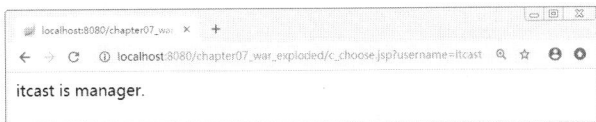

图7-18　文件7-13第二次的运行结果

由图 7-18 可知，浏览器中显示的信息为"itcast is manager."，这是因为在访问 c_choose.jsp 页面时传递了一个参数，当执行<c:when test="${empty param.username}">标签时，test 属性的值为 false，不会输出标签体中的内容。然后执行<c:when test="${param.username=='itcast' }">标签，当执行到该标签时，会判断 test 属性值是否为 true，因为在 URL 地址中传递了参数 username=itcast，所以 test 属性值为 true，就会输出该标签体中的内容。

### 7.4.3　循环标签

在 JSP 页面中，经常需要对集合对象进行循环迭代操作，为此，Core 标签库提供了一个<c:forEach>标签。该标签专门用于迭代集合对象中的元素，例如 Set、List、Map、数组等，并且能重复执行标签体中的内容，它有两种语法格式，具体如下。

（1）迭代包含多个对象的集合

```
<c:forEach [var="varName"] items="collection" [varStatus="varStatusName"]
[begin="begin"] [end="end"] [step="step"]>
    body content
</c:forEach>
```

（2）迭代指定范围内的集合

```
<c:forEach [var="varName"] [varStatus="varStatusName"] begin="begin" end="end" [step="step"]>
    body content
</c:forEach>
```

在上述语法格式中，可以看到<c:forEach>标签有多个属性。下面对这些属性分别进行讲解。

- var 属性：用于将当前迭代到的元素保存到 page 域中的名称。
- items 属性：用于指定将要迭代的集合对象。
- varStatus 属性：用于指定将当前迭代状态信息的对象保存到 page 域中的名称。
- begin 属性：用于指定从集合中第几个元素开始进行迭代。begin 的索引值从 0 开始，如果没有指定 items 属性，就从 begin 指定的值开始迭代，直到迭代结束为止。
- step 属性：用于指定迭代的步长，即迭代因子的增量。

<c:forEach>标签在程序开发中经常会被用到，因此熟练掌握<c:forEach>标签是很有必要的。下面通过案例的方式学习<c:forEach>标签的使用。

分别使用<c:forEach>标签迭代数组和 Map 集合，首先需要在数组和 Map 集合中添加几个元素，然后将数组赋值给<c:forEach>标签的 items 属性，而 Map 集合对象同样赋值给<c:forEach>标签的 items 属性，之后使用 EL 获取 Map 集合中的键和值，如文件 7-14 所示。

文件 7-14　c_foreach1.jsp

```
1   <%@ page language="java" contentType="text/html; charset=utf-8"
2       import="java.util.*"%>
3   <%@ taglib uri="http://java.sun.com/jsp/jstl/core" prefix="c"%>
4   <html>
5   <head></head>
6   <body>
7       <%
8           String[] fruits = { "apple", "orange", "grape", "banana" };
9       %>
10      String 数组中的元素:
11      <br />
12      <c:forEach var="name" items="<%=fruits%>">
13          ${name}<br />
14      </c:forEach>
15      <%
16          Map userMap = new HashMap();
17          userMap.put("Tom", "123");
18          userMap.put("Lina", "123");
19          userMap.put("Make", "123");
20      %>
21      <hr />
22      HashMap 集合中的元素:
23      <br />
```

```
24        <c:forEach var="entry" items="<%=userMap%>">
25                ${entry.key} ${entry.value}<br />
26        </c:forEach>
27 </body>
28 </html>
```

在 IDEA 中启动 Tomcat 服务器，在浏览器地址栏中输入地址 http://localhost:8080/chapter07/c_foreach1.jsp 访问 c_foreach1.jsp 页面，此时浏览器窗口中显示的结果如图 7-19 所示。

由图 7-19 可知，在文件 7-14 第 8 行代码的 String 数组中存入的元素 apple、orange、grape 和 banana 全部被打印出来了，可以说明使用<c:forEach>标签可以迭代数组中的元素。第 16～19 行代码定义的 Map 集合中存入的用户名和密码全部被打印出来了。在使用<c:forEach>标签时，只需将 userMap 集合对象赋值给 items 属性，之后通过 entry 变量就可以获取到集合中的键和值。

图7-19　文件7-14的运行结果

在文件 7-14 中，已经使用<c:forEach>标签做到了循环数组或集合，在部分情况下需要指定<c:forEach>标签循环的次数、起始索引和结束索引。在 JSTL 的 Core 标签库中，<c:forEach>标签的 begin、end 和 step 属性分别用于指定循环的起始索引、结束索引和步长。使用这些属性可以迭代集合对象中某一范围内的元素。

在 chapter07 项目的 web 目录下创建一个名为 c_foreach2 的 JSP 文件，该文件中使用了<c:forEach>标签的 begin、end 和 step 属性，代码如文件 7-15 所示。

文件 7-15　c_foreach2.jsp

```
1  <%@ page language="java" contentType="text/html; charset=utf-8"
2    import="java.util.*"%>
3  <%@ taglib uri="http://java.sun.com/jsp/jstl/core" prefix="c"%>
4  <html>
5  <head></head>
6  <body>
7   colorsList 集合（指定迭代范围和步长）<br />
8     <%
9         List colorsList=new ArrayList();
10        colorsList.add("red");
11        colorsList.add("yellow");
12        colorsList.add("blue");
13        colorsList.add("green");
14        colorsList.add("black");
15    %>
16    <c:forEach var="color" items="<%=colorsList%>" begin="1"
17    end="3" step="2">
18        ${color} 
19    </c:forEach>
20 </body>
21 </html>
```

在 IDEA 中启动 Tomcat 服务器，在浏览器地址栏中输入地址 http://localhost:8080/chapter07/c_foreach2.jsp 访问 c_foreach2.jsp 页面，此时浏览器窗口中显示的结果如图 7-20 所示。

从图 7-20 可以看出，浏览器窗口中显示了 colorsList 集合中的 yellow 和 green 两个元素。只显示这两个元素的原因是，在文件 7-15 的第 16～19 行代码中使用<c:forEach>标签迭代 List 集合时，指定了迭代的起始索引为 1，当迭代集合时首先会输出 yellow 元素，由于在<c:forEach>标签中指定了

图7-20　文件7-15的运行结果

步长为 2，并且指定了迭代的结束索引为 3，还会输出集合中的 green 元素，其他的元素不会再输出。

<c:forEach>标签的 varStatus 属性用于设置一个 javax.servlet.jsp.jstl.core.LoopTagStatus 类型的变量，这个变

量包含了从集合中取出元素的状态信息。使用<c:forEach>标签的 varStatus 属性可以获取以下信息。

- count：表示元素在集合中的序号，从 1 开始计数。
- index：表示当前元素在集合中的索引，从 0 开始计数。
- first：表示当前是否为集合中的第一个元素。
- last：表示当前是否为集合中的最后一个元素。

### 7.4.4　URL 相关标签

在开发一个 Web 应用程序时，通常会在 JSP 页面中实现 URL 的重写以及重定向等特殊功能。为了实现这些功能，Core 标签库也提供了相应标签，这些标签包括<c:param>、<c:redirect>和<c:url>。其中<c:param>标签用于获取 URL 地址中的附加参数，<c:url>标签用于按特定的规则重新构造 URL，<c:redirect>标签负责重定向。

<c:param>标签通常嵌套在<c:url>标签内使用。<c:param>标签有两种语法格式，具体如下。

（1）使用 value 属性指定参数的值

```
<c:param name="name" value="value">
```

（2）在标签体中指定参数的值

```
<c:param name="name">
    parameter value
</c:param>
```

在上述语法格式中，可以看到<c:param>中有两个属性，下面对这两个属性分别进行讲解。

- name 属性：用于指定参数的名称。
- value 属性：用于指定参数的值，当使用<c:param>标签为一个 URL 地址附加参数时，它会自动对参数值进行 URL 编码。例如，如果传递的参数值为"中国"，则将其转换为"%e4%b8%ad%e5%9b%bd"后再附加到 URL 地址后面，这也是使用<c:param>标签的最大好处。

<c:url>标签同样也有两种语法格式，具体如下。

（1）没有标签实体的情况

```
<c:url value="value" [context="context"] [var="varName"]
[scope="{page|request|session|application}"]>
```

（2）有标签实体的情况，在标签体中指定构造的 URL 参数

```
<c:url value="value" [context="context"] [var="varName"]
[scope="{page|request|session|application}"]>
    <c:param>标签
</c:url>
```

在上述语法格式中，可以看到<c:url>标签中有多个属性，下面对这些属性分别进行讲解。

- value 属性：用于指定构造的 URL。
- context 属性：用于指定导入同一个服务器下其他 Web 应用的名称。
- var 属性：用于指定将构造的 URL 地址保存到域对象的属性名称。
- scope 属性：用于将构造好的 URL 保存到域对象中。

为了使读者更好地学习<c:url>标签，下面通过一个具体的案例演示该标签的使用。在 chapter07 项目的 web 目录下新建一个名称为 c_url 的 JSP 文件，代码如文件 7-16 所示。

文件 7-16　c_url.jsp

```
1  <%@ page language="java" contentType="text/html; charset=utf-8"
2      import="java.util.*"%>
3  <%@ taglib uri="http://java.sun.com/jsp/jstl/core" prefix="c"%>
4  <html>
5  <head></head>
6  <body>
7  使用绝对路径构造 URL:<br />
8  <c:url var="myURL"
9      value="http://localhost:8080/chapter07/c_out1.jsp">
```

```
10        <c:param name="username" value="张三" />
11    </c:url>
12    <a href="${myURL}">c_out1.jsp</a><br />
13    使用相对路径构造 URL:<br />
14    <c:url var="myURL"
15         value="c_out1.jsp?username=Tom" />
16    <a href="${myURL}">c_out1.jsp</a>
17    </body>
18    </html>
```

在 IDEA 中启动 Tomcat 服务器,在浏览器地址栏中输入地址 http://localhost:8080/chapter07/c_url.jsp 访问 c_url.jsp 页面,浏览器窗口中显示的结果如图 7-21 所示。

由图 7-21 可知,在浏览器窗口中已经显示了 c_url.jsp 页面的内容,此时查看该页面的源代码,可以看到如下信息:

图7-21　文件7-16的运行结果

```
<html>
<head></head>
<body>
使用绝对路径构造 URL:<br />
<a href="http://localhost:8080/chapter07
/c_out1.jsp?username=%e5%bc%a0%e4%b8%89">c_out1.jsp</a><br />
使用相对路径构造 URL:<br />
<a href="c_out1.jsp?username=Tom">c_out1.jsp</a>
</body>
</html>
```

在上述源代码中,可以看到在 c_url.jsp 页面中构造的 URL 地址实际上会变成一个超链接,并且使用 <param> 标签构造的参数会进行 URL 编码,将参数"张三"转换为"%e5%bc%a0%e4%b8%89",这样就构造了一个新的 URL 地址,实现了 URL 的重写功能。

## 任务:根据参数请求显示不同的页面

### 【任务目标】

通过 JSTL 标签库中的 <c:if> 标签可以根据不同的条件去处理不同的业务。本任务要求应用 <c:if> 标签实现根据参数请求显示不同页面的功能,具体要求如下。

当请求参数为"mon"时,页面显示"周一了:工作的第一天,加油!";当请求参数为"tues"时,页面显示"周二了:工作的第二天,加油!";当请求参数为"wed"时,页面显示"周三了:工作的第三天,加油!";当请求参数为"thu"时,页面显示"周四了:工作的第四天,加油!";当请求参数为"fri"时,页面显示"周五了:工作的第五天,加油!";当请求参数为"sat"时,页面显示"周六了:休息的第一天;当请求参数为"sun"时,页面显示"周日了:休息的第二天"。

### 【实现步骤】

在 chapter07 项目的 web 目录创建名称为 if 的 JSP 文件,具体代码如文件 7-17 所示。

文件 7-17　if.jsp

```
1    <%@ page contentType="text/html;charset=UTF-8" language="java" %>
2    <%@ taglib uri="http://java.sun.com/jsp/jstl/core" prefix="c"%>
3    <html>
4    <head>
5        <title>Title</title>
6    </head>
7    <body>
8    <fieldset>
9        <c:if test="${param.action=='mon'}">
10           周一了:工作的第一天,加油!
11       </c:if>
12       <c:if test="${param.action=='tues'}">
13           周二了:工作的第二天,加油!
14       </c:if>
```

```
15     <c:if test="${param.action=='wed'}">
16         周三了：工作的第三天，加油！
17     </c:if>
18     <c:if test="${param.action=='thu'}">
19         周四了：工作的第四天，加油！
20     </c:if>
21     <c:if test="${param.action=='fri'}">
22         周五了：工作的第五天，加油！
23     </c:if>
24     <c:if test="${param.action=='sat'}">
25         周六了：休息的第一天！
26     </c:if>
27     <c:if test="${param.action=='sun'}">
28         周日了：休息的第二天！
29     </c:if>
30 </fieldset>
31 </body>
32 </html>
```

在 IDEA 中启动 Tomcat 服务器，在浏览器地址栏中输入地址 http://localhost:8080/chapter07/if.jsp?action=mon 访问 if.jsp 页面，此时浏览器窗口中显示的结果如图 7-22 所示。

图7-22　文件7-17的运行结果图

需要注意的是，根据请求参数的不同，页面会打印不同的效果。读者可以自行测试。

## 7.5　本章小结

本章主要讲解了 EL 的基本语法、EL 的常见隐式对象、JSTL 的下载和使用以及 JSTL 常见的标签库等知识。通过本章的学习，读者能够掌握 EL 的基本语法，熟悉 EL 中常见的隐式对象，了解 JSTL 标签库，熟悉 JSTL 的下载与使用，掌握 Core 标签库中的常用标签。

## 7.6　本章习题

本章课后习题请扫描二维码。

# 第 **8** 章

# JavaBean技术与JSP开发模型

拓展阅读

在 Java Web 的实际开发中，为了使 JSP 页面中的业务逻辑变得更加清晰，可以将程序中的实体对象和业务逻辑单独封装到 Java 类中，从而提高程序的可读性和易维护性。这需要用到 JavaBean 技术、JSP 开发模型和 MVC 设计模式等相关知识。本章将对 JavaBean 技术、JSP 开发模型和 MVC 设计模式等相关的基础知识进行讲解。

## 8.1 JavaBean 技术

在 JSP 网页开发的初级阶段，并没有所谓的框架与逻辑分层的概念，JSP 网页代码是与业务逻辑代码写在一起的。这种凌乱的代码书写方式给程序的调试及维护带来了很大的困难。为了解决这一问题，JavaEE 提供了 JavaBean 技术。

### 8.1.1 JavaBean 概述

在 JSP 网页开发的初级阶段，需要将 Java 代码嵌入网页中，对 JSP 页面中的一些业务逻辑进行处理，例如字符串处理、数据库操作等，早期的 JSP 开发流程如图 8-1 所示。

图 8-1 所示的开发方式虽然看似流程简单，但这种开发方式将大量的 Java 代码嵌入 JSP 页面中，必定会给修改和维护带来一定的困难，因为在 JSP 页面中包含 HTML 代码、CSS 代码、Java 代码等，同时再加入业务逻辑处理代码，既不利于页面编程人员进行页面设计，也不利于 Java 程序员开发程序，而且将 Java 代码嵌入页面中，不能体现面向对象的开发模式，无法实现代码的重用。

如果使 HTML 代码与 Java 代码相分离，将 Java 代码单独封装成一个处理某种业务逻辑的类，然后在 JSP 页面中调用此类，可以降低 HTML 代码与 Java 代码之间的耦合度，简化 JSP 页面，从而提高 Java 程序代码的重用性和灵活性。这种与 HTML 代码相分离且使用 Java 代码封装的类，就是 JavaBean 组件。在 Java Web

开发中，可以使用 JavaBean 组件完成业务逻辑的处理。应用 JavaBean 与 JSP 整合的开发模式如图 8-2 所示。

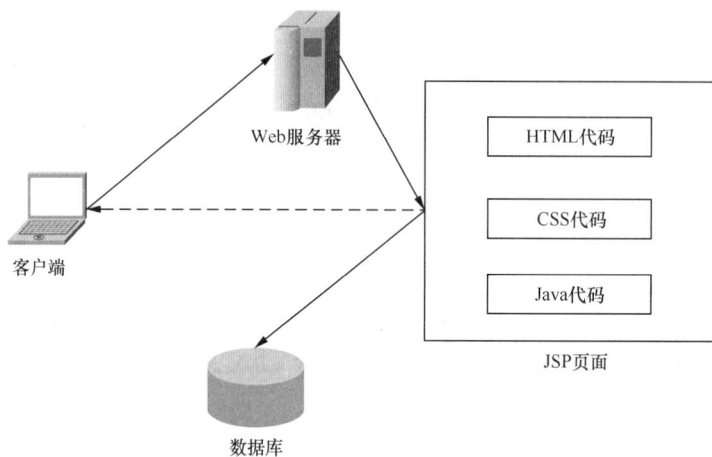

图8-1　早期的JSP开发流程

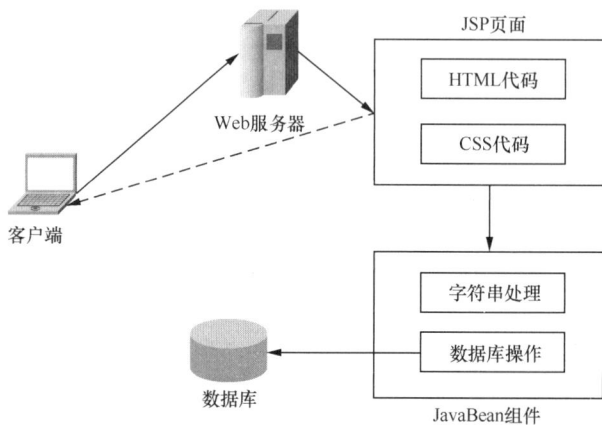

图8-2　JavaBean与JSP整合的开发模式

由图 8-2 可知，JavaBean 的应用简化了 JSP 页面，在 JSP 页面中只包含了 HTML 代码、CSS 代码等，但 JSP 页面可以引用 JavaBean 组件完成某一业务逻辑，例如字符串处理、数据库操作等。

JavaBean 是一种遵循特定写法的 Java 类，它是为了与 JSP 页面传输数据、简化交互过程而产生的。JavaBean 通常具有如下特点：

- JavaBean 必须具有一个无参的构造函数。
- 属性必须私有化。
- 私有化的属性必须通过 public 类型的方法暴露给其他程序，并且方法的命名也必须遵守一定的命名规范。

JavaBean 是一种可以轻松重用并集成到应用程序中的 Java 类。任何可以用 Java 代码创造的对象都可以利用 JavaBean 进行封装。合理地组织具有不同功能的 JavaBean，可以快速生成一个全新的应用程序，如果将这个应用程序比作一辆汽车，那么这些 JavaBean 就好比组成这辆汽车的不同零件。对于软件开发人员来说，JavaBean 的最大优点是充分提高了代码的可重用性，并且对软件的可维护性和易维护性起到了积极作用。

## 8.1.2　JavaBean 种类

JavaBean 起初的目的是将可以重复使用的代码进行打包。在传统的应用中，JavaBean 主要用于实现一些可视化界面，例如窗体、按钮、文本框等。这样的 JavaBean 称为可视化的 JavaBean。随着技术的不断发展与项目需求的增加，JavaBean 的功能与应用范围也在不断扩展，目前 JavaBean 主要用于实现一些业务逻辑或封装一些业务对象，由于这样的 JavaBean 并没有可视化的界面，又称为非可视化的 JavaBean。

可视化的 JavaBean 一般应用于 Swing 程序中，在 Java Web 开发中并不会采用，Java Web 开发使用非可视化的 JavaBean 实现一些业务逻辑或封装一些业务对象。

下面通过一个案例讲解非可视化的 JavaBean 的应用。本案例通过非可视化的 JavaBean 封装用户对象，通过 JSP 页面调用该对象验证用户的用户名和密码是否合法。案例实现步骤如下所示。

（1）在 IDEA 中创建一个名称为 chapter08 的 Web 项目，在项目 chapter08 的 src 文件夹中创建名称为 cn.itcast 的包，并在包中创建名称为 User 的 JavaBean 对象，用于封装用户信息，具体代码如文件 8-1 所示。

文件 8-1　User.java

```
1   package cn.itcast;
2   import java.io.Serializable;
3   public class User implements Serializable {
4       private static final long seralVersionUID = 1L;
5       private String username;
6       private String password;
7       public User() {
8       }
9       public User(String username, String password) {
10          this.username = username;
11          this.password = password;
12      }
13      public String getUsername() {
14          return username;
15      }
16      public void setUsername(String username) {
17          this.username = username;
18      }
19      public String getPassword() {
20          return password;
21      }
22      public void setPassword(String password) {
23          this.password = password;
24      }
25  }
```

在文件 8-1 中，第 5 行和第 6 行代码声明了 username 和 password 属性，分别代表用户名和密码；第 7 行和第 8 行代码定义了一个 User 的无参构造方法；第 9～12 行代码定义了一个有参构造方法；第 13～24 行代码分别给这两个属性提供了 getter 和 setter 方法。

（2）在项目 chapter08 的 web 文件夹下创建名称为 index 的 JSP 文件，该文件用于输入并提交用户名和密码。index.jsp 的实现如文件 8-2 所示。

文件 8-2　index.jsp

```
1   <%@ page contentType="text/html;charset=UTF-8" language="java" %>
2   <html>
3   <head>
4       <title>登录页面</title>
5   </head>
6   <body>
7       <form action="result.jsp" method="post">
8           <table align="center" width="300" border="1" height="150">
9               <tr>
10                  <td colspan="2" align="center"><b>登录页面</b></td>
11              </tr>
12              <tr>
13                  <td align="right">用户名: <input type="text"
14                      name="username"></input></td>
15              </tr>
16              <tr>
17                  <td align="right">密码: <input type="text"
18                      name="password"></input></td>
19              </tr>
20              <tr>
21                  <td colspan="2" align="center"><input type="submit"/></td>
```

```
22          </tr>
23        </table>
24      </form>
25 </body>
26 </html>
```

在文件8-2中，第7行代码的action="result.jsp"表示将form表单中的值提交到result.jsp页面，method="post"表示提交方式为post；第8～23行代码分别定义了页面标题、用户名和密码文本框、提交按钮。

（3）在项目chapter08的web文件夹下创建名称为result的JSP文件，用于对index.jsp页面中的表单进行处理，在此页面中实例化User对象，对用户名和密码进行验证，并将验证结果输出到页面中。result.jsp页面的具体代码如文件8-3所示。

文件8-3  result.jsp

```
1  <%@ page import="cn.itcast.User"%>
2  <%@ page contentType="text/html;charset=UTF-8" language="java"%>
3  <html>
4  <head>
5      <title>结果提示</title>
6  </head>
7  <body>
8    <div align="center">
9      <%
10         String username = request.getParameter("username");
11         String password = request.getParameter("password");
12         User user = new User(username,password);
13     if (!user.getUsername().equals("")&&!user.getPassword().equals("")){
14         out.print("恭喜您，登录成功！");
15       } else{
16             out.print("请输入正确的用户名和密码！");
17       }
18     %>
19     <br/><br/>
20     <a href="index.jsp">返回</a>
21   </div>
22 </body>
23 </html>
```

在文件8-3中，第10行和第11行代码通过JSP的内置对象request接收表单传递的参数username和password的值；第12行代码通过参数username和password的值实例化User对象；第13～17行代码判断用户输入的用户名和密码是否合法，并在页面中进行相应的提示；第20行代码是返回index.jsp页面的超链接。

在IDEA中启动Tomcat服务器，在浏览器地址栏输入地址http://localhost:8080/chapter08/index.jsp访问，结果如图8-3所示。

在图8-3所示的登录页面中，输入用户名和密码，单击"提交"按钮登录成功，结果如图8-4所示。

图8-3  文件8-2的运行结果

图8-4  文件8-3登录成功后的运行结果

在图8-3所示的登录页面中，若输入的用户名和密码有一项为空或两项都为空，单击"提交"按钮后登录失败，结果如图8-5所示。

### 8.1.3  JavaBean 的应用

JavaBean的应用十分广泛，它可以应用到项目中的很多层中，例如PO、VO、DTO、POJO等。下面对JavaBean在JSP的应用进行讲解。

图8-5  文件8-3登录失败的运行结果

## 1. 获取 JavaBean 属性信息

在 JavaBean 对象中，为了防止外部直接对 JavaBean 属性的调用，通常将 JavaBean 中的属性设置为私有的（private），但需要为其提供公共的（public）访问方法，也就是 getter 方法。下面通过一个案例讲解如何获取 JavaBean 属性信息，案例实现步骤如下。

（1）在项目 chapter08 的 cn.itcast 包下创建名称为 Student 的类，该类是封装学生对象的 JavaBean，在 Student 类中定义学生属性，并提供相应的 getter 方法。Student 类的实现如文件 8-4 所示。

文件 8-4　Student.java

```
1  package cn.itcast;
2  public class Student {
3      private String name = "张三";
4      private int age = 20;
5      private String sex = "男";
6      public String getName() {
7          return name;
8      }
9      public int getAge() {
10         return age;
11     }
12     public String getSex() {
13         return sex;
14     }
15 }
```

在文件 8-4 中，第 3～5 行代码分别定义了姓名、年龄和性别属性；第 6～14 行代码提供了姓名、年龄和性别属性的 getter 方法。

（2）在项目 chapter08 的 cn.itcast 包下创建名称为 stuInfo 的 JSP 文件，在 stuInfo.jsp 文件中获取 JavaBean 中的属性信息，该操作通过 JSP 动作标签实现。stuInfo.jsp 的代码实现如文件 8-5 所示。

文件 8-5　stuInfo.jsp

```
1  <%@ page contentType="text/html;charset=UTF-8" language="java" %>
2  <html>
3  <head>
4      <title>学生信息</title>
5  </head>
6  <body>
7  <jsp:useBean id="student" class="cn.itcast.Student"></jsp:useBean>
8  <div>
9      <ul>
10         <li>
11             姓名：<jsp:getProperty name=" student" property=" name"></jsp:getProperty>
12         </li>
13         <li>
14             年龄：<jsp:getProperty name=" student" property=" age"></jsp:getProperty>
15         </li>
16         <li>
17             性别：<jsp:getProperty name=" student" property=" sex"></jsp:getProperty>
18         </li>
19     </ul>
20 </div>
21 </body>
22 </html>
```

在文件 8-5 中，第 7 行代码通过<jsp:useBean>标签实例化学生的 JavaBean 对象；第 9～19 行代码通过<jsp:getProperty>标签获取 JavaBean 中的属性信息。

在 IDEA 中启动 Tomcat 服务器，在浏览器地址栏输入地址 http://localhost:8080/chapter08/stuInfo.jsp 访问 stuInfo.jsp，结果如图 8-6 所示。

图8-6　文件8-5的运行结果

注意：

<jsp:useBean>标签和<jsp:getProperty>标签之所以能够操作 Java 类，是因为编写的 Java 类遵循了 JavaBean

规范。<jsp:useBean>标签用于获取类的实例，其内部是通过调用类的默认构造方法实现的，所以 JavaBean 需要有一个默认的无参构造方法；<jsp:getProperty>标签获取 JavaBean 中的属性，其内部是通过调用属性的 getter 方法实现的，所以 JavaBean 规范要求为属性提供公共的（public）类型访问方法。只有严格遵循 JavaBean 规范，才能对其更好地应用，因此在编写 JavaBean 时要遵循指定的 JavaBean 规范。

### 2. 对 JavaBean 属性赋值

如果 JavaBean 提供了 setter 方法，在 JSP 页面中就可以通过<jsp:setProperty>标签对其属性进行赋值。下面在文件 8-4 和文件 8-5 的基础上讲解在 JSP 页面中对 JavaBean 属性赋值。

（1）修改文件 8-4，在 Student 类中提供各个属性对应的 setter 方法，具体代码如文件 8-6 所示。

文件 8-6　Student.java

```java
1  package cn.itcast;
2  public class Student {
3      private String name;
4      private int age;
5      private String sex;
6      public String getName() {
7          return name;
8      }
9      public int getAge() {
10         return age;
11     }
12     public String getSex() {
13         return sex;
14     }
15     public void setName(String name) {
16         this.name = name;
17     }
18     public void setAge(int age) {
19         this.age = age;
20     }
21     public void setSex(String sex) {
22         this.sex = sex;
23     }
24 }
```

（2）修改文件 8-5，在页面中对 Student 对象的属性进行赋值并输出，具体代码如文件 8-7 所示。

文件 8-7　stuInfo.jsp

```jsp
1  <%@ page contentType="text/html;charset=UTF-8" language="java" %>
2  <html>
3  <head>
4      <title>学生信息</title>
5  </head>
6  <body>
7      <jsp:useBean id="student" class="cn.itcast.Student"></jsp:useBean>
8      <jsp:setProperty name="student" property="name" value="小明">
9      </jsp:setProperty>
10     <jsp:setProperty name="student" property="age" value="18">
11     </jsp:setProperty>
12     <jsp:setProperty name="student" property="sex" value="男">
13     </jsp:setProperty>
14     <div>
15       <ul>
16         <li>
17            姓名: <jsp:getProperty name="student" property="name"></jsp:getProperty>
18         </li>
19         <li>
20            年龄: <jsp:getProperty name="student" property="age"></jsp:getProperty>
21         </li>
22         <li>
23            性别: <jsp:getProperty name="student" property="sex"></jsp:getProperty>
24         </li>
25       </ul>
26     </div>
```

```
27      </body>
28 </html>
```

在文件 8-7 中,第 8~13 行代码通过<jsp:setProperty>标签对 Student 对象中的属性进行赋值;第 14~20 行代码通过<jsp:getProperty>标签输出已赋值的 Student 对象中的属性信息。

在 IDEA 中启动 Tomcat 服务器,在浏览器地址栏输入地址 http://localhost:8080/chapter08/stuInfo.jsp 访问,结果如图 8-7 所示。

### 3. 在 JSP 页面中应用 JavaBean

JavaBean 在 JSP 中的应用十分广泛,在 JSP 页面中几乎所有的实体对象及业务逻辑的相关处理都由 JavaBean 进行封装,因此 JavaBean 与 JSP 之间的关系十分密切。在 JSP 页面中使用 JavaBean,不仅可以减少 JSP 页面中的 Java 代码,而且可以增强程序的可读性,并使程序易于维护。

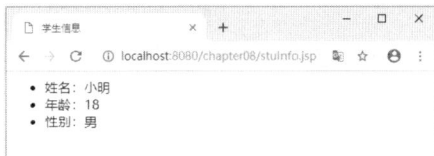

图8-7  文件8-7的运行结果

下面通过一个案例讲解 JavaBean 在 JSP 中的应用。本案例要求实现图书信息录入功能,主要通过在 JSP 页面中应用 JavaBean 来实现,案例实现步骤如下。

(1)在项目 chapter08 的 cn.itcast 包下创建名称为 Book 的类,实现对图书信息的封装,Book 类相当于图书信息对象的 JavaBean。Book 类的实现如文件 8-8 所示。

文件 8-8  Book.java

```java
1  package cn.itcast;
2  public class Book {
3      private String bookName;
4      private double price;
5      private String author;
6      public String getBookName() {
7          return bookName;
8      }
9      public void setBookName(String bookName) {
10         this.bookName = bookName;
11     }
12     public double getPrice() {
13         return price;
14     }
15     public void setPrice(double price) {
16         this.price = price;
17     }
18     public String getAuthor() {
19         return author;
20     }
21     public void setAuthor(String author) {
22         this.author = author;
23     }
24 }
```

在文件 8-8 中,第 3~5 行代码定义了图书名称、价格、作者 3 个属性;第 6~23 行代码声明了图书名称、价格、作者这 3 个属性的 getter 和 setter 方法。

(2)在项目 chapter08 的 web 目录下创建图书信息添加页面 add.jsp,该页面用于编写录入图书信息所需的表单,具体代码如文件 8-9 所示。

文件 8-9  add.jsp

```jsp
1  <%@ page contentType="text/html;charset=UTF-8" language="java" %>
2  <html>
3  <head>
4      <title>图书信息添加</title>
5  </head>
6  <body>
7      <form action="info.jsp" method="post">
8          <table align="center" width="400" height="200" border="1">
9              <tr>
10                 <td align="center" colspan="2" height="40"><b>添加图书信息</b></td>
```

```
11          </tr>
12          <tr>
13              <td align="center">
14                  名称: <input type="text" name="bookName">
15              </td>
16          </tr>
17          <tr>
18              <td align="center">
19                  价格: <input type="text" name="price">
20              </td>
21          </tr>
22          <tr>
23              <td align="center">
24                  作者: <input type="text" name="author">
25              </td>
26          </tr>
27          <tr>
28              <td align="center" colspan="2">
29                  <input type="submit" value="添加">
30              </td>
31          </tr>
32      </table>
33      </form>
34  </body>
35  </html>
```

在文件 8-9 中，第 7 行代码 form 表单中的 action="info.jsp"表示将表单信息提交到 info.jsp 页面，method="post"
表示提交方式为 post；第 8~32 行代码在 table 中定义了图书名称、价格、作者等文本框和添加按钮。

▍▍ **小提示: 使用<jsp:setProperty property="*"/>接收参数**

表单信息中的属性名称最好设置成 JavaBean 中的属性名称，这样就可以通过<jsp:setProperty
property="*"/>的形式接收所有参数，这种方式可以减少程序中的代码量。例如，将图书名称文本框的 name
属性设置为 bookName，以与 Book 类中的 bookName 相对应。

（3）在项目 chapter08 的 web 目录下创建名称为 info 的 JSP 页面，用于对 index.jsp 页面中表单提交的请
求数据进行处理，将所获取的图书信息输出到页面中。info.jsp 页面的具体代码如文件 8-10 所示。

文件 8-10　info.jsp

```
1  <%@ page contentType="text/html;charset=UTF-8" language="java" %>
2  <html>
3  <head>
4      <title>title</title>
5  </head>
6  <body>
7  <%request.setCharacterEncoding("UTF-8");%>
8  <jsp:useBean id="book" class="cn.itcast.Book" scope="page">
9      <jsp:setProperty name="book" property="*"></jsp:setProperty>
10 </jsp:useBean>
11  <table align="center" width="400">
12   <tr>
13    <td align="center">名称: <jsp:getProperty property="bookName" name="book"/>
14    </td>
15   </tr>
16   </tr>
17    <td align="center">价格: <jsp:getProperty property="price" name="book"/>
18    </td>
19   </tr>
20   </tr>
21     <td align="center">作者: <jsp:getProperty property="author" name="book"/>
22     </td>
23   </tr>
24  </table>
25  </body>
26  </html>
```

在文件 8-10 中，第 7 行代码用于将本页面接收的数据的编码格式设置为 UTF-8；第 8~10 行代码用于

接收所有参数；第 11～24 行代码是在 table 中编写图书名称、价格、作者对应的文本框，在获取了 Book 对象的所有属性后，info.jsp 页面通过<jsp:getProperty>标签读取 JavaBean 对象 Book 的属性。

在 IDEA 中启动 Tomcat 服务器，在浏览器输入地址 http://localhost:8080/chapter08/add.jsp 访问，访问结果如图 8-8 所示。

在图 8-8 中的图书信息添加页面中，输入图书名称、价格和作者信息，单击"添加"按钮，运行结果如图 8-9 所示。

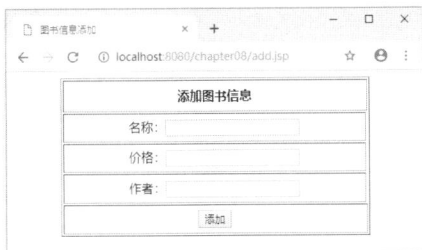

图8-8　文件8-9的运行结果　　　　　　　　图8-9　文件8-10的运行结果

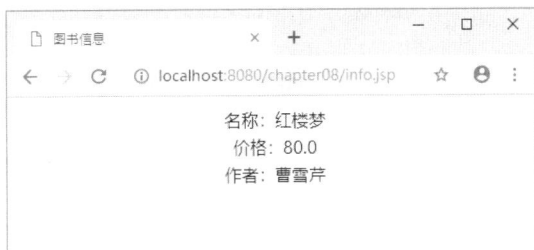

## 8.2　动手实践：使用 JavaBean 解决中文乱码

邮件接收页面接收信息时，经常会出现中文乱码问题，这时就可以使用 JavaBean 来解决。要想通过 JavaBean 解决中文乱码问题，就需要构建一个 JavaBean 类，并在该类中定义一个处理字符编码的方法，对接收的数据进行转码。邮件接收页面接收信息时，首先会调用 JavaBean 类中处理字符编码的方法，对接收到的数据进行转码，使其与邮件接收页面的编码字符集一致；然后将转码后的数据显示在邮件接收页面中。具体实现步骤如下。

### 1. 创建实体类

在项目 chapter08 的 cn.itcast 包下创建名称为 Email 的类，实现对 Email 信息实体对象的封装，具体代码如文件 8-11 所示。

文件 8-11　Email.java

```
1  package cn.itcast;
2  public class Email {
3      private String title;
4      private String content;
5      public String getTitle() {
6          return title;
7      }
8      public void setTitle(String title) {
9          this.title = title;
10     }
11     public String getContent() {
12         return content;
13     }
14     public void setContent(String content) {
15         this.content = content;
16     }
17 }
```

在文件 8-11 中，第 3 行和第 4 行代码分别定义了标题和内容属性；第 5～16 行代码提供了标题和内容属性的 getter 和 setter 方法。

### 2. 创建对字符编码进行处理的 JavaBean

在项目 chapter08 的 cn.itcast 包下创建一个名称为 CharactorEncoding 的类，在该类中编写 toString( )方法对字符编码进行转换。CharactorEncoding 类的实现代码如文件 8-12 所示。

文件 8-12　CharactorEncoding.java

```
1    package cn.itcast;
2    import java.io.UnsupportedEncodingException;
3    public class CharactorEncoding {
4        public CharactorEncoding() {
5        }
6        /**
7         * 对字符进行转码处理
8         * @param str  要转码的字符串
9         * @return 编码后的字符串
10        */
11       public String toString(String str) {
12           String text= "";
13           if (str!=null&&!"".equals(str)){
14               try{
15                   text = new String(str.getBytes("ISO-8859-1"),"UTF-8");
16               }catch (UnsupportedEncodingException e){
17               }
18           }
19           return text;
20       }
21   }
```

在文件 8-12 中，第 13～18 行代码用于判断字符串是否为空，若字符串不为空，则将字符串使用的“ISO-8859-1”字符集编码转换为“UTF-8”字符集编码。

### 3. 创建 email.jsp 页面

在项目 chapter08 的 web 目录下创建一个名称为 email 的 JSP 文件，该文件用于编写发送邮件信息的表单。email.jsp 页面的具体代码如文件 8-13 所示。

文件 8-13　email.jsp

```
1    <%@ page contentType="text/html;charset=UTF-8" language="java" %>
2    <html>
3    <head>
4        <title>邮件发送</title>
5    </head>
6    <body>
7    <form action="release.jsp" method="post">
8        <table align="center" width="450" height="260" border="1">
9            <tr>
10               <td align="center" colspan="2" height="40"><b>邮件发送</b></td>
11           </tr>
12           <tr>
13               <td align="left">
14                   标题: <input type="text" name="title">
15               </td>
16           </tr>
17           <tr>
18               <td align="left">
19                   内容: <textarea name="content" rows="8" cols="40"></textarea>
20               </td>
21           </tr>
22           <tr>
23               <td align="center" colspan="2">
24                   <input type="submit" value="发送">
25               </td>
26           </tr>
27       </table>
28   </form>
29   </body>
30   </html>
```

在文件 8-13 中，第 7 行代码 form 表单中的 action="release.jsp"表示将信息提交到 release.jsp 页面，method="post"表示提交方式为 post；第 8～27 行代码在 table 中定义了邮件的标题、内容文本框和发送按钮。

## 4. 创建 release.jsp 页面

在项目 chapter08 的 web 目录下创建一个名称为 release 的 JSP 页面，该页面用于对 email.jsp 页面中表单提交的请求数据进行处理。release.jsp 页面的具体代码如文件 8-14 所示。

文件 8-14　release.jsp

```
1  <%@ page contentType="text/html;charset=UTF-8" language="java" %>
2  <html>
3  <head>
4      <title>title</title>
5  </head>
6  <body>
7  <jsp:useBean id="email" class="cn.itcast.Email"></jsp:useBean>
8  <jsp:useBean id="encoding"
9               class="cn.itcast.CharactorEncoding"></jsp:useBean>
10 <jsp:setProperty name="email" property="*"></jsp:setProperty>
11 <div align="center">
12     <div id="container">
13         <div id="title">
14             <%=encoding.toString(email.getTitle())%>
15         </div>
16         <hr>
17         <div id="content">
18             <%=encoding.toString(email.getContent())%>
19         </div>
20     </div>
21 </div>
22 </body>
23 </html>
```

在文件 8-14 中，第 7 行代码通过 <jsp:useBean> 标签实例化 Email 类的 JavaBean 对象；第 8 行和第 9 行代码用于实例化 CharactorEncoding 类的 JavaBean 对象；第 10 行代码用于接收 email 对象的所有参数；第 14 行代码对获取到的邮件标题的编码方式进行转码；第 18 行代码对获取到的邮件内容的编码方式进行转码。

在 IDEA 中启动 Tomcat 服务器，在浏览器输入地址 http://localhost:8080/chapter08/email.jsp 访问，访问结果如图 8-10 所示。

在图 8-10 中的邮件发送页面中，输入邮件标题和内容，单击"发送"按钮，跳转到接收邮件信息页面，如图 8-11 所示。

图8-10　邮件发送页面　　　　图8-11　接收邮件信息页面

**注意：**

如果在 JSP 页面中使用 Java 代码调用 JavaBean 对象中的属性或方法，Java 代码所使用的 JavaBean 对象名为 <jsp:useBean> 标签中的 id 属性值。

## 任务：判断用户名是否有效

### 【任务目标】

有些网站在用户注册时，用户名只能由字母、数字和下画线组成，并且首字符必须为字母，不允许包含特殊字符等。通过编写工具 JavaBean 就可以验证输入的用户名是否合法。本任务要求编写一个用于判断用户名是否有效的 JavaBean，并应用该 JavaBean 判断用户名是否有效。

**【实现步骤】**

本任务需要定义一个输入用户名的表单页面和一个用户名验证反馈页面，还需要定义一个用户名的 JavaBean，用于对输入的用户名进行验证。

在 JSP 中，可以应用字符的 ASCII 码来判断用户名是否有效，其中英文字母的 ASCII 码范围为 65～90（大写字母）和 97～122（小写字母）；下画线的 ASCII 码为 95；数字的 ASCII 码范围为 47～58。

### 1. 编写 JavaBean

在项目 chapter08 的 cn.itcast 包下创建名称为 Username 的类，用于封装用户信息。Username 类的实现如文件 8-15 所示。

文件 8-15　Username.java

```
1   package cn.itcast;
2   public class Username {
3       String reg = "[a-zA-Z]";
4       String regx = "[a-zA-Z0-9_]";
5       String username;
6       Boolean isval;
7       String tip;
8       public String getTip() {
9           return tip;
10      }
11      public void setTip(String tip) {
12          this.tip = tip;
13      }
14      public String getUsername() {
15          return username;
16      }
17      public Boolean getIsval() {
18          return isValid();
19      }
20      public void setIsval(Boolean isval) {
21          this.isval = isval;
22      }
23      public void setUsername(String username) {
24          this.username = username;
25      }
26      public boolean isValid(){
27          String name = getUsername();
28          String firstname = String.valueOf(name.charAt(0));
29          //首字符为字母
30          if(firstname.matches(reg)){
31              for(int i=1;i<name.length();i++){
32                  if(!String.valueOf(name.charAt(i)).matches(regx)){
33                      setTip("用户姓名错误，只能由字母、数字和下画线组成！");
34                      return false;
35                  }
36              }
37              setTip("用户格式正确！");
38              return true;
39          }else{
40              setTip("用户姓名错误，首字符必须为字母！");
41              return false;
42          }
43      }
44  }
```

在文件 8-15 中，第 3～7 行代码定义了用户名的验证规则和验证反馈等属性。第 27 行代码用于获取用户名。第 28 行代码用于获取用户名的首字符。第 30～42 行代码用于校验用户名是否符合验证规则，首先判断用户名的首字符是否是字母，如果是，则判断用户名是否由字母、数字和下画线组成，并给出相应的提示；

如果首字符不是字母，则提示首字符必须为字母。

### 2. 编写用户输入用户名页面

在项目 web 目录下创建名称为 login 的 JSP 文件，添加用户名文本框和验证按钮。login.jsp 的实现如文件 8-16 所示。

文件 8-16　login.jsp

```
1  <%@ page contentType="text/html;charset=UTF-8" language="java" %>
2  <html>
3  <head>
4      <title>用户输入用户名页面</title>
5  </head>
6  <body>
7  <form action="judge.jsp" method="post" style="font-size: 20px;">
8      <li>请输入用户名: <input type="text" name="username"/>只能由字母、数字或者下画线组成
9      </li>
10     <li><input type="submit" name="submit" value="验证"/></li>
11 </form>
12 </body>
13 </html>
```

在文件 8-16 中，第 7～11 行代码定义了一个 form 表单，包括用户输入用户名的文本框和验证按钮。

### 3. 编写用户名验证反馈页面

在项目 web 目录下创建名称为 judge 的 JSP 文件，如果表单被提交，将判断用户名是否有效，并给出提示。judge.jsp 的实现如文件 8-17 所示。

文件 8-17　judge.jsp

```
1  <%@ page contentType="text/html;charset=UTF-8" language="java" %>
2  <jsp:useBean id = "username" class = "cn.itcast.Username" scope = "page">
3      <jsp:setProperty name = "username" property = "*"/>
4  </jsp:useBean>
5  <html>
6  <head>
7      <title>验证反馈页面</title>
8  </head>
9  <body>
10 <ul style="font-size: 20px;">
11     <li>输入的用户名为: <jsp:getProperty property = "username" name = "username"/>
12     </li>
13     <li>   是否有效: <jsp:getProperty property = "isval" name = "username"/>
14     </li>
15     <li>   提示信息: <jsp:getProperty property = "tip" name = "username"/>
16     </li>
17 </ul>
18 </body>
19 </html>
```

在文件 8-17 中，第 2～4 行代码使用 useBean 动作标签导入 JavaBean 对象；第 10～17 行代码定义了输入的用户名、判断用户名是否有效、提示信息的表单元素，并在表单中获取其对应的值。

### 4. 运行项目，查看效果

在 IDEA 中启动 Tomcat 服务器，然后在浏览器中访问地址 http://localhost:8080/chapter08/login.jsp，用户输入用户名页面和验证反馈页面如图 8-12 和图 8-13 所示。

图8-12　用户输入用户名页面 　　　　　　　　　图8-13　验证反馈页面

## 8.3　JSP 开发模型

JSP 技术在 Web 应用程序开发过程中的运用十分广泛，其功能强大，是当前流行的动态网页技术标准之一。使用 JSP 技术开发 Web 应用程序，有两种开发模型可供选择，通常称为 JSP Model1 和 JSP Model2。下面主要介绍 JSP 的这两种开发模型。

JSP 的开发模型即 JSP Model。在 Web 开发中，为了更方便地使用 JSP 技术，Sun 公司为 JSP 技术提供了两种开发模型：JSP Model1 和 JSP Model2。JSP Model1 简单轻便，适合小型 Web 项目的快速开发；JSP Model2 是在 JSP Model1 的基础上改造的，它提供了更清晰的代码分层，适用于多人合作开发的大型 Web 项目。实际开发过程中可以根据项目需求选择合适的模型。下面对这两种开发模型分别进行详细介绍。

### 1. JSP Model1

在讲解 JSP Model1 开发模型之前，了解一下 JSP 开发的早期模型。在早期使用 JSP 开发 Java Web 应用时，JSP 文件是一个独立的能自主完成所有任务的模块，它负责处理业务逻辑、控制网页流程、向用户展示页面等。JSP 早期模型的工作原理如图 8-14 所示。

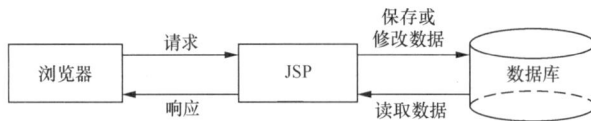

图8-14　JSP早期模型的工作原理

由图 8-14 可知，首先浏览器会发送请求给 JSP，然后 JSP 会直接对数据库执行读取、保存或修改等操作，最后 JSP 会将操作结果响应给浏览器。但是，在程序中 JSP 页面功能过于复杂会给开发带来一系列的问题。例如，JSP 页面中 HTML 代码和 Java 代码耦合在一起，会使代码的可读性很差；数据、业务逻辑、控制流程混合在一起，会使程序难以修改和维护。为了解决上述问题，Sun 公司提供了一种 JSP 开发的架构模型——JSP Model1。

JSP Model1 采用 JSP+JavaBean 的技术，将页面显示和业务逻辑分开。其中，JSP 实现流程控制和页面显示，JavaBean 对象封装数据和业务逻辑。JSP Model1 的工作原理如图 8-15 所示。

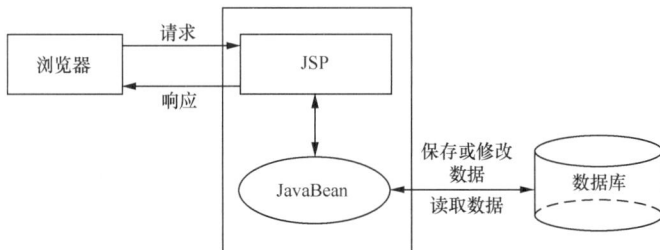

图8-15　JSP Model1的工作原理

由图 8-15 可知，JSP Model1 将封装数据和处理数据的业务逻辑交给了 JavaBean 组件，JSP 只负责接收用户请求和调用 JavaBean 组件响应用户的请求。这种设计实现了数据、业务逻辑和页面显示的分离，在一定程度上实现了程序开发的模块化，降低了程序修改和维护的难度。

### 2. JSP Model2

JSP Model1 虽然将数据和部分的业务逻辑从 JSP 页面中分离出去，但是 JSP 页面仍然需要负责流程控制和显示用户界面，对于一个业务流程复杂的大型应用程序来说，在 JSP 页面中依旧会嵌入大量的 Java 代码，这样会给项目管理带来很大的麻烦。为了解决这样的问题，Sun 公司在 Model1 的基础上又提出了 JSP Model2 架构模型。

JSP Model2 架构模型采用 JSP+Servlet+JavaBean 的技术，此技术将原本 JSP 页面中的流程控制代码提取出来，封装到 Servlet 中，实现了页面显示、流程控制和业务逻辑的分离。实际上，JSP Model2 就是 MVC（Model–View–Controller，模型–视图–控制器）设计模式，其中控制器的角色由 Servlet 实现，视图的角色由

JSP 页面实现，模型的角色由 JavaBean 实现。JSP Model2 的工作原理如图 8-16 所示。

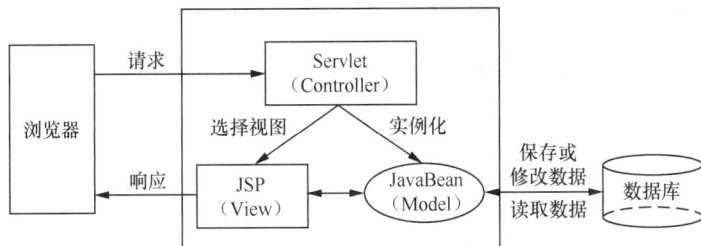

图8-16　JSP Model2的工作原理

由图 8-16 可知，Servlet 充当了控制器的角色，它首先接收浏览器发送的请求，然后根据请求信息实例化 JavaBean 对象，由 JavaBean 对象完成数据库操作并将操作结果进行封装，最后选择相应的 JSP 页面将响应结果显示在浏览器中。

# 8.4　MVC 设计模式

在学习 8.3 节时，提到了 MVC 设计模式，它是施乐帕克研究中心在 20 世纪 80 年代为编程语言 Smalltalk-80 发明的一种软件设计模式，提供了一种按功能对软件进行模块划分的方法。MVC 设计模式将软件程序分为三个核心模块：模型、视图和控制器。这三个模块的作用如下。

### 1. 模型

模型（Model）负责管理应用程序的业务数据、定义访问控制以及修改这些数据的业务规则。当模型的状态发生改变时，它会通知视图发生改变，并为视图提供查询模型状态的方法。

### 2. 视图

视图（View）负责与用户进行交互，它从模型中获取数据向用户展示，同时也能将用户请求传递给控制器进行处理。当模型的状态发生改变时，视图会对用户界面进行同步更新，从而保持与模型数据的一致性。

### 3. 控制器

控制器（Controller）负责应用程序中处理用户交互的部分，它从视图中读取数据，控制用户输入，并向模型发送数据。

为了帮助读者更加清晰、直观地看到这三个模块之间的关系，下面通过一张图来描述它们之间的关系和功能，如图 8-17 所示。

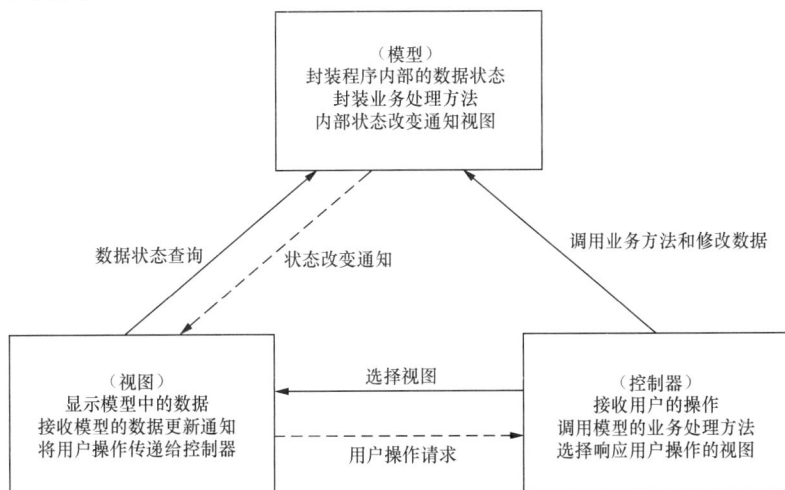

图8-17　MVC三个模块的关系和功能

在图 8-17 中，当控制器接收到用户的请求后，会根据请求信息调用模型组件的业务方法，完成对业务方法的处理后，再根据模型的返回结果选择相应的视图组件显示处理结果和模型中的数据。

## 任务：按照 JSP Model2 思想实现用户注册功能

### 【任务目标】

JSP Model2 是一种 MVC 设计模式，因为 MVC 设计模式中的功能模块相互独立，并且使用该模式的软件具有极高的可维护性、可扩展性和可复用性，所以使用 MVC 设计模式的 Web 应用越来越受到欢迎。本任务要求按照 JSP Model2 思想编写一个用户注册程序。

### 【实现步骤】

实现用户注册需要创建两个 JSP 页面（register.jsp 和 loginSuccess.jsp）、一个 Servlet 类（ControllerServlet）、两个 JavaBean 类（RegisterFormBean 和 UserBean），以及一个访问数据库的辅助类（DBUtil），这些组件的关系如图 8-18 所示。

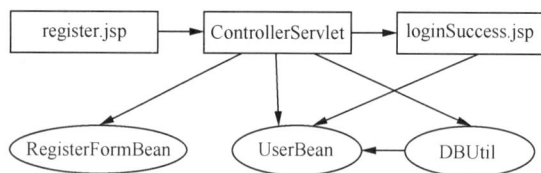

图8-18　程序组件关系

下面结合图 8-18 介绍各个组件的功能以及各组件与其他组件的工作关系。

（1）UserBean 是封装用户信息的 JavaBean，ControllerServlet 根据用户注册信息创建出一个 UserBean 对象，并将 UserBean 对象添加到 DBUtil 对象中，loginSuccess.jsp 页面从 UserBean 对象中提取用户信息进行显示。

（2）RegisterFormBean 是封装注册表单信息的 JavaBean，用于校验从 ControllerServlet 中获取到的注册表单信息中的各个属性（也就是注册表单内的各个字段中所填写的数据）。

（3）DBUtil 是用于访问数据库的辅助类，它相当于一个 DAO（Data Access Object，数据访问对象）。DBUtil 类中封装了一个 HashMap 对象，用于模拟数据库，HashMap 对象中的每一个元素即为一个 UserBean 对象。

（4）ControllerServlet 是控制器，它负责处理用户注册的请求，如果注册成功，就会跳转到 loginSuccess.jsp 页面；如果注册失败，则重新跳转回 register.jsp 页面并显示错误信息。

（5）register.jsp 是显示用户注册表单的页面，它将注册请求提交给 ControllerServlet 处理。

（6）loginSuccess.jsp 是用户登录成功后进入的页面，新注册成功的用户自动完成登录，直接进入 loginSuccess.jsp 页面。

利用 JSP Model2 思想实现用户注册程序的具体步骤如下。

### 1. 创建项目，编写 JavaBean

（1）编写 UserBean 类

在项目 chapter08 的 src 目录下创建包 cn.itcast.chapter08.model2.domain，在包中定义 UserBean 类用于封装用户信息。UserBean 类的实现如文件 8-18 所示。

文件 8-18　UserBean.java

```
1    package cn.itcast.chapter08.model2.domain;
2    public class UserBean {
3        private String name;              //定义用户名
4        private String password;          //定义密码
5        private String email;             //定义邮箱
6        public String getName() {
7            return name;
8        }
9        public void setName(String name) {
10           this.name = name;
```

```
11          }
12          public String getPassword() {
13              return password;
14          }
15          public void setPassword(String password) {
16              this.password = password;
17          }
18          public String getEmail() {
19              return email;
20          }
21          public void setEmail(String email) {
22              this.email = email;
23          }
24  }
```

（2）编写 RegisterFormBean 类

在 cn.itcast.chapter08.model2.domain 包中定义 RegisterFormBean 类用于封装注册表单信息。RegisterFormBean
类的实现如文件 8-19 所示。

文件 8-19　RegisterFormBean.java

```
1   package cn.itcast.chapter08.model2.domain;
2   import java.util.HashMap;
3   import java.util.Map;
4   public class RegisterFormBean {
5       private String name;            //定义用户名
6       private String password;        //定义密码
7       private String password2;       //定义确认密码
8       private String email;           //定义邮箱
9       // 定义成员变量errors,用于封装表单验证时的错误信息
10      private Map<String, String> errors = new HashMap<String, String>();
11      public String getName() {
12          return name;
13      }
14      public void setName(String name) {
15          this.name = name;
16      }
17      public String getPassword() {
18          return password;
19      }
20      public void setPassword(String password) {
21          this.password = password;
22      }
23      public String getPassword2() {
24          return password2;
25      }
26      public void setPassword2(String password2) {
27          this.password2 = password2;
28      }
29      public String getEmail() {
30          return email;
31      }
32      public void setEmail(String email) {
33          this.email = email;
34      }
35      public boolean validate() {
36          boolean flag = true;
37          if (name == null || name.trim().equals("")) {
38              errors.put("name", "请输入姓名.");
39              flag = false;
40          }
41          if (password == null || password.trim().equals("")) {
42              errors.put("password", "请输入密码.");
43              flag = false;
44          } else if (password.length() > 12 || password.length() < 6) {
45              errors.put("password", "请输入 6-12 个字符.");
46              flag = false;
47          }
48          if (password != null && !password.equals(password2)) {
```

```
49                    errors.put("password2", "两次输入的密码不匹配.");
50                    flag = false;
51               }
52               // 对 email 格式的校验采用了正则表达式
53               if (email == null || email.trim().equals("")) {
54                    errors.put("email", "请输入邮箱.");
55                    flag = false;
56               } else if (!email
57       .matches("[a-zA-Z0-9_-]+@[a-zA-Z0-9_-]+(\\.[a-zA-Z0-9_-]+)+")) {
58                    errors.put("email", "邮箱格式错误.");
59                    flag = false;
60               }
61               return flag;
62          }
63      // 向 Map 集合 errors 中添加错误信息
64       public void setErrorMsg(String err, String errMsg) {
65               if ((err != null) && (errMsg != null)) {
66                    errors.put(err, errMsg);
67               }
68          }
69      // 获取 errors 集合
70       public Map<String, String> getErrors() {
71               return errors;
72          }
73  }
```

从文件 8-19 中可以看出，该 JavaBean 中除定义了一些属性和成员变量外，还定义了三个方法。其中，setErrorMsg()方法用于向 errors 集合中存放错误信息，getErrors()方法用于获取封装错误信息的 errors 集合，validate()方法用于对注册表单内各字段所填写的数据进行校验。

### 2. 创建工具类

在 chapter08 项目的 src 目录下创建包 cn.itcast.chapter08.model2.util，在包中定义 DBUtil 类，代码如文件 8-20 所示。

文件 8-20　DBUtil.java

```
1   package cn.itcast.chapter08.model2.util;
2   import java.util.HashMap;
3   import cn.itcast.chapter08.model2.domain.UserBean;
4   public class DBUtil {
5        private static DBUtil instance = new DBUtil();
6        // 定义 users 集合，用于模拟数据库
7        private HashMap<String,UserBean> users = new HashMap<String,UserBean>();
8        private DBUtil() {
9             // 向数据库(users)中存入两条数据
10            UserBean user1 = new UserBean();
11            user1.setName("Jack");
12            user1.setPassword("12345678");
13            user1.setEmail("jack@it315.org");
14            users.put("Jack ",user1);
15            UserBean user2 = new UserBean();
16            user2.setName("Rose");
17            user2.setPassword("abcdefg");
18            user2.setEmail("rose@it315.org");
19            users.put("Rose ",user2);
20       }
21       public static DBUtil getInstance()        {
22            return instance;
23       }
24       // 获取数据库(users)中的数据
25       public UserBean getUser(String userName) {
26            UserBean user = (UserBean) users.get(userName);
27            return user;
28       }
29       // 向数据库(users)中插入数据
30       public boolean insertUser(UserBean user) {
31            if(user == null) {
```

```
32              return false;
33          }
34          String userName = user.getName();
35          if(users.get(userName) != null) {
36              return false;
37          }
38          users.put(userName,user);
39          return true;
40      }
41 }
```

在文件 8-20 中，DBUtil 是一个单例类，它实现了两个功能：第一个功能是定义一个 HashMap 集合 users，用于模拟数据库，并向数据库中存入了两条学生的信息；第二个功能是定义 getUser()方法和 insertUser()方法来操作数据库，其中 getUser()方法用于获取数据库中的用户信息，insertUser()方法用于向数据库中插入用户信息。需要注意的是，在 insertUser()方法中，进行信息插入操作之前会判断数据库中是否存在同名的学生信息，如果存在，则不执行插入操作，方法返回 false；如果不存在，则表示插入操作成功，方法返回 true。

### 3. 创建 Servlet

在 chapter08 项目下创建包 cn.itcast.chapter08.model2.web，在包中定义 ControllerServlet 类，用于处理用户请求。ControllerServlet 类的实现如文件 8-21 所示。

文件 8-21　ControllerServlet.java

```
1  package cn.itcast.chapter08.model2.web;
2  import java.io.IOException;
3  import javax.servlet.ServletException;
4  import javax.servlet.http.HttpServlet;
5  import javax.servlet.http.HttpServletRequest;
6  import javax.servlet.http.HttpServletResponse;
7  import cn.itcast.chapter08.model2.domain.RegisterFormBean;
8  import cn.itcast.chapter08.model2.domain.UserBean;
9  import cn.itcast.chapter08.model2.util.DBUtil;
10 import javax.servlet.annotation.WebServlet;
11 @WebServlet(name = "ControllerServlet", urlPatterns="/ControllerServlet")
12 public class ControllerServlet extends HttpServlet {
13     public void doGet(HttpServletRequest request,
14     HttpServletResponse response) throws ServletException, IOException {
15         this.doPost(request, response);
16     }
17     public void doPost(HttpServletRequest request,
18     HttpServletResponse response) throws ServletException, IOException {
19       response.setHeader("Content-type", "text/html;charset=GBK");
20         response.setCharacterEncoding("GBK");
21         // 获取用户注册时表单提交的参数信息
22         String name = request.getParameter("name");
23         String password=request.getParameter("password");
24         String password2=request.getParameter("password2");
25         String email=request.getParameter("email");
26         // 将获取的参数封装到注册表单相关的 RegisterFormBean 类中
27         RegisterFormBean formBean = new RegisterFormBean();
28         formBean.setName(name);
29         formBean.setPassword(password);
30         formBean.setPassword2(password2);
31         formBean.setEmail(email);
32         // 验证参数填写是否符合要求，如果不符合，转到 register.jsp 重新填写
33         if(!formBean.validate()){
34             request.setAttribute("formBean", formBean);
35           request.getRequestDispatcher("/register.jsp")
36                 .forward(request, response);
37             return;
38         }
39         // 如果参数填写符合要求，则将数据封装到 UserBean 类中
40         UserBean userBean = new UserBean();
41         userBean.setName(name);
```

```
42              userBean.setPassword(password);
43              userBean.setEmail(email);
44              // 调用 DBUtil 类中的 insertUser() 方法执行添加操作，并返回一个 boolean 类型的标志
45              boolean b = DBUtil.getInstance().insertUser(userBean);
46              // 如果返回 false，表示注册的用户已存在，则重定向到 register.jsp 重新填写
47              if(!b){
48                  request.setAttribute("DBMes", "你注册的用户已存在");
49                request.setAttribute("formBean", formBean);
50                  request.getRequestDispatcher("/register.jsp")
51                      .forward(request, response);
52                  return;
53              }
54          response.getWriter().print("恭喜你注册成功，3 秒钟自动跳转");
55          // 将成功注册的用户信息添加到 Session 中
56          request.getSession().setAttribute("userBean", userBean);
57          // 注册成功后，3 秒钟跳转到登录成功页面 loginSuccess.jsp
58          response.setHeader("refresh","3;url=loginSuccess.jsp");
59      }
60  }
```

在文件 8-21 中，第 27 行代码创建的 RegisterFormBean 对象用于封装表单提交的信息。第 33～53 行代码是对 RegisterFormBean 对象进行校验，如果校验失败，程序就会跳转到 register.jsp 注册页面，让用户重新填写注册信息；如果校验通过，那么注册信息就会封装到 UserBean 对象中，并通过 DBUtil 的 insertUser() 方法将 UserBean 对象插入数据库。insertUser() 方法有一个 boolean 类型的返回值，如果返回 false，表示插入操作失败，则程序跳转到 register.jsp 注册页面；如果返回 true，则程序跳转到 loginSuccess.jsp 页面，表示用户登录成功。第 56 行代码是将成功注册的用户信息添加到 Session 中。第 58 行代码是延时 3 秒跳转到登录成功页面 loginSuccess.jsp。需要注意的是，编写完 ControllerServlet 类后，读者不要忘记在 web.xml 文件中配置其映射信息。

### 4. 创建 JSP 页面

（1）编写 register.jsp 文件

在项目 chapter08 的 web 文件夹下创建名称为 register 的 JSP 文件，该文件是用户注册的表单页面，用于接收用户的注册信息。register.jsp 页面代码如文件 8-22 所示。

文件 8-22　register.jsp

```
1   <%@ page language="java" pageEncoding="GBK"%>
2   <!DOCTYPE html PUBLIC "-//W3C//DTD HTML 4.01
3   Transitional//EN" "http://www.w3.org/TR/html4/loose.dtd">
4   <html>
5     <head>
6     <title>用户注册</title>
7     <style type="text/css">
8         h3 {
9             margin-left: 100px;
10        }
11        #outer {
12            width: 750px;
13        }
14        span {
15            color: #ff0000
16        }
17        div {
18            height:20px;
19            margin-bottom: 10px;
20        }
21        .ch {
22            width: 80px;
23            text-align: right;
24            float: left;
25        }
26        .ip {
27            width: 500px;
```

```
28              float: left
29          }
30      .ip>input {
31              margin-right: 20px;
32          }
33      #bt {
34              margin-left: 50px;
35          }
36      #bt>input {
37              margin-right: 30px;
38          }
39   </style>
40 </head>
41 <body>
42      <form action="/chapter08/ControllerServlet" method="post">
43          <h3>用户注册</h3>
44          <div id="outer">
45              <div>
46                  <div class="ch">姓名:</div>
47                  <div class="ip">
48                  <input type="text" name="name" value="${formBean.name }" />
49                      <span>${formBean.errors.name}${DBMes}</span>
50                  </div>
51              </div>
52              <div>
53                  <div class="ch">密码:</div>
54                  <div class="ip">
55                      <input type="text" name="password">
56                      <span>${formBean.errors.password}</span>
57                  </div>
58              </div>
59              <div>
60                  <div class="ch">确认密码:</div>
61                  <div class="ip">
62                      <input type="text" name="password2">
63                      <span>${formBean.errors.password2}</span>
64                  </div>
65              </div>
66              <div>
67                  <div class="ch">邮箱:</div>
68                  <div class="ip">
69                  <input type="text" name="email" value="${formBean.email }" >
70                      <span>${formBean.errors.email}</span>
71                  </div>
72              </div>
73              <div id="bt">
74                  <input type="reset" value="重置 " />
75                  <input type="submit" value="注册" />
76              </div>
77          </div>
78      </form>
79 </body>
80 </html>
```

（2）编写 loginSuccess.jsp 文件

在 web 目录创建名称为 loginSuccess 的 JSP 文件，该文件是用户登录成功的显示页面，如文件 8-23 所示。

文件 8-23　loginSuccess.jsp

```
1 <%@ page language="java" pageEncoding="GBK"
2     import="cn.itcast.chapter08.model2.domain.UserBean"%>
3 <!DOCTYPE html PUBLIC "-//W3C//DTD HTML 4.01
4 Transitional//EN" "http://www.w3.org/TR/html4/loose.dtd">
5 <html>
6 <head>
7 <title>login successfully</title>
```

```
8      <style type="text/css">
9          #main {
10              width: 500px;
11              height: auto;
12          }
13          #main div {
14              width: 200px;
15              height: auto;
16          }
17          ul {
18              padding-top: 1px;
19              padding-left: 1px;
20              list-style: none;
21          }
22      </style>
23  </head>
24  <body>
25      <%
26          if (session.getAttribute("userBean") == null) {
27      %>
28      <jsp:forward page="register.jsp" />
29      <%
30          return;
31          }
32      %>
33      <div id="main">
34          <div id="welcome">恭喜你，登录成功</div>
35          <hr />
36          <div>您的信息</div>
37          <div>
38              <ul>
39                  <li>您的姓名:${userBean.name }</li>
40                  <li>您的邮箱:${userBean.email }</li>
41              </ul>
42          </div>
43      </div>
44  </body>
45  </html>
```

在文件 8-23 中，第 25～32 行代码是判断 session 域中是否存在以"userBean"为名称的属性，如果不存在，说明用户没有注册而直接访问这个页面，程序会跳转到 register.jsp 注册页面，否则表示用户注册成功。第 33～43 行代码是用户注册成功时在页面中会显示注册用户的信息。

### 5. 运行程序，测试结果

在 IDEA 中将 chapter08 项目发布到 Tomcat 服务器，并启动服务器，然后在浏览器地址栏中输入地址 http://localhost:8080/chapter08/register.jsp 访问 register.jsp 页面，浏览器显示的结果如图 8-19 所示。

在图 8-21 所示的表单中填写用户信息进行注册，如果注册的信息不符合表单验证规则，那么当单击"注册"按钮后，程序会再次跳转回到注册页面，提示注册信息错误。例如，用户填写注册信息时，如果两次填写的密码不一致，并且邮箱格式错误，那么当单击"注册"按钮后，页面显示的结果如图 8-20 所示。

图8-19　访问register.jsp页面

图8-20　信息填写错误时的页面显示

重新填写用户信息，如果用户信息全部填写正确，当单击"注册"按钮后，可以看到 "恭喜你注册成功，3 秒钟自动跳转"的提示信息，如图 8-21 所示。

等待 3 秒钟后，页面会自动跳转到用户成功登录页面，并显示出用户信息，如图 8-22 所示。

图8-21　注册成功提示信息

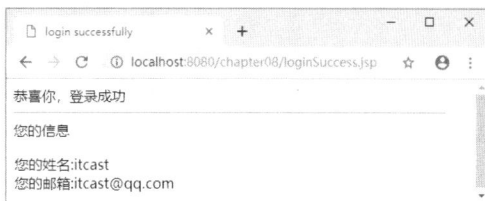

图8-22　成功登录页面

需要注意的是，在用户名为"itcast"的用户注册成功后，如果再次以"itcast"为用户名进行注册，程序同样会跳转到 register.jsp 注册页面，并提示"你注册的用户已存在"，提示信息如图 8-23 所示。

图8-23　用户注册页面

## 8.5　本章小结

本章主要讲解了 JavaBean 技术与 JSP 开发模型的相关知识。首先讲解了 JavaBean 技术的相关知识，包括 JavaBean 的概念、JavaBean 的种类和 JavaBean 的应用，又通过任务的形式使用 JavaBean 解决了乱码问题；然后介绍了 JSP 开发模型，包括 JSP Model1 和 JSP Model2 两种开发模型；最后介绍了 MVC 设计模式，并从模型、视图、控制器三个方面进行了讲解。通过本章的学习，读者可以了解 JavaBean 的概念及种类，熟悉 JavaBean 的应用，了解 JSP 开发模型，熟悉 MVC 设计模式的原理，熟悉 JSP Model1 和 JSP Model2 模型的原理，以及掌握 JSP Model2 模型的实际应用。

## 8.6　本章习题

本章课后习题请扫描二维码。

# 第 9 章

# Servlet的高级特性

Servlet 规范有三个高级特性，分别是 Filter（过滤器）、Listener（监听器）及文件的上传和下载。Filter 用于修改 request、response 对象，Listener 用于监听 context、session、request 事件。善用 Servlet 规范中的这三个高级特性能够轻松地解决一些特殊问题。本章将对 Filter、Listener 及文件的上传和下载进行详细讲解。

## 9.1 Filter

### 9.1.1 什么是 Filter

在 Servlet 高级特性中，Filter 被称为过滤器，它位于客户端和处理程序之间，能够对请求和响应进行检查和修改，通常将请求拦截后进行一些通用的操作，例如，过滤敏感词汇、统一字符编码和实施安全控制等。Filter 好比现实中的污水净化设备，专门用于过滤污水杂质。Filter 在 Web 应用中的拦截过程如图 9-1 所示。

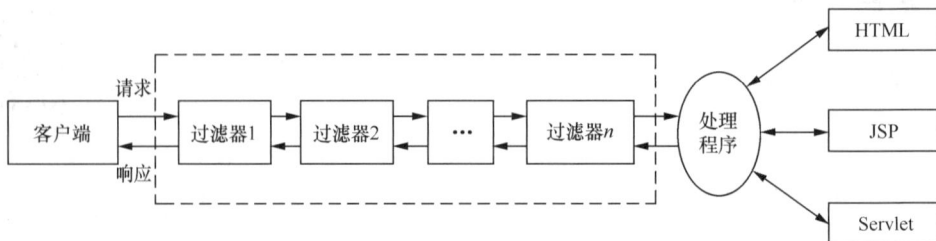

图9-1　Filter在Web应用中的拦截过程

图 9-1 展示了 Filter 在 Web 应用中的拦截过程，当客户端对服务器资源发送请求时，服务器会根据过滤规则进行检查，如果客户的请求满足过滤规则，则对客户请求进行拦截，对请求头和请求数据进行检查或修改，并依次通过 Filter 链，最后把过滤之后的请求交给处理程序。请求信息在过滤器链中可以被修改，也可以根据客户端的请求条件不将请求发往处理程序。

Filter 除了可以实现拦截功能外，还可以提高程序的性能，在 Web 开发时，不同的 Web 资源中的过滤操作可以放在同一个 Filter 中完成，这样可以不用多次编写重复的代码，从而提高了程序的性能。

## 9.1.2　Filter 相关 API

Filter 中包含了 3 个接口，分别是 Filter 接口、FilterConfig 接口和 FilterChain 接口，它们都位于 javax.servlet 包中，下面依次介绍这 3 个接口。

### 1. Filter 接口

Filter 接口是编写过滤器必须要实现的接口，该接口定义了 init( )、doFilter( )、destroy( )方法，具体如表 9-1 所示。

表 9-1　Filter 接口中的方法

| 方法声明 | 功能描述 |
| --- | --- |
| init(FilterConfig filterConfig) | init( )方法是 Filter 的初始化方法，创建 Filter 实例后将调用 init( )方法。该方法的参数 filterConfig 用于读取 Filter 的初始化参数 |
| doFilter(ServletRequest request, ServletResponse response, FilterChain chain) | doFilter( )方法用于完成实际的过滤操作，当客户的请求满足过滤规则时，Servlet 容器将调用过滤器的 doFilter( )方法完成实际的过滤操作。doFilter( )方法有多个参数，其中，参数 request 和 response 为 Web 服务器或 Filter 链中的上一个 Filter 传递过来的请求和响应对象；参数 chain 代表当前 Filter 链的对象 |
| destroy( ) | 该方法用于释放被 Filter 对象打开的资源，例如关闭数据库和 IO 流。destroy( )方法在 Web 服务器释放 Filter 对象之前被调用 |

### 2. FilterConfig 接口

FilterConfig 接口用于封装 Filter 的配置信息，在 Filter 初始化时，服务器将 FilterConfig 对象作为参数传递给 Filter 对象的初始化方法。FilterConfig 接口的方法如表 9-2 所示。

表 9-2　FilterConfig 接口的方法

| 方法声明 | 功能描述 |
| --- | --- |
| String getFilterName( ) | 返回 Filter 的名称 |
| ServletContext getServletContext( ) | 返回 FilterConfig 对象中封装的 ServletContext 对象 |
| String getInitParameter(String name) | 返回名为 name 的初始化参数值 |
| Enumeration getInitParameterNames( ) | 返回 Filter 所有初始化参数名称的枚举 |

### 3. FilterChain 接口

FilterChain 接口的 doFilter( )方法用于调用 Filter 链中的下一个过滤器，如果这个过滤器是链上的最后一个过滤器，则将请求提交给处理程序或将响应发送给客户端。

## 9.1.3　Filter 的生命周期

Filter 的生命周期是指一个 Filter 对象从创建到执行再到销毁的过程。表 9-1 中的 3 个方法就是管理 Filter 对象生命周期的方法。Filter 的生命周期可分为创建、执行、销毁 3 个阶段，下面分别进行介绍。

### 1. 创建阶段

Web 服务器启动的时候会创建 Filter 实例对象，并调用 init( )方法，完成对象的初始化。需要注意的是，在一次完整的请求中，Filter 对象只会被创建一次，init( )方法也只会被执行一次。

### 2. 执行阶段

当客户端请求目标资源时，服务器会筛选出符合映射条件的 Filter，并按照类名的先后顺序依次执行 doFilter()方法。例如，MyFilter01 优先于 MyFilter02 执行。在一次完整的请求中，doFilter()方法可以执行多次。

### 3. 销毁阶段

服务器关闭时，Web 服务器调用 destroy()方法销毁 Filter 对象。

## 9.1.4　实现 Filter

为了帮助读者快速了解 Filter 的开发过程，下面分步骤实现一个 Filter，演示 Filter 如何对 Servlet 程序的调用过程进行拦截。

（1）首先在 IDEA 中创建一个名为 chapter09 的 Web 项目，然后在该项目的 src 目录下创建一个名为 cn.itcast.chapter09.filter 的包，最后在该包下创建一个名为 MyServlet 的 Servlet 类，用于在浏览器中输出 "Hello MyServlet"。MyServlet 类的实现如文件 9-1 所示。

文件 9-1　MyServlet.java

```
1   package cn.itcast.chapter09.filter;
2   import java.io.*;
3   import javax.servlet.*;
4   import javax.servlet.annotation.WebServlet;
5   import javax.servlet.http.*;
6   @WebServlet(name="MyServlet",urlPatterns = "/MyServlet")
7   public class MyServlet extends HttpServlet {
8       public void doGet(HttpServletRequest request,HttpServletResponse response)
9                   throws ServletException, IOException {
10          response.getWriter().println("Hello MyServlet");
11      }
12      public void doPost(HttpServletRequest request, HttpServletResponse response)
13                  throws ServletException, IOException {
14          doGet(request, response);
15      }
16  }
```

在 IDEA 中使用 Tomcat 启动 chapter09 项目，在浏览器的地址栏中访问 http://localhost:8080/chapter09 /MyServlet，可以看到浏览器成功访问到了 MyServlet 程序，具体如图 9-2 所示。

（2）在 cn.itcast.chapter09.filter 包中创建一个名为 MyFilter 的 Filter 类，用于拦截 MyServlet 程序。MyFilter 的实现如文件 9-2 所示。

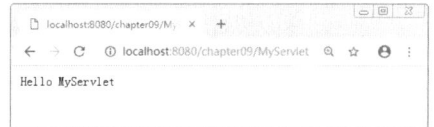

图9-2　文件9-1的运行结果

文件 9-2　MyFilter.java

```
1   package cn.itcast.chapter09.filter;
2   import java.io.*;
3   import javax.servlet.Filter;
4   import javax.servlet.*;
5   import javax.servlet.annotation.WebFilter;
6   @WebFilter(filterName = "MyFilter",urlPatterns = "/MyServlet")
7   public class MyFilter implements Filter {
8       public void init(FilterConfig fConfig) throws ServletException {
9           // 过滤器对象在初始化时调用，可以配置一些初始化参数
10      }
11      public void doFilter(ServletRequest request,
12                          ServletResponse response,
13                          FilterChain chain) throws IOException, ServletException {
14          // 用于拦截用户的请求，如果和当前过滤器的拦截路径匹配，该方法会被调用
15          PrintWriter out=response.getWriter();
16          out.write("Hello MyFilter");
17      }
```

```
18        public void destroy() {
19            // 过滤器对象在销毁时自动调用，释放资源
20        }
21 }
```

在文件 9-2 中，第 6 行代码使用@WebFilter 注解配置需要拦截的资源，@WebFilter 注解的属性 filterName 用于设置 Filter 的名称，urlPatterns 属性用于匹配用户请求的 URL。例如"/MyServlet"表示过滤器 MyFilter 会拦截发送到"/MyServlet"资源的请求。这个 URL 还可以使用通配符"*"表示。例如，"*.do"匹配所有以".do"结尾的 Servlet 路径。

在 IDEA 中重新启动 Tomcat 服务器，在浏览器的地址栏中访问 http://localhost:8080/chapter09/MyServlet，浏览器窗口显示的结果如图 9-3 所示。

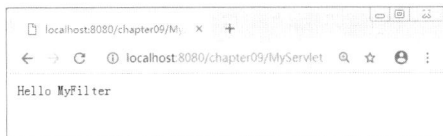

图9-3　文件9-2的运行结果

由图 9-3 可知，在使用浏览器访问 MyServlet 时，浏览器窗口只显示了 MyFilter 的输出信息，并没有显示 MyServlet 的输出信息，说明名称为"MyFilter"的过滤器成功拦截了发送给 MyServlet 的请求。

文件 9-2 使用了注解@WebFilter，@WebFilter 标注在 Filter 类上，用法与@WebServlet 类似。注解@WebFilter 的常用属性如表 9-3 所示。

表9-3　注解@WebFilter 的常用属性

| 属性名 | 类型 | 描述 |
| --- | --- | --- |
| filterName | String | 指定过滤器的名称，默认是过滤器类的名称 |
| urlPatterns | String[ ] | 指定一组过滤器的 URL 匹配模式 |
| value | String[ ] | 该属性等价于 urlPatterns 属性，urlPatterns 和 value 属性不能同时使用 |
| servletNames | String[ ] | 指定过滤器将应用于哪些 Servlet，取值是@WebServlet 中的 name 属性的取值 |
| dispatcherTypes | DispatcherType | 指定过滤器的转发模式，具体取值包括 ERROR、FORWARD、INCLUDE、REQUEST |
| initParams | WebInitParam[ ] | 指定过滤器的一组初始化参数 |

## 9.1.5　Filter 映射

通过 9.1.4 小节的学习可以知道，Filter 拦截的资源需要在 Filter 实现类中使用注解@WebFilter 进行配置，这些配置信息就是 Filter 映射。Filter 的映射方式可分为以下两种。

### 1. 使用通配符"*"拦截用户所有请求

如果想让过滤器拦截用户所有请求，可以使用通配符"*"实现。下面修改文件 9-2 的代码以实现拦截用户所有请求的功能，修改后的代码如文件 9-3 所示。

文件 9-3　MyFilter.java

```
1  package cn.itcast.chapter09.filter;
2  import java.io.*;
3  import javax.servlet.Filter;
4  import javax.servlet.*;
5  import javax.servlet.annotation.WebFilter;
6  @WebFilter(filterName = "MyFilter",urlPatterns = "/*")//拦截用户所有请求
7  public class MyFilter implements Filter {
8      public void init(FilterConfig fConfig) throws ServletException {
9          // 过滤器对象在初始化时调用，可以配置一些初始化参数
10     }
11     public void doFilter(ServletRequest request, ServletResponse response,
12                     FilterChain chain) throws IOException, ServletException {
13         // 用于拦截用户的请求，如果和当前过滤器的拦截路径匹配，该方法会被调用
14         PrintWriter out=response.getWriter();
15         out.write("Hello MyFilter");
```

```
16         }
17     public void destroy() {
18             // 过滤器对象在销毁时自动调用，释放资源
19         }
20 }
```

在文件 9-3 中，@WebFilter 注解的 urlPatterns 属性值为 "/*"，表示用户访问 chapter09 项目的任何路径都会被 MyFilter 类拦截。

### 2. 拦截不同访问方式的请求

由表 9-3 可知，@WebFilter 注解有一个特殊的属性 dispatcherTypes，它可以指定过滤器的转发模式。dispatcherTypes 属性有 4 个常用值，具体如下。

（1）REQUEST

过滤器设置 dispatcherTypes 属性值为 REQUEST 时，如果用户通过 RequestDispatcher 对象的 include() 方法或 forward() 方法访问目标资源，那么过滤器不会被调用。除此之外，该过滤器会被调用。

（2）INCLUDE

过滤器设置 dispatcherTypes 属性值为 INCLUDE 时，如果用户通过 RequestDispatcher 对象的 include() 方法访问目标资源，那么过滤器将被调用。除此之外，该过滤器不会被调用。

（3）FORWARD

过滤器设置 dispatcherTypes 属性值为 FORWARD 时，如果通过 RequestDispatcher 对象的 forward() 方法访问目标资源，那么过滤器将被调用。除此之外，该过滤器不会被调用。

（4）ERROR

过滤器设置 dispatcherTypes 属性值为 ERROR 时，如果通过声明式异常处理机制调用目标资源，那么过滤器将被调用。除此之外，过滤器不会被调用。

为了让读者更好地理解上述 4 个值的作用，下面以 FORWARD 属性值为例，分步骤演示指定转发模式的 Filter 对转发请求的拦截效果。

（1）在 chapter09 项目的 cn.itcast.chapter09.filter 包中，创建一个名为 ForwardServlet 的 Servlet 类，用于将请求转发给 first.jsp 页面。ForwardServlet 类的实现如文件 9-4 所示。

文件 9-4　ForwardServlet.java

```
1  package cn.itcast.chapter09.filter;
2  import java.io.*;
3  import javax.servlet.*;
4  import javax.servlet.http.*;
5  import javax.servlet.annotation.WebServlet;
6  @WebServlet(name = "ForwardServlet",urlPatterns = "/ForwardServlet")
7  public class ForwardServlet extends HttpServlet {
8      public void doGet(HttpServletRequest request,
9          HttpServletResponse response)
10             throws ServletException, IOException {
11         request.getRequestDispatcher("/first.jsp").forward(request,
12             response);
13     }
14     public void doPost(HttpServletRequest request,
15         HttpServletResponse response)
16             throws ServletException, IOException {
17         doGet(request, response);
18     }
19 }
```

（2）在 chapter09 项目的 web 目录下创建名称为 first 的 JSP 页面，用于输出内容。first.jsp 页面的实现如文件 9-5 所示。

文件 9-5　first.jsp

```
1  <%@ page language="java" contentType="text/html; charset=utf-8"
2      pageEncoding="utf-8"%>
3  <html>
4  <head></head>
```

```
5  <body>
6       first.jsp
7  </body>
8  </html>
```

（3）在 cn.itcast.chapter09.filter 包中，创建一个过滤器 ForwardFilter.java，专门用于对 first.jsp 页面的请求进行拦截。ForwardFilter.java 的实现如文件 9-6 所示。

文件 9-6　ForwardFilter.java

```
1  package cn.itcast.chapter09.filter;
2  import java.io.*;
3  import javax.servlet.*;
4  import javax.servlet.annotation.WebFilter;
5  @WebFilter(filterName = "ForwardFilter",urlPatterns = "/first.jsp")
6  public class ForwardFilter implements Filter {
7      public void init(FilterConfig fConfig) throws ServletException {
8          // 过滤器对象在初始化时调用，可以配置一些初始化参数
9      }
10     public void doFilter(ServletRequest request, ServletResponse response,
11             FilterChain chain) throws IOException, ServletException {
12         // 用于拦截用户的请求，如果和当前过滤器的拦截路径匹配，该方法会被调用
13         PrintWriter out=response.getWriter();
14         out.write("Hello FilterTest");
15     }
16     public void destroy() {
17         // 过滤器对象在销毁时自动调用，释放资源
18     }
19 }
```

（4）在 IDEA 中启动 Tomcat 服务器，在浏览器中输入地址 http://localhost:8080/chapter09/ForwardServlet 访问 ForwardServlet，浏览器显示的结果如图 9-4 所示。

由图 9-4 中可知，浏览器可以正常访问 JSP 页面，说明 ForwardFilter 没有拦截到 ForwardServlet 转发到 first.jsp 页面的请求。

（5）如果要拦截 ForwardServlet 类通过 forward( )方法转发到 first.jsp 页面的请求，可以在@WebFilter 注解中设置 dispatcherTypes 属性值为 FORWARD。修改文件 9-6 中第 5 行代码，在@WebFilter 注解中设置 dispatcherTypes 属性值为 FORWARD，具体代码如下。

```
@WebFilter(filterName = "ForwardFilter",urlPatterns = "/first.jsp",
dispatcherTypes = DispatcherType.FORWARD)
```

（6）在 IDEA 中重新启动 Tomcat 服务器，在浏览器的地址栏中再次输入地址 http://localhost:8080/chapter09/ForwardServlet 访问 ForwardServlet，浏览器显示的结果如图 9-5 所示。

图9-4　文件9-6的运行结果　　　　　　图9-5　文件9-6修改后的运行结果

由图 9-5 可知，浏览器窗口显示的是 ForwardFilter 类中的内容，而 first.jsp 页面的输出内容没有显示。由此可见，ForwardServlet 中通过 forward( )方法转发到 first.jsp 页面的请求被成功拦截了。

## 9.1.6　Filter 链

在一个 Web 应用程序中可以注册多个 Filter，每个 Filter 都可以对某一个 URL 的请求进行拦截。如果多个 Filter 都对同一个 URL 的请求进行拦截，那么这些 Filter 就组成一个 Filter 链。Filter 链使用 FilterChain 对象表示，FilterChain 对象提供了一个 doFilter( )方法，该方法的作用是让 Filter 链上的当前过滤器放行，使请求进入下一个 Filter。下面通过一个图例描述 Filter 链的拦截过程，如图 9-6 所示。

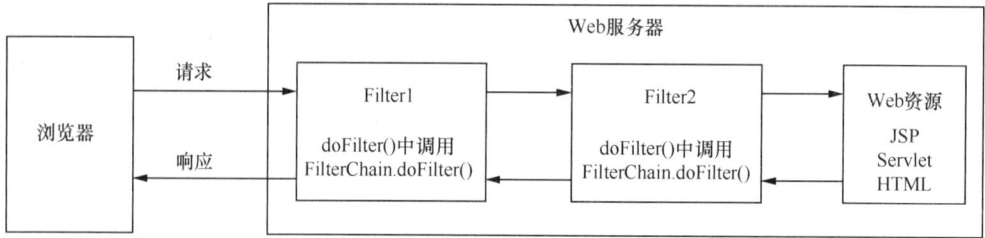

图9-6　Filter链的拦截过程

在图 9-6 中，当浏览器访问 Web 服务器中的资源时需要经过两个过滤器 Filter1 和 Filter2，首先 Filter1 会对这个请求进行拦截，在 Filter1 过滤器中处理好请求后，通过调用 Filter1 的 doFilter()方法将请求传递给 Filter2，Filter2 将用户请求处理后同样调用 doFilter()方法，最终将请求发送给目标资源。当 Web 服务器对这个请求做出响应时，响应结果也会被过滤器拦截，拦截顺序与之前相反，最终响应结果被发送给客户端。

为了让读者更好地学习 Filter 链，下面通过一个案例分步骤演示如何使用 Filter 链拦截 MyServlet 的同一个请求。

（1）在 chapter09 项目的 cn.itcast.chapter09.filter 包中新建两个过滤器 MyFilter01 和 MyFilter02，这两个过滤器的实现分别如文件 9-7 和文件 9-8 所示。

文件 9-7　MyFilter01.java

```
1   package cn.itcast.chapter09.filter;
2   import java.io.*;
3   import javax.servlet.*;
4   import javax.servlet.annotation.WebFilter;
5   @WebFilter(filterName = "MyFilter01",urlPatterns = "/MyServlet")
6   public class MyFilter01 implements Filter {
7       public void init(FilterConfig fConfig) throws ServletException {
8           // 过滤器对象在初始化时调用，可以配置一些初始化参数
9       }
10      public void doFilter(ServletRequest request, ServletResponse response,
11          FilterChain chain) throws IOException, ServletException {
12          // 用于拦截用户的请求，如果和当前过滤器的拦截路径匹配，该方法会被调用
13          PrintWriter out=response.getWriter();
14          out.println("Hello MyFilter01");
15          chain.doFilter(request, response);
16      }
17      public void destroy() {
18          // 过滤器对象在销毁时自动调用，释放资源
19      }
20  }
```

文件 9-8　MyFilter02.java

```
1   package cn.itcast.chapter09.filter;
2   import java.io.*;
3   import javax.servlet.Filter;
4   import javax.servlet.*;
5   import javax.servlet.annotation.WebFilter;
6   @WebFilter(filterName = "MyFilter02",urlPatterns = "/MyServlet")
7   public class MyFilter02 implements Filter {
8       public void init(FilterConfig fConfig) throws ServletException {
9           // 过滤器对象在初始化时调用，可以配置一些初始化参数
10      }
11      public void doFilter(ServletRequest request, ServletResponse response,
12          FilterChain chain) throws IOException, ServletException {
13          // 用于拦截用户的请求，如果和当前过滤器的拦截路径匹配，该方法会被调用
14          PrintWriter out=response.getWriter();
15          out.println("MyFilter02 Before");
16          chain.doFilter(request, response);
17          out.println("MyFilter02 After");
18      }
19      public void destroy() {
20          // 过滤器对象在销毁时自动调用，释放资源
```

```
21        }
22 }
```

（2）在 IDEA 中重新启动 Tomcat 服务器，在浏览器地址栏中输入 http://localhost:8080/chapter09/MyServlet 访问 MyServlet 类，浏览器窗口中显示的结果如图 9-7 所示。

由图 9-7 可知，MyServlet 的请求首先被 MyFilter01 拦截了，浏览器显示出 MyFilter01 中的内容，然后请求又被 MyFilter02 拦截，直到 MyServlet 的请求被 MyFilter02 放行后，浏览器才显示出 MyServlet 中的内容。

图9-7　文件9-7和文件9-8的运行结果

需要注意的是，文件 9-2 也是 MyServlet 类的过滤器，这里需要对文件 9-2 的代码进行注释，否则文件 9-2 的过滤器会与其他过滤器发生冲突。这是因为 Servlet 3.0 新增了 @WebFilter 注解，当使用注解配置多个 Filter 时，用户无法控制它们的执行顺序，Filter 的执行顺序是按照 Filter 的类名控制的，按自然排序的规则执行。例如，MyFilter01 会比 MyFilter02 优先执行。

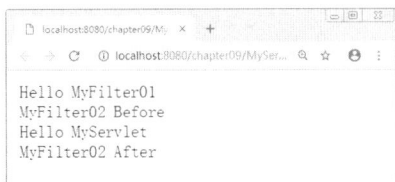

## 任务：Filter 在 Cookie 自动登录中的使用

### 【任务目标】

使用 Cookie 可以实现用户自动登录，但当客户端访问服务器的 Servlet 时，Servlet 需要对所有用户的 Cookie 信息进行校验，这样势必会导致在 Servlet 程序中编写大量重复的代码。通过注册过滤器完成对用户 Cookie 信息的校验，可以解决这样的问题。由于 Filter 可以对服务器的所有请求进行拦截，因此可以通过 Filter 拦截用户的自动登录请求，在 Filter 中对用户的 Cookie 信息进行校验，一旦请求通过 Filter，就相当于用户信息校验通过，Servlet 程序根据获取到的用户信息就可以实现自动登录。

本任务要求使用 Filter 对 Cookie 进行拦截并实现自动登录，并且可以设置指定自动登录时间为一个月、三个月、半年或一年。

### 【实现步骤】

要实现 Filter 对 Cookie 进行拦截并实现自动登录，需要有以下几个文件。

（1）需要有一个 User 实体类，用于封装用户的信息。

（2）需要有一个 login.jsp 的登录页面，在该页面中编写一个用户登录表单。用户登录表单需要填写用户名和密码，以及用户自动登录的时间。

（3）需要一个登录成功后的 index.jsp 页面。

（4）需要编写两个 Servlet，一个 Servlet 类用于处理用户的登录请求，如果输入的用户名和密码正确，则发送一个用户自动登录的 Cookie，并跳转到首页；否则提示输入的用户名或密码错误，并跳转至登录页面（login.jsp），让用户重新登录。另外一个 Servlet 类用于拦截用户登录的访问请求，判断请求中是否包含用户自动登录的 Cookie，如果包含，则获取 Cookie 中的用户名和密码，并验证用户名和密码是否正确，如果正确，则将用户的登录信息封装到 User 对象存入 Session 域中，从而完成用户自动登录。

该任务实现的具体步骤如下。

### 1. 编写 User 类

在 chapter09 项目的 src 目录下创建 cn.itcast.chapter09.entity 包，在该包中新建 User 类，用于封装用户的信息。User 类的实现如文件 9-9 所示。

文件 9-9　User.java

```
1  package cn.itcast.chapter09.entity;
2  public class User {
3      private String username;
4      private String password;
5      public String getUsername() {
6          return username;
7      }
```

```
8       public void setUsername(String username) {
9           this.username = username;
10      }
11      public String getPassword() {
12          return password;
13      }
14      public void setPassword(String password) {
15          this.password = password;
16      }
17  }
```

### 2. 实现登录页面和首页

（1）在 chapter09 项目的 web 目录中创建名称为 login 的 JSP 文件，在该文件中编写一个用户登录表单。用户登录表单需要填写用户名和密码，以及用户自动登录的时间。login.jsp 页面的实现如文件 9-10 所示。

文件 9-10　login.jsp

```
1  <%@ page language="java" contentType="text/html; charset=utf-8"
2      import="java.util.*"%>
3  <html>
4  <head></head>
5  <center><h3>用户登录</h3></center>
6  <body style="text-align: center;">
7  <form action="${pageContext.request.contextPath }/LoginServlet"
8      method="post">
9  <table border="1" width="600px" cellpadding="0" cellspacing="0"
10     align="center" >
11     <tr>
12         <td height="30" align="center">用户名: </td>
13         <td>  
14       <input type="text" name="username" />${errerMsg }</td>
15     </tr>
16     <tr>
17         <td height="30" align="center">密  码: </td>
18         <td>  
19       <input type="password" name="password" /></td>
20     </tr>
21     <tr>
22         <td height="35" align="center">自动登录时间</td>
23         <td><input type="radio" name="autologin"
24           value="${60*60*24*31}"/>一个月
25           <input type="radio" name="autologin"
26           value="${60*60*24*31*3}"/>三个月
27           <input type="radio" name="autologin"
28           value="${60*60*24*31*6}"/>半年
29           <input type="radio" name="autologin"
30           value="${60*60*24*31*12}"/>一年
31         </td>
32     </tr>
33     <tr>
34         <td height="30" colspan="2" align="center">
35             <input type="submit" value="登录" />
36               
37             <input type="reset" value="重置" />
38         </td>
39     </tr>
40 </table>
41 </form>
42 </body>
43 <html>
```

（2）在 chapter09 项目的 web 根目录中创建名称为 index 的 JSP 文件用于显示登录的用户信息，如果没有用户登录，在 index.jsp 页面中显示一个用户登录的超链接，如果用户已经登录，在 index.jsp 页面中显示登录的用户名，以及一个注销的超链接。index.jsp 页面的实现如文件 9-11 所示。

文件 9-11　index.jsp

```
1  <%@ page language="java" contentType="text/html; charset=utf-8"
2      import="java.util.*"
3  %>
4  <%@ taglib prefix="c" uri="http://java.sun.com/jsp/jstl/core"%>
5  <html>
6  <head>
7  <title>显示登录的用户信息</title>
8  </head>
9  <body>
10     <br />
11     <center>
12         <h3>欢迎光临</h3>
13     </center>
14     <br />
15     <br />
16     <c:choose>
17         <c:when test="${sessionScope.user==null }">
18     <a href="${pageContext.request.contextPath }/login.jsp">用户登录</a>
19         </c:when>
20         <c:otherwise>
21      欢迎你, ${sessionScope.user.username }!
22     <a href="${pageContext.request.contextPath }/LogoutServlet">注销</a>
23         </c:otherwise>
24     </c:choose>
25     <hr />
26 </body>
27 </html>
```

需要注意的是,index.jsp 文件中使用了 JSTL 标签库,因此项目中应添加 JSTL 标签库的支持 JAR 包( jstl.jar 和 standard.jar )。

### 3. 创建 Servlet

（1）编写 LoginServlet 类

在 chapter09 项目的 cn.itcast.chapter09.filter 包中，编写 LoginServlet 类，用于处理用户的登录请求，如果输入的用户名和密码正确，则发送一个用户自动登录的 Cookie，并跳转到首页，否则提示输入的用户名或密码错误，并跳转至登录页面（login.jsp），让用户重新登录。LoginServlet 类的实现如文件 9-12 所示。

文件 9-12　LoginServlet.java

```
1  package cn.itcast.chapter09.filter;
2  import java.io.IOException;
3  import javax.servlet.*;
4  import javax.servlet.annotation.WebServlet;
5  import javax.servlet.http.*;
6  import cn.itcast.chapter09.entity.User;
7  @WebServlet(name = "LoginServlet",urlPatterns = "/LoginServlet")
8  public class LoginServlet extends HttpServlet {
9      public void doGet(HttpServletRequest request,
10          HttpServletResponse response)
11             throws ServletException, IOException {
12         // 获得用户名和密码
13         String username = request.getParameter("username");
14         String password = request.getParameter("password");
15         // 检查用户名和密码
16         if ("itcast".equals(username) && "123456".equals(password)) {
17             // 登录成功
18             // 将用户状态 User 对象存入 Session 域
19             User user = new User();
20             user.setUsername(username);
21             user.setPassword(password);
22             request.getSession().setAttribute("user", user);
23             // 发送自动登录的 Cookie
24             String autoLogin = request.getParameter("autologin");
```

```
25                if (autoLogin != null) {
26                    // 注意 Cookie 中的密码要加密
27                    Cookie cookie = new Cookie("autologin", username + "-"
28                            + password);
29                    cookie.setMaxAge(Integer.parseInt(autoLogin));
30                    cookie.setPath(request.getContextPath());
31                    response.addCookie(cookie);
32                }
33            // 跳转至首页
34            response.sendRedirect(request.getContextPath()+"/index.jsp");
35            } else {
36                request.setAttribute("errerMsg", "用户名或密码错误");
37                request.getRequestDispatcher("/login.jsp")
38                .forward(request,response);
39            }
40        }
41    public void doPost(HttpServletRequest request,
42        HttpServletResponse response)
43            throws ServletException, IOException {
44        doGet(request, response);
45        }
46 }
```

（2）编写 LogoutServlet 类

在 chapter09 项目的 cn.itcast.chapter09.filter 包中，编写 LogoutServlet 类，用于注销用户登录的信息。在 LogoutServlet 类中，首先将 Session 会话中保存的 User 对象删除，然后将自动登录的 Cookie 删除，最后跳转到 index.jsp。LogoutServlet 类的实现如文件 9–13 所示。

文件 9–13　LogoutServlet.java

```
1  package cn.itcast.chapter09.filter;
2  import java.io.IOException;
3  import javax.servlet.*;
4  import javax.servlet.annotation.WebServlet;
5  import javax.servlet.http.*;
6  @WebServlet(name = "LogoutServlet",urlPatterns = "/LogoutServlet")
7  public class LogoutServlet extends HttpServlet {
8      public void doGet(HttpServletRequest request,
9           HttpServletResponse response)
10             throws ServletException, IOException {
11         // 用户注销
12         request.getSession().removeAttribute("user");
13         // 从客户端删除自动登录的 Cookie
14         Cookie cookie = new Cookie("autologin", "msg");
15         cookie.setPath(request.getContextPath());
16         cookie.setMaxAge(0);
17         response.addCookie(cookie);
18         response.sendRedirect(request.getContextPath()+"/index.jsp");
19     }
20     public void doPost(HttpServletRequest request,
21        HttpServletResponse response)
22             throws ServletException, IOException {
23         doGet(request, response);
24     }
25 }
```

### 4. 创建过滤器

在 chapter09 项目的 cn.itcast.chapter09.filter 包中，编写 AutoLoginFilter 类，用于拦截用户登录的访问请求，判断请求中是否包含用户自动登录的 Cookie，如果包含，则获取 Cookie 中的用户名和密码，并验证用户名和密码是否正确，如果正确，则将用户的登录信息封装到 User 对象存入 Session 域中，完成用户自动登录。AutoLoginFilter 类的实现如文件 9–14 所示。

文件 9–14　AutoLoginFilter.java

```
1  package cn.itcast.chapter09.filter;
2  import java.io.IOException;
```

```
3   import javax.servlet.*;
4   import javax.servlet.annotation.WebFilter;
5   import javax.servlet.http.*;
6   import cn.itcast.chapter09.entity.User;
7   @WebFilter(filterName = "AutoLoginFilter",urlPatterns = "/*")
8   public class AutoLoginFilter implements Filter {
9       public void init(FilterConfig filterConfig) throws ServletException {
10      }
11      public void doFilter(ServletRequest req, ServletResponse response,
12              FilterChain chain) throws IOException, ServletException {
13          HttpServletRequest request = (HttpServletRequest) req;
14          // 获得一个名为 autologin 的 Cookie
15          Cookie[] cookies = request.getCookies();
16          String autologin = null;
17          for (int i = 0; cookies != null && i < cookies.length; i++) {
18              if ("autologin".equals(cookies[i].getName())) {
19                  // 找到了指定的 Cookie
20                  autologin = cookies[i].getValue();
21                  break;
22              }
23          }
24          if (autologin != null) {
25              // 自动登录
26              String[] parts = autologin.split("-");
27              String username = parts[0];
28              String password = parts[1];
29              // 检查用户名和密码
30          if ("itcast".equals(username)&& ("123456").equals(password)) {
31                  // 登录成功,将用户状态 User 对象存入 Session 域
32                  User user = new User();
33                  user.setUsername(username);
34                  user.setPassword(password);
35                  request.getSession().setAttribute("user", user);
36              }
37          }
38          // 放行
39          chain.doFilter(request, response);
40      }
41      public void destroy() {
42      }
43  }
```

### 5. 运行项目，查看结果

（1）访问 login.jsp 页面

重启服务器，打开浏览器，在地址栏中输入 http://localhost:8080/chapter09/login.jsp，浏览器窗口中会显示一个用户登录的表单，如图 9-8 所示。

（2）实现用户登录

在图 9-8 所示的登录表单中输入用户名"itcast"、密码"123456"，并选择用户自动登录的时间，单击"登录"按钮，便可完成用户自动登录。单击"登录"按钮之后，浏览器窗口会显示登录的用户名，如图 9-9 所示。

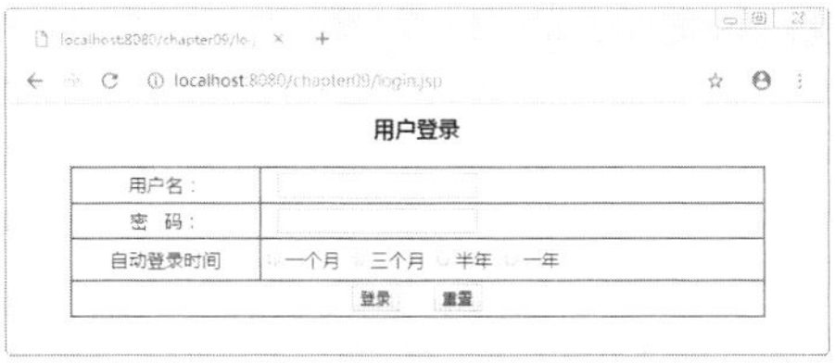

图9-8 用户登录的表单

图9-9 登录成功后的页面

由图 9-9 可知，用户已经登录成功了，关闭浏览器后重新打开浏览器，在地址栏中直接输入 http://localhost:8080/chapter09/index.jsp，仍可以看到用户的登录信息，表明用户已经成功登录。

（3）注销用户

单击图 9-9 中的"注销"超链接，就可以注销当前的用户，注销之后浏览器显示的页面如图 9-10 所示。

由图 9-10 可知，用户已经注销成功。此时如果再开启一个新的浏览器窗口，访问首页网址，页面仍会显示图 9-10 所示的内容。至此，使用 Filter 校验用户 Cookie 信息，实现用户自动登录功能已经完成。

图9-10　用户注销后的页面

# 9.2　Listener

## 9.2.1　Listener 概述

在 Web 程序开发中，经常需要对某些事件进行监听，以便及时做出处理，例如监听鼠标单击事件、监听键盘按下事件等。为此，Servlet 提供了监听器（Listener），专门用于监听 Servlet 事件。Listener 在监听过程中会涉及几个重要的组成部分，具体如下。

（1）事件：用户的一个操作，例如单击一个按钮、调用一个方法、创建一个对象等。

（2）事件源：产生事件的对象。

（3）事件监听器：负责监听发生在事件源上的事件。

（4）事件处理器：监听器的成员方法，当事件发生的时候会触发对应的处理器（成员方法）。

当用户执行一个操作触发事件源上的事件时，该事件会被事件监听器监听到，当监听器监听到事件发生时，相应的事件处理器就会对发生的事件进行处理。

事件监听器的工作过程可分为以下几个步骤。

（1）将监听器绑定到事件源，也就是注册监听器。

（2）监听器监听到事件发生时，会调用监听器的成员方法，将事件对象传递给事件处理器，即触发事件处理器。

（3）事件处理器通过事件对象获得事件源，并对事件源进行处理。

## 9.2.2　Listener 的 API

Web 应用中的 Listener 就是一个实现了特定接口的 Java 程序，专门用于监听 Web 应用程序中 ServletContext、HttpSession 和 ServletRequest 等域对象的创建和销毁过程，以及这些域对象属性的修改，并且感知绑定到 HttpSession 域中某个对象的状态变化。

Listener 共有 8 个不同的监听器接口，分别监听不同的对象，具体如表 9-4 所示。

表 9-4　Listener 接口

| 类型 | 描述 |
| --- | --- |
| ServletContextListener | 用于监听 ServletContext 对象的创建与销毁过程 |
| HttpSessionListener | 用于监听 HttpSession 对象的创建和销毁过程 |
| ServletRequestListener | 用于监听 ServletRequest 对象的创建和销毁过程 |
| ServletContextAttributeListener | 用于监听 ServletContext 对象中的属性变更 |
| HttpSessionAttributeListener | 用于监听 HttpSession 对象中的属性变更 |
| ServletRequestAttributeListener | 用于监听 ServletRequest 对象中的属性变更 |
| HttpSessionBindingListener | 用于监听 JavaBean 对象绑定到 HttpSession 对象和从 HttpSession 对象解绑的事件 |
| HttpSessionActivationListener | 用于监听 HttpSession 中对象活化和钝化的过程 |

表 9-4 列举了全部 8 种 Servlet 事件监听器，并对它们进行了简单描述。Listener 根据监听事件的不同可

以分为三类，具体如下。

（1）用于监听域对象创建和销毁的监听器：ServletContextListener 接口、HttpSessionListener 接口和 ServletRequestListener 接口。

（2）用于监听域对象属性增加和删除的监听器：ServletContextAttributeListener 接口、HttpSessionAttribute-Listener 接口和 ServletRequestAttributeListener 接口。

（3）用于监听绑定到 HttpSession 域中某个对象状态的事件监听器：HttpSessionBindingListener 接口和 HttpSessionActivationListener 接口。

在 Servlet 规范中，这三类事件监听器都定义了相应的接口，在编写监听器程序时只需实现对应的接口即可。Web 服务器会根据监听器所实现的接口把它注册到被监听的对象上，当被监听的对象触发了监听器的事件处理器时，Web 服务器就会调用监听器相关的方法对事件进行处理。

## 任务：监听域对象的生命周期

### 【任务目标】

本任务要求编写一个 Listener 监听 ServletContext、HttpSession 和 ServletRequest 域对象的生命周期。

### 【实现步骤】

要想对 ServletContext、HttpSession 和 ServletRequest 域对象的生命周期进行监听，首先需要创建一个监听器用于实现域对象的 ServletContextListener、HttpSessionListener 和 ServletRequestListener 接口。因为这些接口中的方法和执行过程非常类似，所以可以为每一个监听器编写一个单独的类，也可以用一个类实现这三个接口，从而让这个类具有三个事件监听器的功能。用一个类实现这三个接口的具体代码如下。

#### 1. 创建监听器

在 chapter09 项目的 src 目录下创建一个 cn.itcast.chapter09.listener 包，在该包中新建一个 MyListener 类，用于实现 ServletContextListener、HttpSessionListener 和 ServletRequestListener 三个监听器接口，并实现这些接口中的所有方法。MyListener 类的实现如文件 9-15 所示。

文件 9-15　MyListener.java

```
1  package cn.itcast.chapter09.listener;
2  import javax.servlet.*;
3  import javax.servlet.annotation.WebListener;
4  import javax.servlet.http.*;
5  @WebListener
6  public class MyListener implements
7      ServletContextListener, HttpSessionListener,ServletRequestListener {
8      public void contextInitialized(ServletContextEvent arg0) {
9          System.out.println("ServletContext 对象被创建了");
10     }
11     public void contextDestroyed(ServletContextEvent arg0) {
12         System.out.println("ServletContext 对象被销毁了");
13     }
14     public void requestInitialized(ServletRequestEvent arg0) {
15         System.out.println("ServletRequest 对象被创建了");
16     }
17     public void requestDestroyed(ServletRequestEvent arg0) {
18         System.out.println("ServletRequest 对象被销毁了");
19     }
20     public void sessionCreated(HttpSessionEvent arg0) {
21         System.out.println("HttpSession 对象被创建了");
22     }
23     public void sessionDestroyed(HttpSessionEvent arg0) {
24         System.out.println("HttpSession 对象被销毁了");
25     }
26 }
```

需要注意的是，在文件 9-15 中，第 5 行代码 @WebListener 注解的作用是开启 Listener。

### 2. 启动项目，查看 ServletContext 对象创建信息

在 IDEA 中启动 Tomcat 服务器，控制台窗口显示的结果如图 9-11 所示。

由图 9-11 所示的控制台窗口可知，ServletContext 对象被创建了，这是因为 Web 服务器在启动时会自动加载 chapter09 这个 Web 项目，并创建其对应的 ServletContext 对象。而服务器之所以会自动加载 chapter09 项目，是因为在 MyListener 类上添加的@WebListener 注解开启了 Listener。Web 服务器创建 ServletContext 对象后就调用 MyListener 类中的 contextInitialized()方法，输出"ServletContext 对象被创建了"这行信息。

### 3. 关闭项目，查看 ServletContext 对象销毁信息

为了观察 ServletContext 对象的销毁信息，可以将已经启动的 Web 服务器关闭，关闭 Web 服务器之后，控制台窗口显示的结果如图 9-12 所示。

图9-11　文件9-15运行后的控制台窗口显示结果

图9-12　文件9-15关闭后的控制台窗口

由图 9-12 可知，在 Web 服务器关闭之前，ServletContext 对象被销毁并调用了 MyListener 中的 context-Destroyed()方法。

### 4. 创建测试页面

为了查看 HttpSessionListener 和 ServletRequestListener 的运行效果，在 chapter09 项目的 web 目录中编写一个名称为 myjsp 的 JSP 文件，具体代码如文件 9-16 所示。

文件 9-16　myjsp.jsp

```
1  <%@ page language="java" contentType="text/html; charset=utf-8"
2     pageEncoding="utf-8"%>
3  <html>
4  <head>
5    <title>this is MyJsp.jsp page</title>
6  </head>
7  <body>
8    这是一个测试监听器的页面
9  </body>
10 </html>
```

### 5. 设置监听超时信息

为了尽快查看到 HttpSession 对象创建与销毁过程，可以在 chapter09 项目的 web.xml 文件中设置 session 的超时时间为 2 分钟，具体代码如下。

```
<session-config>
    <session-timeout>2</session-timeout>
</session-config>
```

在上述配置中，<session-timeout>标签指定的超时时间必须为一个整数。如果这个整数为 0 或为负整数，则 session 永远不会超时；如果这个数是正整数，那么项目中的 session 将在指定分钟后超时。

### 6. 重启项目，查看结果

重新启动项目 chapter09，再打开浏览器，在地址栏中输入 http://localhost:8080/chapter09/myjsp.jsp，访问 myjsp.jsp 页面，控制台窗口中显示的结果如图 9-13 所示。

由图 9-13 可知，当浏览器第一次访问 myjsp.jsp 页面时，Web 容器会调用监听器 MyListener 中的 requestInitialized( )、sessionCreated( )和 requestDestroyed( )方法，完成对 ServletRequest 和 HttpSession 对象的创建和销毁，当 Web 服务器完成这次请求后，ServletRequest 对象会随之销毁，因此控制台窗口输出 "ServletRequest 对象被销毁了"。

需要注意的是，如果此时单击浏览器窗口中的"刷新"按钮，再次访问 myjsp.jsp 页面，控制台窗口会再次输出 ServletRequest 对象被创建与被销毁的信息，但不会创建新的 HttpSession 对象，这是因为 Web 容器会为每次请求都创建一个新的 ServletRequest 对象，而对于同一个浏览器在会话期间只会创建一个 HttpSession 对象。

关闭访问 myjsp.jsp 页面的浏览器窗口或保持浏览器窗口不刷新，与之对应的 HttpSession 对象将在 2 分钟之后被销毁，控制台窗口显示的结果如图 9-14 所示。

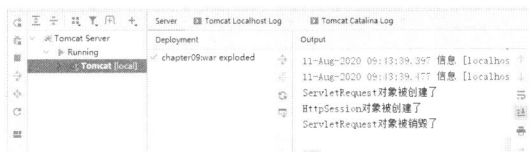

图9-13　控制台窗口显示的结果　　　　图9-14　控制台窗口——HttpSession对象被销毁

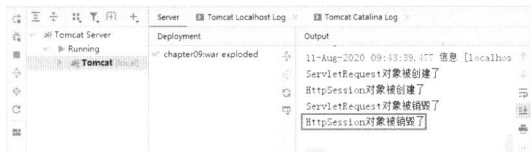

由图 9-14 可知，HttpSession 对象被销毁了，Web 服务器调用监听器对象的 sessionDestroyed( )方法销毁了该对象。

# 9.3　Servlet 3.0 新特性

Servlet 3.0 作为 Java EE 6 规范体系中的一员，随着 Java EE 6 规范一起发布。Servlet 3.0 在前一版本（Servlet 2.5）的基础上提供了很多新特性以简化 Web 应用的开发和部署。在前面的章节中其实已经接触了 Servlet 3.0 的新特性，例如已经使用过的@WebServlet 注解、@WebFilter 注解。注解就是 Servlet 3.0 的新特性之一，通过使用注解的方式简化了 Servlet 的配置。

下面介绍 Servlet 3.0 两个常用的新特性。

### 1. 注解

几乎所有基于 Java 的 Web 框架都建立在 Servlet 之上。在 Servlet 3.0 之前，Web 框架需要在 web.xml 中配置。在 Servlet 3.0 之后，可以用注解的方式配置 Web 框架，简化了 Web 框架的开发。

Servlet 3.0 常见的注解主要有以下几个。

● @WebServlet：修饰 Servlet 类，用于部署 Servlet 类。

● @WebFilter：修饰 Filter 类，用于部署 Filter 类。

● @WebListener：修饰 Listener 类，用于部署 Listener 类。

● @WebInitParam：与@WebServlet 或@WebFilter 注解连用，为@WebServlet 或@WebFilter 注解配置参数。

● @MultipartConfig：修饰 Servlet 类，指定 Servlet 类负责处理 multipart/form-data 类型的请求（主要用于处理上传文件）。

● @ServletSecurity：修饰 Servlet 类，是与 JAAS（Java 验证和授权 API）有关的注解。

@WebServlet和@WebFilter注解在之前的章节中已经使用过，其他注解的用法与@WebServlet 和@WebFilter 注解类似，此处不再详细讲解。

### 2. 异步处理支持

Servlet 3.0 的异步处理特性可以提高 Web 程序的接口处理速度。在 Servlet 3.0 之前，一个普通 Servlet 的工作流程大致如下。

（1）Servlet 接收到请求之后，对请求携带的数据进行一些预处理。

（2）调用业务接口的某些方法，完成业务处理。

（3）根据处理的结果提交响应，Servlet 线程结束。

其中，步骤（2）的业务处理通常是最耗时的，这主要体现在数据库操作和其他的跨网络调用等方面。在此过程中，Servlet 线程一直处于阻塞状态，直到业务方法执行完毕。在处理业务的过程中，Servlet 资源一直被占用而得不到释放，对于并发较大的应用，可能造成性能瓶颈。对于这个问题，在 Servlet 3.0 之前，通常采用提前结束 Servlet 线程的方式来及时释放资源。

Servlet 3.0 采用异步处理，将之前的 Servlet 工作流程进行了调整，具体如下。

（1）Servlet 接收到请求之后，首先对请求携带的数据进行一些预处理。

（2）Servlet 线程将请求转交给一个异步线程执行业务处理。

（3）线程本身返回至 Web 容器，此时 Servlet 还没有生成响应数据。

（4）异步线程处理完业务以后，可以直接生成响应数据（异步线程拥有 ServletRequest 和 ServletResponse 对象的引用），或者将请求继续转发给其他 Servlet。

如此一来，Servlet 线程不再一直处于阻塞状态等待业务逻辑处理完成，而是启动异步线程之后可以立即返回。

异步处理特性可以应用于 Servlet 和过滤器两个组件，由于异步处理的工作模式和普通工作模式在实现上有着本质的区别，因此默认情况下 Servlet 和过滤器并没有开启异步处理特性，如果希望使用该特性，可以通过 web.xml 配置与注解配置两种方式实现。下面分别对这两种开启异步处理的方式进行介绍。

（1）web.xml 配置。对于使用 web.xml 文件配置 Servlet 和过滤器的情况，Servlet 3.0 在 Servlet 标签中增加了 <async-supported> 子标签，该标签的默认值为 false，要启用异步处理支持，将其设置为 true 即可。以文件 9-1 中的 MyServlet 为例，如果开启异步处理，web.xml 文件的配置方式如下：

```
<servlet>
    <servlet-name>MyServlet</servlet-name>
    <servlet-class>cn.itcast.chapter09.filter.MyServlet</servlet-class>
    <async-supported>true</async-supported>
</servlet>
```

（2）注解配置。对于使用 Servlet 3.0 提供的 @WebServlet 和 @WebFilter 注解对 Servlet 或过滤器进行配置的情况，由于这两个注解都提供了 asyncSupported 属性，因此可以通过设置 asyncSupported 属性值开启异步处理。asyncSupported 默认值为 false，要启用异步处理支持，只需将该属性设置为 true 即可。以 @WebFilter 注解为例，其配置方式如下：

```
@WebFilter(filterName = "MyFilter",urlPatterns = "/MyServlet",
            asyncSupported = true)
```

上述讲解的 Servlet 3.0 新特性是本书涉及的内容，另外 Servlet 3.0 还有其他的特性，例如可插性支持等，限于篇幅，此处不再详细讲解。

# 9.4　文件的上传和下载

很多 Web 应用都会涉及到文件的上传和下载功能，例如图片的上传与下载、邮件附件的上传与下载等。本节将围绕文件的上传和下载功能进行详细讲解。

## 9.4.1　文件上传原理

要实现 Web 开发中的文件上传功能，通常需完成两步操作：一是在 Web 项目的页面中添加上传输入项，二是在 Servlet 中读取上传文件的数据，并保存到目标路径中。

由于大多数文件的上传都是通过表单的形式提交给服务器的，因此要想在程序中实现文件上传功能，首先要创建一个用于提交上传文件的表单页面。在表单页面中，需要使用<input type="file">标签在 JSP 页面中添加文件上传输入项。

<input type="file">标签的使用需要注意以下两点。

- 必须要设置 input 输入项的 name 属性，否则浏览器将不会发送上传文件的数据。
- 必须将表单页面的 method 属性设置为 post 方式，enctype 属性设置为 "multipart/form-data" 类型。

示例代码如下：

```
<%--指定表单数据的enctype属性以及提交方式--%>
<form enctype="multipart/form-data" method="post">
    <%--指定标记的类型和文件域的名称--%>
    选择上传文件: <input type="file" name="myfile"/><br />
</form>
```

当浏览器通过表单提交上传文件时，文件数据都附带在 HTTP 请求消息体中，并且采用 MIME 类型进行描述，在后台可以使用 request 对象提供的 getInputStream()方法读取客户端提交过来的数据。但用户可能会同时上传多个文件，而在 Servlet 端直接读取上传数据，并分别解析出相应的文件数据是一项非常麻烦的工作。为了方便处理用户上传的数据，Apache 组织提供了一个开源组件 Commons-FileUpload，该组件可以将 "multipart/form-data" 类型请求中的各种表单域方便地解析出来，并实现一个或多个文件的上传，同时也可以限制上传文件的大小等。Commons-FileUpload 组件性能十分优异，并且使用非常简单。

需要注意的是，在使用 Commons-FileUpload 组件时，需要导入 commons-fileupload.jar 和 commons-io.jar 两个 JAR 包，这两个 JAR 包可以在 Apache 官网下载（在 9.4.3 小节中会详细讲解如何下载 commons-fileupload.jar 和 commons-io.jar）。

Commons-FileUpload 组件是通过 Servlet 实现文件上传功能的，其工作流程如图 9-15 所示。

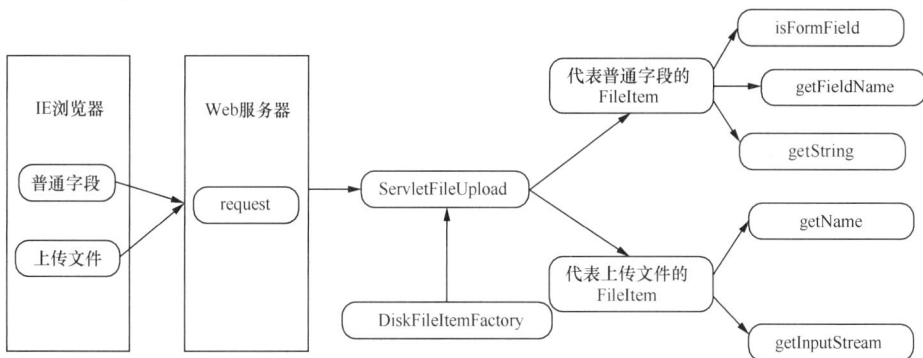

图9-15　Commons-FileUpload组件实现文件上传的工作流程

由图 9-15 可知，实现文件的上传会涉及几个类，这些类都是 Apache 组件上传文件的核心类。这些核心类的相关知识将在后面的小节进行详细讲解。

## 9.4.2　认识 Commons-FileUpload 组件

文件上传的功能由 Commons-FileUpload 组件中提供的 API 实现，从图 9-15 可以看出 Commons-FileUpload 组件中主要包括 FileItem 接口、DiskFileItemFactory 类和 ServletFileUpload 类。下面将对 Commons-FileUpload 组件中提供的这三个 API 进行介绍。

### 1. FileItem 接口

FileItem 接口主要用于封装单个表单字段元素的数据，一个表单字段元素对应一个 FileItem 对象。Commons-FileUpload 组件在处理文件上传的过程中，将每一个表单域（包括普通的文本表单域和文件域）封装在一个 FileItem 对象中。

为了便于讲解，在此将 FileItem 接口的实现类称为 FileItem 类。FileItem 类实现了序列化接口 Serializable，因此 FileItem 类支持序列化操作。FileItem 类定义了许多获取表单字段元素时可能使用到的方法，如表 9-5 所示。

表 9-5　FileItem 类的方法

| 方法声明 | 功能描述 |
|---|---|
| boolean isFormField( ) | isFormField( )方法用于判断 FileItem 类对象封装的数据是一个普通文本表单字段还是一个文件表单字段，如果是普通文本表单字段，则返回 true，否则返回 false |
| String getName( ) | getName( )方法用于获取文件上传字段中的文件名。如果 FileItem 类对象对应的是普通文本表单字段，getName( )方法将返回 null；否则，只要浏览器将文件的字段信息传递给服务器，getName( )方法就会返回一个字符串类型的结果，例如 C:\Sunset.jpg |
| String getFieldName( ) | getFieldName( )方法用于获取表单字段元素描述头的 name 属性值，也是表单标签 name 属性的值，例如 "name=file1" 中的 "file1" |
| void write(File file) | write( )方法用于将 FileItem 对象中保存的主体内容保存到某个指定的文件中。如果 FileItem 对象中的主体内容保存在某个临时文件中，那么该方法顺利完成后，临时文件有可能会被清除。另外，该方法也可将普通表单字段内容写入一个文件中，但它主要用于将上传的文件内容保存到本地文件系统中 |
| String getString( ) | getString( )方法用于将 FileItem 对象中保存的数据流内容以一个字符串形式返回。它有两个重载的定义形式：① public String getString( )；② public String getString(java.lang.String encoding)。前者使用默认的字符集编码将主体内容转换成字符串，后者使用参数指定的字符集编码将主体内容转换成字符串 |
| String getContentType( ) | getContentType( )方法用于获得上传文件的类型，即表单字段元素描述头属性 "Content-Type" 的值，例如 "image/jpeg"。如果 FileItem 类对象对应的是普通表单字段，该方法将返回 null |

### 2. DiskFileItemFactory 类

DiskFileItemFactory 类用于将请求消息实体中的每一个文件封装成单独的 FileItem 对象。如果上传的文件比较小，将直接保存在内存中；如果上传的文件比较大，则会以临时文件的形式保存在磁盘的临时文件夹中。在默认情况下，不管文件保存在内存还是磁盘临时文件夹，文件存储的临界值都是 10240 字节，即 10 KB。DiskFileItemFactory 类中包含两个构造方法，如表 9-6 所示。

表 9-6　DiskFileItemFactory 类的构造方法

| 方法声明 | 功能描述 |
|---|---|
| DiskFileItemFactory( ) | 采用默认临界值和系统临时文件夹构造文件项工厂对象 |
| DiskFileItemFactory(int sizeThreshold, File repository) | 采用参数指定临界值和系统临时文件夹构造文件项工厂对象 |

表 9-6 列举了 DiskFileItemFactory 类的两个构造方法，其中第二个构造方法需要传递两个参数，第一个参数 sizeThreshold 表示文件保存在内存或是磁盘临时文件夹中的临界值，第二个参数 repository 表示临时文件的存储路径。

### 3. ServletFileUpload 类

ServletFileUpload 类是 Apache 组件处理文件上传的核心高级类，通过调用 parseRequest( ) 方法可以将 HTML 中每个表单提交的数据封装成一个 FileItem 对象，然后以 List 列表的形式返回。ServletFileUpload 类中包含两个构造方法，如表 9-7 所示。

表 9-7　ServletFileUpload 类的构造方法

| 方法声明 | 功能描述 |
|---|---|
| ServletFileUpload( ) | 构造一个未初始化的 ServletFileUpload 实例对象 |
| ServletFileUpload(FileItemFactory fileItemFactory) | 根据参数指定的 FileItemFactory 对象创建一个 ServletFileUpload 对象 |

表 9-7 列举了 ServletFileUpload 类的两个构造方法。在文件上传过程中，在使用第一个构造方法创建
ServletFileUpload 对象时，需要在解析请求之前调用 setFileItemFactory()方法设置 fileItemFactory 属性。

## 9.4.3　Commons-FileUpload 组件的下载

9.4.2 小节讲解了 Commons-FileUpload 组件，在使用 Commons-FileUpload 组件时，要导入 commons-
fileupload.jar 和 commons-io.jar 两个 JAR 包。下面介绍 Commons-FileUpload 组件的下载以及 commons-fileupload.jar
和 commons-io.jar 两个 JAR 包的导入。

（1）登录 Commons-FileUpload 组件官网进行下载，其官网下载页面如图 9-16 所示。

（2）在图 9-16 中单击 FileUpload 1.3.3 版本的"here"超链接，进入 FileUpload 1.3.3 版本组织结构页面，
如图 9-17 所示。

图9-16　Commons-FileUpload组件的官网下载页面

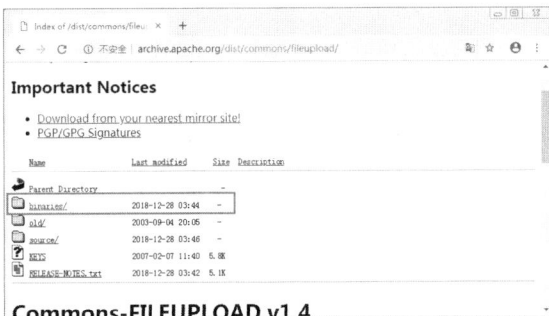

图9-17　FileUpload 1.3.3版本组织结构页面

（3）单击图 9-17 中的"binaries/"超链接，进入 Commons-FileUpload 组件的下载页面，如图 9-18 所示。
单击图 9-18 中的"commons-fileupload-1.3.3-bin.zip"超链接完成 Commons-FileUpload 组件的下载。

（4）完成下载后，将 commons-fileupload-1.3.3-bin.zip 文件解压，在解压文件下找到 commons-fileupload-
1.3.3.jar 文件，该文件就是使用 Commons-FileUpload 组件时需要的 JAR 包。

完成 Commons-FileUpload 组件的 JAR 包下载后，还需要下载 Commons IO 组件的 JAR 包，因为 Commons-
FileUpload 组件需要 Commons IO 的支持，Commons IO 组件的 JAR 包下载步骤具体如下。

（1）登录 Commons IO 组件的官网进行下载，其官网下载页面如图 9-19 所示。

（2）在图 9-19 中单击 Commons IO 2.7 版本的"Download now！"超链接，进入 Commons IO 2.7 版本的下
载页面，如图 9-20 所示。

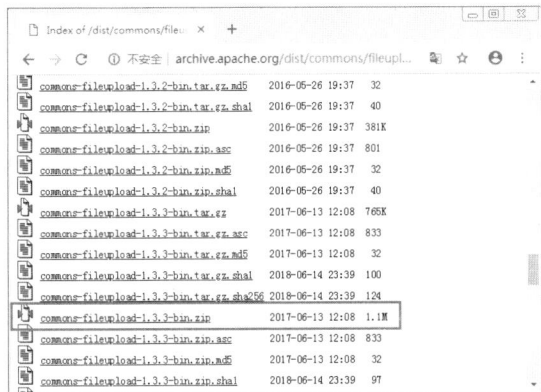

图9-18　Commons-FileUpload组件的下载页面

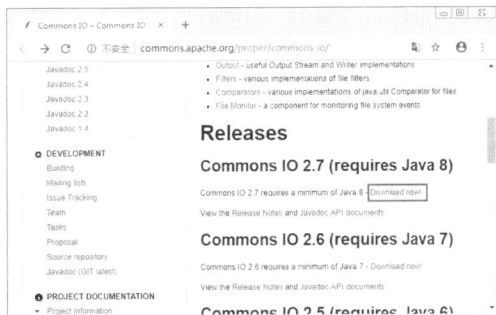

图9-19　Commons IO组件的官网下载页面

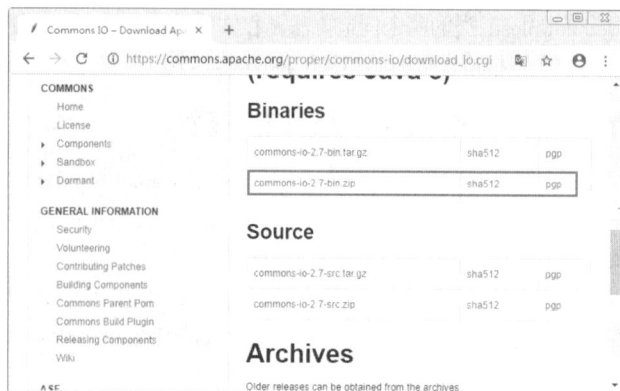

图9-20　Commons IO 2.7版本的下载页面

在图 9-20 中单击"commons-io-2.7-bin.zip"超链接下载 Commons IO 组件。下载完成后，将 commons-io-2.7-bin.zip 文件解压，找到 commons-io-2.7.jar 文件，该文件就是使用 Commons IO 组件时需要的 JAR 包。

### 9.4.4　动手实践：实现文件上传

要实现 Web 项目中的文件上传功能，首先需要使用到 Commons-FileUpload 组件，另外需要将 JSP 页面 form 表单的 enctype 属性值设置为"multipart/form-data"，再在 Servlet 中使用 IO 流实现文件的上传，具体实现如下。

#### 1．创建项目，导入 JAR 包

在项目 chapter09 的 WEB-INF 下新建 lib 目录，在 lib 目录下导入 JAR 包 commons-fileupload-1.3.3.jar 和 commons-io-2.7.jar。导入 JAR 包的项目结构如图 9-21 所示。

将 commons-fileupload-1.3.3.jar 和 commons-io-2.7.jar 复制到项目后还需要在"Modules"中配置 JAR 包，配置方式与 4.2.1 小节相同，这里不再赘述。

#### 2．创建上传页面

在 chapter09 项目的 web 目录下创建一个名称为 form 的 JSP 文件，用于提供文件上传的 form 表单。需要注意的是，form 表单的 enctype 属性值要设置为"multipart/form-data"，method 属性值要设置为"post"，并将 action 属性值设置为"UploadServlet"。form.jsp 的实现如文件 9-17 所示。

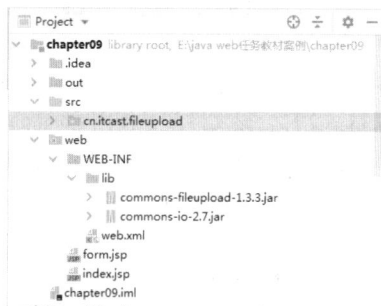

图9-21　导入JAR包的项目结构

文件 9-17　form.jsp

```
1  <%@ page language="java" contentType="text/html; charset=UTF-8"%>
2  <!DOCTYPE html PUBLIC "-//W3C//DTD HTML 4.01 Transitional//EN"
3                  "http://www.w3.org/TR/html4/loose.dtd">
4  <html>
5  <head>
6  <meta http-equiv="Content-Type" content="text/html; charset=UTF-8">
7  <title>文件上传</title>
8  </head>
9  <body>
10     <form action="UploadServlet" method="post"
11                     enctype="multipart/form-data">
12         <table width="600px">
13             <tr>
14                 <td>上传者</td>
15                 <td><input type="text" name="name" /></td>
```

```
16              </tr>
17              <tr>
18                  <td>上传文件</td>
19                  <td><input type="file" name="myfile"></td>
20              </tr>
21              <tr>
22                  <td colspan="2"><input type="submit" value="上传" /></td>
23              </tr>
24          </table>
25      </form>
26 </body>
27 </html>
```

### 3. 创建 Servlet

在 chapter09 项目的 src 目录下创建一个名称为 cn.itcast.fileupload 的包，在该包中新建一个名称为 UploadServlet 的类，用于获取表单及其上传文件的信息。UploadServlet 类的实现如文件 9-18 所示。

文件 9-18　UploadServlet.java

```
1  package cn.itcast.fileupload;
2  import java.io.*;
3  import java.util.*;
4  import javax.servlet.*;
5  import javax.servlet.annotation.*;
6  import javax.servlet.http.*;
7  import org.apache.commons.fileupload.*;
8  import org.apache.commons.fileupload.disk.DiskFileItemFactory;
9  import org.apache.commons.fileupload.servlet.ServletFileUpload;
10 //上传文件的 Servlet 类
11 @WebServlet(name = "UploadServlet",urlPatterns = "/UploadServlet")
12 //该注解用于标注文件上传的 Servlet
13 @MultipartConfig
14 public class UploadServlet extends HttpServlet {
15     private static final long serialVersionUID = 1L;
16     public void doGet(HttpServletRequest request,
17       HttpServletResponse response)throws ServletException, IOException {
18         try {
19             //设置 ContentType 字段值
20             response.setContentType("text/html;charset=utf-8");
21             // 创建 DiskFileItemFactory 工厂对象
22             DiskFileItemFactory factory = new DiskFileItemFactory();
23             //设置文件缓存目录，如果该目录不存在，则新创建一个
24             File f = new File("E:\\TempFolder");
25             if (!f.exists()) {
26                 f.mkdirs();
27             }
28             //设置文件的缓存路径
29             factory.setRepository(f);
30             //创建 ServletFileUpload 对象
31             ServletFileUpload fileupload = new ServletFileUpload(factory);
32             //设置字符编码
33             fileupload.setHeaderEncoding("utf-8");
34             // 解析 request，得到上传文件的 FileItem 对象
35             List<FileItem> fileitems = fileupload.parseRequest(request);
36             //获取字符流
37             PrintWriter writer = response.getWriter();
38             //遍历集合
39             for (FileItem fileitem : fileitems) {
40                 //判断是否为普通字段
41                 if (fileitem.isFormField()) {
42                     //获得字段名和字段值
43                     String name = fileitem.getFieldName();
44                     if(name.equals("name")){
45                         //如果文件不为空，将其保存在 value 中
46                         if(!fileitem.getString().equals("")){
47                             String value = fileitem.getString("utf-8");
```

```
48                             writer.print("上传者: " + value + "<br />");
49                         }
50                     }
51             } else {
52                 //获取上传的文件名
53                 String filename = fileitem.getName();
54                 //处理上传文件
55                 if(filename != null && !filename.equals("")){
56                 writer.print("上传的文件名称是: " + filename + "<br />");
57                 //截取文件名
58                 filename = filename.substring(filename.lastIndexOf("\\") + 1);
59                 //文件名必须唯一
60                 filename = UUID.randomUUID().toString() + "_" + filename;
61                 //在服务器创建同名文件
62                 String webPath = "/upload/";
63                 //将服务器中文件夹路径与文件名组合成完整的服务器端路径
64                 String filepath = getServletContext()
65                                     .getRealPath(webPath + filename);
66                 //创建文件
67                 File file = new File(filepath);
68                 file.getParentFile().mkdirs();
69                 file.createNewFile();
70                 //获得上传文件流
71                 InputStream in = fileitem.getInputStream();
72                 //使用 FileOutputStream 打开服务器端的上传文件
73                 FileOutputStream out = new FileOutputStream(file);
74                 //流的复制
75                 byte[] buffer = new byte[1024];//每次读取1字节
76                 int len;
77                 //开始读取上传文件的字节,并将其输出到服务器端的上传文件输出流中
78                 while ((len = in.read(buffer)) > 0)
79                     out.write(buffer, 0, len);
80                 //关闭流
81                 in.close();
82                 out.close();
83                 //删除临时文件
84                 fileitem.delete();
85                 writer.print("上传文件成功! <br />");
86                 }
87             }
88         }
89     } catch (Exception e) {
90         throw new RuntimeException(e);
91     }
92     }
93 public void doPost(HttpServletRequest request,
94     HttpServletResponse response)throws ServletException, IOException {
95         doGet(request, response);
96     }
97 }
```

### 4. 启动项目，查看运行结果

在 IDEA 中启动 Tomcat 服务器，通过浏览器访问地址 http://localhost:8080/chapter09/form.jsp，浏览器显示的结果如图 9–22 所示。

在图 9–22 所示的 form 表单中，填写上传者信息 "itcast"，并选择需要上传的文件，如图 9–23 所示。

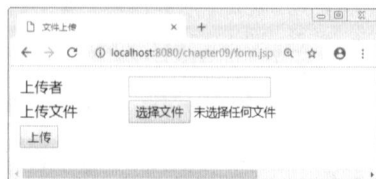

图9-22　form.jsp页面显示的结果

图9-23　选择上传的文件

在图 9-23 中单击"上传"按钮上传文件，文件成功上传后，浏览器的界面如图 9-24 所示。

至此，将文件上传到服务器的功能已经实现。进入项目发布目录，可以看到刚才上传的文件，如图 9-25 所示。

图9-24　文件上传成功

图9-25　上传的文件

由图 9-25 可知，在发布目录中，chapter09 项目的 out\artifacts\chapter09_war_exploded\upload 目录内已经多了一个以"_logo.png"结尾的文件，这就是刚才上传的文件。该文件名称之所以与图 9-24 中显示的不一样，是因为在代码中为了防止文件名重复，上传文件时在文件名称前面添加了前缀（文件名采用的是"UUID+文件名"的方式，中间用"_"连接）。

需要注意的是，chapter09 项目的 out\artifacts\chapter09_war_exploded\upload 目录是 IDEA 默认发布的路径目录，如果读者将项目发布目录配置在 Tomcat 的 webapps 中，可以去 webapps 中的 chapter09 项目中查看。

## 9.4.5　文件下载原理

对于文件下载，相信读者并不陌生，例如平时在网上下载图片、文档和影片等。现在很多网站都提供了各类资源的下载功能，因此在学习 Web 开发过程中有必要学习文件下载的实现方式。

实现文件下载功能比较简单，文件下载一般不需要使用第三方组件实现，而是直接使用 Servlet 类和输入/输出流实现。与访问服务器文件不同的是，要实现文件的下载，不仅需要指定文件的路径，而且需要在 HTTP 协议中设置两个响应消息头，具体如下：

```
//设定接收程序处理数据的方式
Content-Disposition: attachment;
//设定实体内容的 MIME 类型
filename = Content-Type:application/x-msdownload
```

浏览器通常会直接处理响应的实体内容，同时需要在 HTTP 响应消息中设置两个响应消息头字段，用于指定接收程序处理数据内容的方式为下载。当单击"下载"超链接时，系统将请求提交到对应的 Servlet。在 Servlet 中，首先获取下载文件的地址，并根据文件下载地址创建文件字节输入流，然后通过输入流读取要下载的文件内容，最后将读取的内容通过输出流写到目标文件中。

## 9.4.6　动手实践：实现文件下载

要实现 Web 项目中的文件下载功能，首先需要在 JSP 页面中放入可供下载的文件，再在 Servlet 中使用 IO 流实现文件的下载，具体实现如下。

### 1. 创建下载页面

在 chapter09 项目的 web 目录下创建名称为 download 的 JSP 文件，在该文件中编写一个用于下载的链接。download.jsp 页面的实现如文件 9-19 所示。

文件 9-19　download.jsp

```
1  <%@ page language="java" contentType="text/html; charset=UTF-8"%>
2  <!DOCTYPE html PUBLIC "-//W3C//DTD HTML 4.01 Transitional//EN"
3                  "http://www.w3.org/TR/html4/loose.dtd">
```

```
4   <html>
5   <head>
6   <meta http-equiv="Content-Type" content="text/html; charset=UTF-8">
7   <title>文件下载</title>
8   </head>
9   <body>
10   <a href=
11     "http://localhost:8080/chapter09/DownloadServlet?filename=1.png">
12       文件下载</a>
13  </body>
14  </html>
```

### 2. 创建 Servlet

在 chapter09 项目的 src 目录下新建 cn.itcast.fileupload 包，在 cn.itcast.fileupload 包中创建 DownloadServlet 类，用于设置所要下载的文件以及文件在浏览器中的打开方式。DownloadServlet 类的实现如文件 9–20 所示。

文件 9-20　DownloadServlet.java

```
1   package cn.itcast.fileupload;
2   import java.io.*;
3   import javax.servlet.*;
4   import javax.servlet.http.* ;
5   import javax.servlet.annotation.WebServlet;
6   @WebServlet(name = "DownloadServlet",urlPatterns = "/DownloadServlet")
7   public class DownloadServlet extends HttpServlet {
8       private static final long serialVersionUID = 1L;
9       public void doGet(HttpServletRequest request, HttpServletResponse
10          response) throws ServletException, IOException {
11          //设置 ContentType 字段值
12          response.setContentType("text/html;charset=utf-8");
13          //获取所要下载的文件名称
14          String filename = request.getParameter("filename");
15          //下载文件所在目录
16          String folder = "/download/";
17          //通知浏览器以下载的方式打开
18          response.addHeader("Content-Type", "application/octet-stream");
19          response.addHeader("Content-Disposition",
20              "attachment;filename="+filename);
21          //通过文件流读取文件
22          InputStream in = getServletContext().getResourceAsStream(
23                  folder+filename);
24          //获取 response 对象的输出流
25          OutputStream out = response.getOutputStream();
26          byte[] buffer = new byte[1024];
27          int len;
28          //循环取出流中的数据
29          while ((len = in.read(buffer)) != -1) {
30              out.write(buffer, 0, len);
31          }
32      }
33      public void doPost(HttpServletRequest request, HttpServletResponse
34          response) throws ServletException, IOException {
35          doGet(request, response);
36      }
37  }
```

### 3. 创建下载目录及文件

在 chapter09 项目的 web 目录下创建一个名称为 download 的文件夹，在该文件夹中放置一个名称为"1.png"的图片文件。

### 4. 启动项目，查看结果

在 IDEA 中启动 Tomcat 服务器，通过浏览器访问地址 http://localhost:8080/chapter09/download.jsp，浏览器显示的界面如图 9–26 所示。

在图 9–26 中单击"文件下载"链接，浏览器显示的结果如图 9–27 所示。

图9-26　下载页面

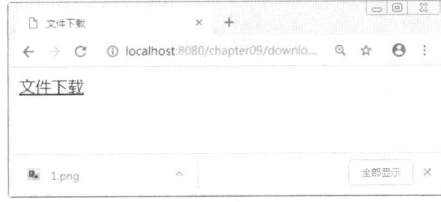

图9-27　单击下载链接后浏览器显示的结果

# 9.5　本章小结

　　本章主要讲解了 Servlet 的高级知识，首先讲解了 Filter，包括什么是 Filter、Filter 的 API、Filter 的生命周期、Filter 映射和 Filter 链；其次讲解了 Listener，包括 Listener 概述和 Listener 的 API；然后讲解了 Servlet 3.0 的新特性；最后讲解了文件上传和下载的原理以及 API。通过本章的学习，读者应该熟练掌握 Servlet 高级的相关技术。

# 9.6　本章习题

　　本章课后习题请扫描二维码。

第 **10** 章

# JDBC

**学习目标**

★ 了解什么是 JDBC
★ 熟悉 JDBC 的常用 API
★ 掌握 PreparedStatement 对象的使用
★ 掌握 ResultSet 对象的使用
★ 掌握 JDBC 操作数据库的步骤

拓展阅读

在 Web 开发中，不可避免地要使用数据库存储和管理数据。为了在 Java 语言中提供对数据库访问的支持，Sun 公司于 1996 年提供了一套访问数据库的标准 Java 类库，即 JDBC（Java Database Connectivity，Java 数据库连接）。本章将围绕 JDBC 常用 API、JDBC 基本操作等知识进行详细讲解。

## 10.1 什么是 JDBC

JDBC 是一套用于执行 SQL 语句的 Java API。应用程序可通过这套 API 连接到关系型数据库，并使用 SQL 语句完成对数据库中数据的查询、更新、新增和删除操作。

不同种类的数据库（例如 MySQL、Oracle 等）内部处理数据的方式是不同的，如果直接使用数据库厂商提供的访问接口操作数据库，应用程序的可移植性就会变得很差。例如，用户当前在程序中使用的是 MySQL 提供的接口操作数据库，如果换成 Oracle 数据库，则需要重新使用 Oracle 数据库提供的接口，这样代码的改动量会非常大。有了 JDBC 后，这种问题就不复存在了，因为它要求各个数据库厂商按照统一的规范提供数据库驱动，而在程序中由 JDBC 与具体的数据库驱动联系，所以用户就不必直接与底层的数据库交互，这使得代码的通用性更强。

应用程序使用 JDBC 访问数据库的方式如图 10-1 所示。

由图 10-1 可知，JDBC 在应用程序与数据库之间起到了桥梁作用，当应用程序使用 JDBC 访问特定的数据库时，需要通过不同数据库驱动与不同的数据库进行连接，连接后即可对数据库进行相应的操作。

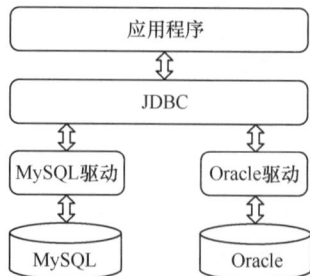

图10-1　应用程序使用JDBC访问数据库的方式

# 10.2　JDBC 的常用 API

在开发 JDBC 程序前，需要学习一下 JDBC 常用的 API。JDBC API 主要位于 java.sql 包中，该包定义了一系列访问数据库的接口和类。本节将对 java.sql 包内常用的接口和类进行详细讲解。

## 10.2.1　Driver 接口

Driver 接口是所有 JDBC 驱动程序必须实现的接口，该接口专门提供给数据库厂商使用。需要注意的是，在编写 JDBC 程序时，必须要把所使用的数据库驱动程序或类库加载到项目的 classpath 中（这里指 MySQL 驱动 JAR 包）。

## 10.2.2　DriverManager 类

DriverManager 类用于加载 JDBC 驱动并且创建与数据库的连接。在 DriverManager 类中，定义了两个比较重要的静态方法，如表 10-1 所示。

表 10-1　DriverManager 类的静态方法

| 方法名称 | 功能描述 |
|---|---|
| registerDriver(Driver driver) | 该方法用于向 DriverManager 中注册给定的 JDBC 驱动程序 |
| getConnection(String url,String user,String pwd) | 该方法用于建立与数据库的连接，并返回表示连接的 Connection 对象 |

## 10.2.3　Connection 接口

Connection 接口表示 Java 程序和数据库的连接，只有获得该连接对象后才能访问数据库，并操作数据表。在 Connection 接口中定义了一系列方法，常用方法如表 10-2 所示。

表 10-2　Connection 接口的常用方法

| 方法名称 | 功能描述 |
|---|---|
| getMetaData( ) | 用于返回表示数据库元数据的 DatabaseMetaData 对象 |
| createStatement( ) | 用于创建一个 Statement 对象并将 SQL 语句发送到数据库 |
| prepareStatement(String sql) | 用于创建一个 PreparedStatement 对象并将参数化的 SQL 语句发送到数据库 |
| prepareCall(String sql) | 用于创建一个 CallableStatement 对象来调用数据库存储过程 |

## 10.2.4　Statement 接口

Statement 接口用于执行静态的 SQL 语句，并返回一个结果对象。Statement 接口的对象通过 Connection 实例的 createStatement( )方法获得。利用 Statement 接口把静态的 SQL 语句发送到数据库编译执行，然后返回数据库的处理结果。Statement 接口提供了执行 SQL 语句的 3 个常用方法，具体如表 10-3 所示。

表 10-3　Statement 接口的常用方法

| 方法名称 | 功能描述 |
|---|---|
| execute(String sql) | 用于执行各种 SQL 语句，该方法返回一个 boolean 类型的值，如果为 true，则表示所执行的 SQL 语句有查询结果，可通过 Statement 的 getResultSet( )方法获得查询结果 |
| executeUpdate(String sql) | 用于执行 SQL 中的 insert、update 和 delete 语句。该方法返回一个 int 类型的值，表示数据库中受该 SQL 语句影响的记录条数 |
| executeQuery(String sql) | 用于执行 SQL 中的 select 语句，该方法返回一个表示查询结果的 ResultSet 对象 |

### 10.2.5　PreparedStatement 接口

Statement 接口封装了 JDBC 执行 SQL 语句的方法，可以完成 Java 程序执行 SQL 语句的操作。然而在实际开发过程中往往需要将程序中的变量作为 SQL 语句的查询条件，而使用 Statement 接口操作这些 SQL 语句会过于烦琐，并且存在安全方面的问题。针对这一问题，JDBC API 提供了扩展的 PreparedStatement 接口。

PreparedStatement 是 Statement 的子接口，用于执行预编译的 SQL 语句。PreparedStatement 接口扩展了带有参数的 SQL 语句的执行操作，应用该接口中的 SQL 语句可以使用占位符 "?" 代替参数，然后通过 setter( ) 方法为 SQL 语句的参数赋值。PreparedStatement 接口提供了一些常用方法，具体如表 10-4 所示。

表 10-4　PreparedStatement 接口的常用方法

| 方法名称 | 功能描述 |
| --- | --- |
| executeUpdate( ) | 在此 PreparedStatement 对象中执行 SQL 语句，该语句必须是一个 DML 语句或者无返回内容的 SQL 语句，例如 DDL 语句 |
| executeQuery( ) | 在此 PreparedStatement 对象中执行 SQL 查询，该方法返回的是 ResultSet 对象 |
| setInt(int parameterIndex, int x) | 将指定参数设置为给定的 int 值 |
| setFloat(int parameterIndex, float x) | 将指定参数设置为给定的 float 值 |
| setString(int parameterIndex, String x) | 将指定参数设置为给定的 String 值 |
| setDate(int parameterIndex, Date x) | 将指定参数设置为给定的 Date 值 |
| addBatch( ) | 将一组参数添加到此 PreparedStatement 对象的批处理命令中 |
| setCharacterStream(int parameterIndex, java.io.Reader reader,int length) | 将指定的输入流写入数据库的文本字段中 |
| setBinaryStream(int parameterIndex, java.io.InputStream x, int length) | 将二进制的输入流数据写入二进制字段中 |

需要注意的是，表 10-4 中的 setDate( ) 方法可以设置日期内容，但参数 Date 的类型是 java.sql.Date，而不是 java.util.Date。

在通过 setter( ) 方法为 SQL 语句中的参数赋值时，可以采用参数与 SQL 类型相匹配的方法（例如，如果参数类型为 Integer，那么应该使用 setInt( ) 方法），也可以通过 setObject( ) 方法设置多种类型的输入参数。

通过 setter( ) 方法为 SQL 语句中的参数赋值，具体示例代码如下：

```
String sql = "INSERT INTO users(id,name,email) VALUES(?,?,?)";
PreparedStatement preStmt = conn.prepareStatement(sql);
preStmt.setInt(1, 1);                    //使用参数与SQL类型相匹配的方法
preStmt.setString(2, "zhangsan");        //使用参数与SQL类型相匹配的方法
preStmt.setObject(3, "zs@sina.com");     //使用setObject()方法设置参数
preStmt.executeUpdate();
```

### 10.2.6　ResultSet 接口

ResultSet 接口用于保存 JDBC 执行查询时返回的结果集，该结果集封装在一个逻辑表格中。在 ResultSet 接口内部有一个指向表格数据行的游标（指针），ResultSet 对象初始化时游标在表格的第一行之前，调用 next( ) 方法可将游标移动到下一行。如果下一行没有数据，则返回 false。在应用程序中经常调用 next( ) 方法作为 while 循环的条件来迭代 ResultSet 结果集。

ResultSet 接口的常用方法如表 10-5 所示。

表 10-5　ResultSet 接口的常用方法

| 方法名称 | 功能描述 |
| --- | --- |
| getString(int columnIndex) | 用于获取指定字段的 String 类型的值，参数 columnIndex 代表字段的索引 |

| 方法名称 | 功能描述 |
| --- | --- |
| getString(String columnName) | 用于获取指定字段的 String 类型的值，参数 columnName 代表字段的名称 |
| getInt(int columnIndex) | 用于获取指定字段的 int 类型的值，参数 columnIndex 代表字段的索引 |
| getInt(String columnName) | 用于获取指定字段的 String 类型的值，参数 columnName 代表字段的名称 |
| getDate(int columnIndex) | 用于获取指定字段的 int 类型的值，参数 columnIndex 代表字段的索引 |
| getDate(String columnName) | 用于获取指定字段的 String 类型的值，参数 columnName 代表字段的名称 |
| next( ) | 将游标从当前位置向下移一行 |
| absolute(int row) | 将游标移动到此 ResultSet 对象的指定行 |
| afterLast( ) | 将游标移动到此 ResultSet 对象的末尾，即最后一行之后 |
| beforeFirst( ) | 将游标移动到此 ResultSet 对象的开头，即第一行之前 |
| previous( ) | 将游标移动到此 ResultSet 对象的上一行 |
| last( ) | 将游标移动到此 ResultSet 对象的最后一行 |

由表 10–5 可知，ResultSet 接口中定义了大量的 getter( )方法，而采用哪种 getter( )方法获取数据，取决于字段的数据类型。程序既可以通过字段的名称获取指定数据，也可以通过字段的索引获取指定的数据，字段的索引是从 1 开始编号的。例如，数据表的第一列字段名为 id，字段类型为 int，那么既可以调用 getInt(1)，以字段索引的方式获取该列的值，也可以调用 getInt("id")，以字段名称的方式获取该列的值。

# 10.3  实现 JDBC 程序

通过前两个小节的学习，读者对 JDBC 及其常用 API 已经有了大致的了解，下面将讲解如何使用 JDBC 的常用 API 实现一个 JDBC 程序。本章使用的 MySQL 数据库的版本为 MySQL Community Server 8.0.23。

通常，JDBC 的使用可以按照以下几个步骤进行。

### 1. 加载并注册数据库驱动

注册数据库驱动的具体方式如下：

```
DriverManager.registerDriver(Driver driver);
```

或

```
Class.forName("DriverName");
```

### 2. 通过 DriverManager 获取数据库连接

获取数据库连接的具体方式如下：

```
Connection conn = DriverManager.getConnection(String url, String user, String pwd);
```

getConnection( )方法有 3 个参数，它们分别表示连接数据库的 URL 地址、登录数据库的用户名和密码。以 MySQL 数据库为例，MySQL 5.5 及之前版本的 URL 地址的书写格式如下：

```
jdbc:mysql://hostname:port/databasename
```

MySQL 5.6 及之后版本的 MySQL 数据库的时区设定比中国时间早 8 小时，需要在 URL 地址后面指定时区，具体代码如下：

```
jdbc:mysql://hostname:port/databasename?serverTimezone=GMT%2B8
```

在上述代码中，jdbc:mysql:是固定的写法，mysql 是指 MySQL 数据库，hostname 是指主机的名称（如果数据库在本机中，hostname 可以为 localhost 或 127.0.0.1；如果要连接的数据库在其他计算机上，hostname 为所要连接计算机的 IP），port 是指连接数据库的端口号（MySQL 端口号默认为 3306），databasename 是指 MySQL 中相应数据库的名称。

### 3. 通过 Connection 对象获取 Statement 对象

通过 Connection 对象获取 Statement 对象的方式有以下三种。

- 调用 createStatement( )方法：创建基本的 Statement 对象。
- 调用 prepareStatement( )方法：创建 PreparedStatement 对象。
- 调用 prepareCall( )方法：创建 CallableStatement 对象。

以创建基本的 Statement 对象为例，创建方式如下：

```
Statement stmt = conn.createStatement();
```

### 4. 使用 Statement 对象执行 SQL 语句

所有的 Statement 对象都有以下三种执行 SQL 语句的方法。

- execute( )：可以执行任何 SQL 语句。
- executeQuery( )：通常执行查询语句，执行后返回代表结果集的 ResultSet 对象。
- executeUpdate( )：主要用于执行 DML 和 DDL 语句。执行 DML 语句（例如 INSERT、UPDATE 或 DELETE）时，返回受 SQL 语句影响的行数，执行 DDL 语句则返回 0。

以 executeQuery( )方法为例，其使用方式如下：

```
//执行 SQL 语句，获取结果集 ResultSet
ResultSet rs = stmt.executeQuery(sql);
```

### 5. 操作 ResultSet 结果集

如果执行的 SQL 语句是查询语句，执行结果将返回一个 ResultSet 对象，该对象保存了 SQL 语句查询的结果。程序可以通过操作该 ResultSet 对象获取查询结果。

### 6. 关闭连接，释放资源

每次操作数据库结束后都要关闭数据库连接，释放资源，包括 ResultSet、Statement 和 Connection 等资源。

至此，JDBC 程序的大致实现步骤已经讲解完成。下面依照上面所讲解的步骤演示 JDBC 的使用。编写 JDBC 程序从 users 表中读取数据，并将结果打印在控制台，具体步骤如下。

### 1. 搭建数据库环境

在 MySQL 中创建一个名称为 jdbc 的数据库，然后在该数据库中创建一个 users 表。创建 jdbc 数据库和 users 表的 SQL 语句如下：

```
CREATE DATABASE jdbc;
USE jdbc;
CREATE TABLE users(
        id INT PRIMARY KEY AUTO_INCREMENT,
        name VARCHAR(40),
        password VARCHAR(40),
        email VARCHAR(60),
        birthday DATE
)CHARACTER SET utf8 COLLATE utf8_general_ci;
```

jdbc 数据库和 users 表创建成功后，向 users 表中插入 3 条数据。插入数据的 SQL 语句如下：

```
INSERT INTO users(NAME,PASSWORD,email,birthday)
VALUES('zs','123456','zs@sina.com','1980-12-04');
INSERT INTO users(NAME,PASSWORD,email,birthday)
VALUES('lisi','123456','lisi@sina.com','1981-12-04');
INSERT INTO users(NAME,PASSWORD,email,birthday)
VALUES('wangwu','123456','wangwu@sina.com','1979-12-04');
```

为了查看数据是否添加成功，可以在 MySQL 客户端中使用 SELECT 语句查询数据表 users 中的数据，查询结果如图 10-2 所示。

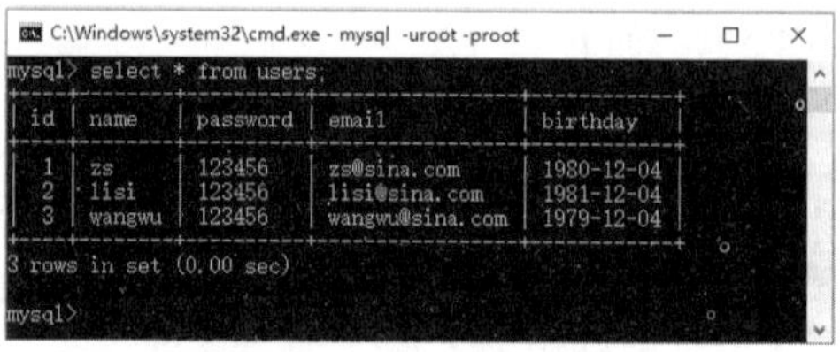

### 2. 创建项目环境，导入数据库驱动

在 IDEA 中创建一个名称为 chapter10 的 Web 项目，将下载好的 MySQL 数据库驱动包 mysql-connector-java-8.0.15.jar 复制到项目的 lib 目录中。加入驱动后的项目结构如图 10-3 所示。

图10-2　查询结果（1）

将 MySQL 的数据库驱动添加到项目的 lib 目录下，在 IDEA 菜单栏单击【File】→【Project Structure】→

【libraries】，进入"Project Structure"窗口，如图10-4 所示。

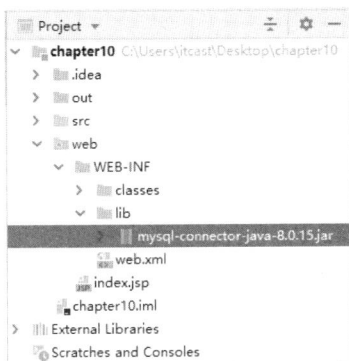

图10-3　加入驱动后的项目结构

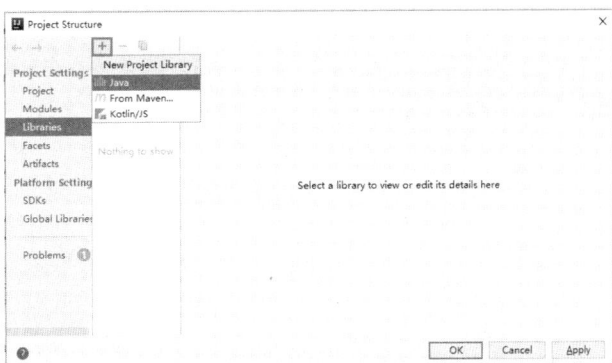

图10-4　"Project Structure"窗口（1）

在图10-4 中，单击【＋】→【Java】，进入"Select Library Files"窗口，选择项目中 lib 目录下的 MySQL 的数据库驱动 JAR 包，将 MySQL 的数据库驱动发布到项目的类路径下，如图10-5 所示。

在图10-5 中，单击"OK"按钮，返回"Project Structure"窗口，如图10-6 所示。

图10-5　将MySQL的数据库驱动发布到项目的类路径下

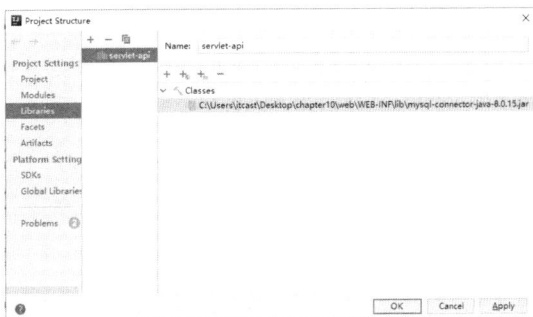

图10-6　"Project Structure"窗口（2）

在图10-6 中，先单击"Apply"按钮，再单击"OK"按钮完成数据库驱动的导入。至此，MySQL 的数据库驱动就成功发布到项目的类路径下了。

### 3. 编写 JDBC 程序

在项目 chapter10 的 src 目录下，创建一个名称为 cn.itcast.jdbc.example 的包，在该包中创建类 Example01，该类用于读取数据库中的 users 表，并将读取到的数据输出到控制台。Example01 类的实现如文件 10-1 所示。

文件 10-1　Example01.java

```
1   package cn.itcast.jdbc.example;
2   import java.sql.Connection;
3   import java.sql.DriverManager;
4   import java.sql.ResultSet;
5   import java.sql.SQLException;
6   import java.sql.Statement;
7   import java.sql.Date;
8   public class Example01 {
9       public static void main(String[] args) throws SQLException {
10          Statement stmt = null;
11          ResultSet rs = null;
12          Connection conn = null;
13          try {
14              // 1. 注册数据库的驱动
15              Class.forName("com.mysql.cj.jdbc.Driver");
16              // 2.通过 DriverManager 获取数据库连接
17              String url = "jdbc:mysql://localhost:3306/jdbc?serverTimezone=GMT%2B8";
```

```
18              String username = "root";
19              String password = "root";
20              conn = DriverManager.getConnection (url, username,
21                  password);
22              // 3. 通过 Connection 对象获取 Statement 对象
23              stmt = conn.createStatement();
24              // 4. 使用 Statement 执行 SQL 语句
25              String sql = "select * from users";
26              rs = stmt.executeQuery(sql);
27              // 5. 操作 ResultSet 结果集
28              System.out.println("id | name  | password | email  | birthday");
29              while (rs.next()) {
30                  int id = rs.getInt("id"); // 通过列名获取指定字段的值
31                  String name = rs.getString("name");
32                  String psw = rs.getString("password");
33                  String email = rs.getString("email");
34                  Date birthday = rs.getDate("birthday");
35                  System.out.println(id + " | " + name + " | " + psw + " | " + email
36                          + " | " + birthday);
37              }
38          } catch (ClassNotFoundException e) {
39              e.printStackTrace();
40          } finally{
41              // 6.回收数据库资源
42              if(rs!=null) {
43                  try {
44                      rs.close();
45                  } catch (SQLException e) {
46                      e.printStackTrace();
47                  }
48                  rs = null;
49              }
50              if(stmt!=null) {
51                  try {
52                      stmt.close();
53                  } catch (SQLException e) {
54                      e.printStackTrace();
55                  }
56                  stmt = null;
57              }
58              if(conn!=null) {
59                  try {
60                      conn.close();
61                  } catch (SQLException e) {
62                      e.printStackTrace();
63                  }
64                  conn = null;
65              }
66          }
67      }
68 }
```

在文件 10-1 中，第 15 行代码注册 MySQL 数据库驱动；第 17~19 行代码创建数据库的 url、username、password 等连接参数；第 20~23 行代码通过 DriverManager 获取一个 Connection 对象，然后使用 Connection 对象创建一个 Statement 对象；第 26 行代码通过 Statement 对象调用 executeQuery( )方法执行 SQL 语句，并返回结果集 ResultSet；第 29~36 行代码遍历 ResultSet 结果集并打印；第 42~65 行代码关闭连接，回收了数据库资源。

程序执行成功后，控制台的打印结果如图 10-7 所示。

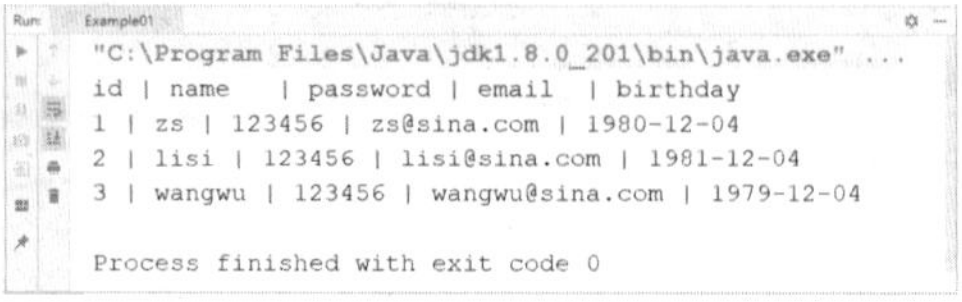

由图 10-7 可知，users 表中的数据已被打印在控制台。至此，JDBC 程序实现成功。在实现 JDBC 程序时，还有以下两个地方需要注意。

图10-7　文件10-1的运行结果

（1）注册驱动

虽然使用 DriverManager.registerDriver(new com.mysql.jdbc.Driver( ))方法也可以完成注册，但此方式会使数据库驱动被注册两次。这是因为 Driver 类的源码已经在静态代码块中完成了数据库驱动的注册。所以，为了避免数据库驱动被重复注册，需要在程序中使用 Class.forName( )方法加载驱动类。需要注意的是，MySQL 5.5及之前的版本使用的是旧版驱动，使用 Class.forName("com.mysql.jdbc.Driver")方式加载驱动类；MySQL 5.6 及之后的版本需要更新到新版驱动，使用 Class.forName("com.mysql.cj.jdbc.Driver")方式加载驱动类。

（2）释放资源

由于数据库资源非常宝贵，数据库允许的并发访问连接数量有限，当数据库资源使用完毕后，一定要记得释放资源。为了保证资源的释放，在 Java 程序中应该将最终必须要执行的操作放在 finally 代码块中。

# 10.4　PreparedStatement 对象

在 10.3 节中，SQL 语句的执行是通过 Statement 对象实现的。Statement 对象每次执行 SQL 语句时，都会对其进行编译。当相同的 SQL 语句执行多次时，Statement 对象就会使数据库频繁编译相同的 SQL 语句，从而降低数据库的访问效率。

为了解决上述问题，Statement 提供了一个子类 PreparedStatement。PreparedStatement 对象可以对 SQL 语句进行预编译，预编译的信息会存储在 PreparedStatement 对象中。当相同的 SQL 语句再次执行时，程序会使用 PreparedStatement 对象中的数据，而不需要对 SQL 语句再次编译去查询数据库，这样就大大提高了数据的访问效率。为了使读者快速了解 PreparedStatement 对象，下面通过一个案例演示 PreparedStatement 对象的使用。

在 chapter10 项目的 cn.itcast.jdbc.example 包中创建一个名称为 Example02 的类，在该类中使用 PreparedStatement 对象对数据库进行插入数据的操作。Example02 类的实现如文件 10-2 所示。

文件 10-2　Example02.java

```
1  package cn.itcast.jdbc.example;
2  import java.sql.Connection;
3  import java.sql.DriverManager;
4  import java.sql.PreparedStatement ;
5  import java.sql.SQLException;
6  public class Example02 {
7      public static void main(String[] args) throws SQLException {
8          Connection conn = null;
9          PreparedStatement  preStmt = null;
10         try {
11             // 加载数据库驱动
12             Class.forName("com.mysql.cj.jdbc.Driver");
13             String url = "jdbc:mysql://localhost:3306/jdbc?serverTimezone=GMT%2B8";
14             String username = "root";
15             String password = "root";
16             // 创建应用程序与数据库连接的 Connection 对象
17             conn = DriverManager.getConnection(url, username, password);
18             // 执行的 SQL 语句
19             String sql = "INSERT INTO users(name,password,email,birthday)"
20                     + "VALUES(?,?,?,?)";
21             // 1.创建执行 SQL 语句的 PreparedStatement 对象
22             preStmt = conn.prepareStatement(sql);
23             // 2.为 SQL 语句中的参数赋值
24             preStmt.setString(1, "zl");
25             preStmt.setString(2, "123456");
26             preStmt.setString(3, "zl@sina.com");
27             preStmt.setString(4, "1989-12-23");
28           // 3.执行 SQL
29             preStmt.executeUpdate();
30         } catch (ClassNotFoundException e) {
```

```
31                    e.printStackTrace();
32            } finally {    // 释放资源
33                if (preStmt != null) {
34                    try {
35                        preStmt.close();
36                    } catch (SQLException e) {
37                        e.printStackTrace();
38                    }
39                    preStmt = null;
40                }
41                if (conn != null) {
42                    try {
43                        conn.close();
44                    } catch (SQLException e) {
45                        e.printStackTrace();
46                    }
47                    conn = null;
48                }
49            }
50    }
51 }
```

在文件 10-2 中，第 12～15 行代码创建数据库的连接参数；第 17 行代码创建应用程序与数据库连接的 Connection 对象；第 19 行和第 20 行代码声明需要执行的 SQL 语句；第 22～27 行代码首先通过 Connection 对象调用 prepareStatement( ) 方法生成 PreparedStatement 对象，然后调用 PreparedStatement 对象的 setter( ) 方法，

给 SQL 语句中的参数赋值，最后调用 executeUpdate( ) 方法执行 SQL 语句；第 33～48 行代码关闭连接，回收了数据库资源。

文件 10-2 运行成功后，会在 users 表中插入一条数据。在 MySQL 客户端中使用 SELECT 语句查看 users 表，查询结果如图 10-8 所示。

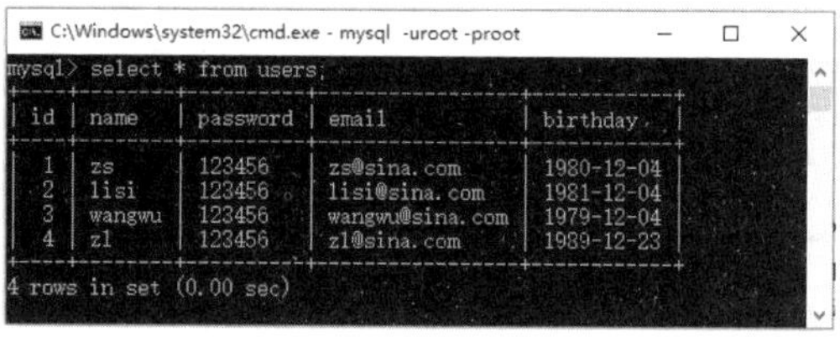

由图 10-8 可知，users 表中多了一条 name 为 zl 的数据，说明使用 PreparedStatement 对象对数据库插入数据的操作执行成功。

图10-8　查询结果（2）

## 10.5  ResultSet 对象

ResultSet 主要用于存储结果集，可以通过 next( ) 方法由前向后逐个获取结果集中的数据，如果想获取结果集中任意位置的数据，则需要在创建 Statement 对象时设置两个 ResultSet 定义的常量，具体设置方式如下：

```
Statement st = conn.createStatement(ResultSet.TYPE_SCROLL_INSENSITIVE,
                        ResultSet.CONCUR_READ_ONLY);
ResultSet rs = st.excuteQuery(sql);
```

在上述方式中，常量"ResultSet.TYPE_SCROLL_INSENSITIVE"表示结果集可滚动，常量"ResultSet.CONCUR_READ_ONLY"表示以只读形式打开结果集。

为了使读者更好地学习 ResultSet 对象的使用，下面通过一个案例演示如何使用 ResultSet 对象滚动读取结果集中的数据。在 chapter10 项目的 cn.itcast.jdbc.example 包中创建一个名称为 Example03 的类，在该类中使用 ResultSet 对象取出指定数据的信息。Example03 类的实现如文件 10-3 所示。

文件 10-3　Example03.java

```
1  package cn.itcast.jdbc.example;
2  import java.sql.Connection;
3  import java.sql.DriverManager;
4  import java.sql.ResultSet;
5  import java.sql.SQLException;
6  import java.sql.Statement;
```

```
7   public class Example03 {
8       public static void main(String[] args) {
9           Connection conn = null;
10          Statement stmt = null;
11          try {
12              Class.forName("com.mysql.cj.jdbc.Driver");
13              String url = "jdbc:mysql://localhost:3306/jdbc?serverTimezone=GMT%2B8";
14              String username = "root";
15              String password = "root";
16              //1.获取 Connection 对象
17              conn = DriverManager.getConnection(url, username, password);
18              String sql = "select * from users";
19              //2.创建 Statement 对象并设置常量
20              stmt =conn.createStatement(
21                      ResultSet.TYPE_SCROLL_INSENSITIVE,
22                      ResultSet.CONCUR_READ_ONLY);
23              //3.执行 SQL 并将获取的数据信息存放在 ResultSet 中
24              ResultSet rs = stmt.executeQuery(sql);
25              //4.取出 ResultSet 中指定数据的信息
26              System.out.print("第2条数据的 name 值为:");
27              rs.absolute(2);         //将指针定位到结果集中第2条数据
28              System.out.println(rs.getString("name"));
29              System.out.print("第1条数据的 name 值为:");
30              rs.beforeFirst();       //将指针定位到结果集中第1条数据之前
31              rs.next();              //将指针向后滚动
32              System.out.println(rs.getString("name"));
33              System.out.print("第4条数据的 name 值为:");
34              rs.afterLast();         //将指针定位到结果集中最后一条数据之后
35              rs.previous();          //将指针向前滚动
36              System.out.println(rs.getString("name"));
37          } catch (Exception e) {
38              e.printStackTrace();
39          } finally { //释放资源
40              if (stmt != null) {
41                  try {
42                      stmt.close();
43                  } catch (SQLException e) {
44                      e.printStackTrace();
45                  }
46                  stmt = null;
47              }
48              if (conn != null) {
49                  try {
50                      conn.close();
51                  } catch (SQLException e) {
52                      e.printStackTrace();
53                  }
54                  conn = null;
55              }
56          }
57      }
58  }
```

在文件 10-3 中，第 17 行代码获取 Connection 对象连接数据库；第 20～22 行代码通过 Connection 对象创建 Statement 对象并设置所需的两个常量；第 24 行代码执行 SQL 语句，将获取的数据信息存放在 ResultSet 中；第 27 行代码通过 ResultSet 对象调用 absolute( )方法获取 ResultSet 结果集中的第 2 条数据；第 30 行和第 31 行代码获取 ResultSet 结果集中的第 1 条数据；第 34 行和第 35 行代码获取 ResultSet 结果集中的第 4 条数据。

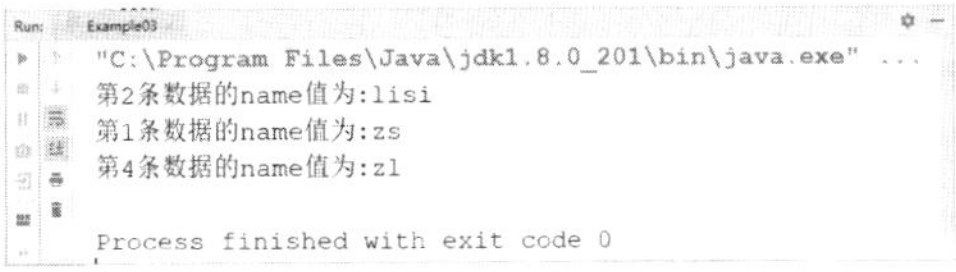

程序的运行结果如图 10-9 所示。

由图 10-9 可知,程序输出了结果集中指定的数据。

图10-9  文件10-3的运行结果

由此可见，ResultSet 结果集中的数据不仅可以按照顺序获取，而且可以指定要获取的数据。

# 10.6　动手实践：使用 JDBC 完成数据的增删改查

在实际项目的开发中，用户信息是存放在数据库中的，管理员对用户信息进行管理的过程，无时无刻不涉及到增删改查操作。下面通过本章中所学的 JDBC 知识，编写一个 JDBC 程序实现对数据库中用户信息的增删改查操作。

要使用 JDBC 完成对数据库中用户信息的增删改查操作，首先需要构建一个用户实体类 User 类来映射数据表中的用户的属性；然后创建一个 DBUtils 工具类用于封装数据库的连接信息；最后创建一个 DAO 类，在该类中编写对数据库进行增删改查的方法。具体实现步骤如下。

### 1. 创建 JavaBean

在 chapter10 项目的 src 目录下，创建包 cn.itcast.jdbc.example.domain，并在该包下创建一个用户信息的实体类 User 类。User 类的实现如文件 10-4 所示。

文件 10-4　User.java

```
1  package cn.itcast.jdbc.example.domain;
2  import java.util.Date;
3  public class User {
4      private int id;
5      private String username;
6      private String password;
7      private String email;
8      private Date birthday;
9      public int getId() {
10         return id;
11     }
12     public void setId(int id) {
13         this.id = id;
14     }
15     public String getUsername() {
16         return username;
17     }
18     public void setUsername(String username) {
19         this.username = username;
20     }
21     public String getPassword() {
22         return password;
23     }
24     public void setPassword(String password) {
25         this.password = password;
26     }
27     public String getEmail() {
28         return email;
29     }
30     public void setEmail(String email) {
31         this.email = email;
32     }
33     public Date getBirthday() {
34         return birthday;
35     }
36     public void setBirthday(Date birthday) {
37         this.birthday = birthday;
38     }
39 }
```

### 2. 创建工具类

由于每次操作数据库时都需要加载数据库驱动、建立数据库连接和关闭数据库连接，为了避免重复书写代码，下面建立一个专门用于操作数据库的工具类。

在 src 目录下创建一个包 cn.itcast.jdbc.example.utils，在包中创建一个封装了上述操作的工具类 JDBCUtils。JDBCUtils 的实现如文件 10-5 所示。

文件 10-5　JDBCUtils.java

```java
1  package cn.itcast.jdbc.example.utils;
2  import java.sql.Connection;
3  import java.sql.DriverManager;
4  import java.sql.ResultSet;
5  import java.sql.SQLException;
6  import java.sql.Statement;
7  public class JDBCUtils {
8      // 加载驱动，并建立数据库连接
9      public static Connection getConnection() throws SQLException,
10             ClassNotFoundException {
11         Class.forName("com.mysql.cj.jdbc.Driver");
12         String url = "jdbc:mysql://localhost:3306/jdbc?serverTimezone=GMT%2B8";
13         String username = "root";
14         String password = "root";
15         Connection conn = DriverManager.getConnection(url, username,
16                 password);
17         return conn;
18     }
19     // 关闭数据库连接，释放资源
20     public static void release(Statement stmt, Connection conn) {
21         if (stmt != null) {
22             try {
23                 stmt.close();
24             } catch (SQLException e) {
25                 e.printStackTrace();
26             }
27             stmt = null;
28         }
29         if (conn != null) {
30             try {
31                 conn.close();
32             } catch (SQLException e) {
33                 e.printStackTrace();
34             }
35             conn = null;
36         }
37     }
38     public static void release(ResultSet rs, Statement stmt,
39         Connection conn){
40         if (rs != null) {
41             try {
42                 rs.close();
43             } catch (SQLException e) {
44                 e.printStackTrace();
45             }
46             rs = null;
47         }
48         release(stmt, conn);
49     }
50 }
```

### 3. 创建 DAO

在 src 目录下创建一个名称为 cn.itcast.jdbc.example.dao 的包，在包中创建一个名称为 UsersDao 的类。UsersDao 类主要用于程序与数据库的交互，在该类中封装了对数据库表 users 的添加、查询、删除和更新等操作。UsersDao 类的实现如文件 10-6 所示。

文件 10-6　UsersDao.java

```java
1  package cn.itcast.jdbc.example.dao;
2  import java.sql.Connection;
3  import java.sql.ResultSet;
```

```
 4    import java.sql.Statement;
 5    import java.text.SimpleDateFormat;
 6    import java.util.ArrayList;
 7    import cn.itcast.jdbc.example.domain.User;
 8    import cn.itcast.jdbc.example.utils.JDBCUtils;
 9    public class UsersDao {
10        // 添加用户的操作
11        public boolean insert(User user) {
12            Connection conn = null;
13            Statement stmt = null;
14            ResultSet rs = null;
15            try {
16            // 获得数据的连接
17            conn = JDBCUtils.getConnection();
18            // 获得 Statement 对象
19            stmt = conn.createStatement();
20            // 发送 SQL 语句
21            SimpleDateFormat sdf = new SimpleDateFormat("yyyy-MM-dd");
22            String birthday = sdf.format(user.getBirthday());
23          String sql = "INSERT INTO users(id,name,password,email,birthday) "+
24                        "VALUES("
25                        + user.getId()
26                        + ",'"
27                        + user.getUsername()
28                        + "','"
29                        + user.getPassword()
30                        + "','"
31                        + user.getEmail()
32                        + "','"
33                        + birthday + "')";
34                int num = stmt.executeUpdate(sql);
35                if (num > 0) {
36                    return true;
37                }
38                return false;
39            } catch (Exception e) {
40                e.printStackTrace();
41            } finally {
42                JDBCUtils.release(rs, stmt, conn);
43            }
44            return false;
45        }
46        // 查询所有的 User 对象
47        public ArrayList<User> findAll() {
48            Connection conn = null;
49            Statement stmt = null;
50            ResultSet rs = null;
51            ArrayList<User> list = new ArrayList<User>();
52            try {
53                // 获得数据的连接
54                conn = JDBCUtils.getConnection();
55                // 获得 Statement 对象
56                stmt = conn.createStatement();
57                // 发送 SQL 语句
58                String sql = "SELECT * FROM users";
59                rs = stmt.executeQuery(sql);
60                // 处理结果集
61                while (rs.next()) {
62                    User user = new User();
63                    user.setId(rs.getInt("id"));
64                    user.setUsername(rs.getString("name"));
65                    user.setPassword(rs.getString("password"));
66                    user.setEmail(rs.getString("email"));
67                    user.setBirthday(rs.getDate("birthday"));
68                    list.add(user);
69                }
70                return list;
```

```
71              } catch (Exception e) {
72                  e.printStackTrace();
73              } finally {
74                  JDBCUtils.release(rs, stmt, conn);
75              }
76          return null;
77      }
78      // 根据id查找指定的user
79      public User find(int id) {
80          Connection conn = null;
81          Statement stmt = null;
82          ResultSet rs = null;
83          try {
84              // 获得数据的连接
85              conn = JDBCUtils.getConnection();
86              // 获得Statement对象
87              stmt = conn.createStatement();
88              // 发送SQL语句
89              String sql = "SELECT * FROM users WHERE id=" + id;
90              rs = stmt.executeQuery(sql);
91              // 处理结果集
92              while (rs.next()) {
93                  User user = new User();
94                  user.setId(rs.getInt("id"));
95                  user.setUsername(rs.getString("name"));
96                  user.setPassword(rs.getString("password"));
97                  user.setEmail(rs.getString("email"));
98                  user.setBirthday(rs.getDate("birthday"));
99                  return user;
100             }
101             return null;
102         } catch (Exception e) {
103             e.printStackTrace();
104         } finally {
105             JDBCUtils.release(rs, stmt, conn);
106         }
107         return null;
108     }
109     // 删除用户
110     public boolean delete(int id) {
111         Connection conn = null;
112         Statement stmt = null;
113         ResultSet rs = null;
114         try {
115             // 获得数据的连接
116             conn = JDBCUtils.getConnection();
117             // 获得Statement对象
118             stmt = conn.createStatement();
119             // 发送SQL语句
120             String sql = "DELETE FROM users WHERE id=" + id;
121             int num = stmt.executeUpdate(sql);
122             if (num > 0) {
123                 return true;
124             }
125             return false;
126         } catch (Exception e) {
127             e.printStackTrace();
128         } finally {
129             JDBCUtils.release(rs, stmt, conn);
130         }
131         return false;
132     }
133     // 修改用户
134     public boolean update(User user) {
135         Connection conn = null;
136         Statement stmt = null;
137         ResultSet rs = null;
```

```
138            try {
139                // 获得数据的连接
140                conn = JDBCUtils.getConnection();
141                // 获得 Statement 对象
142                stmt = conn.createStatement();
143                // 发送 SQL 语句
144                SimpleDateFormat sdf = new SimpleDateFormat("yyyy-MM-dd");
145                String birthday = sdf.format(user.getBirthday());
146                String sql = "UPDATE users set name='" + user.getUsername()
147                    + "',password='" + user.getPassword() + "',email='"
148                    + user.getEmail() + "',birthday='" + birthday
149                    + "' WHERE id=" + user.getId();
150                int num = stmt.executeUpdate(sql);
151                if (num > 0) {
152                    return true;
153                }
154                return false;
155            } catch (Exception e) {
156                e.printStackTrace();
157            } finally {
158                JDBCUtils.release(rs, stmt, conn);
159            }
160            return false;
161        }
162 }
```

### 4. 创建测试类

（1）在 cn.itcast.jdbc.example 包中创建测试类 JdbcInsertTest，实现向 users 表中添加数据的操作。JdbcInsertTest 类的实现如文件 10-7 所示。

文件 10-7　JdbcInsertTest.java

```
1  package cn.itcast.jdbc.example;
2  import java.util.Date;
3  import cn.itcast.jdbc.example.dao.UsersDao;
4  import cn.itcast.jdbc.example.domain.User;
5  public class JdbcInsertTest{
6      public static void main(String[] args) {
7          // 向 users 表插入一个用户信息
8          UsersDao ud = new UsersDao();
9          User user=new User();
10         user.setId(5);
11         user.setUsername("hl");
12         user.setPassword("123");
13         user.setEmail("hl@sina.com");
14         user.setBirthday(new Date());
15         boolean b=ud.insert(user);
16         System.out.println(b);
17     }
18 }
```

运行文件 10-7，如果控制台的打印结果为 true，说明添加用户信息的操作执行成功了。在 MySQL 客户端中使用 SELECT 语句查询 users 表，查询结果如图 10-10 所示。

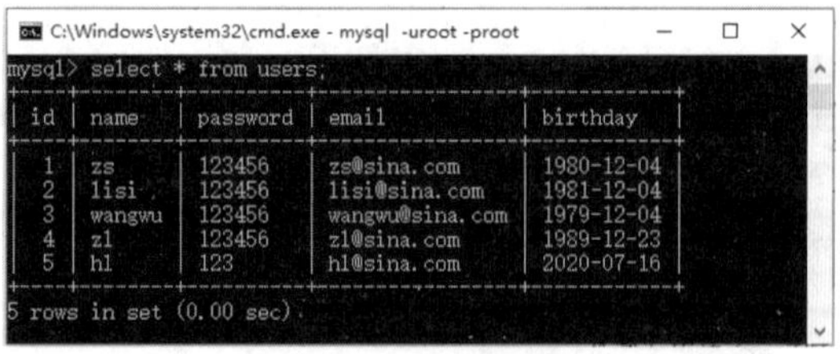

由图 10-10 可知，users 表中添加了一条 name 为 h1 的数据，该数据正是文件 10-7 JdbcInsertTest.java 中所插入的数据。

（2）在 cn.itcast.jdbc.example 包中创建测试类 FindAllUsersTest，实现读取 users 表中所有的数据。FindAllUsersTest 类的实现如文件 10-8 所示。

图10-10　查询结果（3）

文件 10-8　FindAllUsersTest.java

```
1  package cn.itcast.jdbc.example;
2  import java.util.ArrayList;
3  import cn.itcast.jdbc.example.dao.UsersDao;
4  import cn.itcast.jdbc.example.domain.User;
5  public class FindAllUsersTest{
6      public static void main(String[] args) {
7          //创建一个名称为usersDao 的对象
8              UsersDao usersDao = new UsersDao();
9              //将 UsersDao 对象的 findAll()方法执行后的结果放入 list 集合
10             ArrayList<User> list = usersDao.findAll();
11             //循环输出集合中的数据
12         for (int i = 0; i < list.size(); i++) {
13                 System.out.println("第" + (i + 1) + "条数据的username值为:"
14                         + list.get(i).getUsername());
15             }
16         }
17 }
```

运行文件 10-8，程序执行后，控制台会打印出 users 表中所有的 username 值，结果如图 10-11 所示。

（3）在 cn.itcast.jdbc.example 包中编写测试类 FindUserByIdTest，实现读取 users 表中指定的数据。FindUserByIdTest 类的实现如文件 10-9 所示。

文件 10-9　FindUserByIdTest.java

```
1  package cn.itcast.jdbc.example;
2  import cn.itcast.jdbc.example.dao.UsersDao;
3  import cn.itcast.jdbc.example.domain.User;
4  public class FindUserByIdTest{
5      public static void main(String[] args) {
6      UsersDao usersDao = new UsersDao();
7      User user = usersDao.find(1);
8      System.out.println("id为1的 User 对象的 name 值为: "+user.getUsername());
9      }
10 }
```

运行文件 10-9，程序执行后，控制台会将 id 为 1 的 User 对象的 name 值打印出来，结果如图 10-12 所示。

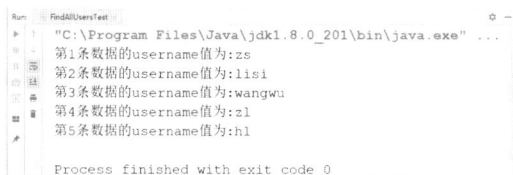

图10-11　文件10-8的运行结果　　　　图10-12　文件10-9的运行结果

（4）在 cn.itcast.jdbc.example 包中创建测试类 UpdateUserTest，实现修改 users 表中数据的操作。UpdateUserTest 类的实现如文件 10-10 所示。

文件 10-10　UpdateUserTest.java

```
1  package cn.itcast.jdbc.example;
2  import java.util.Date;
3  import cn.itcast.jdbc.example.dao.UsersDao;
4  import cn.itcast.jdbc.example.domain.User;
5  public class UpdateUserTest{
6      public static void main(String[] args) {
7          // 修改 User 对象的数据
8              UsersDao usersDao = new UsersDao();
9              User user = new User();
10             user.setId(4);
11             user.setUsername("zhaoxiaoliu");
12             user.setPassword("456");
13             user.setEmail("zhaoxiaoliu@sina.com");
14             user.setBirthday(new Date());
15             boolean b = usersDao.update(user);
```

```
16          System.out.println(b);
17      }
18 }
```

运行文件 10-10 后，如果控制台打印结果为 true，说明修改用户信息的操作执行成功，这时进入 MySQL 数据库，使用 SELECT 语句查看 users 表，查询结果如图 10-13 所示。

由图 10-13 可知，id 为 4 的 User 对象的信息已经发生了变化。

（5）在 cn.itcast.jdbc.example 包中创建测试类 DeleteUserTest，DeleteUserTest 类实现了删除 users 表中数据的操作。DeleteUserTest 类的实现如文件 10-11 所示。

文件 10-11　DeleteUserTest.java

```
1 package cn.itcast.jdbc.example;
2 import cn.itcast.jdbc.example.dao.UsersDao;
3 public class DeleteUserTest{
4     public static void main(String[] args) {
5         // 删除操作
6         UsersDao usersDao = new UsersDao();
7         boolean b = usersDao.delete(4);
8         System.out.println(b);
9     }
10 }
```

运行文件 10-11，如果控制台打印结果为 true，说明删除用户信息的操作执行成功，这时在 MySQL 客户端中使用 SELECT 语句查询 users 表中的数据，结果如图 10-14 所示。

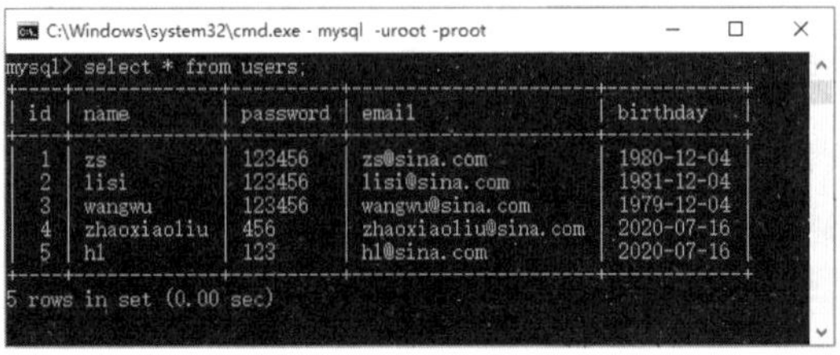

图10-13　查询结果（4）

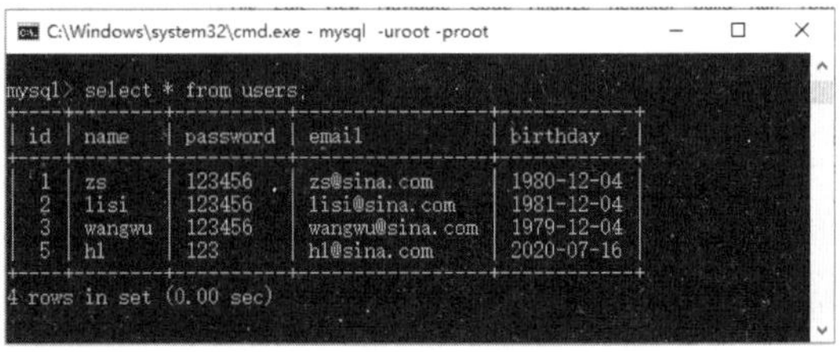

图10-14　查询结果（5）

由图 10-14 可知，users 表中 id 为 4 的 User 对象已被成功删除。至此，使用 JDBC 对数据库中的数据进行增删改查的操作已经完成。

## 任务：网站用户登录功能

### 【任务目标】

大型网站只有在用户登录成功后才能进行相关操作，本任务要求实现一个用户登录功能。用户登录时，需要在数据库中判断是否存在该用户的信息并验证用户信息的正确性。用户登录界面如图 10-15 所示。

图10-15　用户登录界面

**【实现步骤】**

本任务使用所学的 JDBC 知识实现用户的登录功能，具体编程思路如下。

（1）获取登录页面的 username 和 password。

（2）遍历数据库中 tb_user 数据表，是否存在 username，存在则继续执行程序，不存在则结束程序。

（3）遍历数据库中 tb_user 数据表，查找对应 username 的 password，判断 password 是否与登录页面的 password 一致，一致则完成登录，不一致则跳出。

具体实现步骤如下。

**1. 创建数据库表**

本任务使用 10.3 节创建的名称为 jdbc 的数据库，然后在该数据库中创建一个 tb_user 表，并在 tb_user 表中插入一条用户数据，SQL 语句如下：

```
USE jdbc;
create table tb_user (
    id int not null primary key auto_increment,-- id 主键
    username varchar(40) not null,-- 账户名称，设置不为空
    password varchar(40) not null,-- 密码，设置不为空
    name varchar(40) default null,-- 用户真实姓名，默认为空
    gender varchar(20) default null,-- 用户性别，默认为空
    phonenumber    varchar(30) default null,-- 用户手机号码，默认为空
    identitycode varchar(30) default null-- 用户身份证号码，默认为空
);
insert into tb_user VALUES
(1,'张三','123','张三','male','13888888888','110202107075023');
```

**2. 编写登录页面**

在 web 目录下创建一个名称为 login 的 JSP 文件，在该文件中添加用户登录时输入用户信息的表单元素。login.jsp 文件的实现如文件 10-12 所示。

文件 10-12　login.jsp

```
1  <%@ page contentType="text/html;charset=UTF-8" language="java" %>
2  <html>
3  <head>
4      <title>登录页面</title>
5  </head>
6  <style>
7      * {
8          margin: 0;
9          padding: 0;
10     }
11     form {
12         display: block;
13         height: auto;
14         width: 450px;
15         margin: 100px auto;
16     }
17     form table tr {
18         height: 40px;
19     }
20     form table tr td {
21         height: 40px;
22         width: 280px;
23         line-height: 40px;
24     }
25     form table tr td input {
26         height: 32px;
27         border: 1px solid #BABABA;
28         border-radius: 6px;
29     }
30     .alignRight {
31         text-align: right;
32         line-height: 40px;
```

```
33          font-size: 16px;
34          font-family: "Monaco";
35          width: 200px;
36      }
37      .submit {
38          display: block;
39          height: 40px;
40          width: 250px;
41          color: white;
42          font-weight: bold;
43          font-size: 18px;
44          background-color: #98ECAC;
45          border-radius: 8px;
46          margin: 15px auto;
47      }
48  </style>
49  <body>
50  <form action="LoginServlet" method="post">
51      <table>
52          <tr>
53              <td class="alignRight">
54                  Username:
55              </td>
56              <td>
57                  <input type="text" name="username" />
58              </td>
59          </tr>
60          <tr>
61              <td class="alignRight">
62                  Password:
63              </td>
64              <td>
65                  <input type="password" name="password" />
66              </td>
67          </tr>
68      </table>
69      <input type="submit" value="登 录" class="submit" />
70  </form>
71  </body>
72  </html>
```

在文件 10-12 中，第 6~48 行代码定义了用户登录表单元素的 CSS 样式；第 50~70 行代码定义了一个 form 表单，表单中包含了用户登录时所要填写的用户名、密码和登录按钮等元素。

### 3. 编写工具类

由于每次操作数据库时，都需要加载数据库驱动、建立数据库连接和关闭数据库连接，为了避免重复书写代码，下面建立一个专门用于操作数据库的工具类。

在 src 目录的 cn.itcast 包下创建一个 GetConnection 工具类，具体代码如文件 10-13 所示。

文件 10-13  GetConnection.java

```
1   package cn.itcast;
2   import java.sql.Connection;
3   import java.sql.DriverManager;
4   import java.sql.SQLException;
5   public class GetConnection {
6       Connection conn = null;
7       public Connection getConnection() throws ClassNotFoundException {
8           String driver="com.mysql.cj.jdbc.Driver";              //驱动路径
9           String url= "jdbc:mysql://localhost:3306/jdbc?serverTimezone=" +
10          "GMT%2B8&useUnicode=true&characterEncoding=utf-8";    //数据库地址
11          String user="root";                                   //访问数据库的用户名
12          String password="root";                               //用户密码
13          Class.forName(driver);
14          try {
```

```
15          conn = DriverManager.getConnection(url,user,password);
16      } catch (SQLException e) {
17          e.printStackTrace();
18      }
19      //返回 Connection 对象
20      return conn;
21  }
22 }
```

在文件 10–13 中，第 8~12 行代码定义了数据库连接的驱动路径、数据库地址、数据库用户名和密码等属性；第 13 行代码用于加载驱动类；第 15 行代码用于获取数据库连接；第 20 行代码用于返回数据库连接对象。

#### 4. 实现登录功能的 LoginServlet

在项目 src 目录下的 cn.itcast 包下创建 LoginServlet 类，用于封装用户的登录信息并对用户信息进行校验。LoginServlet 类的实现如文件 10–14 所示。

文件 10–14　LoginServlet.java

```
1  package cn.itcast;
2  import javax.servlet.ServletException;
3  import javax.servlet.annotation.WebServlet;
4  import javax.servlet.http.HttpServlet;
5  import javax.servlet.http.HttpServletRequest;
6  import javax.servlet.http.HttpServletResponse;
7  import java.io.IOException;
8  import java.io.PrintWriter;
9  import java.sql.*;
10 import java.util.ArrayList;
11 import java.util.List;
12 @WebServlet(name = "LoginServlet",urlPatterns = "/LoginServlet")
13 public class LoginServlet extends HttpServlet {
14     protected void doPost(HttpServletRequest request, HttpServletResponse
15                      response)throws ServletException, IOException {
16         //设置请求编码、响应方式和编码方式
17         request.setCharacterEncoding("UTF-8");
18         response.setCharacterEncoding("UTF-8");
19         response.setContentType("text/html");
20         PrintWriter out = response.getWriter();
21         Connection conn = null;
22         Statement st = null;
23         ResultSet rs = null;
24         PreparedStatement ptst = null;
25         //获取登录页面提交的数据
26         String loginName = request.getParameter("username");
27         String loginPassword = request.getParameter("password");
28         //sql 语句
29         String selectUsername = "select username from tb_user";
30         String selectPassword = "select password from tb_user where username = ?";
31         try {
32             //获取与数据库的连接
33             conn = new GetConnection().getConnection();
34             //遍历 tb_user 表，将数据库中所有 username 存入集合中
35             st = conn.createStatement();
36             rs = st.executeQuery(selectUsername);
37             List<String> usernameList = new ArrayList<String>();
38             while (rs.next()) {
39                 usernameList.add(rs.getString(1));
40             }
41             //关闭连接
42             if (rs != null) {
43                 rs.close();
44             }
45             if (st != null) {
```

```
46                st.close();
47            }
48            //判断集合中是否存在所要登录的 username
49            if (usernameList.contains(loginName)) {
50                //查找 username 对应的 password
51                List<String> passwordList = new ArrayList<String>();
52                ptst = (PreparedStatement)
53                                    conn.prepareStatement(selectPassword);
54                //设置 ptst 参数
55                ptst.setString(1, loginName);
56                rs = ptst.executeQuery();
57                while (rs.next()) {
58                    passwordList.add(rs.getString(1));
59                }
60                //判断数据库与登录页面提交的 password 是否一致
61                if (passwordList.get(0).equals(loginPassword)) {
62                    out.println("欢迎登录。");
63                } else {
64                    out.println("密码错误，请重新输入。");
65                }
66                if (rs != null) {
67                    rs.close();
68                }
69                if (ptst != null) {
70                    ptst.close();
71                }
72            } else {
73                out.println("用户名不存在");
74            }
75        } catch (ClassNotFoundException e) {
76            e.printStackTrace();
77        } catch (SQLException e) {
78            e.printStackTrace();
79        } finally {
80            //关闭连接
81            if (conn != null) {
82                try {
83                    conn.close();
84                } catch (SQLException e) {
85                    e.printStackTrace();
86                }
87            }
88        }
90        out.flush();
91        out.close();
92    }
93 }
```

在文件 10-14 中，第 17～19 行代码设置请求编码、响应方式和编码方式。第 26 行和第 27 行代码获取用户输入的用户名、密码等属性的值。第 29 行和第 30 行代码用于从数据库中查询是否有该用户信息。第 35～40 行代码遍历 tb_user 表，将数据库中所有 username 存入集合中。第 42～47 行代码关闭连接。第 49～71 行代码判断集合中是否含有登录的用户名，如果有，则判断密码是否正确，如果密码正确，则提示"欢迎登录"；如果密码错误，则提示"密码错误，请重新输入"。第 72～74 行代码判断用户名是否存在，如果不存在，则提示"用户名不存在"。

### 5. 运行项目，查看效果

在 IDEA 中启动 Tomcat 服务器，然后在浏览器中访问地址 http://localhost:8080/chapter10/login.jsp，用户登录界面和登录成功的 Servlet 界面如图 10-16 和图 10-17 所示。

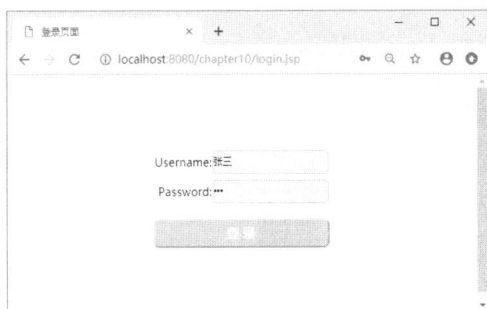

图10-16　用户登录界面

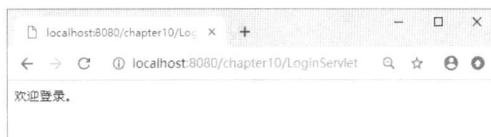

图10-17　登录成功的Servlet界面

## 10.7　本章小结

本章主要讲解了 JDBC 的基本知识，包括什么是 JDBC、JDBC 的常用 API、如何实现 JDBC 连接 MySQL 数据库，以及使用 JDBC 实现对数据的增删改查等知识。通过本章的学习，读者可以了解到什么是 JDBC，熟悉 JDBC 的常用 API，并能够掌握 PreparedStatement 对象的调用、ResultSet 对象的使用和 JDBC 操作数据库的步骤。

## 10.8　本章习题

本章课后习题请扫描二维码。

# 第 **11** 章

# 数据库连接池与DBUtils工具

第 10 章讲解了 JDBC 的基本用法和操作，因为每操作一次数据库，都会执行一次创建和断开 Connection 对象的操作，频繁地操作 Connection 对象十分影响数据库的访问效率，并且增加了代码量，所以在实际开发中开发人员通常会使用数据库连接池来解决这些问题。Apache 组织提供了一个 DBUtils 工具类库，该类库实现了对 JDBC 的简单封装，能在不影响数据库访问性能的情况下，极大地简化 JDBC 的编码工作。本章将对数据库连接池和 DBUtils 工具进行详细讲解。

## 11.1 数据库连接池

### 11.1.1 什么是数据库连接池

在 JDBC 编程中，每次创建和断开 Connection 对象都会消耗一定的时间和 IO 资源。在 Java 程序与数据库之间建立连接时，数据库端要验证用户名和密码，并且要为这个连接分配资源，Java 程序则要把代表连接的 java.sql.Connection 对象等加载到内存中，所以建立数据库连接的开销很大，尤其是有大量的并发访问时。假如某网站一天的访问量是 10 万，那么该网站的服务器就需要创建、断开连接 10 万次，频繁地创建、断开数据库连接会影响数据库的访问效率，甚至导致数据库崩溃。

为了避免频繁地创建数据库连接，数据库连接池技术应运而生。数据库连接池负责分配、管理和释放数据库连接，它允许应用程序重复使用现有的数据库连接，而不是重新建立。简单地说，数据库连接池就是为数据库建立的一个"缓冲池"。预先在"缓冲池"中放入一定数量的连接，当需要建立数据库连接时，只需要从"缓冲池"中取出一个，使用完毕后再放回"缓冲池"即可。下面通过一张图简单描述应用程序通过连接池连接数据库的原理，如图 11-1 所示。

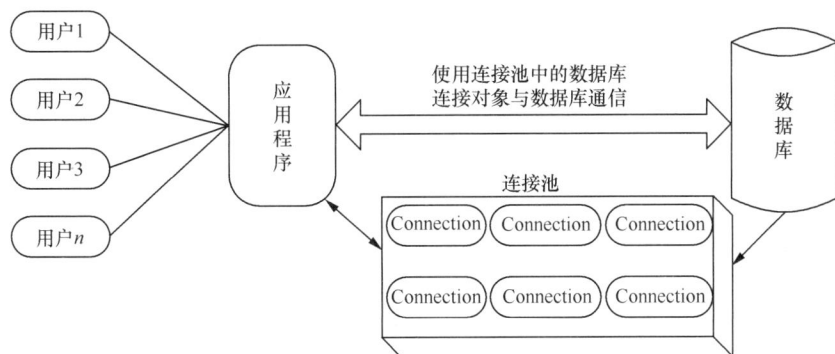

图11-1　应用程序通过连接池连接数据库的原理

在图 11-1 中，数据库连接池在初始化时将创建一定数量的数据库连接放到连接池中，当应用程序访问数据库时并不是直接创建 Connection，而是向连接池"申请"一个 Connection。如果连接池中有空闲的 Connection，则返回一个连接给应用程序，否则应用程序需要创建新的 Connection。使用完毕后，连接池会将 Connection 回收，重新放入连接池以供其他的线程使用，从而减少创建和断开数据库连接的次数，提高数据库的访问效率。

## 11.1.2　DataSource 接口

为了获取数据库连接对象（Connection），JDBC 提供了 javax.sql.DataSource 接口，javax.sql.DataSource 接口负责与数据库建立连接，并定义了返回值为 Connection 对象的方法，具体如下。

```
Connection getConnection( )
Connection getConnection(String username, String password)
```

上述两个重载的方法都能用于获取 Connection 对象。不同的是，第一个方法是通过无参的方式建立与数据库的连接，第二个方法是通过传入登录信息的方式建立与数据库的连接。

接口通常都会有实现类，javax.sql.DataSource 接口也不例外，通常习惯把实现了 javax.sql.DataSource 接口的类称为数据源。顾名思义，数据源即数据的来源。每创建一个数据库连接，这个数据库连接信息都会存储到数据源中。

数据源用于管理数据库连接池。如果数据是水，数据库就是水库，数据库连接池就是连接到水库的管道，终端用户看到的数据集是管道里流出来的水。一些开源组织提供了数据库连接池的独立实现，常用的有 DBCP 数据库连接池和 C3P0 数据库连接池，这两种数据库连接池将会在后面小节进行详细讲解。

## 11.1.3　DBCP 数据库连接池

DBCP 即数据库连接池（DataBase Connection Pool），是 Apache 组织下的开源连接池实现，也是 Tomcat 服务器使用的连接池组件。使用 DBCP 数据库连接池时，需要在应用程序中导入以下两个 JAR 包。

### 1. commons-dbcp2.jar 包

commons-dbcp2.jar 包是 DBCP 数据库连接池的实现包，包含所有操作数据库连接信息和数据库连接池初始化信息的方法，并实现了 DataSource 接口的 getConnection( )方法。

### 2. commons-pool2.jar 包

commons-pool2.jar 包是 commons-dbcp2.jar 包的依赖包，为 commons-dbcp2.jar 包中的方法提供了支持。一旦缺少该依赖包，commons-dbcp2.jar 包中的很多方法就没有办法实现。

这两个 JAR 包可以在 Apache 官网下载。其中，commons-dbcp2.jar 包含两个核心类，分别是 BasicDataSourceFactory 和 BasicDataSource，它们都包含获取 DBCP 数据库连接池对象的方法。

BasicDataSource 是 DataSource 接口的实现类，该类的常用方法如表 11-1 所示。

表 11-1　BasicDataSource 类的常用方法

| 方法名称 | 功能描述 |
|---|---|
| void setDriverClassName(String driverClassName) | 设置连接数据库的驱动名称 |
| void setUrl(String url) | 设置连接数据库的路径 |
| void setUsername(String username) | 设置数据库的登录账号 |
| void setPassword(String password) | 设置数据库的登录密码 |
| void setInitialSize(int initialSize) | 设置数据库连接池初始化的连接数目 |
| void setMinIdle(int minIdle) | 设置数据库连接池最小闲置连接数目 |
| Connection getConnection( ) | 从连接池中获取一个数据库连接 |

表 11-1 列举了 BasicDataSource 对象的常用方法，其中 setDriverClassName( )、setUrl( )、setUsername( )、setPassword( )等方法都是设置数据库连接信息的方法；setInitialSize( )、setMinIdle( )等方法都是设置数据库连接池初始化值的方法；getConnection( )方法可以从 DBCP 数据库连接池中获取一个数据库连接。

BasicDataSourceFactory 是创建 BasicDataSource 对象的工厂类，它包含一个返回值为 BasicDataSource 类型的方法 createDataSource( )，该方法通过读取配置文件的信息生成数据源对象并返回给调用者。把数据库的连接信息和数据源的初始化信息提取出来写进配置文件，这样让代码看起来更加简洁，思路也更加清晰。

当使用 DBCP 数据库连接池时，首先要创建数据源对象，数据源对象的创建方式有两种，具体如下。

### 1. 通过 BasicDataSource 类直接创建数据源对象

在使用 BasicDataSource 类创建数据源对象时，需要手动给数据源对象设置属性值，然后获取数据库连接对象。下面通过一个案例演示 BasicDataSource 类的使用。

在 IDEA 中创建一个名称为 chapter11 的 Web 项目，在项目 chapter11 中导入 mysql-connector-java-8.0.15.jar、commons-dbcp2-2.7.0.jar、commons-logging-1.2.jar 和 commons-pool2-2.8.0.jar 共 4 个 JAR 包，并发布到类路径下；然后在项目的 src 目录下创建包 cn.itcast.chapter11.example，并在该包下创建一个 Example01 类，该类采用手动方式获取数据库的连接信息和数据源的初始化信息。Example01 类的实现如文件 11-1 所示。

文件 11-1　Example01.java

```
1   package cn.itcast.chapter11.example;
2   import java.sql.Connection;
3   import java.sql.DatabaseMetaData;
4   import java.sql.SQLException;
5   import javax.sql.DataSource;
6   import org.apache.commons.dbcp2.BasicDataSource;
7   public class Example01 {
8       public static DataSource ds = null;
9       static {
10          //获取 DBCP 数据库连接池实现类对象
11          BasicDataSource bds = new BasicDataSource();
12          //设置连接数据库需要的配置信息
13          bds.setDriverClassName("com.mysql.cj.jdbc.Driver");
14          bds.setUrl("jdbc:mysql://localhost:3306/jdbc?serverTimezone=GMT%2B8");
15          bds.setUsername("root");
16          bds.setPassword("root");
17          //设置连接池的初始化连接参数
18          bds.setInitialSize(5);
19          ds = bds;
20      }
21      public static void main(String[] args) throws SQLException {
22          //获取数据库连接对象
23          Connection conn = ds.getConnection();
24          //获取数据库连接信息
25          DatabaseMetaData metaData = conn.getMetaData();
26          //打印数据库连接信息
27          System.out.println(metaData.getURL()
```

```
28              +",UserName="+metaData.getUserName()
29              +","+metaData.getDriverName());
30       }
31  }
```

在文件 11-1 中运行 main( )方法，程序的运行结果如
图 11-2 所示。

由图 11-2 可知，BasicDataSource 成功创建了一个数据
源对象，然后获取到了数据库连接对象。

图11-2 文件11-1的运行结果

### 2. 通过读取配置文件创建数据源对象

除了使用 BasicDataSource 直接创建数据源对象外，还
可以使用 BasicDataSourceFactory 工厂类读取配置文件，创建数据源对象，然后获取数据库连接对象。下面通
过一个案例演示通过读取配置文件创建数据源对象。

在 chapter11 项目的 src 目录下创建 dbcpconfig.properties 文件，该文件用于设置数据库的连接信息和数据
源的初始化信息。dbcpconfig.properties 文件的实现如文件 11-2 所示。

文件 11-2　dbcpconfig.properties

```
1  #连接设置
2  driverClassName=com.mysql.cj.jdbc.Driver
3  url=jdbc:mysql://localhost:3306/jdbc?serverTimezone=GMT%2B8
4  username=root
5  password=root
6  #初始化连接
7  initialSize=5
8  #最大空闲连接
9  maxIdle=10
```

在 cn.itcast.chapter11.example 包下创建一个 Example02 类，Example02 类从配置文件中获取数据库的连接
信息和数据源的初始化信息。Example02 类的实现如文件 11-3 所示。

文件 11-3　Example02.java

```
1  package cn.itcast.chapter11.example;
2  import java.io.InputStream;
3  import java.sql.Connection;
4  import java.sql.DatabaseMetaData;
5  import java.sql.SQLException;
6  import java.util.Properties;
7  import javax.sql.DataSource;
8  import org.apache.commons.dbcp2.BasicDataSourceFactory;
9  public class Example02 {
10     public static DataSource ds = null;
11     static {
12         //新建一个配置文件对象
13         Properties prop = new Properties();
14         try {
15             //通过类加载器找到文件路径，读取配置文件
16             InputStream in = new Example02().getClass().getClassLoader()
17                     .getResourceAsStream("dbcpconfig.properties");
18             //把文件以输入流的形式加载到配置对象中
19             prop.load(in);
20             //创建数据源对象
21             ds = BasicDataSourceFactory.createDataSource(prop);
22         } catch (Exception e) {
23             throw new ExceptionInInitializerError(e);
24         }
25     }
26     public static void main(String[] args) throws SQLException {
27         //获取数据库连接对象
28         Connection conn = ds.getConnection();
29         //获取数据库连接信息
30         DatabaseMetaData metaData = conn.getMetaData();
31         //打印数据库连接信息
```

```
32              System.out.println(metaData.getURL()
33                      +",UserName="+metaData.getUserName()
34                      +","+metaData.getDriverName());
35      }
36  }
```

在文件 11-3 中运行 main()方法，程序的运行结果如图 11-3 所示。

由图 11-3 可知，BasicDataSourceFactory 工厂类成功读取了配置文件并创建了数据源对象，然后获取到了数据库连接对象。

```
"C:\Program Files\Java\jdk1.8.0_201\bin\java.exe" ...
jdbc:mysql://localhost:3306/jdbc?serverTimezone=GMT
    %2B8,UserName=root@localhost,MySQL Connector/J

Process finished with exit code 0
```

图11-3　文件11-3的运行结果

### 11.1.4　C3P0 数据库连接池

C3P0 是目前流行的开源数据库连接池之一，它实现了 DataSource 数据源接口，支持 JDBC2 和 JDBC3 的标准规范，易于扩展且性能优越，著名的开源框架 Hibernate 和 Spring 都支持该数据库连接池。在使用 C3P0 数据库连接池开发时，需要了解 C3P0 中 DataSource 接口的实现类 ComboPooledDataSource，它是 C3P0 的核心类，提供了数据源对象的相关方法，该类的常用方法如表 11-2 所示。

表 11-2　ComboPooledDataSource 类的常用方法

| 方法名称 | 功能描述 |
| --- | --- |
| void setDriverClass( ) | 设置连接数据库的驱动名称 |
| void setJdbcUrl( ) | 设置连接数据库的路径 |
| void setUser( ) | 设置数据库的登录账号 |
| void setPassword( ) | 设置数据库的登录密码 |
| void setMaxPoolSize( ) | 设置数据库连接池最大连接数目 |
| void setMinPoolSize( ) | 设置数据库连接池最小连接数目 |
| void setInitialPoolSize( ) | 设置数据库连接池初始化的连接数目 |
| Connection getConnection( ) | 从数据库连接池中获取一个连接 |

通过比较表 11-1 和表 11-2 发现，C3P0 和 DBCP 数据库连接池所提供的方法大部分功能相同，都包含了设置数据库连接信息的方法和数据库连接池初始化的方法，以及 DataSource 接口中的 getConnection( ) 方法。

当使用 C3P0 数据库连接池时，首先需要创建数据源对象，创建数据源对象可以通过调用 ComboPooledDataSource 类的构造方法实现。ComboPooledDataSource 类有两个构造方法，分别是 ComboPooled-DataSource( )和 ComboPooledDataSource(String configName)。下面分别进行介绍。

#### 1. 通过 ComboPooledDataSource( )构造方法创建数据源对象

调用 ComboPooledDataSource( )构造方法创建数据源对象，需要手动给数据源对象设置属性值，然后获取数据库连接对象。

在项目 chapter11 中导入 JAR 包 c3p0-0.9.2.1.jar 和 mchange-commons-java-0.2.3.4.jar，然后在 cn.itcast. chapter11.example 包下创建一个 Example03 类，Example03 类采用 C3P0 数据库连接池，并使用 C3P0 数据库连接池对象获取 Connection 对象。Example03 类的实现如文件 11-4 所示。

文件 11-4　Example03.java

```
1   package cn.itcast.chapter11.example;
2   import java.sql.SQLException;
3   import javax.sql.DataSource;
4   import com.mchange.v2.c3p0.ComboPooledDataSource;
5   public class Example03 {
6       public static DataSource ds = null;
7       // 初始化 C3P0 数据库连接池
```

```
8      static {
9          ComboPooledDataSource cpds = new ComboPooledDataSource();
10         // 设置连接数据库需要的配置信息
11         try {
12             cpds.setDriverClass("com.mysql.cj.jdbc.Driver");
13             cpds.setJdbcUrl("jdbc:mysql://localhost:3306/jdbc?" +
14                 "serverTimezone=GMT%2B8");
15             cpds.setUser("root");
16             cpds.setPassword("root");
17             //设置连接池的参数
18             cpds.setInitialPoolSize(5);
19             cpds.setMaxPoolSize(15);
20             ds = cpds;
21         } catch (Exception e) {
22             throw new ExceptionInInitializerError(e);
23         }
24     }
25     public static void main(String[] args) throws SQLException {
26         // 获取数据库连接对象
27         System.out.println(ds.getConnection());
28     }
29 }
```

在文件 11-4 中运行 main()方法，程序的运行结果如图 11-4 所示。

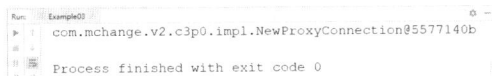

图11-4  文件11-4的运行结果

由图 11-4 可知，C3P0 数据库连接池对象成功获取到了数据库连接对象。

### 2. 通过 ComboPooledDataSource(String configName)构造方法创建数据源对象

调用 ComboPooledDataSource（String configName）构造方法可以读取 c3p0-config.xml 配置文件，再根据配置文件中的配置信息创建数据源对象，然后获取数据库连接对象。下面通过一个案例演示根据读取的配置文件创建数据源对象。

在 chapter11 项目的 src 根目录下创建名称为 c3p0-config 的 XML 文件，用于设置数据库的连接信息和数据源的初始化信息，如文件 11-5 所示。

文件 11-5  c3p0-config.xml

```xml
1  <?xml version="1.0" encoding="UTF-8"?>
2  <c3p0-config>
3      <default-config>
4          <property name="driverClass">com.mysql.cj.jdbc.Driver</property>
5          <property name="jdbcUrl">
6          jdbc:mysql://localhost:3306/jdbc?serverTimezone=GMT%2B8
7          </property>
8          <property name="user">root</property>
9          <property name="password">root</property>
10         <property name="checkoutTimeout">30000</property>
11         <property name="initialPoolSize">10</property>
12         <property name="maxIdleTime">30</property>
13         <property name="maxPoolSize">100</property>
14         <property name="minPoolSize">10</property>
15         <property name="maxStatements">200</property>
16     </default-config>
17     <named-config name="itcast">
18         <property name="driverClass">com.mysql.cj.jdbc.Driver</property>
19         <property name="jdbcUrl">
20         jdbc:mysql://localhost:3306/jdbc?serverTimezone=GMT%2B8
21         </property>
22         <property name="user">root</property>
23         <property name="password">root</property>
```

```
24              <property name="initialPoolSize">5</property>
25              <property name="maxPoolSize">15</property>
26      </named-config>
27 </c3p0-config>
```

在文件 11-5 中，c3p0-config.xml 配置了两套数据源，<default-config>...</default-config>中的信息是默认配置，在没有指定配置信息时默认使用该配置信息创建 C3P0 数据库连接池对象；<named-config>...</named-config>中的信息是自定义配置，一个配置文件中可以有零个或多个自定义配置，当用户需要使用自定义配置时，调用 ComboPooledDataSource（String configName）方法，传入<named-config>节点中 name 属性的值即可创建对应的 C3P0 数据库连接池对象。这种设置的好处是，当程序在后期更换数据源配置时，只需要修改构造方法中对应的 name 值即可。

在 cn.itcast.chapter11.example 包下创建一个 Example04 类，在该类中使用 C3P0 数据库连接池从配置文件中获取 Connection 对象。Example04 类的实现如文件 11-6 所示。

文件 11-6　Example04.java

```
1  package cn.itcast.chapter11.example;
2  import java.sql.SQLException;
3  import javax.sql.DataSource;
4  import com.mchange.v2.c3p0.ComboPooledDataSource;
5  public class Example04 {
6      public static DataSource ds = null;
7      // 初始化 C3P0 数据库连接池
8      static {
9          // 使用 c3p0-config.xml 配置文件中的 named-config 节点中 name 属性的值
10         ComboPooledDataSource cpds = new ComboPooledDataSource("itcast");
11         ds = cpds;
12     }
13     public static void main(String[] args) throws SQLException {
14         System.out.println(ds.getConnection());
15     }
16 }
```

在文件 11-6 中运行 main()方法，程序的运行结果如图 11-5 所示。

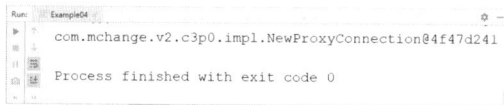

图11-5　文件11-6的运行结果

由图 11-5 可知，C3P0 数据库连接池对象成功获取到了数据库连接对象。需要注意的是，在使用 ComboPooledDataSource（String configName）方法创建数据源对象时必须遵循以下两点：

（1）配置文件名称必须为 c3p0-config.xml 或者 c3p0.properties，并且位于该项目的 src 根目录下。

（2）当传入的 configName 值为空或者不存在时，使用默认配置信息创建数据源。

# 11.2　DBUtils 工具

## 11.2.1　DBUtils 工具介绍

为了更加简单地使用 JDBC，Apache 组织提供了一个 DBUtils 工具，它是操作数据库的一个组件，实现了对 JDBC 的简单封装，可以在不影响数据库访问性能的情况下简化 JDBC 的编码工作量。DBUtils 工具要有三个作用。

● 写数据。DBUtils 可以通过编写 SQL 语句对数据表进行增、删、改操作。

● 读数据。DBUtils 工具可以将从数据表中读取的数据结果集转换成 Java 常用类集合，以方便对结果进行处理。

● 优化性能。在使用 DBUtils 工具的基础上，程序可以使用数据源、JNDI、数据库连接池等技术减少代码冗余。

DBUtils 工具可以在 Apache Commons 官网下载，目前它的最新版本为 Apache Commons DBUtils 1.7，本书也是针对该版本进行讲解的。

DBUtils 的核心类库主要包含三个核心 API，如图 11-6 所示。

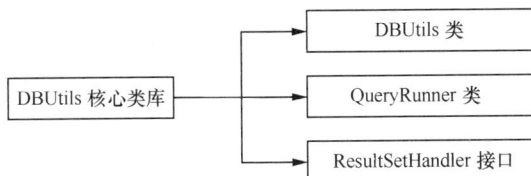

图11-6　DBUtils的核心类库

由图 11-6 可知，DBUtils 核心类库主要包括 DBUtils 类、QueryRunner 类和 ResultSetHandler 接口。DBUtils 工具主要通过这三个核心 API 进行 JDBC 的所有操作。

## 11.2.2　DBUtils 类

DBUtils 类主要提供了加载 JDBC 驱动、关闭资源等方法。DBUtils 类中的方法一般为静态方法，可以直接使用类名进行调用。DBUtils 类的常用方法如表 11-3 所示。

表 11-3　DBUtils 类的常用方法

| 方法名称 | 功能描述 |
| --- | --- |
| void close(Connection conn) | 当连接不为 null 时，关闭连接 |
| void close(Statement stat) | 当声明不为 null 时，关闭声明 |
| void close(ResultSet rs) | 当结果集不为 null 时，关闭结果集 |
| void closeQuietly(Connection conn) | 当连接不为 null 时，关闭连接，并隐藏一些在程序中抛出的 SQL 异常 |
| void closeQuietly(Statement stat) | 当声明不为 null 时，关闭声明，并隐藏一些在程序中抛出的 SQL 异常 |
| void closeQuietly(ResultSet rs) | 当结果集不为 null 时，关闭结果集，并隐藏一些在程序中抛出的 SQL 异常 |
| void commitAndCloseQuietly(Connection conn) | 提交连接后关闭连接，并隐藏一些在程序中抛出的 SQL 异常 |
| Boolean loadDriver(String driverClassName) | 装载并注册 JDBC 驱动程序，如果成功就返回 true |

## 11.2.3　QueryRunner 类

QueryRunner 类简化了执行 SQL 语句的代码，它与 ResultSetHandler 配合就能完成大部分的数据库操作，大大减少了编码量。

QueryRunner 类提供了带有一个参数的构造方法，该方法以 javax.sql.DataSource 的实例对象作为参数传递到 QueryRunner 的构造方法中来获取 Connection 对象。针对不同的数据库操作，QueryRunner 类提供不同的方法。QueryRunner 类的常用方法如表 11-4 所示。

表 11-4　QueryRunner 类的常用方法

| 方法名称 | 功能描述 |
| --- | --- |
| Object query(Connection conn,String sql,ResultSetHandler rsh,Object[] params) | 执行查询操作，传入的 Connection 对象不能为空 |
| Object query (String sql, ResultSetHandler rsh,Object[] params) | 执行查询操作 |

续表

| 方法名称 | 功能描述 |
|---|---|
| Object query (Connection conn,String sql, ResultSetHandlerrsh) | 执行一个不需要置换参数的查询操作 |
| int update(Connection conn, String sql, ResultSetHandler rsh) | 执行一个更新（插入、删除、更新）操作 |
| int update(Connection conn, String sql) | 执行一个不需要置换参数的更新操作 |
| int batch(Connection conn,String sql, Object[] []params) | 批量添加、修改、删除 |
| int batch(String sql, Object[ ] [ ]params) | 批量添加、修改、删除 |

## 11.2.4　ResultSetHandler 接口

ResultSetHandler 接口用于处理结果集 ResultSet，它可以将结果集中的数据转换为不同的形式。根据结果集中不同的数据类型，ResultSetHandler 提供了几种常见的实现类。

- BeanHandler：将结果集中的第一行数据封装到一个对应的 JavaBean 实例中。
- BeanListHandler：将结果集中的每一行数据都封装到一个对应的 JavaBean 实例中，并存放到 List 里。
- ColumnListHandler：将某列属性的值封装到 List 集合中。
- ScalarHandler：将结果集中某一条记录的某一列数据存储成 Object 对象。

另外，ResultSetHandler 接口还提供了一个单独的方法 handle (java.sql.ResultSet rs)，如果上述实现类没有提供想要的功能，可以自定义一个实现 ResultSetHandler 接口的类，然后通过重写 handle()方法，实现结果集的处理。

## 11.2.5　ResultSetHandler 实现类

11.2.4 小节介绍了 ResultSetHandler 接口常见实现类的作用。下面通过案例对常见实现类的使用进行详细讲解。

### 1. BeanHandler 和 BeanListHandler

BeanHandler 和 BeanListHandler 实现类是将结果集中的数据封装到对应的 JavaBean 中。在封装时，表中数据的字段和 JavaBean 的属性是相互对应的，一条数据记录被封装进一个对应的 JavaBean 对象中。BeanHandler 和 BeanListHandler 的对比如表 11-5 所示。

表 11-5　BeanHandler 和 BeanListHandler 的对比

| 类名称 | 相同点 | 不同点 |
|---|---|---|
| BeanHandler | 都要先将结果集封装进 JavaBean | 封装单条数据，把结果集的第一条数据的字段放入一个 JavaBean 中 |
| BeanListHandler | | 封装多条数据，把每条数据的字段值各放入一个 JavaBean 中，再把所有 JavaBean 都放入 List 集合中 |

下面通过代码演示 BeanHandler 和 BeanListHandler 的使用以及两者的区别。

（1）在名为 jdbc 的数据库中创建数据表 user，创建语句如下：

```sql
USE jdbc;
CREATE TABLE user(
    id INT(3) PRIMARY KEY AUTO_INCREMENT,
    name VARCHAR(20) NOT NULL,
    password VARCHAR(20) NOT NULL
);
```

向 user 表插入三条数据，具体语句如下：

```sql
INSERT INTO user(name,password) VALUES ('zhangsan','123456');
INSERT INTO user(name,password) VALUES ('lisi','123456');
INSERT INTO user(name,password) VALUES ('wangwu','123456');
```

　　为了查看数据是否添加成功，使用 SELECT 语句查询 user 表，查询结果如图 11-7 所示。

　　由图 11-7 可知，向 user 表添加数据成功。

　　（2）将下载的 DBUtils 工具的 JAR 包 commons-dbutils-1.7.jar 添加到项目的 lib 目录中，并将第 10 章中文件 10-5（JDBCUtils.java）复制到 cn.itcast.chapter11.example 包下。

　　（3）在 chapter11 项目的 cn.itcast.chapter11.example 包中创建一个名为 BaseDao 的类，在该类中编写一个通用的查询方法。BaseDao 类的实现如文件 11-7 所示。

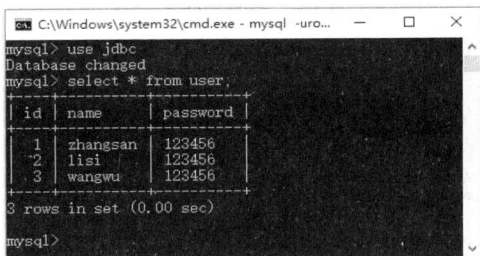

图11-7　查询结果（1）

文件 11-7　BaseDao.java

```
1  package cn.itcast.chapter11.example;
2  import java.sql.Connection;
3  import java.sql.PreparedStatement;
4  import java.sql.ResultSet;
5  import java.sql.SQLException;
6  import org.apache.commons.dbutils.ResultSetHandler;
7  public class BaseDao {
8      // 优化查询
9      public static Object query(String sql, ResultSetHandler<?> rsh,
10             Object... params) throws SQLException {
11             Connection conn = null;
12             PreparedStatement pstmt = null;
13             ResultSet rs = null;
14             try {
15                     // 获得连接
16                     conn = JDBCUtils.getConnection();
17                     // 预编译 sql
18                     pstmt = conn.prepareStatement(sql);
19                     // 将参数设置进去
20                     for (int i = 0; params != null && i < params.length; i++)
21                     {
22                             pstmt.setObject(i + 1, params[i]);
23                     }
24                     // 发送 sql
25                     rs = pstmt.executeQuery();
26                     // 让调用者去实现对结果集的处理
27                     Object obj = rsh.handle(rs);
28                     return obj;
29             } catch (Exception e) {
30                     e.printStackTrace();
31             }finally {
32                     // 释放资源
33                     JDBCUtils.release(rs, pstmt, conn);
34             }
35             return rs;
36     }
37 }
```

　　（4）在 cn.itcast.chapter11.example 包下创建实体类 User，用于封装 User 对象。User 类的实现如文件 11-8 所示。

文件 11-8　User.java

```
1  package cn.itcast.chapter11.example;
2  public class User {
3      private int id;
4      private String name;
5      private String password;
6      public int getId() {
7          return id;
```

```
8          }
9      public void setId(int id) {
10          this.id = id;
11      }
12      public String getName() {
13          return name;
14      }
15      public void setName(String name) {
16          this.name = name;
17      }
18      public String getPassword() {
19          return password;
20      }
21      public void setPassword(String password) {
22          this.password = password;
23      }
24 }
```

（5）在 cn.itcast.chapter11.example 包下创建类 ResultSetTest1，用于演示 BeanHandler 类对结果集的处理。ResultSetTest1 类的实现如文件 11-9 所示。

文件 11-9　ResultSetTest1.java

```
1  package cn.itcast.chapter11.example;
2  import java.sql.SQLException;
3  import org.apache.commons.dbutils.handlers.BeanHandler;
4  public class ResultSetTest1 {
5      public static void testBeanHandler() throws SQLException {
6          BaseDao basedao = new BaseDao();
7          String sql = "select * from user where id=?";
8          User user = (User) basedao.query(sql,
9                          new BeanHandler(User.class), 1);
10          System.out.print("id 为 1 的 User 对象的 name 值为: " + user.getName());
11      }
12      public static void main(String[] args) throws SQLException {
13          testBeanHandler();
14      }
15 }
```

（6）运行 ResultSetTest1 类中的 main( )方法，运行结果如图 11-8 所示。

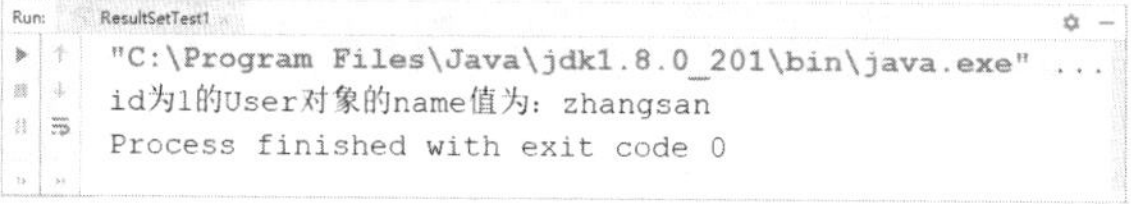

图11-8　文件11-9的运行结果

由图 11-8 所示的输出结果可以看出，BeanHandler 已成功将 id 为 1 的数据存入实体对象 user 中。

（7）在 cn.itcast.chapter11.example 包下创建 ResultSetTest2 类，用于演示 BeanListHandler 类对结果集的处理。ResultSetTest2 类的实现如文件 11-10 所示。

文件 11-10　ResultSetTest2.java

```
1  package cn.itcast.chapter11.example;
2  import java.sql.SQLException;
3  import java.util.ArrayList;
4  import org.apache.commons.dbutils.handlers.BeanListHandler;
5  public class ResultSetTest2 {
6      public static void testBeanListHandler() throws SQLException {
7          BaseDao basedao = new BaseDao();
8          String sql = "select * from user ";
9          ArrayList<User> list = (ArrayList<User>) basedao.query(sql,
10                  new BeanListHandler(User.class));
11          for (int i = 0; i < list.size(); i++) {
12              System.out.println("第" + (i + 1) + "条数据的 username 值为:"
13                          + list.get(i).getName());
14          }
```

```
15        }
16        public static void main(String[] args) throws SQLException {
17            testBeanListHandler();
18        }
19 }
```

（8）运行 ResultSetTest2 类中的 main( )方法，运行结果如图 11-9 所示。

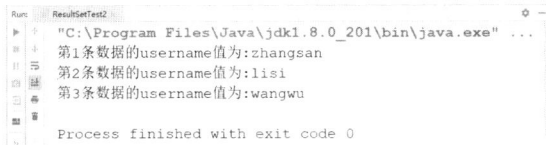

图11-9　文件11-10的运行结果

由图 11-9 所示的输出结果可以看出，testBeanListHandler( )方法可以将每一行的数据都封装到 user 实体对象中，并将其存放到 list 中。

### 2. ColumnListHandler 和 ScalarHandler

ColumnListHandler 和 ScalarHandler 类可以对指定的列数据进行封装，在封装时查询指定列数据，然后将获得的列数据封装到容器中。ColumnListHandler 和 ScalarHandler 的对比如表 11-6 所示。

表 11-6　ColumnListHandler 和 ScalarHandler 的对比

| 类名称 | 相同点 | 不同点 |
| --- | --- | --- |
| ColumnListHandler | 都是对指定列的查询结果集进行封装 | 封装指定列的所有数据，将它们放入一个 List 集合中 |
| ScalarHandler | | 封装单条列数据，也可以封装类似 count、avg、max、min、sum 等聚合函数的执行结果 |

由表 11-6 可知，ColumnListHandler 可以对指定列的所有数据进行封装，ScalarHandler 主要对单行单列的数据进行封装。

在使用 DBUtils 工具操作数据库时，如果需要输出结果集中所有数据的值，可以使用 ColumnListHandler 类。下面通过一个案例演示 ColumnListHandler 类的使用。

（1）在 cn.itcast.chapter11.example 包下创建 ResultSetTest3 类，用于演示 ColumnListHandler 类的使用方法。ResultSetTest3 类的实现如文件 11-11 所示。

文件 11-11　ResultSetTest3.java

```
1  package cn.itcast.chapter11.example;
2  import java.sql.SQLException;
3  import org.apache.commons.dbutils.handlers.ColumnListHandler;
4  public class ResultSetTest3 {
5      public static void testColumnListHandler() throws SQLException {
6          BaseDao basedao = new BaseDao();
7          String sql = "select * from user";
8          Object arr = (Object) basedao.query(sql,
9                  new ColumnListHandler("name"));
10         System.out.println(arr);
11     }
12     public static void main(String[] args) throws SQLException {
13         testColumnListHandler();
14     }
15 }
```

（2）运行 ResultSetTest3 类中的 main( )方法，控制台输出结果如图 11-10 所示。

由图 11-10 中的输出结果可以看出，ColumnListHandler 类成功打印出了 user 表中的所有 name 信息。

在使用 DBUtils 工具操作数据库时，如果需要输出结果集中一行数据的指定字段值，可以使用 ScalarHandler 类。下面通过一个案例演示 ScalarHandler 类的使用。

（1）在 cn.itcast.chapter11.example 包下创建 ResultSetTest4 类，用于演示 ScalarHandler 类的使用方法。

ResultSetTest4 类的实现如文件 11-12 所示。

文件 11-12　ResultSetTest4.java

```
1  package cn.itcast.chapter11.example;
2  import java.sql.SQLException;
3  import org.apache.commons.dbutils.handlers.ScalarHandler;
4  public class ResultSetTest4 {
5      public static void testScalarHandler() throws SQLException {
6          BaseDao basedao = new BaseDao();
7          String sql = "select * from user where id=?";
8          Object arr = (Object) basedao.query(sql,
9                          new ScalarHandler("name"), 1);
10         System.out.println(arr);
11     }
12     public static void main(String[] args) throws SQLException {
13         testScalarHandler();
14     }
15 }
```

（2）运行 ResultSetTest4 类中的 main() 方法，控制台输出结果如图 11-11 所示。

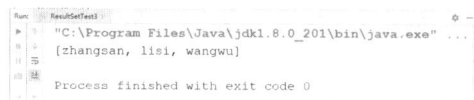

图11-10　文件11-11的运行结果

图11-11　文件11-12的运行结果

由图 11-11 的输出结果可知，ScalarHandler 类成功将 id 为 1 的用户的 name 列存成一个对象 arr。

## 11.2.6　动手实践：使用 DBUtils 实现增删改查

由于每次操作数据库时，都需要加载数据库驱动、建立数据库连接和关闭数据库连接，为了避免重复书写代码，需要建立一个专门用于操作数据库的工具类。下面使用 DBUtils 工具对数据库中的用户信息进行增删改查操作。

使用 DBUtils 工具对数据库中的用户信息进行增删改查操作，首先要创建用户实体类 User 类，与数据库中 user 表中的数据进行映射；然后创建一个工具类，用于创建数据源对象；最后创建增删改查操作的 DAO 类，在各个 DAO 类中编写其对应的增删改查逻辑。具体步骤如下。

### 1. 搭建开发环境

本任务使用 11.2.5 小节在 jdbc 数据库中创建的 user 表作为数据表，使用 DBUtils 工具对 user 表进行增删改查操作。

### 2. 创建 JavaBean

本任务使用文件 11-8 作为 JavaBean，在项目 chapter11 的目录下，创建一个名为 cn.itcast.jdbc.javabean 的包，将文件 11-8 复制到该包下。

### 3. 创建 C3p0Utils 工具类

在项目 chapter11 的 src 目录下，创建一个名为 cn.itcast.jdbc.utils 的包，然后在该包下创建 C3p0Utils 类，用于创建数据源。C3p0Utils 类的实现如文件 11-13 所示。

文件 11-13　C3p0Utils.java

```
1  package cn.itcast.jdbc.utils;
2  import javax.sql.DataSource;
3  import com.mchange.v2.c3p0.ComboPooledDataSource;
4  public class C3p0Utils {
5      private static DataSource ds;
6      static {
7          ds = new ComboPooledDataSource();
8      }
9      public static DataSource getDataSource() {
10         return ds;
```

```
11        }
12  }
```

## 4. 创建 InsertDao 类，完成插入操作

在项目 chapter11 的 src 目录下，创建一个名为 cn.itcast.jdbc.dao 的包，然后在该包下创建一个 InsertDao 类，实现对 user 表插入数据的操作。InsertDao 类的实现如文件 11-14 所示。

文件 11-14　InsertDao.java

```
1   package cn.itcast.jdbc.dao;
2   import java.sql.SQLException;
3   import org.apache.commons.dbutils.QueryRunner;
4   import cn.itcast.jdbc.javabean.User;
5   import cn.itcast.jdbc.utils.C3p0Utils;
6   public class InsertDao {
7       public static void main(String[] args)throws SQLException{
8           // 创建 QueryRunner 对象
9           QueryRunner runner = new QueryRunner(C3p0Utils.getDataSource());
10          String sql = "insert into user (name,password) values ('hello1',123456)";
11          int num = runner.update(sql);
12          if (num > 0){
13              System.out.println("添加成功! ");
14          }else{
15              System.out.println("添加失败! ");
16          }
17      }
18  }
```

在文件 11-14 中，第 9 行代码创建 QueryRunner 对象；第 10 行代码声明了一条插入数据的 SQL 语句；第 11～16 行代码执行插入语句并判断插入成功或失败。

文件 11-14 的运行结果如图 11-12 所示。

由图 11-12 可知，数据插入成功。向 MySQL 数据库发送查询语句，查询结果如图 11-13 所示。

图11-12　文件11-14的运行结果

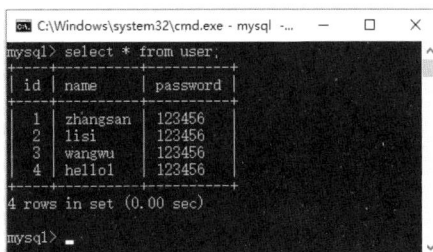

图11-13　查询结果（2）

## 5. 创建 UpdateDao 类，完成修改操作

在 cn.itcast.jdbc.dao 包下创建一个 UpdateDao 类，实现对 user 表数据的修改操作。UpdateDao 类的实现如文件 11-15 所示。

文件 11-15　UpdateDao.java

```
1   package cn.itcast.jdbc.dao;
2   import cn.itcast.jdbc.javabean.User;
3   import cn.itcast.jdbc.utils.C3p0Utils;
4   import org.apache.commons.dbutils.QueryRunner;
5   import java.sql.SQLException;
6   public class UpdateDao {
7       public static void main(String[] args)throws SQLException {
8           // 创建 QueryRunner 对象
9           QueryRunner runner = new QueryRunner(C3p0Utils.getDataSource());
10          // 写 SQL 语句
11          String sql = "update user set name=hello2,password=111111 where name=hello1";
12          // 调用方法
13          int num = runner.update(sql);
14          if (num > 0){
```

```
15              System.out.println("修改成功！");
16          }else{
17              System.out.println("修改失败！");
18          }
19      }
20  }
```

在文件 11-15 中，第 9 行代码创建了 QueryRunner 对象；第 11 行代码声明了一条修改数据的 SQL 语句；第 13～18 行代码执行修改语句并判断修改成功或失败。

文件 11-15 的运行结果如图 11-14 所示。

由图 11-14 可知，数据修改成功。在命令行向 MySQL 数据库发送查询语句，查询结果如图 11-15 所示。

图11-14 文件11-15的运行结果

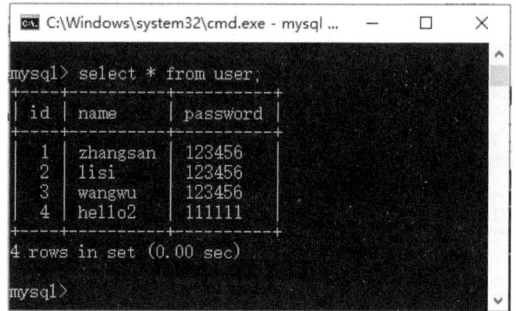

图11-15 查询结果（3）

### 6. 创建 DeleteDao 类，完成删除操作

在 cn.itcast.jdbc.dao 包下创建一个 DeleteDao 类，实现对 user 表数据的删除操作。DeleteDao 类的实现如文件 11-16 所示。

文件 11-16 DeleteDao.java

```
1  package cn.itcast.jdbc.dao;
2  import cn.itcast.jdbc.utils.C3p0Utils;
3  import org.apache.commons.dbutils.QueryRunner;
4  import java.sql.SQLException;
5  public class DeleteDao {
6      public static void main(String[] args)throws SQLException {
7          // 创建 QueryRunner 对象
8          QueryRunner runner = new QueryRunner(C3p0Utils.getDataSource());
9          // 写 SQL 语句
10         String sql = "delete from user where name='hello2'";
11         // 调用方法
12         int num = runner.update(sql);
13         if (num > 0){
14             System.out.println("删除成功！");
15         }else{
16             System.out.println("删除失败！");
17         }
18     }
19 }
```

在文件 11-16 中，第 8 行代码创建了 QueryRunner 对象；第 10 行代码声明了一条删除数据的 SQL 语句；第 13～17 行代码执行删除语句并判断删除成功或失败。

文件 11-16 的运行结果如图 11-16 所示。

由图 11-16 可知，数据修改成功。在命令行向 MySQL 数据库发送查询语句，查询结果如图 11-17 所示。

图11-16　文件11-16的运行结果

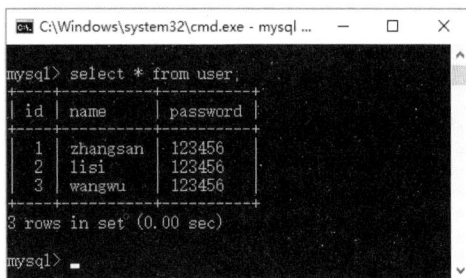

图11-17　查询结果（4）

### 7. 创建 QueryDao 类，完成查询操作

在 cn.itcast.jdbc.dao 包下创建一个 QueryDao 类，实现对 user 表中单条数据的查询操作。QueryDao 类的实现如文件 11-17 所示。

文件 11-17　QueryDao.java

```java
1  package cn.itcast.jdbc.dao;
2  import cn.itcast.jdbc.javabean.User;
3  import cn.itcast.jdbc.utils.C3p0Utils;
4  import org.apache.commons.dbutils.QueryRunner;
5  import org.apache.commons.dbutils.handlers.BeanHandler;
6  import java.sql.SQLException;
7  public class QueryDao {
8      public static void main(String[] args)throws SQLException {
9          // 创建 QueryRunner 对象
10         QueryRunner runner = new QueryRunner(C3p0Utils.getDataSource());
11         // 写 SQL 语句
12         String sql = "select * from user where id=2";
13         // 调用方法
14         User user = (User) runner.query(sql,
15             new BeanHandler(User.class));
16     System.out.println(user.getId()+","+user.getName()+","
17                     +user.getPassword());
18     }
19 }
```

在文件 11-17 中，第 10 行代码创建了 QueryRunner 对象；第 12 行代码声明了一条查询单条数据的 SQL语句；第 14～17 行代码执行单条数据查询的语句并将查询到的数据输出。

文件 11-17 的运行结果如图 11-18 所示。

由图 11-18 可知，查询结果是一条 id 为 2 的数据。在实际开发中，有时需要查询一个表中所有的数据，下面对文件 11-17 进行修改，演示查询 user 表中的全部数据。对文件 11-17 的修改如文件 11-18 所示。

文件 11-18　QueryDao.java

```java
1  package cn.itcast.jdbc.dao;
2  import cn.itcast.jdbc.javabean.User;
3  import cn.itcast.jdbc.utils.C3p0Utils;
4  import org.apache.commons.dbutils.QueryRunner;
5  import org.apache.commons.dbutils.handlers.BeanListHandler;
6  import java.sql.SQLException;
7  import java.util.List;
8  public class QueryDao {
9      public static void main(String[] args)throws SQLException {
10         // 创建 QueryRunner 对象
11         QueryRunner runner = new QueryRunner(C3p0Utils.getDataSource());
12         // 写 SQL 语句
13         String sql = "select * from user";
14         // 调用方法
15         List<User> list = (List) runner.query(sql,
16             new BeanListHandler(User.class));
17         for(User user : list){
18             System.out.println(user.getId()+","+user.getName()+","
```

```
19                      +user.getPassword());
20          }
21      }
22 }
```

在文件 11-18 中，第 11 行代码创建 QueryRunner 对象；第 13 行代码声明了一条查询单条数据的 SQL 语句；第 15～20 行代码执行全部数据查询的语句并将查询到的数据输出。

文件 11-18 的运行结果如图 11-19 所示。

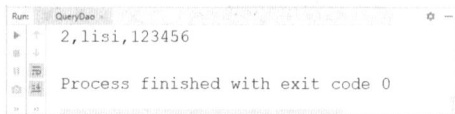

图11-18　文件11-17的运行结果                图11-19　文件11-18的运行结果

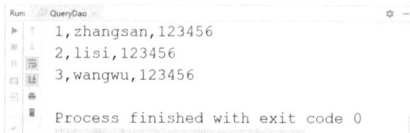

至此，使用 DBUtils 工具对数据库中的数据进行增删改查的基本操作全部完成。需要注意的是，在查询方法中，用到了 BeanHandler 和 BeanListHandler 实现类来处理结果集，查询一条数据使用能够处理一行数据的 BeanHandler 类，查询所有数据使用能处理所有行数据的 BeanListHandler 类，切勿错误使用，否则程序会报错。

# 11.3　本章小结

本章主要讲解了数据库连接池和 DBUtils 工具的使用。首先讲解了什么是数据库连接池，并介绍了 DataSource 接口以及两种常用的数据库连接池——DBCP 数据库连接池和 C3P0 数据库连接池；然后讲解了 DBUtils 工具中 QueryRunner 类和 ResultSetHandler 接口及其实现类的常见操作；最后通过一个具体的任务，详细讲解了如何使用 DBUtils 实现对数据库的增删改查等基本操作。通过本章的学习，读者应该了解什么是数据库连接池和 DataSource 接口的作用，掌握 DBCP 和 C3P0 数据库连接池的使用，了解 DBUtils 工具中常见的 API，并且掌握使用 DBUtils 工具对数据进行增删改查的操作。

# 11.4　本章习题

本章课后习题请扫描二维码。

# 第 12 章

# Ajax

**学习目标**

★ 了解 Ajax 的概念

★ 了解 jQuery 的基础知识与常用操作

★ 掌握 jQuery 中 load( )方法的用法

★ 掌握 jQuery 中的 GET 请求和 POST 请求

★ 熟悉 JSON 数据格式

★ 掌握 Ajax 的基础操作

拓展阅读

在 Web 开发中，Ajax（Asynchronous JavaScript and XML，异步的 JavaScript 和 XML）技术可以实现页面的局部更新，数据异步交互的方式给用户带来了更好的使用体验。使用 JavaScript 可以实现 Ajax 操作，但使用 JavaScript 实现 Ajax 操作不仅代码复杂，而且需要考虑浏览器的兼容问题，给开发人员带来了不便。jQuery 对 JavaScript 进行了二次封装，同时也对 Ajax 的操作重新进行了整理与封装，简化了 Ajax 的使用。本章将对 jQuery 中 Ajax 的使用进行详细讲解。

## 12.1 Ajax 概述

Ajax 是一种 Web 应用技术，该技术是在 JavaScript、DOM、服务器配合下，实现浏览器向服务器发送异步请求。

传统请求方式是在页面跳转或者刷新时发出请求，每次发出请求都会请求一个新的页面，即使刷新页面也要重新请求加载本页面。而 Ajax 异步请求方式不同于传统请求方式，通过 Ajax 异步请求方式向服务器发出请求，得到数据后再更新页面（通过 DOM 操作修改页面内容），整个过程不会发生页面跳转或刷新操作。

传统请求方式与 Ajax 异步请求方式分别如图 12-1 和图 12-2 所示。

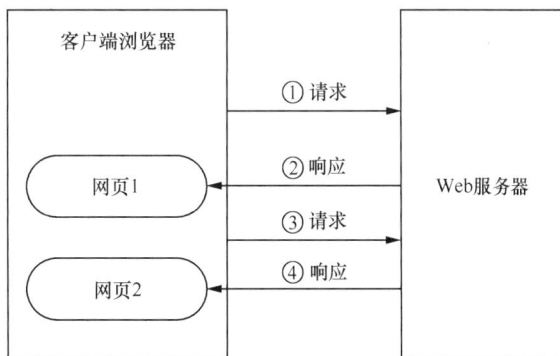

图12-1 传统请求方式

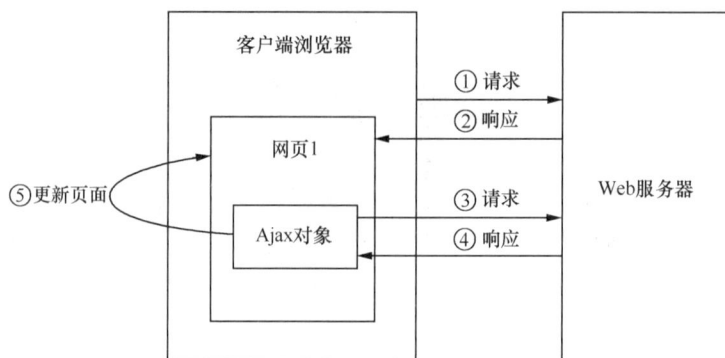

图12-2　Ajax异步请求方式

传统请求方式和 Ajax 异步请求方式的区别如表 12-1 所示。

表 12-1　传统请求方式和 Ajax 异步请求方式的区别

| 方式 | 遵循的协议 | 请求发出方式 | 数据展示方式 |
|---|---|---|---|
| 传统请求方式 | HTTP | 页面链接跳转发出 | 重新载入新页面 |
| Ajax 异步请求方式 | HTTP | 由 XMLHttpRequest 实例发出请求 | JavaScript 和 DOM 技术把数据更新到本页面 |

由表 12-1 可知，相较于传统请求方式，Ajax 异步请求具有以下几点优势。

● 请求数据量少：因为 Ajax 请求只需要得到必要数据，对不需要更新的数据不做请求，所以数据量少，传输时间较短。

● 请求分散：Ajax 是按需请求，请求是异步形式，可在任意时刻发出，所以请求不会集中爆发，一定程度上减轻了服务器的压力，响应速度也比较快。

● 用户体验优化：Ajax 数据请求响应时间短，数据传送速度快，已经在很大程度上提升了用户的使用体验。又由于 Ajax 是异步请求，不会刷新页面，故页面上用户行为得到了有效保留。

## 12.2　jQuery 框架

要实现 Ajax 异步请求就需要使用到 JavaScript 和 DOM 技术，但使用 JavaScript 实现 Ajax 异步请求比较复杂，而且需要考虑到跨域等问题。因此，人们在 Web 项目开发过程中提供了很多框架，对 Ajax 做了一系列封装简化，使操作更加方便快捷。其中，最常用的框架为 jQuery，本节将详细讲解 jQuery 的基本用法。

### 12.2.1　初识 jQuery

jQuery 是一款跨浏览器的开源 JavaScript 库，它的核心理念是 "write less，do more"（写得更少，做得更多）。通过对 JavaScript 代码的封装，jQuery 使 DOM、事件处理、Ajax 等功能的实现代码更加简洁，有效提高了程序开发效率。

下面为读者介绍 jQuery 的具体使用方法，包括下载和引入 jQuery 文件。

#### 1. 下载 jQuery

登录 jQuery 的官方网站，jQuery 官网首页如图 12-3 所示。

在图 12-3 中，最右边为 "Download jQuery" 按钮，该按钮上的 "v3.6.0" 为本书截稿时 jQuery 的最新版本号，单击该按钮，进入 jQuery 下载页面，如图 12-4 所示。

图12-3　jQuery官网首页

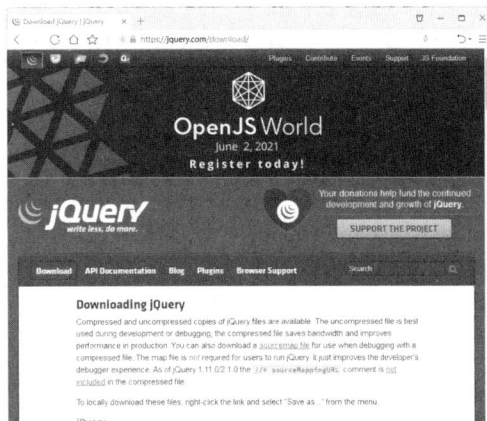

图12-4　jQuery下载页面

在图 12-4 中，下拉找到"jQuery"标题，在"jQuery"标题下单击"Download the uncompressed, development jQuery 3.6.0"超链接下载 jQuery 3.6.0 版本，如图 12-5 所示。

单击图 12-5 中标示的超链接，浏览器会自动下载 jQuery 3.6.0 版本。需要注意的是，jQuery 文件的类型主要包括未压缩（Uncompressed）的开发版本和压缩（Compressed）后的生产版本。它们的区别在于，压缩版本删除了 jQuery 文件中的空白字符、注释、空行等与逻辑无关的内容，并进行了一系列优化，使文件体积更小，加载速度更快。而未压缩版本的代码可读性更好，所以建议读者在学习期间选择未压缩版本。

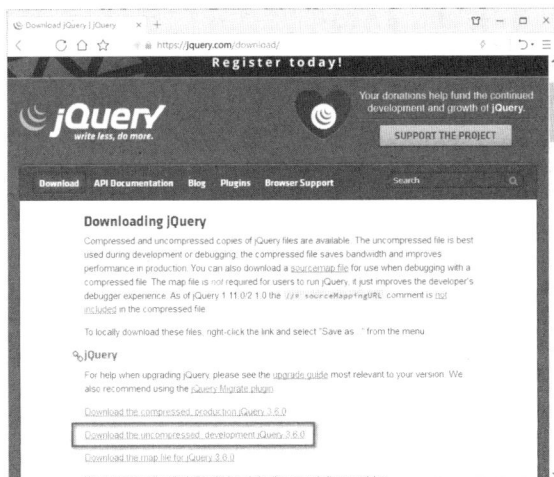

图12-5　下载jQuery 3.6.0版本

在图 12-5 中，单击"Download the uncompressed, development jQuery 3.6.0"超链接下载 jQuery 3.6.0 版本。为了方便读者安装，本书提前下载好了 jQuery 3.6.0 版本的压缩包，读者可以在配套资源中获取。

### 2. 引入 jQuery

在项目中引入 jQuery 时，只需要把下载好的 jQuery 文件保存到项目的 web 目录中，在项目的 HTML 或 JSP 文件中使用<script>标签引入即可，示例代码如下。

```
<!-- 引入本地下载的jQuery -->
<script src="jquery-3.6.0.js"></script>
```

除了引入下载好的 jQuery 文件，许多网站还提供了静态资源公共库，通过导入静态资源地址也可以引入 jQuery 文件，示例代码如下。

```
<!-- 引入CDN加速的jQuery -->
<script src="https://code.jquery.com/jquery-3.6.0.js"></script>
```

### 12.2.2　jQuery 的常用操作

jQuery 的常用操作包括选择器的使用、元素对象的操作、事件的绑定、链式编程等，下面分别针对 jQuery 的常用操作进行介绍。

（1）选择器的使用

jQuery 选择器用于获取网页元素对象。jQuery 选择器以 "$" 符号开头，示例代码如下：

```
<div id="myId"></div>
<script>
    $('#myId');            // 获取 id 值为 myId 的元素对象
</script>
```

（2）元素对象的操作

jQuery 中对获取的元素对象可以进行一系列的操作，例如元素的取值、赋值、属性的设置等，示例代码如下：

```
<div id="myId">content</div>
<script>
    // ① 获取元素的内容
    var html = $('#myId').html();
    alert(html);                    // 输出结果：content
    // ② 设置元素的内容
    $('#myId').html('Hello');       // 执行后，网页中元素的内容变为 Hello
</script>
```

（3）事件的绑定

在 jQuery 中，事件一般直接绑定在元素上。例如，为指定元素对象绑定单击事件，示例代码如下：

```
<button>say hello</button>
<script>
    //为 button 元素绑定单击 (click) 事件，参数是事件的处理程序
    $('button').click(function() {
        alert('Hello');
    });
</script>
```

（4）链式编程

jQuery 中支持多个链式编程方法，在完成相同功能的情况下，开发者可以编写最少的代码。多个方法链式调用的示例代码如下：

```
<ul>
  <li>0</li> <li>1</li>
  <li>2</li> <li>3</li>
</ul>
<script>
    //多个方法链式调用，将 ul 中索引为 2 的 li 元素的内容设置为 Hello
$('ul').find('li').eq(2).html('Hello');
</script>
```

限于篇幅，jQuery 的语法特点此处不做作过多介绍，读者可以参考黑马程序员编著的《jQuery 前端开发实战教程》进行更深入的学习。

### 12.2.3　jQuery 中的 load( )方法

由于使用 XMLHttpRequest 对象发送 Ajax 请求操作较为烦琐，因此 jQuery 对这些操作做了一系列的封装简化，提供了一系列向服务器请求数据的方法。jQuery 提供的方法大致可分为两类，一类是用于发送请求的$.get( )方法和$.post( )方法；另一类是用于获取不同格式数据的 load( )方法、$.getJSON( )方法和$.getScript( )方法。

在 jQuery 的 Ajax 请求方法中，load( )方法可以请求 HTML 内容，并使用获得的数据替换指定元素的内容。load( )方法的基本语法格式如下：

```
load(url,data,callback)
```

在上述语法格式中，load( )方法的参数说明如表 12-2 所示。

表 12-2　load( )方法的参数说明

| 参数 | 描述 |
| --- | --- |
| url | 必需，指定加载资源的路径 |
| data | 可选，发送至服务器的数据 |
| callback | 可选，请求完成时执行的函数 |

load( )方法的用法很多，下面介绍几种常见用法。

### 1. 请求 HTML 文件

load( )方法最基本的用法是远程请求某个页面文档内容（例如 JSP、HTML），并将获取到的内容插入本页面某部分。

下面通过一个案例演示 load( )方法请求 JSP 文档内容，首先在 IDEA 中创建项目 chapter12，并在 IDEA 中配置 chapter12 项目的路径等信息，最后在 chapter12 的 web 目录下创建名称为 load 的 JSP 文件，load.jsp 的实现如文件 12-1 所示。

文件 12-1　load.jsp

```
1  <%@ page contentType="text/html;charset=UTF-8" language="java" %>
2  <html>
3  <head>
4     <title>load</title>
5     <script type="text/javascript"
6  src="${pageContext.request.contextPath}/jquery-3.6.0.js"></script>
7  </head>
8  <body>
9  <button id="btn">加载数据</button>
10 <div id="box"></div>
11 <script type="text/javascript">
12    $('#btn').click(function() {
13        $('#box').load('http://localhost:8080/chapter12/target.jsp');
14    });
15 </script>
16 </body>
17 </html>
```

在文件 12-1 中，第 5 行和第 6 行代码导入 jQuery 的 JAR 包，在导入时使用${pageContext.request.contextPath}取出部署的应用程序名；第 12 行代码为按钮绑定单击事件，触发时执行第 13 行代码，利用 id 值为 box 的元素对象调用 load( )方法，加载 target.jsp 文件。

在 load.jsp 的相同目录下创建名称为 target 的 JSP 文件，具体代码如文件 12-2 所示。

文件 12-2　target.jsp

```
1  <%@ page contentType="text/html;charset=UTF-8" language="java" %>
2  <html>
3  <head>
4     <title>target</title>
5  </head>
6  <body>
7  <h3>静夜思</h3>
8  <h6>唐 李白</h6>
9  <pre>
10   床前明月光，
11   疑似地上霜。
12   举头望明月，
13   低头思故乡。
14 </pre>
15 </body>
16 </html>
```

完成上述操作后，在 IDEA 中启用 Tomcat，在浏览器访问 http://localhost:8080/chapter12/load.jsp，单击"加载数据"按钮，页面效果如图 12-6 所示。

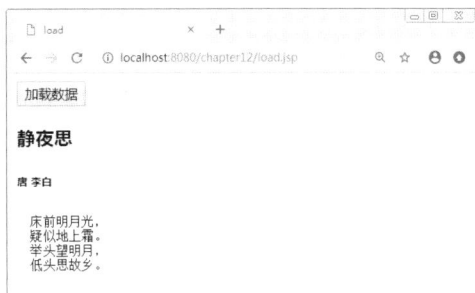

图12-6　文件12-1的运行结果

由图 12-6 可知，浏览器局部更新了数据。在局部更新的后面是使用 load( )方法从 target.jsp 文件获取数据，并将数据作为 JSP 内容插入 id 为 box 的目标元素内。

### 2. 向服务器发送数据

load( )方法在发送请求时，可以附带一些数据，附带的数据可以通过第 2 个参数传递。

下面通过一个案例演示如何调用 load( )方法向服务器发送数据。在 chapter12 项目的 web 目录下创建名称为 load2 的 JSP 文件。load2.jsp 的实现如文件 12-3 所示。

文件 12-3　load2.jsp

```
1  <%@ page contentType="text/html;charset=UTF-8" language="java" %>
2  <html>
3  <head>
4    <title>load2</title>
5    <script type="text/javascript"
6  src="${pageContext.request.contextPath}/jquery-3.6.0.js"></script>
7  </head>
8  <body>
9  <button id="btn">加载数据</button>
10 <div id="box"></div>
11 <script>
12     $('#btn').click(function() {
13     $('#box').load('http://localhost:8080/chapter12/Load2Servlet',
14                    {username: 'itcast', password: 123});
15     });
16 </script>
17 </body>
18 </html>
```

在文件 12-3 的第 13 行和第 14 行代码中，load( )方法的第 2 个参数是对象类型的数据，该数据将被发送到 Servlet 服务器。

在 chapter12 项目的 src 目录下创建名称为 Load2Servlet 的 Servlet 类，用于编写 load2.jsp 请求的 Servlet。Load2Servlet.java 的实现如文件 12-4 所示。

文件 12-4　Load2Servlet.java

```
1  import javax.servlet.ServletException;
2  import javax.servlet.annotation.WebServlet;
3  import javax.servlet.http.HttpServlet;
4  import javax.servlet.http.HttpServletRequest;
5  import javax.servlet.http.HttpServletResponse;
6  import java.io.IOException;
7  @WebServlet(name = "Load2Servlet",urlPatterns = "/Load2Servlet")
8  public class Load2Servlet extends HttpServlet{
9      public void doGet(HttpServletRequest request, HttpServletResponse
10       response) throws ServletException, IOException {
11       response.setContentType("text/html;charset=utf-8");
12      //获取 load2.jsp 页面的 username 与 password 值
13       String username=request.getParameter("username");
14       String password=request.getParameter("password");
15       response.getWriter().println("注册成功!<br />用户名:"+username+"<br />密码:"+password);
16      }
17      public void doPost(HttpServletRequest request, HttpServletResponse
18       response) throws ServletException, IOException {
19       doGet(request,response);
20      }
21   }
```

在文件 12-4 中，第 13 行和第 14 行代码用于获取 load2.jsp 页面发送的数据，第 15 行代码调用 response 的 getWriter( )方法打印用户注册成功的信息，从而检测服务器是否收到了 load( )方法发送的数据。

在 IDEA 中启动 Tomcat，在浏览器访问 http://localhost:8080/chapter12/load2.jsp，并单击"加载数据"按钮，结果如图 12-7 所示。

### 3. 回调函数

load( )方法的第 3 个参数是回调函数，该函数在请求数据加载完成后执行。回调函数用于获取本次请求的相关信息，它有 3 个默认参数，分别表示响应数据、请求状态和 XMLHttpRequest 对象。

将 load2.jsp 的第 13 行和第 14 行代码替换成以下代码。

```
$('#box').load('target.html', function(responseData, status, xhr){
    console.log(responseData);      // 输出请求的数据
    console.log(status);            // 输出请求状态
    console.log(xhr);               // 输出 XMLHttpRequest 对象
})
```

上述代码的作用是在控制台输出 load( )方法的回调函数 function( )的参数，即请求的数据、请求状态和 XMLHttpRequest 对象。其中，status 请求状态共有 5 种，分别为 success（成功）、notmodified（未修改）、error（错误）、timeout（超时）和 parsererror（解析错误）。

修改完成后，在 IDEA 中重启 Tomcat，在浏览器中请求 http://localhost:8080/chapter12/load2.jsp 并单击"加载数据"按钮，再打开开发者工具（一般在浏览器中按"F12"键可以直接进入开发者模式），页面效果如图 12-8 所示。

图12-7　文件12-4的运行结果　　　　　　　图12-8　控制台输出

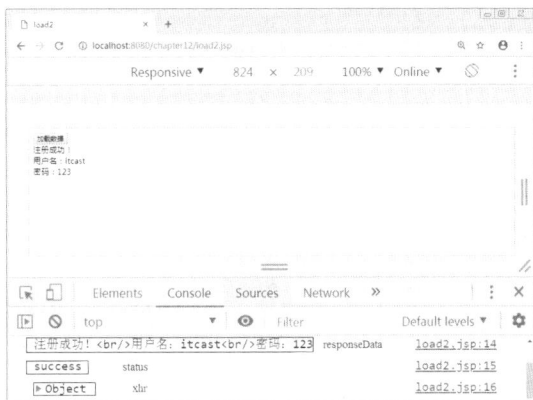

由图 12-8 可知，输出结果依次是请求的数据（load2.jsp 文档内容）、请求状态和本次请求对应的 XMLHttpRequest 对象。

## 12.2.4　发送 GET 和 POST 请求

浏览器向服务器发送的请求包括 GET 请求和 POST 请求，为此，jQuery 提供了$.get( )方法和$.post( )方法，分别用于发送 GET 请求和 POST 请求。下面分别对$.get( )方法和$.post( )方法的使用进行详细讲解。

### 1. $.get( )方法

jQuery 中的$.get( )方法用于向服务器发送 GET 请求，语法格式如下：

```
$.get(url,data,function(data, status, xhr),dataType)
```

由上述语法可知，$.get( )是 jQuery 的静态方法，由"$"对象直接调用。$.get( )方法的参数含义如表 12-3 所示。

表 12-3　$.get( )方法的参数含义

| 参数 | 描述 |
| --- | --- |
| url | 必须，规定加载资源的路径 |
| data | 可选，发送至服务器的数据 |

续表

| 参数 | 描述 |
|---|---|
| function(data, status, xhr) | 可选，请求成功时执行的函数，各参数含义如下：<br>• data 表示从服务器返回的数据；<br>• status 表示请求的状态值；<br>• xhr 表示当前请求相关的 XMLHttpRequest 对象 |
| dataType | 可选，预期的服务器响应的数据类型<br>（xml、html、text、script、json、jsonp） |

为了使读者更好地理解$.get()的用法，下面通过案例演示其常见的用法。

（1）调用$.get()方法请求数据

在 chapter12 项目的 web 目录下创建名称为 get 的 JSP 文件，在 get.jsp 中调用$.get()方法请求 12.2.3 小节编写的 target.jsp 文件，并将返回的数据显示到页面指定位置。get.jsp 的实现如文件 12-5 所示。

文件 12-5   get.jsp

```
1  <%@ page contentType="text/html;charset=UTF-8" language="java" %>
2  <html>
3  <head>
4      <title>get</title>
5      <script type="text/javascript"
6  src="${pageContext.request.contextPath}/jquery-3.6.0.js"></script>
7  </head>
8  <body>
9  <button id="btn">加载数据</button>
10 <div id="box"></div>
11 <script>
12   $('#btn').click(function() {
13     $.get('http://localhost:8080/chapter12/target.jsp', function(data) {
14     $('#box').html(data);
15     }, 'html');
16   });
17 </script>
18 </body>
19 </html>
```

在文件 12-5 的第 13~16 行代码中，$.get()方法的第 2 个参数表示请求成功后执行的回调函数。其中，回调函数的参数 data 表示服务器返回的数据；第 14 行代码将返回的数据替换到 id 值为 box 的元素中。

在 IDEA 中启动 Tomcat，通过浏览器访问 http://localhost:8080/chapter12/get.jsp，单击"加载数据"按钮，页面效果如图 12-9 所示。

由图 12-9 可知，浏览器使用 GET 方式从服务器端请求到了数据，并且通过回调函数将数据输出到页面中。

（2）调用$.get()方法发送数据

调用$.get()方法发送数据时，需要将数据作为$.get()方法的参数。下面通过一个案例演示调用$.get()方法发送数据。在 chapter12 项目中创建名称 get2 的 JSP 文件，用于向服务器发送数据，代码如文件 12-6 所示。

文件 12-6   get2.jsp

```
1  <%@ page contentType="text/html;charset=UTF-8" language="java" %>
2  <html>
3  <head>
4      <title>get2</title>
5      <script type="text/javascript"
6  src="${pageContext.request.contextPath}/jquery-3.6.0.js"></script>
7  </head>
8  <body>
9  <button id="btn">加载数据</button>
10 <div id="box"></div>
11 <script>
```

```
12      $('#btn').click(function() {
13          var userData = {username: 'itcast', password: 123};
14          $.get('http://localhost:8080/chapter12/Load2Servlet',userData,
15              function(data) {
16                  $('#box').html(data);
17              }, 'html');
18      });
19  </script>
20  </body>
21  </html>
```

在文件 12-6 中，第 14～18 行代码中$.get( )方法的第 2 个参数 userData 表示向服务器发送请求时携带的数据，携带的数据为用户名和密码，访问服务器资源为 12.2.3 小节中编写的 Load2Servlet.java。

在 IDEA 中启动 Tomcat，在浏览器访问 http://localhost:8080/chapter12/get2.jsp，并单击"加载数据"按钮，效果如图 12-10 所示。

图12-9　文件12-5的运行结果　　　　　　　　　　　图12-10　文件12-6的运行结果

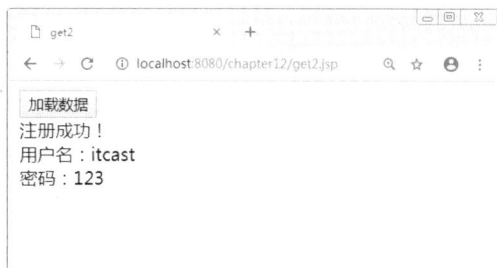

### 2. $.post( )方法

在 jQuery 中，发送 GET 请求调用$.get( )方法，发送 POST 请求调用$.post( )方法，这两个方法使用方式完全相同，替换两者的方法名就可以在 GET 请求和 POST 请求方式之间切换。

下面修改文件 12-6，将第 14～17 行代码中调用的 get( )方法替换为 post( )方法，修改后的代码如下：

```
$.post('http://localhost:8080/chapter12/Load2Servlet',userData,
    function(data) {
        $('#box').html(data);
}, 'html');
```

在 IDEA 中重启 Tomcat，在浏览器中请求 http://localhost:8080/chapter12/get2.jsp，并单击"加载数据"按钮，效果与图 12-10 一致。

## 12.3　JSON 数据格式

前面介绍了 jQuery 中可以调用$.get( )方法和$.post( )方法发送 Ajax 请求，这些方法都可以获取服务器返回的数据。在实际开发中，服务器返回的数据都会遵循一定的格式，例如 XML、JSON 和 TEXT 等。按照一定格式保存数据，可以确保 JavaScript 程序能够正确解析、识别这些数据。在 Ajax 请求中，最常用的数据格式为 JSON，下面详细讲解 JSON 数据格式。

JSON 是一种存储 key/value（键值对）数据的格式，类似于 JavaScript 的对象格式。它的优势在于数据能被处理成对象，方便获取信息字段。JSON 的数据格式如下：

```
[
    {
        "name": "Java 基础",
        "author": "黑马程序员",
        "price": "¥78.20"
```

```
    }, {
        "name": "Java 进阶",
        "author": "黑马程序员",
        "price": "¥39.50"
    }
]
```

JSON 数组数据都存储在一对[ ]中，在[ ]中每一组数据用一对{}括起来，多个组之间用 "," 分隔。需要注意的是，如果 value 是 String 类型的话必须用双引号引起来；如果 value 是 number、object、boolean 和数组的话，可以不使用双引号。下面通过一个案例分步骤讲解 JSON 数据的传递与获取。

### 1. 下载 JAR 包并导入

要使用 JSON 数据格式必须导入对应的 JAR 包，这里需要使用到 6 个 JAR 包，分别是 json-lib-2.4-jdk15.jar、ezmorph-1.0.6.jar、commons-logging-1.1.1.jar、commons-lang-2.5.jar、commons-collections-3.2.1.jar 和 commons-beanutils-1.8.0.jar。这些 JAR 包可以在 Maven 官网下载或者从本书的配套资源中获取。下载完成后，在 chapter12 项目的 WEB-INF 目录下新建 lib 目录，将这 6 个 JAR 包复制到 lib 目录下，导入 JAR 包后的项目结构如图 12-11 所示。

JSON 数据格式的 JAR 包复制到项目中后，需要将这 6 个 JAR 包加载到项目中，具体操作读者可以参考 4.2.1 小节。

### 2. 实现 Servlet 发送 JSON 格式的数据

在项目 chapter12 的 src 目录中新建名称为 Book 的类，在 Book 类中定义 3 个变量，用于存储 Book 实例的书名、价格和作者。Book 类的实现如文件 12-7 所示。

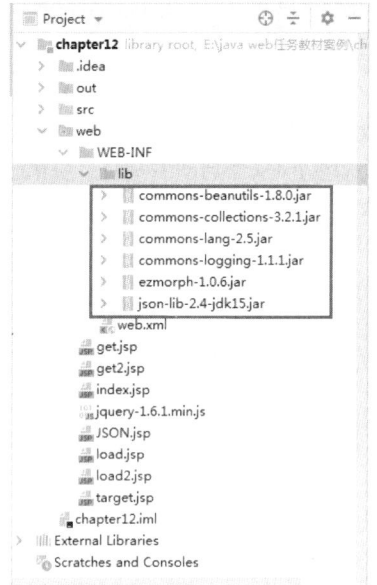

图12-11　导入JAR包后的项目结构

文件 12-7　Book.java

```
1   public class Book {
2       private String name;                    //书名
3       private double price;                   //价格
4       private String author;                  //作者
5       public String getName() {
6           return name;
7       }
8       public void setName(String name) {
9           this.name = name;
10      }
11      public double getPrice() {
12          return price;
13      }
14      public void setPrice(double price) {
15          this.price = price;
16      }
17      public String getAuthor() {
18          return author;
19      }
20      public void setAuthor(String author) {
21          this.author = author;
22      }
23  }
```

在文件 12-7 中定义了 name、price 和 author 3 个变量，并实现了这 3 个变量的 getter 和 setter 方法。接下来在项目 chapter12 的 src 目录中新建名称为 JSONServlet 的类，用于向前端页面传递 JSON 数据。JSONServlet 的实现如文件 12-8 所示。

文件 12-8　JSONServlet.java

```
1   import net.sf.json.JSONArray;
2   import javax.servlet.ServletException;
3   import javax.servlet.annotation.WebServlet;
4   import javax.servlet.http.HttpServlet;
5   import javax.servlet.http.HttpServletRequest;
6   import javax.servlet.http.HttpServletResponse;
7   import java.io.IOException;
8   import java.io.PrintWriter;
9   import java.util.ArrayList;
10  import java.util.List;
11  @WebServlet(name = "JSONServlet",urlPatterns = "/JSONServlet")
12      public class JSONServlet extends HttpServlet {
13        public void doGet(HttpServletRequest request, HttpServletResponse
14            response) throws ServletException, IOException {
15            //创建list 集合
16            List<Book> Books= new ArrayList<Book>();
17            Book  b =new Book();
18            b.setName("Java 基础");
19            b.setAuthor("黑马程序员");
20            b.setPrice(78.20);
21            Books.add(b);
22            Book  b1 =new Book();
23            b1.setName("Java 进阶");
24            b1.setAuthor("itcast");
25            b1.setPrice(68.20);
26            Books.add(b1);
27            //创建JSONArray 对象
28            JSONArray jsonArray=JSONArray.fromObject(Books);
29            response.setContentType("text/html;charset=utf-8");
30            PrintWriter out = response.getWriter();
31            out.print(jsonArray);
32            out.flush();
33            out.close();
34        }
35        public void doPost(HttpServletRequest request, HttpServletResponse
36            response) throws ServletException, IOException {
37            doGet(request,response);
38        }
39    }
```

在文件 12-8 中，第 28 行代码创建了 JSONArray 对象，并调用 fromObject( )方法将 Books 集合转换为 JSON 格式的数据。

### 3. 实现 JSP 页面获取 JSON 格式的数据

在项目 chapter12 的 web 目录中创建名称为 JSON 的 JSP 文件，用于获取 JSON 格式的数据。JSON.jsp 的实现如文件 12-9 所示。

文件 12-9　JSON.jsp

```
1   <%@ page contentType="text/html;charset=UTF-8" language="java" %>
2   <html>
3   <head>
4      <title>JSON</title>
5      <script type="text/javascript" src="${pageContext.request.contextPath}/jquery-3.6.0.js">
6      </script>
7   </head>
8   <body>
9   <button id="btn">加载数据</button>
10  <table id="dataTable" border="1" cellpadding="0" cellspacing="0">
11     <tr>
12        <th>作者</th>
13        <th>书名</th>
14        <th>价格</th>
15     </tr>
```

```
16  </table>
17  <script type="text/javascript">
18      $('#btn').click(function() {
19          $.getJSON('http://localhost:8080/chapter12/JSONServlet',
20              function(data) {
21              var html = '';
22              for (var Book in data) {
23                  html += '<tr>';
24                  for (var key in data[Book]) {
25                      html += '<td>' + data[Book][key] + '</td>';
26                  }
27                  html += '</tr>';
28              }
29              $('#dataTable').append(html);
30          });
31      });
32  </script>
33  </body>
34  </html>
```

在文件 12-9 中，第 22~28 行代码通过循环遍历的方式获取文件 12-8 的数据，并解析获取相应信息，将获取的信息拼接成 HTML 字符串；第 29 行代码调用 append()方法将拼接的 JSP 内容插入页面中。

**4. 启动并测试**

在 IDEA 中启动 Tomcat，在浏览器访问 http://localhost:8080/chapter12/JSON.jsp，单击"加载数据"按钮，效果如图 12-12 所示。

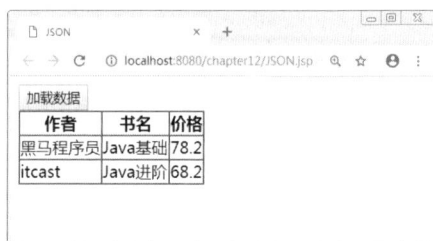

图12-12　文件12-9的运行结果

# 12.4　Ajax 的基础操作

在 jQuery 中，向服务器请求数据的方法有很多。其中，基本的方法是$.ajax()，它可以精确地控制 Ajax 请求。例如，在请求出错时执行某些操作，设置请求字符集和超时时间等。

$.ajax()方法是 jQuery 中底层的 Ajax 方法，前面讲解的$.get()方法、$.post()方法就是对$.ajax()方法进一步的封装。$.get()方法、$.post()方法的实际封装代码如下：

```
1   jQuery.each( [ "get", "post" ], function( i, method ) {
2       jQuery[ method ] = function( url, data, callback, type ) {
3           // Shift arguments if data argument was omitted
4           if ( jQuery.isFunction( data ) ) {
5               type = type || callback;
6               callback = data;
7               data = undefined;
8           }
9           return jQuery.ajax({
10              url: url,
11              type: method,
12              dataType: type,
13              data: data,
14              success: callback
15          });
16      };
17  });
```

从第 9~15 行代码可以看出，$.get()方法和$.post()方法在底层都是调用$.ajax()实现相应功能的。

$.ajax()方法可以实现所有关于 Ajax 的操作，其语法格式如下：

```
$.ajax(options)              // 语法格式 1
    $.ajax(url,options)      // 语法格式 2
```

在上述语法格式中，url 表示请求的 URL；options 对象以 key-value 的形式将 Ajax 请求需要的设置包含在参数中。$.ajax()方法可设置的参数如表 12-4 所示。

表 12-4　$.ajax( )方法可设置的参数

| 参数 | 描述 |
|---|---|
| url | 请求地址，默认是当前页面 |
| data | 发送至服务器的数据 |
| xhr | 用于创建 XMLHttpRequest 对象的函数 |
| beforeSend(xhr) | 发送请求前执行的函数 |
| success(result,status,xhr) | 请求成功时执行的函数 |
| error(xhr,status,error) | 请求失败时执行的函数 |
| complete(xhr,status) | 请求完成时执行的函数（请求成功或失败都会调用，顺序在 success 和 error 函数之后） |
| callback | 请求完成时执行的函数 |
| dataType | 预期的服务器响应的数据类型 |
| type | 请求方式（GET 或 POST） |
| cache | 是否允许浏览器缓存被请求页面，默认为 true |
| timeout | 设置本地的请求超时时间（以毫秒计） |
| async | 是否使用异步请求，默认为 true |
| username | 在 HTTP 访问认证请求中使用的用户名 |
| password | 在 HTTP 访问认证请求中使用的密码 |
| contentType | 发送数据到服务器时所使用的内容类型，默认为 "application/x-www-form-urlencoded" |
| processData | 是否将请求发送的数据转换为查询字符串，默认为 true |
| context | 为所有 Ajax 相关的回调函数指定 this 值 |
| dataFilter(data,type) | 用于处理 XMLHttpRequest 原始响应数据 |
| global | 是否为请求触发全局 Ajax 事件处理程序，默认为 true |
| ifModified | 是否仅在最后一次请求后响应发生改变时才请求成功，默认为 false |
| traditional | 是否使用传统方式序列化数据，默认为 false |
| scriptCharset | 请求的字符集 |

为了让读者更加清晰地掌握$.ajax( )方法的使用，下面通过一个案例分步骤演示 Ajax 的基本操作。

（1）在 jsp 页面实现$.ajax( )方法

在项目 chapter12 的 web 目录中创建名称为 ajax 的 JSP 文件，用于实现 Ajax 异步登录。ajax.jsp 的实现如文件 12-10 所示。

文件 12-10　ajax.jsp

```
1  <%@ page contentType="text/html;charset=UTF-8" language="java" %>
2  <html>
3   <head>
4    <title>Ajax</title>
5    <script type="text/javascript" src="${pageContext.request.contextPath}/jquery-3.6.0.js">
6    </script>
7    <script type="text/javascript">
8    $(document).ready(function(){
9        $("button").click(function(){
10            $.ajax({
11            type:"post",                //提交方式
12            url:'http://localhost:8080/chapter12/AJAXServlet',
13            data:{
14                userName: $("#userName").val(),
15                password: $("#password").val()
16            },                          //data 中的内容会自动添加到 url 后面
17            dataType: "text",           //返回数据的格式
```

```
18              success:function(a){              //请求成功后执行的函数
19                    if(a==true){
20                        $('#suss').html("登录成功!")
21                    }else{
22                        $('#suss').html("登录失败!")
23                    }
24              },
25              error :function () {              //请求失败后执行的函数
26                    alert("请求失败");
27              },
28          });
29          });
30      });
31  </script>
32  </head>
33  <body>
34  <div>
35      <div>
36          <ul>
37          <li>用户名: </li>
38          <li><input id="userName" name="userName" type="text" /></li>
39          </ul>
40      </div>
41      <div>
42          <ul>
43          <li>密码: </li>
44          <li><input id="password" name="password"
45                  type="password"/></li>
46          </ul>
47      </div>
48      <div>
49          <ul>
50          <li><button>登录</button></li>
51          </ul>
52      </div>
53      <div id="suss"></div>
54      </div>
55  </body>
56  </html>
```

在文件 12-10 中，第 7～31 行代码就是$.ajax( )方法的实现。其中，第 8 行代码中$(document).ready( )是 jQuery 中的方法，在页面加载后优先执行 ready( )方法内的代码；第 12 行代码的 url 属性后的值是请求的 Servlet 地址；第 17 行代码中的 dataType 属性用于设置返回的数据格式，常用的有 text、jsonscript、html、xml 和 String，此处使用 text 格式。

（2）编写 Servlet 代码

在 chapter12 项目的 src 目录下创建名称为 AJAXServlet 的 Servlet 类，用于判断用户输入的账号和密码是否正确。AJAXServlet 类的实现如文件 12-11 所示。

文件 12-11   AJAXServlet.java

```
1   import javax.servlet.ServletException;
2   import javax.servlet.annotation.WebServlet;
3   import javax.servlet.http.HttpServlet;
4   import javax.servlet.http.HttpServletRequest;
5   import javax.servlet.http.HttpServletResponse;
6   import java.io.IOException;
7   import java.io.PrintWriter;
8   @WebServlet(name = "AJAXServlet",urlPatterns = "/AJAXServlet")
9   public class AJAXServlet extends HttpServlet {
10      public void doGet(HttpServletRequest request, HttpServletResponse
11           response)  throws ServletException, IOException {
12      }
13      public void doPost(HttpServletRequest request, HttpServletResponse
14           response) throws ServletException, IOException {
```

```
15          boolean flag = false;
16          if((request.getParameter("userName")).equals("itcast")
17           &&request.getParameter("password").equals("123")) {
18              flag = true;          //登录成功标志
19          }else {
20              flag=false;
21          }
22          response.setContentType("text/html;charset=utf-8");
23          //使用 PrintWriter 方法打印登录结果
24          PrintWriter out = response.getWriter();
25          out.print(flag);
26          out.flush();
27          out.close();
28      }
29 }
```

（3）启动测试

在 IDEA 中启动 Tomcat，在浏览器访问 http://localhost:8080/chapter12/ajax.jsp，效果如图 12-13 所示。

在图 12-15 中填写用户名 "itcast" 和密码 "123"，单击 "登录" 按钮，登录后的页面如图 12-14 所示。

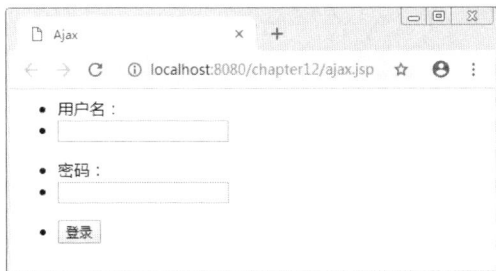

图12-13　文件12-11的运行结果

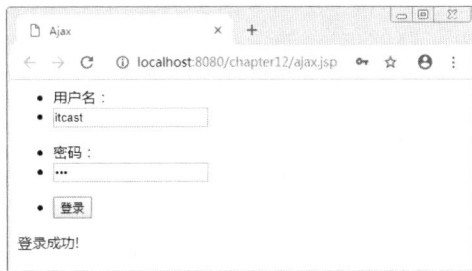

图12-14　文件12-11登录后的页面

## 任务：实时显示公告信息

### 【任务目标】

应用 Ajax 可以实现无刷新动态获取实时信息。本实例要完成一个程序，要求应用 Ajax 实现无刷新、每隔 10 分钟从数据库获取一次最新公告，并滚动显示。实时显示公告信息的效果如图 12-15 所示。

### 【实现步骤】

要实现公告信息实时刷新，首先需要有数据库支持，再通过 Ajax 无刷新从数据库实时获取数据，所以要先创建数据库，再使用 JDBC 连接数据库读取数据，然后使用 Ajax 访问数据。具体实现步骤如下。

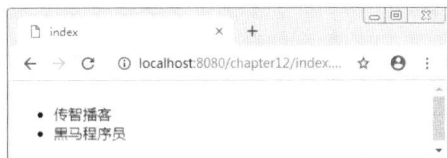

图12-15　实时显示公告信息的效果图

### 1. 准备工作

创建名称为 char12 的数据库，并在数据库中新建表名为 info 的公告表，在 info 表中包含了 id 与 title 字段。

创建项目 chapter12，在项目 chapter12 中导入项目所需的 jQuery 和 MySQL 包，mysql-connector-java-8.0.15-bin.jar 包为 MySQL 所需的 JAR 包，需要导入 WEB-INF 目录下新建的 lib 目录中，jquery-3.6.0.js 为 jQuery 所需的 JAR 包，需要导入 web 目录下。

### 2. 创建 index 主页面

在项目 chapter12 的 web 目录下创建名称为 index 的 JSP 文件，在该文件中显示最新公告的相关内容，主要利用 Ajax 异步提交请求的方式来定时读取数据库中最新的商品信息。实现定时读取的关键是通过 JavaScript 的 window 对象的 setInterval( )方法来调用 Ajax 请求服务器的方法，并且设置每隔 10 分钟调用一次，即可实现最新公告信息的显示，具体代码如文件 12-12 所示。

文件 12-12　index.jsp

```
1  <%@ page contentType="text/html;charset=UTF-8" language="java" %>
2  <html>
3  <head>
4      <title>index</title>
5      <script type="text/javascript"
6          src="${pageContext.request.contextPath}/jquery-3.6.0.js"></script>
7      <script language="JavaScript">
8          function getInfo() {
9      $.get("http://localhost:8080/chapter12/getInfo.jsp?nocache="+new
10     Date().getTime(),function (data) {
11             $("#showInfo").html(data);
12         });
13         }
14         $(document).ready(function () {
15           getInfo();//调用 getInfo()方法获取公告信息
16           window.setInterval("getInfo()",600000);
17         })
18     </script>
19 </head>
20 <body>
21 <section>
22     <marquee direction="up" scrollamount="3">
23     </marquee>
24 </section>
25 </body>
26 </html>
```

### 3. 创建 getInfo.jsp 页面

在项目 chapter12 的 web 目录下创建 getInfo 的 JSP 文件，用于从数据库查询数据，如文件 12-13 所示。

文件 12-13　getInfo.jsp

```
1  <%@ page language="java" contentType="text/html;charset=UTF-8"
2      pageEncoding="UTF-8" %>
3  <%@page import="java.sql.*" %>
4  <jsp:useBean id="conn" class="cn.itcast.dao.ConnDB"
5      scope="page"></jsp:useBean>
6  <ul>
7    <%
8      ResultSet rs=conn.executeQuery("select title from info order by id desc");
9      if(rs.next()){
10         do{
11             out.print("<li>"+rs.getString(1)+"</li>");
12         }while (rs.next());
13     }else{
14         out.print("<li>暂无公告信息! </li>");
15     }
16   %>
17 </ul>
```

### 4. 编写数据库连接类

在项目 chapter12 的 src 目录下创建名称为 cn.itcast.dao 的包，在 cn.itcast.dao 包下创建名称为 ConnDB 的类，用于与数据库交互，具体代码如文件 12-14 所示。

文件 12-14　ConnDB.java

```
1  package cn.itcast.dao;
2  import java.io.InputStream;
3  import java.sql.*;
4  import java.util.Properties;
5  public class ConnDB {
6      public Connection conn =null;      //声明 Connection 对象的实例
7      public Statement stmt = null;      //声明 Statement 对象的实例
8      public ResultSet rs = null;        //声明 ResultSet 对象的实例
9      //指定资源文件保存的位置
10     private static String propFileName= "cn/itcast/dao/connDB.properties";
```

```
11      //创建并实例化 Properties 对象
12      private static Properties prop=new Properties();
13      //定义并保存数据库驱动的变量
14      private static String dbClassName ="com.mysql.cj.jdbc.Driver";
15      private static String dbUrl=
16          "jdbc:mysql://127.0.0.1:3306/char12?user=root&password=root
17          ?useUnicode=true&characterEncoding=utf-8&useSSL=false";
18      /**
19       * 构造方法
20       */
21      public ConnDB(){
22          try{
23              //将 Properties 文件读取到 InputStream 对象中
24              InputStream in=getClass().getResourceAsStream(propFileName);
25              prop.load(in);
26              dbClassName = prop.getProperty("DB_CLASS_NAME"); //获取数据库驱动
27              dbUrl = prop.getProperty("DB_URL",dbUrl);   //获取 URL
28          }catch (Exception e){
29              e.printStackTrace();                        //输出异常信息
30          }
31      }
32      /**
33       * 连接数据库
34       */
35      public static Connection getConection(){
36          Connection conn=null;
37          try{
38              Class.forName(dbClassName).newInstance(); //装载数据库驱动
39              //建立与数据库 URL 中定义的数据库的连接
40              conn = DriverManager.getConnection(dbUrl);
41          }catch (Exception ee){
42              ee.printStackTrace();
43          }
44          if(conn==null){
45              System.err.print("连接失败");
46          }
47          return conn;
48      }
49      /**
50       * 执行查询
51       */
52      public ResultSet executeQuery(String sql){
53          try{
54              conn=getConection();
55              stmt =conn.createStatement
56          (ResultSet.TYPE_SCROLL_INSENSITIVE,ResultSet.CONCUR_READ_ONLY);
57              //执行 SQL 语句, 并返回一个 ResultSet 对象 rs
58              rs =stmt.executeQuery(sql);
59          }catch (SQLException ex){
60              System.err.print(ex.getErrorCode());
61          }
62          return rs;
63      }
64      /**
65       * 更新语句
66       */
67      public int executeUpdate(String sql){
68          int result =0;
69          try{
70              conn =getConection();
71              stmt =conn.createStatement
72          (ResultSet.TYPE_SCROLL_INSENSITIVE,ResultSet.CONCUR_UPDATABLE);
73              result=stmt.executeUpdate(sql);   //执行更新操作
74          }catch(SQLException ex){
75              result=0;
```

```
76            }
77            return result;
78        }
79        /**
80         * 关闭数据库的连接
81         */
82        public void close(){
83            try{
84                if(rs!=null){
85                    rs.close();
86                }
87                if (stmt!=null){
88                    stmt.close();
89                }
90                if (conn!=null){
91                    conn.close();
92                }
93            }catch (Exception e){
94                e.printStackTrace();
95            }
96        }
97    }
```

　　这里使用到了 properties 包作为数据库连接数据，需要在 cn.itcast.dao 包下创建名称为 connDB 的 properties 文件。在 connDB 编写数据库连接数据，具体代码如文件 12-15 所示。

文件 12-15　connDB.properties

```
1    DB_CLASS_NAME =com.mysql.cj.jdbc.Driver
2    DB_URL =jdbc:mysql://127.0.0.1:3306/char12?useUnicode=true&
3            characterEncoding=utf-8&useSSL=false
4    user =root
5    pass =root
```

　　至此，使用 Ajax 实时显示公告信息的代码已经全部实现。在 IDEA 中启动 Tomcat，在浏览器中访问 http://localhost:8080/chapter12/index.jsp，结果如图 12-16 所示。

# 12.5　本章小结

　　本章主要讲解了 Ajax 技术。首先是 Ajax 的概述；其次讲解了 jQuery 框架，包括初识 jQuery、jQuery 的常用操作、jQuery 中的 load()方法，以及如何使用 jQuery 发送 GET 请求和 POST 请求；

图12-16　文件12-14的运行结果

然后讲解了 JSON 的数据格式；最后讲解了 Ajax 的基础操作。通过本章的学习，读者应该了解 Ajax 的概念、jQuery 的基础知识与常用操作，掌握 jQuery 中 load()方法、GET 请求和 POST 请求的用法，熟悉 JSON 数据格式和掌握 Ajax 的基础操作。

# 12.6　本章习题

　　本章课后习题请扫描二维码。

# 第 **13** 章

# 网上蛋糕商城——项目搭建

通过前面章节的学习，相信读者应该已经掌握了 Web 开发的基础知识，学习这些基础知识是为开发 Web 网站奠定基础。现如今，电子商务在我国迅速扩张，越来越多的商家在传统销售模式外，大力拓展网络渠道，越来越多的人改变了购物习惯，热衷于网络购物，享受海淘的乐趣。同时，网上购物具有价格透明、足不出户就能货比三家等优点。本章将利用所学的 Java Web 相关知识开发一个蛋糕商城，加深读者对 Java Web 基础知识的理解，并使读者了解 Web 项目的开发流程。

## 13.1　项目概述

### 13.1.1　需求分析

随着科技的发展，互联网已成为人们生活中的必需品，电子商务也变得日趋成熟，越来越多的商家在网上建起在线商店，给人们的生活带来了极大的便捷。网上购物系统作为 B2B（Business to Business，企业对企业）、B2C（Business to Customer，企业对消费者）、C2C（Customer to Customer，消费者对消费者）电子商务的前端平台，在其商务活动全过程中起着举足轻重的作用。

在网上蛋糕商城项目中主要讲解如何建设 B2C 的网上购物系统。该项目应满足以下需求。

- 统一友好的操作界面，具有良好的用户体验。
- 商品分类详尽，可按不同类别分别查看商品信息。
- 可通过条幅展示推荐商品。
- 展示热销商品和新品。
- 提供用户注册、验证和登录功能。
- 通过蛋糕名称模糊搜索相关商品。
- 通过购物车一次购买多件商品。

- 提供简单的安全模型，用户必须登录后才可以购买商品。
- 用户选择商品后可以在线提交订单。
- 用户可以查看自己的订单信息。
- 设计网站后台，用于管理网站的各项基本数据，包括商品管理、订单管理、客户管理和商品类目。
- 系统运行安全稳定且响应及时。

## 13.1.2　功能结构

网上蛋糕商城项目分为前台和后台两个部分，前台和后台的功能结构分别如图 13-1 和图 13-2 所示。

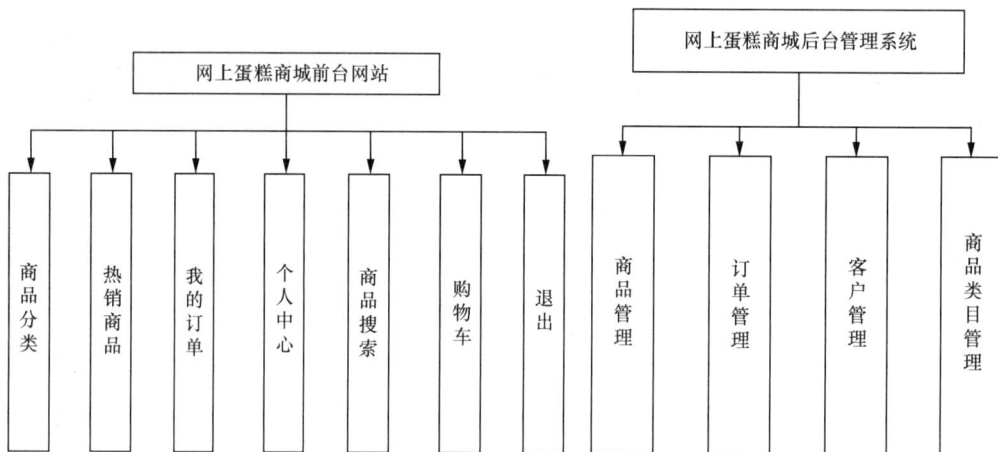

图13-1　前台功能结构

图13-2　后台功能结构

## 13.1.3　项目预览

网上蛋糕商城项目由多个页面组成，由于本书篇幅有限，只能给出几个核心的页面。读者可以运行项目源代码访问项目全部页面。

首先进入网上蛋糕商城首页，首页主要展示今日精选推荐商品、热销商品、新品等内容，如图 13-3 所示。

在图 13-3 中，单击导航栏中的"商品分类"，在下拉框选择分类，即可按分类查看商品，如图 13-4 所示。

图13-3　网上蛋糕商城首页

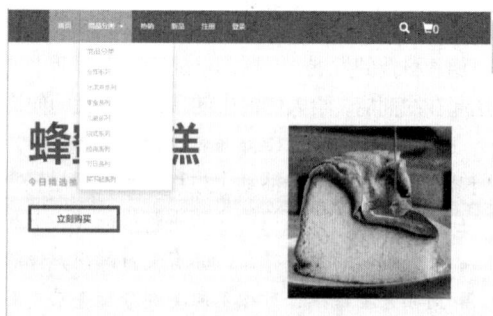

图13-4　按商品分类查看商品

用户在登录情况下，可直接选购商品；在未登录情况下，可将商品加入购物车，但不可以提交订单。用户可以将多种商品加入购物车，购物车页面如图 13-5 所示。

在图 13-3 中，单击导航栏中的"热销"，即可查看热销商品。热销商品页面如图 13-6 所示。

图13-5　购物车页面

图13-6　热销商品页面

在图 13-3 中，单击导航栏中的"新品"，即可查看新品。新品页面如图 13-7 所示。

在图 13-3 中，单击商品的封面图，即可查看商品详情。商品详情页面如图 13-8 所示。

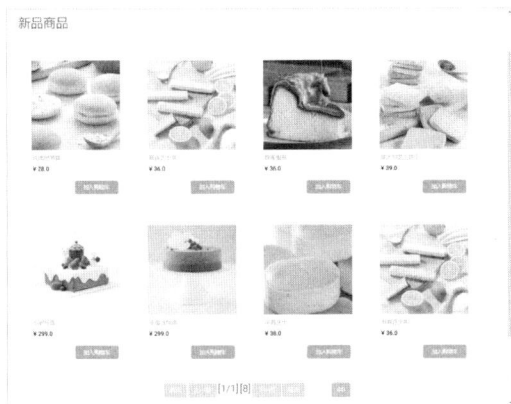

图13-7　新品页面

图13-8　商品详情页面

# 13.2　数据库设计

　　开发应用程序时，对数据库的操作是必不可少的。因此，在项目开始之前，需要设计数据库。数据库是根据程序的要求及其实现功能设计的，数据库设计的合理性将直接影响程序的开发过程。本节将讲解网上蛋糕商城项目的数据库设计。

## 13.2.1　E-R 图设计

　　在设计数据库之前，需要明确网上蛋糕商城项目都有哪些实体对象，根据实体对象间的关系设计数据库。下面介绍一种描述实体对象关系的模型——E-R 图。E-R 图也称实体-联系图（Entity-Relationship Diagram），它能够直观地表示实体类型和属性之间的关联关系。

　　下面根据网上蛋糕商城项目的需求为本项目的核心实体对象设计 E-R 图，具体如下。

　　（1）用户实体（user）的 E-R 图，如图 13-9 所示。

　　（2）商品实体（goods）的 E-R 图，如图 13-10 所示。

　　（3）订单实体（order）的 E-R 图，如图 13-11 所示。

　　（4）订单项实体（orderitem）的 E-R 图，如图 13-12 所示。

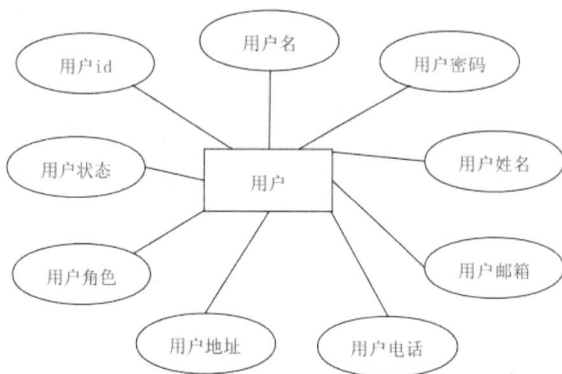

图13-9　用户实体（user）的E-R图

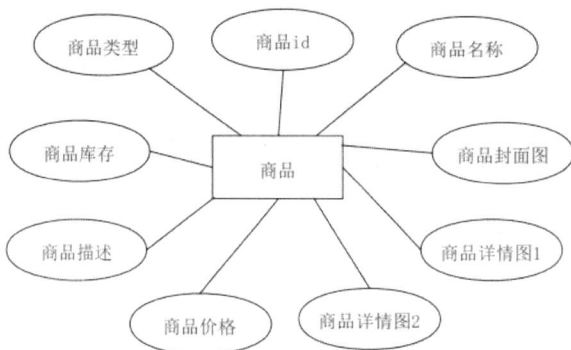

图13-10　商品实体（goods）的E-R图

图13-11　订单实体（order）的E-R图

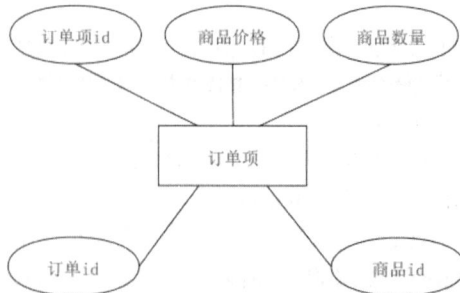

图13-12　订单项实体（orderitem）的E-R图

（5）商品分类实体（type）的 E-R 图，如图 13-13 所示。

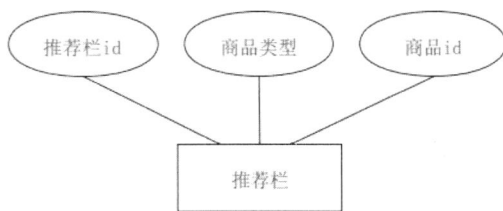

（6）推荐栏实体（recommend）的 E-R 图，如图 13-14 所示。

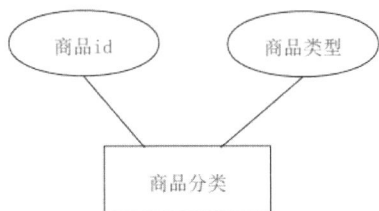

图13-13　商品分类实体（type）的E-R图　　　　图13-14　推荐栏实体（recommend）的E-R图

## 13.2.2　数据表结构

了解实体类的 E-R 图结构后，下面根据 13.2.1 小节中的 E-R 图设计数据表。这里只提供数据表的结构，读者可根据表结构自行编写 SQL 语句创建数据表，也可以执行项目源码中的 SQL 语句创建数据表。

根据 13.2.1 小节中的 E-R 图结构，项目中需要创建 6 个数据表，具体如下。

（1）user 表

user 表用于保存网上蛋糕商城系统前台和后台用户的信息，其结构如表 13-1 所示。

表 13-1　user 表结构

| 字段名 | 类型 | 是否为空 | 是否为主键 | 描述 |
| --- | --- | --- | --- | --- |
| id | int(11) | 否 | 是 | 用户 id |
| username | varchar(45) | 否 | 否 | 用户名 |
| password | varchar(45) | 否 | 否 | 用户密码 |
| name | varchar(45) | 是 | 否 | 用户姓名 |
| email | varchar(45) | 否 | 否 | 用户邮箱 |
| phone | varchar(45) | 是 | 否 | 用户电话 |
| address | varchar(45) | 是 | 否 | 用户地址 |
| isadmin | bit(1) | 否 | 否 | 是否为管理员 |
| isvalidate | bit(1) | 否 | 否 | 账户是否有效 |

（2）goods 表

goods 表用于保存网上蛋糕商城系统前台和后台商品的信息，其结构如表 13-2 所示。

表 13-2　goods 表结构

| 字段名 | 类型 | 是否为空 | 是否为主键 | 描述 |
| --- | --- | --- | --- | --- |
| id | int(11) | 否 | 是 | 商品 id |
| name | varchar(45) | 是 | 否 | 商品名称 |
| cover | varchar(45) | 是 | 否 | 商品封面图 |
| image1 | varchar(45) | 是 | 否 | 商品详情图 1 |
| image2 | varchar(45) | 是 | 否 | 商品详情图 2 |
| price | float(0) | 是 | 否 | 商品价格 |
| intro | varchar(300) | 是 | 否 | 商品描述 |
| stock | int(1) | 是 | 否 | 商品库存 |
| type_id | int(11) | 是 | 否 | 商品类型 |

（3）order 表

order 表用于保存网上蛋糕商城系统前台和后台订单的信息，其结构如表 13-3 所示。

表 13-3　order 表结构

| 字段名 | 类型 | 是否为空 | 是否为主键 | 描述 |
|---|---|---|---|---|
| id | int(11) | 否 | 是 | 订单 id |
| total | float(0) | 是 | 否 | 商品总额 |
| amount | int(6) | 是 | 否 | 商品数量 |
| status | tinyint(1) | 是 | 否 | 支付状态 |
| paytype | tinyint(1) | 是 | 否 | 支付方式 |
| name | varchar(45) | 是 | 否 | 用户姓名 |
| phone | varchar(45) | 是 | 否 | 用户电话 |
| address | varchar(45) | 是 | 否 | 用户地址 |
| datetime | datetime | 是 | 否 | 订单日期 |
| user_id | int(11) | 是 | 否 | 用户 id |

（4）orderitem 表

orderitem 表用于保存网上蛋糕商城系统前台和后台订单的条目信息，其结构如表 13-4 所示。

表 13-4　orderitem 表结构

| 字段名 | 类型 | 是否为空 | 是否为主键 | 描述 |
|---|---|---|---|---|
| id | int(11) | 否 | 是 | 订单项 id |
| price | float(0) | 是 | 否 | 商品价格 |
| amount | int(11) | 是 | 否 | 商品数量 |
| goods_id | int(11) | 是 | 否 | 商品 id |
| order_id | int(11) | 是 | 否 | 订单 id |

（5）type 表

type 表用于保存网上蛋糕商城系统前台和后台商品类别的信息，其结构如表 13-5 所示。

表 13-5　type 表结构

| 字段名 | 类型 | 是否为空 | 是否为主键 | 描述 |
|---|---|---|---|---|
| id | int(11) | 否 | 是 | 商品 id |
| name | varchar(45) | 是 | 否 | 商品名称 |

（6）recommend 表

recommend 表用于保存网上蛋糕商城系统前台和后台推荐栏的信息，其结构如表 13-6 所示。

表 13-6　recommend 表结构

| 字段名 | 类型 | 是否为空 | 是否为主键 | 描述 |
|---|---|---|---|---|
| id | int(11) | 否 | 是 | 推荐栏 id |
| type | tinyint(1) | 是 | 否 | 商品类型 |
| goods_id | int(11) | 是 | 否 | 商品 id |

# 13.3　项目环境搭建

在开发功能模块之前，应该进行项目环境及项目框架的搭建等工作。下面分步骤讲解在正式开发功能模块前应做的准备工作，具体如下。

（1）确定项目开发环境

- 操作系统：Windows 7、Windows 10 或更高的 Windows 版本。

- Web 服务器：Tomcat 8.5。
- Java 开发包：JDK 1.8。
- 数据库：MySQL 5.7。
- 开发工具：IntelliJ IDEA 2019.3。
- 浏览器：谷歌浏览器。

（2）创建数据库表

在 MySQL 数据库中创建一个名称为 cookieshop 的数据库，并根据表结构在 cookieshop 数据库中创建相应的表。

（3）创建项目，引入 JAR 包

在 IntelliJ IDEA 中创建一个名称为 CookieShop 的 Web Application，将项目所需 JAR 包导入项目的 WEB–INF/lib 文件夹下。

- 本项目使用 C3P0 数据库连接池连接数据库，需要 C3P0 的数据库连接池 JAR 包。

- 本项目使用 DBUtils 工具处理数据的持久化操作，需要导入 DBUtils 工具包。

本项目所需 JAR 包如图 13–15 所示。

图13–15　本项目所需JAR包

（4）配置 c3p0–config.xml

将 JAR 包导入项目中并发布到类路径后，在 src 根目录创建名称为 c3p0–config 的 XML 文件，用于配置数据库连接参数。c3p0–config.xml 的实现如文件 13–1 所示。

文件 13–1　c3p0-config.xml

```
1  <?xml version="1.0" encoding="UTF-8"?>
2    <c3p0-config>
3        <default-config>
4          <property name="driverClass">com.mysql.cj.jdbc.Driver</property>
5          <property name="jdbcUrl">
6            jdbc:mysql://localhost:3306/cookieshop?serverTimezone=UTC&amp;
7            useUnicode=true&amp;characterEncoding=utf-8</property>
8          <property name="user">root</property>
9          <property name="password">root</property>
10     </default-config>
11   </c3p0-config>
```

（5）编写 Filter

为防止项目中请求和响应出现乱码情况，在 src 目录下创建一个名称为 filter 的包，在该包下新建一个过滤器 EncodeFilter 类来统一全站的编码，以防止出现乱码的情况。EncodeFilter 类的实现如文件 13–2 所示。

文件 13–2　EncodeFilter.java

```
1  package filter;
2  import javax.servlet.*;
3  import javax.servlet.annotation.WebFilter;
4  import java.io.IOException;
5  @WebFilter(filterName = "EncodeFilter",urlPatterns = "/*")
6   public class EncodeFilter implements Filter {
7     public void destroy() {}
8     public void doFilter(ServletRequest req, ServletResponse resp,
9       FilterChain chain) throws ServletException, IOException {
10      req.setCharacterEncoding("utf-8");
11      chain.doFilter(req, resp);
12   }
13     public void init(FilterConfig config) throws ServletException {}
14  }
```

上述文件中，从第 5 行代码 @WebFilter 注解的 urlPatterns 属性的值为 "/*" 可知，本项目所有的请求都会经过 EncodeFilter 过滤器，从而实现全站统一编码。第 10 行代码用于处理请求响应的编码，将编码统一称为 "utf-8"。

（6）编写工具类 DBUtils

在 src 目录下创建一个名称为 utils 的包，在该包下新建 DataSourceUtils 类，用于获取数据源和数据库连接。DataSourceUtils 类的实现如文件 13-3 所示。

文件 13-3　DataSourceUtils.java

```
1  package utils;
2  import com.mchange.v2.c3p0.ComboPooledDataSource;
3  import javax.sql.DataSource;
4  import java.sql.Connection;
5  import java.sql.SQLException;
6  public class DataSourceUtils {
7      private static DataSource ds=new ComboPooledDataSource();
8      public static DataSource getDataSource(){
9          return ds;
10     }
11      public static Connection getConnection() throws SQLException {
12         return ds.getConnection();
13     }
14 }
```

在文件 13-3 中，第 7 行代码用于创建一个数据源对象；第 8～10 行代码用于获取数据源；第 11～13 行代码用于创建数据库连接池对象。

（7）编写工具类 PriceUtils

在 utils 包下创建 PriceUtils 类，用于对购物车和订单金额进行计算。PriceUtils 类的实现如文件 13-4 所示。

文件 13-4　PriceUtils.java

```
1  package utils;
2  import java.math.BigDecimal;
3  public class PriceUtils {
4      public static float add(float a,float b) {
5          BigDecimal bigA = new BigDecimal(Float.toString(a));
6          BigDecimal bigB = new BigDecimal(Float.toString(b));
7          return bigA.add(bigB).floatValue();
8      }
9      public static double add(double a,double b) {
10         BigDecimal bigA = new BigDecimal(Double.toString(a));
11         BigDecimal bigB = new BigDecimal(Double.toString(b));
12         return bigA.add(bigB).doubleValue();
13     }
14     public static float subtract(float a,float b) {
15         BigDecimal bigA = new BigDecimal(Float.toString(a));
16         BigDecimal bigB = new BigDecimal(Float.toString(b));
17         return bigA.subtract(bigB).floatValue();
18     }
19     public static double subtract(double a,double b) {
20         BigDecimal bigA = new BigDecimal(Double.toString(a));
21         BigDecimal bigB = new BigDecimal(Double.toString(b));
22         return bigA.subtract(bigB).doubleValue();
23     }
24 }
```

至此，项目的前期准备就已经完成了。下面针对前台和后台的功能模块实现进行讲解。由于项目代码量大，而本书篇幅有限，在讲解功能模块时，只展示关键性代码，详细代码请参见项目配套的源代码。

CookieShop 项目 src 目录结构如图 13-16 所示。

下面结合图 13-16 详细描述各个包下的文件归类。

- dao 包下的 Java 文件为与数据库进行交互的类。
- filter 包中有两个过滤器类，分别用于统一全站编码和判断用户权限。
- listener 类中有一个 ApplicationListener 类，其作用是监听并获取所有商品分类。
- model 包下的 Java 文件为实体类。
- service 包中的类主要用于编写业务逻辑，并通过调用 dao 层类中对应的方法操作数据库。
- servlet 包中的类为项目前台的 servlet 类。
- utils 包中的类为项目中所用到的工具类。

CookieShop 项目 web 文件夹下的目录结构如图 13-17 所示。

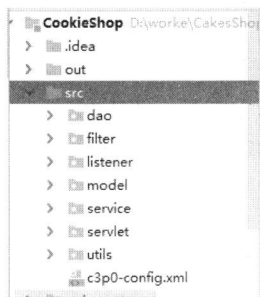

图13-16　CookieShop项目src目录结构　　图13-17　CookieShop项目web文件夹下的目录结构

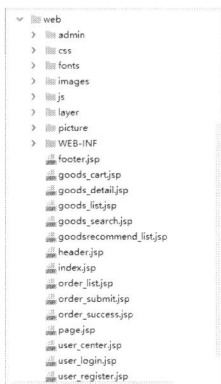

web 目录下的主要文件夹具体如下：

- admin 文件夹中的文件包括后台管理系统的所有 JSP 页面文件以及 CSS、JS 和图片等。
- css、js、fonts、images、layer、picture 包括前台系统所有的 CSS、JS、字体样式和图片等。
- web 文件夹根目录下的 JSP 文件都是前台系统的页面文件。

# 13.4　本章小结

本章主要对网上蛋糕商城项目的前期准备工作进行了讲解。首先介绍了项目需求、功能结构，并给出了部分项目预览页面，使读者对网上蛋糕商城项目有了大致了解；然后讲解了网上蛋糕商城项目中的 E-R 图以及部分相关数据表结构设计；最后针对项目的环境搭建进行了讲解。通过本章的学习，读者可以了解网上蛋糕商城项目的需求、功能结构，以及其数据库和数据表如何设计，并可以搭建项目的基础开发环境，为后面的开发做好准备工作。

# 第 **14** 章

# 网上蛋糕商城——前台开发

**学习目标**

★ 掌握用户注册功能的实现

★ 掌握用户登录功能的实现

★ 掌握购物车功能的实现

★ 掌握商品分类查询功能的实现

★ 掌握商品搜索功能的实现

拓展阅读

　　通过第 13 章的学习，读者应该已经对网上蛋糕商城项目的项目需求、功能结构、数据库设计和项目环境的搭建等有了一定的了解。网上蛋糕商城项目包括前台和后台程序，其中前台程序也就是前台网站，用于用户选购商品，它主要提供了用户注册、登录、购物车、商品分类查询和商品搜索功能。本章将对网上蛋糕商城前台程序设计进行详细讲解。

## 14.1　用户注册功能

　　通过用户注册可以有效地采集用户信息，并将合法的用户信息保存到指定的数据表中。用户在注册成功并登录后，可以使用网站的更多功能，例如提交和支付订单，以及查看、修改个人信息和密码等。

　　对于网上蛋糕商城，首次进入网站的用户需要先注册帐号，用户注册页面如图 14-1 所示。

　　由图 14-1 可知，新用户注册需要填写的信息包括用户名、邮箱、密码、收货人、收货电话、收货地址，其中用户名、邮箱和密码为必填项。

　　下面分步骤讲解用户注册功能的实现。

### 1. 编写注册页面

　　在项目的 web 目录新建名称为 user_register 的 JSP 文件用于用户注册。user_register.jsp 的实现如文件 14-1 所示。

图14-1　用户注册页面

文件 14-1　user_register.jsp

```
1  <body>
2  <div class="account">
3      <div class="container">
4          <div class="register">
5           <c:if test="${!empty msg }">
6               <div class="alert alert-danger">${msg }</div>
7           </c:if>
8          <form action="/user_register" method="post">
9              <div class="register-top-grid">
10              <h3>注册新用户</h3>
11              <div class="input">
12              <span>用户名 <label style="color:red;">*</label></span>
13              <input type="text" name="username" placeholder="请输入用户名"
14              required="required">
15             </div>
16          <div class="input">
17              <span>邮箱 <label style="color:red;">*</label></span>
18              <input type="text" name="email" placeholder="请输入邮箱"
19              required="required">
20           </div>
21          <div class="input">
22           <span>密码 <label style="color:red;">*</label></span>
23           <input type="password" name="password" placeholder="请输入密码"
24           required="required">
25          </div>
26          <div class="input">
27              <span>收货人<label></label></span>
28              <input type="text" name="name" placeholder="请输入收货人">
29          </div>
30          <div class="input">
31              <span>收货电话<label></label></span>
32              <input type="text" name="phone" placeholder="请输入收货电话">
33          </div>
34          <div class="input">
35           <span>收货地址<label></label></span>
36           <input type="text" name="address" placeholder="请输入收货地址">
37           </div>
38          <div class="clearfix"> </div>
39          </div>
40          <div class="register-but text-center">
41              <input type="submit" value="提交">
42              <div class="clearfix"> </div>
43          </div>
44      </form>
45  </body>
```

在文件 14-1 中，第 8 行代码中 form 表单的 action= "/user_register"，表示在注册页面（图 14-1）单击"提交"按钮时访问/user_register 路径，method= "post"表示通过 post 方式访问。第 5～7 行代码接收/user_register 路径返回的信息并显示。

## 2. 创建 Servlet

在 src 文件夹下创建 servlet 包，在 servlet 包中新建 UserRegisterServlet 类，用于完成注册操作。UserRegister-Servlet 类的实现如文件 14-2 所示。

文件 14-2　UserRegisterServlet.java

```
1  @WebServlet(name = "user_register",urlPatterns = "/user_rigister")
2  public class UserRegisterServlet extends HttpServlet {
3      private UserService uService = new UserService();
4      protected void doPost(HttpServletRequest request,
5      HttpServletResponse response) throws ServletException,IOException{
6       User user = new User();
7       try {
8          BeanUtils.copyProperties(user, request.getParameterMap());
9          } catch (IllegalAccessException e) {
10           e.printStackTrace();
11          } catch (InvocationTargetException e) {
```

```
12              e.printStackTrace();
13          }
14      if(uService.register(user)) {
15          request.setAttribute("msg", "注册成功，请登录！");
16          request.getRequestDispatcher("user_login.jsp").forward(request,
17          response);
18      }else {
19      request.setAttribute("msg", "用户名或邮箱重复，请重新填写！");
20      request.getRequestDispatcher("user_register.jsp").forward(request,
21      response);
22          }
23  }
24  ...
25  }
```

在文件 14-2 中，第 8 行代码调用第三方工具类 BeanUtils 的 copyProperties( )方法，将所有信息封装到 user 对象中；第 14~23 行代码调用 service 层的方法完成注册操作。如果注册成功，则提示"注册成功，请登录！"，并跳转到用户登录页面 user_login.jsp；如果注册失败，则提示"用户名或邮箱重复，请重新填写！"。

### 3. 编写 Service 层方法

在 src 目录下创建 service 包，在 service 包中新建 UserService 类，在 UserService 类中编写 register( )方法完成用户注册。UserService 类的主要代码如下：

```
1  public class UserService {
2      private UserDao uDao = new UserDao();
3      public boolean register(User user) {
4          try {
5              if(uDao.isUsernameExist(user.getUsername())) {
6                  return false;
7              }
8              if(uDao.isEmailExist(user.getEmail())) {
9                  return false;
10         }
11             uDao.addUser(user);
12             return true;
13         } catch (SQLException e) {
14             e.printStackTrace();
15         }
16         return false;
17     }
18  ...
19  }
```

在上述代码中，第 2 行代码创建了一个 UserDao 对象；第 5 行、第 8 行、第 11 行代码通过 UserDao 对象调用 DAO 层方法完成用户信息查询与保存，其中第 5 行代码查询数据库中是否已存在此用户名，第 8 行代码查询数据库中是否存在相同的邮箱，第 11 行代码将用户注册信息保存到 MySQL 数据库的 user 表中。

用户注册模块还需要创建一个 User 类，用于封装用户信息。但由于 User 实体类内无逻辑代码，在此不再展示 User 类的实现代码。User 类的 DAO 层代码将在讲解用户登录时一并展示。

至此，用户注册功能编写完成。

## 14.2　用户登录功能

用户注册成功之后，便可以在网上蛋糕商城前台网站进行登录操作。网上蛋糕商城前台系统登录流程如图 14-2 所示。

在图 14-2 中，用户登录需要验证用户名和密码是否正确，只有用户名、密码都正确才能够登录成功。网上蛋糕商城的登录页面如图 14-3 所示。

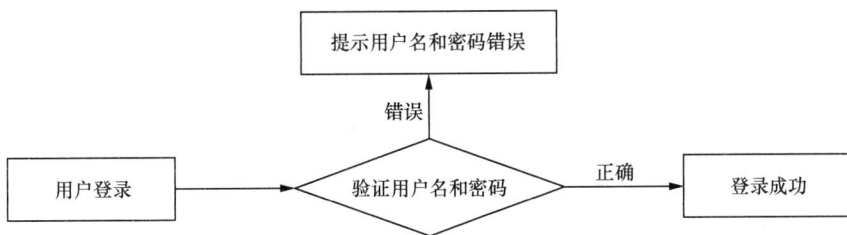

图14-2　网上蛋糕商城前台系统登录流程

下面分步骤讲解用户登录功能的实现。

### 1. 编写登录页面

在项目的 web 目录下创建名称为 user_login 的 JSP 页面，用于用户登录。user_login.jsp 的实现如文件 14-3 所示。

图14-3　网上蛋糕商城的登录页面

文件 14-3　user_login.jsp

```
1   <body>
2     <div class="account">
3       <div class="container">
4         <div class="register">
5           <c:if test="${!empty msg }">
6             <div class="alert alert-success">${msg }</div>
7           </c:if>
8           <c:if test="${!empty failMsg }">
9               <div class="alert alert-danger">${failMsg }</div>
10          </c:if>
11        <form action="/user_login" method="post">
12          <div class="register-top-grid">
13          <h3>用户登录</h3>
14          <div class="input">
15          <span>用户名/邮箱 <label style="color:red;">*</label></span>
16          <input type="text" name="ue" placeholder="请输入用户名"
17          required="required">
18          </div>
19          <div class="input">
20            <span>密码 <label style="color:red;">*</label></span>
21            <input type="password" name="password" placeholder="请输入
22            密码" required="required">
23          </div>
24          <div class="clearfix"> </div>
25          </div>
26            <div class="register-but text-center">
27              <input type="submit" value="提交">
28              <div class="clearfix"> </div>
29            </div>
30        </form>
31        <div class="clearfix"> </div>
32        </div>
33      </div>
34    </div>
35  </body>
```

在文件 14-3 中，第 11~30 行代码是登录的 form 表单，第 11 行代码中的 action="/user_login"，表示提交表单时访问/user_login 路径；method="post"表示通过 post 方式访问。在登录的过程中，将从页面中获取的用户名和密码作为查询条件，在用户信息表中查询条件匹配的用户信息，如果返回的结果不为空，则说明用户名和密码输入正确，否则说明用户输入的用户名或密码错误。第 5~7 行代码接收/user_login 路径返回的登录成功的信息并显示；第 8~10 行代码接收/user_login 路径返回的登录失败的信息并显示。

### 2. 创建 Servlet

在 servlet 包中新建 UserLoginServlet 类，用于完成登录操作。UserLoginServlet 类的实现如文件 14-4 所示。

文件 14-4　UserLoginServlet .java

```
1   @WebServlet(name = "user_login",urlPatterns = "/user_login")
```

```
2  public class UserLoginServlet extends HttpServlet {
3      private UserService uService = new UserService();
4      protected void doPost(HttpServletRequest request,
5          HttpServletResponse response) throws ServletException,
6          IOException {
7          String ue = request.getParameter("ue");
8          String password = request.getParameter("password");
9          User user = uService.login(ue, password);
10     if(user==null) {
11         request.setAttribute("failMsg", "用户名、邮箱或者密码错误，请重
12         新登录！");
13         request.getRequestDispatcher("/user_login.jsp").forward(request,
14         response);
15         }else {
16             request.getSession().setAttribute("user", user);
17             response.sendRedirect("/index");
18         }
19     }
20 ...
21 }
```

在文件14-4中，第7行和第8行代码用于获取前端请求数据中的用户名和密码；第9行代码调用 UserService 类中编写的 login( )方法完成登录，并通过 User 对象接收 login( )方法的返回值；第10～19行代码通过判断 User 对象的值是否为 null 来验证用户输入的用户名和密码是否正确。

### 3. 编写 Service 层方法

在 service 包的 UserService 类中编写 login( )方法，根据登录时表单输入的用户名和密码查找用户。UserService 类的实现如文件14-5所示。

文件14-5　UserService.java

```
1  public class UserService {
2  private UserDao uDao = new UserDao();
3      ...
4      public User login(String ue,String password) {
5          User user=null;
6          try {
7              user = uDao.selectByUsernamePassword(ue, password);
8          } catch (SQLException e) {
9              e.printStackTrace();
10         }
11         if(user!=null) {
12             return user;
13         }
14         try {
15             user=uDao.selectByEmailPassword(ue, password);
16         } catch (SQLException e) {
17             e.printStackTrace();}
18         if(user!=null) {
19             return user;
20         }
21         return null;
22     }
23 ...
24 }
```

在文件14-5中，第6～13行代码根据登录时表单输入的用户名和密码查找用户，如果用户存在，则返回此用户对象；第14～22行代码根据登录时表单输入的邮箱和密码查找用户，如果用户存在，则返回此用户对象。

### 4. 创建 DAO

在 src 文件夹下创建 dao 包，在 dao 包中创建 UserDao 类，用于添加、查找、修改和删除用户。UserDao 类的实现如文件14-6所示。

文件14-6　UserDao.java

```
1  public class UserDao {
2      //添加用户
```

```
3      public void addUser(User user) throws SQLException {
4         QueryRunner r = new
5                           QueryRunner(DataSourceUtils.getDataSource());
6         String sql = "insert into "+
7                      "user(username,email,password,name,phone,address,isadmin,"+
8                      "isvalidate) values(?,?,?,?,?,?,?);
9       r.update(sql,user.getUsername(),user.getEmail(),user.getPassword(),
10      user.getName(),user.getPhone(),user.getAddress(),
11      user.isIsadmin(),user.isIsvalidate());
12  }
13  //通过用户名判断用户是否存在
14  public boolean isUsernameExist(String username) throws
15                           SQLException {
16      QueryRunner r = new
17                           QueryRunner(DataSourceUtils.getDataSource());
18      String sql = "select * from user where username = ?";
19      User u = r.query(sql, new
20                           BeanHandler<User>(User.class),username);
21      if(u==null) {
22          return false;
23      }else {
24          return true;
25      }
26  }
27  //通过邮箱判断用户是否存在
28  public boolean isEmailExist(String email) throws SQLException {
29      QueryRunner r = new
30                           QueryRunner(DataSourceUtils.getDataSource());
31      String sql = "select * from user where email = ?";
32      User u = r.query(sql, new
33                           BeanHandler<User>(User.class),email);
34      if(u==null) {
35          return false;
36      }else {
37          return true;
38      }
39  }
40  //通过用户名和密码查询用户
41  public User selectByUsernamePassword(String username,String
42                  password) throws SQLException {
43      QueryRunner r = new
44                       QueryRunner(DataSourceUtils.getDataSource());
45      String sql = "select * from user where username=? and
46      password=?";
47      return r.query(sql, new
48              BeanHandler<User>(User.class),username,password);
49  }
50  //通过邮箱和密码查询用户
51  public User selectByEmailPassword(String email,String password)
52                  throws SQLException {
53      QueryRunner r = new
54                       QueryRunner(DataSourceUtils.getDataSource());
55      String sql = "select * from user where email=? and
56      password=?";
57      return r.query(sql, new
58              BeanHandler<User>(User.class),email,password);
59  }
60  //通过id查询用户
61  public User selectById(int id) throws SQLException {
62      QueryRunner r = new
63                       QueryRunner(DataSourceUtils.getDataSource());
64      String sql = "select * from user where id=?";
65      return r.query(sql, new BeanHandler<User>(User.class),id);
66  }
67  //更新用户信息
68  public void updateUserAddress(User user) throws SQLException {
69      QueryRunner r = new
70                           QueryRunner(DataSourceUtils.getDataSource());
71      String sql ="update user set name = ?,phone=?,address=? where
```

```
72              id = ?";
73          r.update(sql,user.getName(),user.getPhone(),user.getAddress(),
74          user.getId());
75      }
76      //更新用户密码
77      public void updatePwd(User user) throws SQLException {
78          QueryRunner r = new
79                              QueryRunner(DataSourceUtils.getDataSource());
80          String sql ="update user set password = ? where id = ?";
81          r.update(sql,user.getPassword(),user.getId());
82      }
83      //统计用户数量
84      public int selectUserCount() throws SQLException {
85          QueryRunner r = new
86                              QueryRunner(DataSourceUtils.getDataSource());
87          String sql = "select count(*) from user";
88          return r.query(sql, new ScalarHandler<Long>()).intValue();
89      }
90      //分页查询用户列表
91      public List selectUserList(int pageNo, int pageSize) throws
92                              SQLException {
93          QueryRunner r = new
94                              QueryRunner(DataSourceUtils.getDataSource());
95          String sql = "select * from user limit ?,?";
96          return r.query(sql, new BeanListHandler<User>(User.class),
97          (pageNo-1)*pageSize,pageSize );
98      }
99      //根据id删除用户
100         public void delete(int id) throws SQLException {
101             QueryRunner r = new
102                             QueryRunner(DataSourceUtils.getDataSource());
103             String sql = "delete from user where id = ?";
104             r.update(sql,id);
105         }
106     }
```

文件 14-6 实现了 11 个方法，第 3～12 行代码向数据库的 user 表中插入用户信息；第 14～26 行代码根据用户名查询用户；第 28～39 行代码根据邮箱查询用户；第 41～49 行代码根据用户名和密码查询用户；第 51～59 行代码根据邮箱和密码查询用户；第 61～66 行代码根据 id 查询用户；第 68～75 行代码根据 id 更新用户的用户名、邮箱、地址等信息；第 77～82 行代码根据 id 更新用户密码；第 84～89 行代码统计用户的总数量；第 91～98 行代码用于分页查询用户；第 100～105 行代码根据 id 删除用户。

至此，用户登录功能编写完成。

# 14.3 购物车功能

在电子商务网站中，购物车模块是必不可少的，也是最重要的模块之一。网上蛋糕商城也需要开发购物车模块。在开发购物车模块之前，先熟悉该模块实现的功能以及整个功能模块的处理流程。

购物车模块的功能结构如图 14-4 所示。由图 14-4 可知，购物车模块功能包括管理购物车中的商品和生成订单信息。整个购物流程如图 14-5 所示。

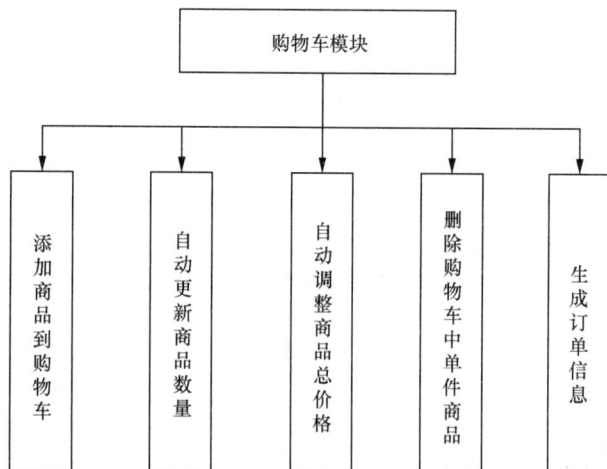

图14-4 购物车模块的功能结构

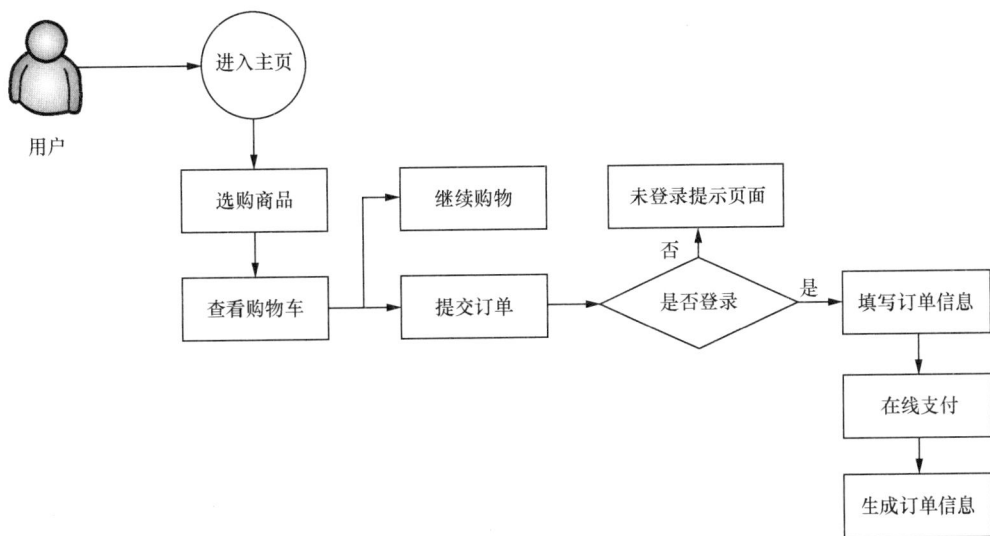

图14-5　整个购物流程

图 14-5 描述了整个购物流程。需要注意的是，购物车功能是基于 Session 实现的，Session 充当了一个临时信息存储平台，当其失效后，保存的购物车信息也将全部丢失。

在蛋糕商城中，已登录用户浏览商品详细信息并单击页面的"加入购物车"按钮，可以将该商品放入购物车内。如果想删除购物车中的商品，单击购物车中某个商品后面的"删除"按钮，便可以将该商品从购物车中清除。商品详细信息页面和购物车页面分别如图 14-6 和图 14-7 所示。

单击图 14-7 中的"提交订单"按钮，即可进入支付页面，支付页面如图 14-8 所示。

图14-6　商品详细信息页面

图14-7　购物车页面

图14-8　支付页面

单击图 14-8 中的"确认订单"按钮，即可完成订单的支付操作。由于本书涉及到的知识和技术有限，本项目没有实现支付功能，该操作实际只是向数据库中的订单表添加了一条订单信息。

下面分步骤讲解购物车功能的实现。

### 1. 向购物车的订单中添加商品

（1）创建 Servlet

在 servlet 包下新建 GoodsBuyServlet 类，用于封装添加到购物车的订单商品。GoodsBuyServlet 类的实现如文件 14-7 所示。

文件 14-7　GoodsBuyServlet.java

```
1  @WebServlet(name = "goods_buy",urlPatterns = "/goods_buy")
2  public class GoodsBuyServlet extends HttpServlet {
3      private GoodsService gService = new GoodsService();
4      protected void doPost(HttpServletRequest request,
5  HttpServletResponse response) throws ServletException, IOException {
6          Order o = null;
7          //若购物车不为空，则获取购物车对象；若为空，则创建一个购物车对象
8          if(request.getSession().getAttribute("order") != null) {
9              o = (Order) request.getSession().getAttribute("order");
10         }else {
11         o = new Order();
12         request.getSession().setAttribute("order", o);
13         }
14         int goodsid = Integer.parseInt(request.getParameter("goodsid"));
15         Goods goods = gService.getGoodsById(goodsid);
16         if(goods.getStock()>0) {
17             o.addGoods(goods);
18             response.getWriter().print("ok");
19         }else {
20             response.getWriter().print("fail");
21         }
22  }
23  ...
24  }
```

在文件 14-7 的代码中，第 8~13 行代码用于判断购物车中是否存在订单对象，如果存在订单对象，则获取订单对象；如果不存在订单对象，则创建一个订单对象。第 14~21 行代码用于获取商品 id，并根据商品 id 判断商品是否还有库存，如果有库存，则调用 Goods 类中 addGoods() 方法将商品添加到购物车的订单中。

（2）编写 Order 类

在 src 文件夹下创建 model 包，在 model 包中创建 Order 类。在 Order 类中编写 addGoods() 方法，用于将商品添加到购物车并生成订单。Order 类核心代码如下：

```
1  public class Order {
2      ...
3      public void addGoods(Goods g) {
4          if(itemMap.containsKey(g.getId())) {
5              OrderItem item = itemMap.get(g.getId());
6              item.setAmount(item.getAmount()+1);
7          }else {
8              OrderItem item = new OrderItem(g.getPrice(),1,g,this);
9              itemMap.put(g.getId(), item);
10         amount++;
11     }
12         total = PriceUtil.add(total, g.getPrice());
13  }
14  ...
15  }
```

在上述代码中，第 4~11 行代码判断购物车的订单中是否存在此商品，如果存在，则此商品数量加 1，否则添加新的商品信息；第 12 行代码通过调用 PriceUtil 对象的 add() 方法计算添加商品后订单的总金额。

（3）创建购物车页面

在 web 根目录下创建名称为 goods_cart 的 JSP 文件，该页面用于展示购物车中的商品信息。goods_cart.jsp 页面的实现如文件 14-8 所示。

文件 14-8　goods_cart.jsp

```
1  <body>
2    <div class="cart-items">
3      <div class="container">
4        <h2>我的购物车</h2>
5        <c:forEach items="${order.itemMap }" var="item">
6          <div class="cart-header col-md-6">
7            <div class="cart-sec simpleCart_shelfItem">
8              <div class="cart-item cyc">
9                <a href="/goods_detail?id=${item.key}">
10                 <img src=
11                   "${pageContext.request.contextPath }${item.value.goods.cover}"
12                   class="img-responsive">
13                 </a>
14               </div>
15               <div class="cart-item-info">
16                 <h3>
17  <a href="/goods_detail?id=${item.key}">${item.value.goods.name}</a>
18                 </h3>
19                 <h3><span id="onePrice">单价:
20                 ￥ ${item.value.price}</span></h3>
21                 <h3><span>数量:<a class="btn btn-sm"
22  href="javascript:addAmount(${item.key});" style="font-size:
23  30px;">+</a><input id="quantity" type="text" name="amount"
24  value="${item.value.amount}" style="width: 40px;height: 25px;"
25  readonly="readonly"/><a class="btn btn-sm"
26  href="javascript:lessen(${item.key});" style="font-size: 50px;line-
27  height: 0.4px;">-</a></span></h3>
28                 <a class="btn btn-danger"
29                     href="javascript:deletes(${item.key});">删除</a>
30               </div>
31               <div class="clearfix"></div>
32             </div>
33           </div>
34         </c:forEach>
35           <div class="cart-header col-md-12">
36           <hr>
37           <h3>订单总金额: ￥ ${order.total}</h3>
38           <c:if test="${order.total!=0}"><a class="btn btn-
39  success btn-lg" style="margin-left:74%" href="/order_submit">提交订单
40  </a></c:if>
41           </div>
42         </div>
43     </div>
44  </body>
```

在文件 14-8 中，第 5~34 行代码通过 EL 表达式${order.itemMap }获取购物车订单中的信息，得到的是一个 Map 集合，并使用<c:foreach>标签遍历 Map 集合，然后通过"item.key""item.value"分别获取商品的名称、单价、数量等信息；第 37 行代码用于获取订单总金额。

**2. 删除购物车中的商品**

单击购物车中某个商品的"删除"按钮后，会触发 JS 方法 delete()，delete()方法将商品编号（goodsid）作为参数通过 Ajax 请求传递给"/goods_delete"映射的 GoodsDeleteServlet 类。下面分步骤讲解删除购物车商品的实现。

（1）创建 Servlet

在 servlet 包中创建 GoodsDeleteServlet 类，主要用于实现删除购物车中的商品。GoodsDeleteServlet 类的实现如文件 14-9 所示。

文件 14-9　GoodsDeleteServlet.java

```
1  @WebServlet(name = "goods_delete",urlPatterns = "/goods_delete")
2  public class GoodsDeleteServlet extends HttpServlet {
3    protected void doPost(HttpServletRequest request,
4  HttpServletResponse response) throws ServletException, IOException {
5      Order o = (Order) request.getSession().getAttribute("order");
```

```
6        int goodsid = Integer.parseInt(request.getParameter("goodsid"));
7        o.delete(goodsid);
8        response.getWriter().print("ok");
9    }
10 ...
11 }
```

在文件 14-9 中，GoodsDeleteServlet 首先获得商品的 goodsid，然后通过 Order 对象调用 delete()方法，根据 goodsid 删除购物车中对应商品。

（2）编写 Order 类

在 Order 类中编写 delete()方法。delete()方法代码如下：

```
1  public class Order {
2    ...
3    public void delete(int goodsid){
4      if(itemMap.containsKey(goodsid)) {
5        OrderItem item = itemMap.get(goodsid);
6        total = PriceUtil.subtract(total,item.getAmount()*item.getPrice());
7        amount-=item.getAmount();
8        if (amount<0){
9            amount=0;
10       }
11       itemMap.remove(goodsid);
12    }
13 }
14 ...
15 }
```

上述代码中，第 4~12 行代码表示如果购物车中有此商品，则从订单总额中减去相应的金额（商品数量×价格），并将商品从购物车中移除。

至此，购物车功能编写完成。

# 14.4　商品分类查询功能

根据特点和制作材料的不同，可以将蛋糕分为不同的类型，蛋糕商城应当提供商品查询功能，以满足用户挑选需求。例如，单击导航栏中的"商品分类"，选择分类，可以展示该分类下的所有商品。

蛋糕商城"商品分类"导航栏如图 14-9 所示。

下面分步骤讲解商品分类查询功能的实现。

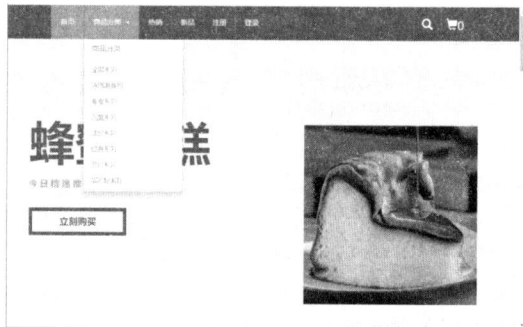

图14-9　蛋糕商城"商品分类"导航栏

## 1. 编写导航栏页面代码

在 web 根目录下创建名称为 header 的 JSP 文件用于实现商品分类导航栏，header.jsp 文件的实现如文件 14-10 所示。

文件 14-10　header.jsp

```
1  <div class="collapse navbar-collapse" id="bs-example-navbar-collapse-1">
2  <ul class="nav navbar-nav">
3    <li class="dropdown">
4      <a href="#" class="dropdown-toggle
5  <c:if test="${param.flag==2}">active</c:if>" data-toggle="dropdown">商品分
6  类<b class="caret"></b></a>
7      <ul class="dropdown-menu multi-column columns-2">
8        <li>
9          <div class="row">
10           <div class="col-sm-12">
11             <h4>商品分类</h4>
12             <ul class="multi-column-dropdown">
13               <li><a class="list" href="/goods_list">全部系列
14               </a></li>
15               <c:forEach items="${typeList}" var="t">
16                 <li>
```

```
17                <a class="list" href="/goods_list?typeid=${t.id}">${t.name}</a>
18                                </li>
19                            </c:forEach>
20                        </ul>
21                    </div>
22                </div>
23            </li>
24    </ul>
25  </li>
26  </ul>
27 </div>
```

在文件 14-10 中，第 15~19 行代码通过 EL 表达式${typeList}获取商品分类的信息，其结果是一个 List 集合，并使用<c:forEach>标签遍历 List 集合。不同种类商品的链接请求地址均为"/goods_list"，且都传递了 typeid 参数。

### 2. 创建 Servlet

在 src 文件夹下的 servlet 包中创建 GoodsListServlet 类，用于分页显示查询的商品数据。GoodsListServlet 类的实现如文件 14-11 所示。

文件 14-11　GoodsListServlet.java

```
1  @WebServlet(name = "goods_List",urlPatterns = "/goods_list")
2  public class GoodsListServlet extends HttpServlet {
3     private GoodsService gService=new GoodsService();
4     private TypeService tService=new TypeService();
5     ...
6     protected void doGet(HttpServletRequest request,
7  HttpServletResponse response) throws ServletException,IOException {
8         int id=0;
9         //若 typeid 不为空，则获取 typeid
10  if(request.getParameter("typeid")!=null){
11         id=Integer.parseInt(request.getParameter("typeid"));
12  }
13         //默认 pageNumber 为 1，若获取到的 pageNumber 不为空，给 pageNumber 赋值
14         int pageNumber=1;
15         if(request.getParameter("pageNumber")!=null) {
16           try {
17            pageNumber=
18                Integer.parseInt(request.getParameter("pageNumber"));
19           }catch (Exception e){
20           }
21         }
22         Type t=null;
23         if(id!=0){
24           t=tService.selectTypeNameByID(id);
25         }
26         request.setAttribute("t",t);
27         if(pageNumber<=0)
28           pageNumber=1;
29         //根据 id 获取商品，并对获取到的商品集合进行分页
30         Page p=gService.selectPageByTypeID(id,pageNumber);
31         if(p.getTotalPage()==0){
32           p.setTotalPage(1);
33           p.setPageNumber(1);
34         }else {        //根据查询到的商品数量进行分页
35           if(pageNumber>=p.getTotalPage()+1){
36             p=gService.selectPageByTypeID(id,p.getTotalPage());
37           }
38         }
39       request.setAttribute("p",p);
40       request.setAttribute("id",String.valueOf(id));
41       request.getRequestDispatcher("/goods_list.jsp").forward(request,
42             response);
43     }
44 }
```

在文件 14-11 中，第 14~21 行代码定义 pageNumber 表示商品分页数，pageNumber 默认为 1，如果获取到的 pageNumber 不为空，则给 pageNumber 赋值；第 30~34 行代码根据 typeid 获取商品列表，并对获取到

的商品列表进行分页，若分页数为 0，即无此类型的商品，则将分页数赋值为 1，否则根据查询到的商品数量进行分页；第 41 行和第 42 行代码将请求转发到/goods_list.jsp 页面。

至此，商品分类查询功能编写完成。

# 14.5　商品搜索功能

用户在浏览商品时，可以通过导航栏选择查看不同分类的商品，但是由于蛋糕商城的商品数量众多，并不便于用户快速查找和购买意向商品，因此商城还需要提供商品搜索功能。搜索功能可以让用户根据商品名称模糊查询商品，满足用户快速搜寻意向商品的需要。蛋糕商城的商品搜索功能如图 14-10 所示。

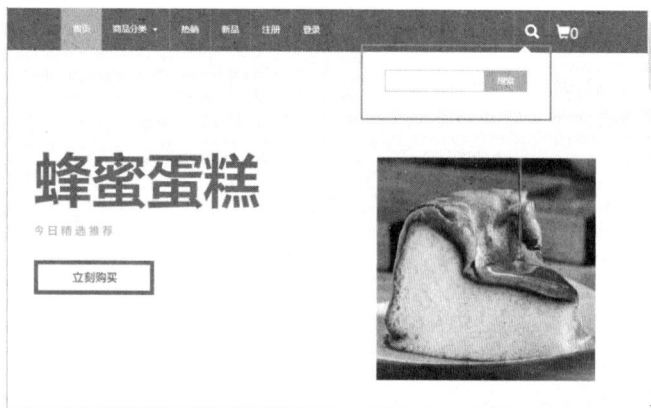

图14-10　蛋糕商城的商品搜索功能

下面分步骤讲解商品搜索功能的实现。

### 1. 实现页面代码

搜索框同样位于 header.jsp 页面，header.jsp 文件中搜索框的实现代码如下。

```
1  <div class="header-right search-box">
2    <a href="javascript:;">
3    <span class="glyphicon glyphicon-search" aria-hidden="true"></span>
4    </a>
5    <div class="search">
6      <form class="navbar-form" action="/goods_search">
7        <input type="text" class="form-control" name="keyword">
8        <button type="submit" class="btn btn-default <c:if
9        test="${param.flag==7 }">active</c:if>" aria-label="Left Align">
10       搜索</button>
11   </form>
12     </div>
13 </div>
```

在上述代码中，第 6~11 行代码实现了搜索框的 form 表单。搜索框由一个用于输入关键字的文本框和一个搜索按钮组成。单击搜索按钮提交搜索框的 form 表单，请求地址是 "/goods_search"，即将搜索请求发送给 name= "/goods_search" 路径下的 Servlet 类。

### 2. 创建 Servlet

在 servlet 包中创建 GoodsSearchServlet 类，用于分页显示查询的数据。GoodsSearchServlet 类的实现如文件 14-12 所示。

文件 14-12　GoodsSearchServlet.java

```
1  @WebServlet(name = "goods_search",urlPatterns = "/goods_search")
2  public class GoodsSearchServlet extends HttpServlet {
3  ...
4    private GoodsService gService = new GoodsService();
```

```
5      protected void doGet(HttpServletRequest request,
6         HttpServletResponse response) throws ServletException,
7             IOException {
8      //获取搜索框中输入的关键字
9      String keyword = request.getParameter("keyword");
10 //默认 pageNumber 为 1，如获取到的 pageNumber 不为空，则给 pageNumber 赋值
11 int pageNumber = 1;
12 if(request.getParameter("pageNumber") != null) {
13     try {
14         pageNumber=
15             Integer.parseInt(request.getParameter("pageNumber"));
16     }
17     catch (Exception e){
18     }
19 }
20     if(pageNumber<=0){
21         pageNumber=1;
22     }
23     //根据 id 获取商品，并对获取到的商品集合进行分页
24     Page p =gService.getSearchGoodsPage(keyword,pageNumber);
25     if(p.getTotalPage()==0){
26         p.setTotalPage(1);
27         p.setPageNumber(1);
28     } else {        //根据查询到的商品数量进行分页
29         if(pageNumber>=p.getTotalPage()+1){
30             p =gService.getSearchGoodsPage(keyword,pageNumber);
31         }
32     }
33 request.setAttribute("p", p);
34 request.setAttribute("keyword",URLEncoder.encode(keyword,"utf-8"));
35 request.getRequestDispatcher("/goods_search.jsp").forward(request,
36             response);
37     }
38 }
```

在文件 14-12 中，第 9 行代码用于获取搜索框中输入的值；第 12～19 行代码表示默认 pageNumber 为 1，如获取到的 pageNumber 不为空，则给 pageNumber 赋值；第 24～32 行代码根据关键字获取商品列表，并对获取到的商品列表进行分页，若分页数为 0，即没有匹配的商品，则将分页数赋值为 1，否则根据查询到的商品数量进行分页；第 34 行代码将输入的关键字的编码格式设置为 "utf-8"；第 35 行和第 36 行代码将请求转发到 goods_search.jsp 页面。

至此，商品搜索功能编写完成。

# 14.6　本章小结

本章主要对网上蛋糕商城项目前台程序设计的主要功能进行详细讲解，包括用户注册和登录功能、购物车功能、商品分类查询功能和商品搜索功能。这些功能在电子商务网站前台系统中的运用非常普遍，读者应该多思考这些功能模块的业务逻辑，多编写代码，从而熟练掌握。

# 第 15 章

# 网上蛋糕商城——后台开发

通过第 14 章的讲解，相信读者对前台功能页面已有了一定的了解。然而在实际项目中，只有前台页面是远远不够的，还需要后台程序对前台页面进行支持与维护。前台页面主要用于与用户交互，以满足用户的购物需求，而后台管理程序则主要是对前台页面中的内容进行管理和维护。本章将对网上蛋糕商城后台管理程序进行讲解。

## 15.1　后台管理系统概述

通过超级管理员 admin 登录网上蛋糕商城，单击网站前台导航栏中的"后台管理"按钮，进入后台管理系统，网上蛋糕商城后台管理系统的主页面如图 15-1 所示。

图15-1　网上蛋糕商城后台管理系统的主页面

通过后台管理系统主页面可以直观地看出网上蛋糕商城后台管理系统的主要功能模块，包括订单管理模块、客户管理模块、商品管理模块、类目管理模块。

由于后台管理系统源代码较多，本书只提供各功能模块核心代码。网上蛋糕商城后台管理系统源代码目录结构如图 15-2 所示。

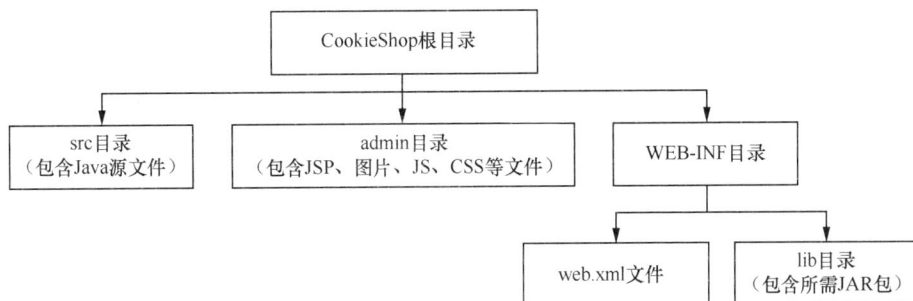

图15-2　网上蛋糕商城后台管理系统源代码目录结构

针对网上蛋糕商城后台管理系统的注册和登录，有以下两点需要注意。

（1）关于注册：后台管理系统并没有提供用户注册功能，这是因为在实际企业项目中，后台管理用户通常都是由超级管理员创建和授予权限的，而超级管理员是在开发系统时在数据库中提前创建好的。

（2）关于登录：后台管理系统并没有提供专用于后台系统的登录功能，而是共用了前台网站的用户登录功能。在前台网站登录时，系统会判断用户角色是普通用户还是超级管理员。如果是超级管理员，导航栏中会出现"后台管理"按钮，单击"后台管理"按钮，可以成功登录后台系统。

## 15.2　商品管理模块

网上蛋糕商城中的商品管理是指对蛋糕信息的管理，例如蛋糕的名称、蛋糕的价格、蛋糕的分类等，通过后台系统中的商品管理模块可以实现蛋糕信息在前台网站上的动态展示。网上蛋糕商城后台管理系统中的商品管理模块主要实现的是添加商品信息、编辑商品信息、删除商品信息、加入/移出条幅推荐、加入/移出热销推荐、加入新品推荐这 6 个功能。后台商品管理模块的功能结构如图 15-3 所示。

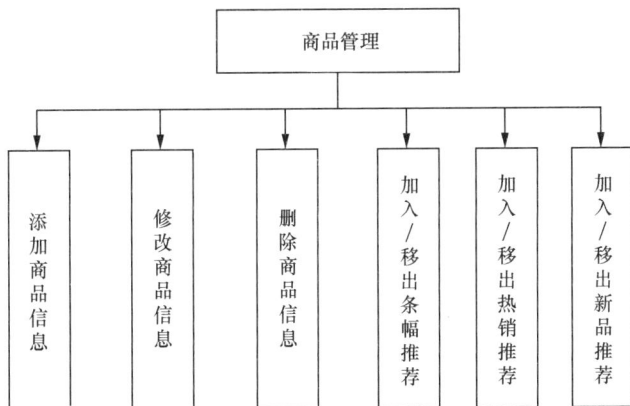

图15-3　后台商品管理模块的功能结构

超级管理员进入后台管理系统后，单击导航栏中的"商品管理"，即可进入商品管理模块的列表页面，商品管理模块的列表页面如图 15-4 所示。

由图 15-4 可知，商品管理可分别对全部商品、条幅推荐、热销推荐、新品推荐进行管理。由于删除商品、修改商品、加入/移出条幅推荐、加入/移出热销推荐、加入/移出新品推荐是针对单件商品操作的功能，所以在商品列表中的每个商品后面，还带有针对该商品的"删除""修改""加入/移出条幅""加入/移出热销""加入/移出新品"等按钮。

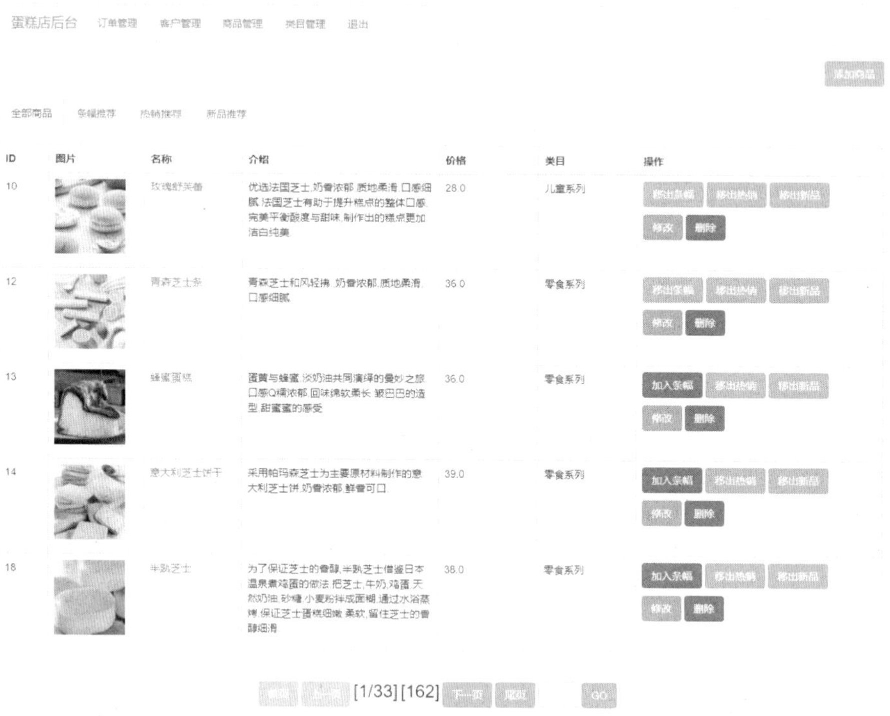

图15-4　商品管理模块的列表页面

## 15.2.1　商品添加功能

当商店新制作了一批蛋糕时，后台管理人员需要录入这些新商品的信息，并保存到数据库中，以便这些新蛋糕可以在前台网站进行展示和出售。这就需要执行添加商品信息操作。在图 15-4 所示的商品管理模块的列表页面上，单击"添加商品"按钮，打开添加商品页面，如图 15-5 所示。

图15-5　添加商品页面

在图 15-5 中，填写商品信息，然后单击"提交保存"按钮，新添加的商品信息即可在列表页面显示出来。

下面分步骤讲解商品添加功能的实现。

### 1. 创建添加商品页面

在 web 目录下创建一个 admin 文件夹，在 admin 文件夹下创建名称为 goods_add 的 JSP 文件，该文件是商品添加页面。goods_add.jsp 的实现如文件 15-1 所示。

文件 15-1　goods_add.jsp

```
1  <body>
2  <div class="container-fluid">
3    <form class="form-horizontal" action="/admin/goods_add"
4  method="post" enctype="multipart/form-data">
5   <div class="form-group">
6         <label for="input_name" class="col-sm-1 control-label">名称
7          </label>
8         <div class="col-sm-6">
9           <input type="text" class="form-control"
10                id="input_name" name="name"  required="required">
11        </div>
12     </div>
13     <div class="form-group">
14        <label for="input_name" class="col-sm-1 control-label">价格
15        </label>
16        <div class="col-sm-6">
17          <input type="text" class="form-control" id="input_name"
18            name="price" >
19        </div>
20     </div>
21     <div class="form-group">
22        <label for="input_name" class="col-sm-1 control-label">介绍
23        </label>
24        <div class="col-sm-6">
25          <input type="text" class="form-control" id="input_name"
26            name="intro" >
27        </div>
28     </div>
29     <div class="form-group">
30        <label for="input_name" class="col-sm-1 control-label">库存
31         </label>
32        <div class="col-sm-6">
33          <input type="text" class="form-control" id="input_name"
34            name="stock" >
35        </div>
36     </div>
37     <div class="form-group">
38        <label for="input_file" class="col-sm-1 control-label">封面图
39          片</label>
40        <div class="col-sm-6">
41          <input type="file" name="cover"  id="input_file"
42            required="required">推荐尺寸: 500 * 500        </div>
43     </div>
44     <div class="form-group">
45        <label for="input_file" class="col-sm-1 control-label">详情图
46          片1</label>
47        <div class="col-sm-6">
48          <input type="file" name="image1"  id="input_file"
49            required="required">推荐尺寸: 500 * 500
50        </div>
51     </div>
52     <div class="form-group">
53        <label for="input_file" class="col-sm-1 control-label">详情图
54          片2</label>
55        <div class="col-sm-6">
56          <input type="file" name="image2"  id="input_file"
```

```
57                required="required">推荐尺寸: 500 * 500
58            </div>
59        </div>
60        <div class="form-group">
61            <label for="select_topic" class="col-sm-1 control-label">类目</label>
62            <div class="col-sm-6">
63                <select class="form-control" id="select_topic"
64                name="typeid">
65                    <c:forEach items="${typeList }" var="t">
66                        <option value="${t.id }">${t.name }</option>
67                    </c:forEach>
68                </select>
69            </div>
70        </div>
71    <div class="form-group">
72      <div class="col-sm-offset-1 col-sm-10">
73        <button type="submit" class="btn btn-success">提交保存</button>
74      </div>
75    </div>
76 </form>
77 </div>
78 </body>
```

在文件 15-1 中，第 3~76 行代码创建用户填写商品信息的 form 表单，包括商品的名称、价格、封面图、库存、所属类目等信息。用户填写完商品信息后，单击"提交保存"按钮，将 form 表单中的数据信息提交给 urlPatterns ="/admin/goods_add"映射的 Servlet。

### 2. 创建 Servlet

在 servlet 包中创建 AdminGoodsAddServlet 类，用于保存商品信息。AdminGoodsAddServlet 类的实现如文件 15-2 所示。

文件 15-2　AdminGoodsAddServlet.java

```
1  @WebServlet(name = "admin_goods_add",urlPatterns = "/admin/goods_add")
2  public class AdminGoodsAddServlet extends HttpServlet {
3      private GoodsService gService = new GoodsService();
4      protected void doGet(HttpServletRequest request,
5  HttpServletResponse response) throws ServletException, IOException {
6          DiskFileItemFactory factory=new DiskFileItemFactory();
7          ServletFileUpload upload = new ServletFileUpload(factory);
8          try {
9              List<FileItem> list = upload.parseRequest(request);
10             Goods g = new Goods();
11             for(FileItem item:list) {
12     /*isFormField 方法用来判断 FileItem 对象里面封装的数据是一个普通文本表单字段,
13       还是一个文件表单字段。如果是普通文本表单字段, 返回 true, 否则返回 false。 */
14             if(item.isFormField()) {//如果是普通文本表单字段
15                 //获取普通文本字段中的信息并保存
16                 switch(item.getFieldName()) {
17                     case "name":
18                         g.setName(item.getString("utf-8"));
19                         break;
20                     case "price":
21                 g.setPrice(Integer.parseInt(item.getString("utf-8")));
22                         break;
23                     case "intro":
24                         g.setIntro(item.getString("utf-8"));
25                         break;
26                     case "stock":
27                 g.setStock(Integer.parseInt(item.getString("utf-8")));
28                         break;
29                     case "typeid":
30                 g.setTypeid(Integer.parseInt(item.getString("utf-8")));
31                         break;
32                 }
```

```
33              }else {//如果是文件表单字段
34                  if(item.getInputStream().available()<=0)continue;
35                  String fileName = item.getName();
36                  fileName =
37                      fileName.substring(fileName.lastIndexOf("."));
38                  fileName = "/"+new Date().getTime()+fileName;
39                  String path =
40              this.getServletContext().getRealPath("/picture")+fileName;
41                  InputStream in = item.getInputStream();
42                  FileOutputStream out = new FileOutputStream(path);
43                  byte[] buffer = new byte[1024];
44                  int len=0;
45                  while( (len=in.read(buffer))>0 ) {
46                      out.write(buffer);
47                  }
48                  in.close();
49                  out.close();
50                  item.delete();
51                  switch(item.getFieldName()) {
52                      case "cover":
53                          g.setCover("/picture"+fileName);
54                          break;
55                      case "image1":
56                          g.setImage1("/picture"+fileName);
57                          break;
58                      case "image2":
59                          g.setImage2("/picture"+fileName);
60                          break;
61                  }
62              }
63          }
64      gService.insert(g); //添加商品
65      request.getRequestDispatcher("/admin/goods_list").forward(request, response);
66      } catch (FileUploadException e) {
67          e.printStackTrace();
68      }
69  }
70 ...
71 }
```

商品添加表单提交的数据分为两种，一种是普通表单域，包括商品名称、商品价格、商品库存、商品描述、商品类目；另一种是商品图片文件域。在文件 15-2 中，根据提交的数据是否为文件域，需要对数据进行不同的处理。第 9 行代码用于解析请求数据得到 FileItem 对象集合。第 11~62 行代码遍历 FileItem 集合，并对每个 FileItem 进行判断。其中，第 14~32 行代码表示如果数据是普通文本表单字段，返回 true，获取此文本表单中商品的名称、价格、库存等信息并存入 Goods 对象；第 33~40 行代码表示如果数据是文件表单字段，返回 false，获取文件表单中文件的名称和路径，按自定义规则对文件名称进行拼接，并对文件重新命名；第 41~50 行代码通过 IO 流将文件写在指定的文件目录下；第 51~61 行代码保存图片路径到 Goods 对象。第 64 行代码调用 Service 层 GoodsService 类的 insert( )方法完成添加商品操作。

### 3. 编写 Service 层方法

在 GoodsService 类中定义一个 insert( )方法，用于添加商品。insert( )方法代码如下：

```
1  public class GoodsService {
2      private GoodsDao gDao=new GoodsDao();
3      public void insert(Goods goods) {
4        try {
5          gDao.insert(goods);
6        } catch (SQLException e) {
7          e.printStackTrace();
8        }
9      }
10 }
```

从上述代码可以看出，Service 层并没有其他的业务逻辑处理，它只调用了 DAO 层 GoodsDao 类的 insert( ) 方法。

### 4. 编写 DAO 层方法

在 GoodsDao 类中定义一个 insert( ) 方法，用于添加商品。insert( ) 方法具体代码如下：

```
1  public void insert(Goods g) throws SQLException {
2      QueryRunner r = new QueryRunner(DataSourceUtils.getDataSource());
3      String sql = "insert into
4      goods(name,cover,image1,image2,price,intro,stock,type_id)
5      values(?,?,?,?,?,?,?,?)";
6      r.update(sql,g.getName(),g.getCover(),g.getImage1(),g.getImage2(),
7          g.getPrice(),g.getIntro(),g.getStock(),g.getType().getId());
8  }
```

从上述代码可以看出，在 insert( ) 方法内通过 SQL 语句向数据库中插入数据。

至此，商品添加功能编写完成。

## 15.2.2　商品信息修改功能

在图 15-4 所示的商品管理页面上，单击"修改"按钮，打开修改商品信息页面，如图 15-6 所示。

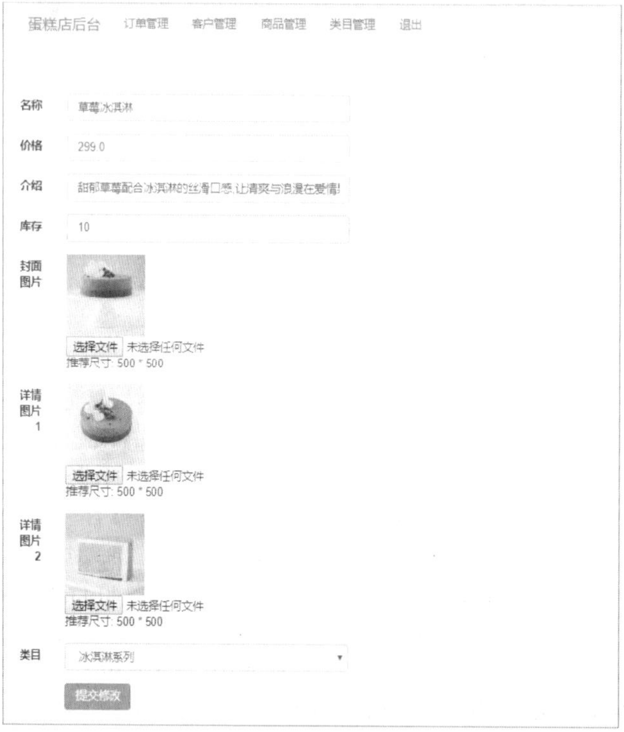

图15-6　修改商品信息页面

在图 15-6 中，修改商品信息后，单击"提交修改"按钮，商品管理首页将显示修改后的商品信息。

下面分步骤讲解商品信息修改功能的实现。

### 1. 创建 Servlet

在 servlet 包中创建 AdminGoodsEditServlet 类，用于更新商品信息。AdminGoodsEditServlet 类的实现如文件 15-3 所示。

文件 15-3　AdminGoodsEditServlet.java

```
1  @WebServlet(name = "admin_goods_edit",urlPatterns = "/admin/goods_edit")
2  public class AdminGoodsEditServlet extends HttpServlet {
```

```
3        private GoodsService gService = new GoodsService();
4      protected void doGet(HttpServletRequest request,
5    HttpServletResponse response) throws ServletException, IOException {
6          DiskFileItemFactory factory=new DiskFileItemFactory();
7          ServletFileUpload upload = new ServletFileUpload(factory);
8          try {
9              List<FileItem> list = upload.parseRequest(request);
10             Goods g = new Goods();
11             int pageNumber =1;
12             int type=0;
13             for(FileItem item:list) {
14                 /*isFormField方法用来判断FileItem对象里面封装的数据是一个普通文本表单字段
15                    还是一个文件表单字段。如果是普通文本表单字段，则返回true，否则返回false。*/
16                 if(item.isFormField()) {//如果是普通文本表单字段
17                     //获取文本表单中的商品信息并保存到FileItem对象中
18                     switch(item.getFieldName()) {
19                         case "id":
20                         g.setId(Integer.parseInt(item.getString("utf-8")));
21                             break;
22                         case "name":
23                             g.setName(item.getString("utf-8"));
24                             break;
25                         case "price":
26                     g.setPrice(Float.parseFloat(item.getString("utf-8")));
27                             break;
28                         case "intro":
29                             g.setIntro(item.getString("utf-8"));
30                             break;
31                         case "cover":
32                             g.setCover(item.getString("utf-8"));
33                             break;
34                         case "image1":
35                             g.setImage1(item.getString("utf-8"));
36                             break;
37                         case "image2":
38                             g.setImage2(item.getString("utf-8"));
39                             break;
40                         case "stock":
41                     g.setStock(Integer.parseInt(item.getString("utf-8")));
42                             break;
43                         case "typeid":
44                     g.setTypeid(Integer.parseInt(item.getString("utf-8")));
45                             break;
46                         case "pageNumber":
47                     pageNumber=Integer.parseInt(item.getString("utf-8"));
48                             break;
49                         case "type":
50                     type = Integer.parseInt(item.getString("utf-8"));
51                             break;
52                     }
53                 }else {//如果是文件表单字段
54                     if(item.getInputStream().available()<=0)continue;
55                     String fileName = item.getName();
56                     fileName =
57                             fileName.substring(fileName.lastIndexOf("."));
58                     fileName = "/"+new Date().getTime()+fileName;
59                     String path =
60                 this.getServletContext().getRealPath("/picture")+fileName;
61                     InputStream in = item.getInputStream();
62                     FileOutputStream out = new FileOutputStream(path);
63                     byte[] buffer = new byte[1024];
64                     int len=0;
65                     while( (len=in.read(buffer))>0 ) {
66                         out.write(buffer);
67                     }
```

```
68                    in.close();
69                    out.close();
70                    item.delete();
71                    switch(item.getFieldName()) {
72                        case "cover":
73                            g.setCover("/picture"+fileName);
74                            break;
75                        case "image1":
76                            g.setImage1("/picture"+fileName);
77                            break;
78                        case "image2":
79                            g.setImage2("/picture"+fileName);
80                            break;
81                    }
82                }
83            }
84        gService.update(g);    //更新商品信息
85        request.getRequestDispatcher("/admin/goods_list?pageNumber="+pageNumb
86        er+"&type="+type).forward(request, response);
87        } catch (FileUploadException e) {
88            e.printStackTrace();
89        }
90    }
91 ...
92 }
```

在文件 15-3 中，第 13～83 行代码遍历 FileItem 集合，并对每个 FileItem 进行判断。其中，第 16～52 行代码表示如果数据是普通文本表单字段，返回 true，获取此文本表单中商品的名称、价格、库存等信息并存入 Goods 对象；第 53～60 行代码表示如果数据是文件表单字段，返回 false，获取文件表单中文件的名称和路径，按自定义规则对文件名称进行拼接，并对文件重新命名；第 61～70 行代码通过 IO 流将文件写在指定的文件目录下；第 71～81 行代码保存图片路径到 Goods 对象。第 84 行代码调用 Service 层 GoodsService 类的 update( )方法完成商品信息的更新操作。

至此，商品信息修改功能已经完成。

### 2. 编写 Service 层方法

在 GoodsService 类中编写 update( )方法，用于更新商品。update( )方法具体代码如下：

```
1 public void update(Goods goods) {
2    try {
3        gDao.update(goods);
4    } catch (SQLException e) {
5        e.printStackTrace();
6    }
7 }
```

从上述代码可以看出，Service 层并没有其他的业务逻辑处理，它只是调用了 DAO 层 GoodsDao 类的 update( )方法。

### 3. 编写 DAO 层方法

在 GoodsDao 类中编写 update( )方法，用于更新商品。update( )方法具体代码如下：

```
1 public void update(Goods g) throws SQLException {
2    QueryRunner r = new QueryRunner(DataSourceUtils.getDataSource());
3    String sql = "update goods set name=?,cover=?,image1=?,image2=?,
4      price=?,intro=?,stock=?,type_id=? where id=?";
5 r.update(sql,g.getName(),g.getCover(),g.getImage1(),g.getImage2(),
6 g.getPrice(),g.getIntro(),g.getStock(),g.getType().getId(),g.getId());
7 }
```

在上述代码中，第 2 行代码创建了一个 QueryRunner 对象；第 3 行和第 4 行代码编写了一条更改商品表数据的 SQL 语句；第 5 行和第 6 行代码调用 QueryRunner 对象的 update( )方法更新数据。

至此，商品信息修改功能编写完成。

### 15.2.3　商品删除功能

通过单击图 15-4 中商品后面的"删除"按钮，可以实现对应商品的删除功能。下面分步骤讲解商品删除功能的实现。

#### 1. 编写 Servlet

当单击图 15-4 中商品后面的"删除"按钮，系统将发送一个以"/admin/goods_delete?id=${g.id} &pageNumber=${p.pageNumber}&type=${type}"结尾的 URL 请求，该请求后面带了三个参数：id 用于指定要删除的商品；pageNumber 用于指定要删除商品所在的页面；type 用于指定该商品的类型。

在 servlet 包中创建 AdminGoodsDeleteServlet 类，用于删除商品信息。AdminGoodsDeleteServlet 类的实现如文件 15-4 所示。

文件 15-4　AdminGoodsDeleteServlet.java

```
1  @WebServlet(name = "admin_goods_delete",urlPatterns =
2  "/admin/goods_delete")
3  public.class AdminGoodsDeleteServlet extends HttpServlet {
4     private GoodsService gService = new GoodsService();
5     protected void doGet(HttpServletRequest request,
6  HttpServletResponse response) throws ServletException, IOException {
7         int id = Integer.parseInt(request.getParameter("id"));
8         gService.delete(id);
9  request.getRequestDispatcher("/admin/goods_list").forward(request,
10 response);
11     }
12 ...
13     }
14 }
```

在文件 15-4 中，第 4 行代码创建了 GoodsService 对象；第 7 行代码获取请求参数 id 的值；第 8 行代码通过 GoodsService 对象调用 GoodsService 类的 delete()方法删除商品；第 9 行和第 10 行代码将请求转发到"/admin/goods_list"路径，回到商品的列表页面。事实上，不只是删除商品信息操作结束后将请求转发到"/admin/goods_list"路径，添加和编辑商品结束后同样如此。

#### 2. 编写 Service 层方法

在 GoodsService 类中创建 delete()方法，用于删除商品。delete()方法的具体实现代码如下：

```
1  public void delete(int id) {
2     try {
3        gDao.delete(id);
4     } catch (SQLException e) {
5        e.printStackTrace();
6     }
7  }
```

从上述代码可以看出，Service 层并没有其他的业务逻辑处理，它调用的是 DAO 层 GoodsDao 类的 delete() 方法。

#### 3. 编写 DAO 层方法

在 GoodsDao 类中创建 delete()方法，用于删除商品。delete()方法的代码如下：

```
1  public void delete(int id) throws SQLException {
2     QueryRunner r = new QueryRunner(DataSourceUtils.getDataSource());
3     String sql = "delete from goods where id = ?";
4     r.update(sql,id);
5  }
```

至此，删除商品信息功能编写完成。

### 15.2.4　商品加入/移出条幅推荐功能

通过单击图 15-4 中商品后面的"加入条幅"按钮和"移出条幅"按钮，可以将对应商品加入或移出条幅推荐。条幅推荐页面如图 15-7 所示。

图15-7　条幅推荐页面

下面分步骤讲解商品加入/移出条幅推荐功能的实现。

### 1. 编写 Servlet

当单击图 15-4 中的"加入条幅"按钮、"移出条幅"按钮时，系统将发送一个以"/admin/goods_recommend?id=${g.id }&method=add&typeTarget=1&pageNumber=${p.pageNumber}&type=${type}"结尾的请求，该请求后面带了 3 个参数，具体含义分别如下。

- id：用于指定要加入或移出条幅推荐的商品。
- pageNumber：用于指定要删除商品所在的页面。
- type：用于指定该商品的类型。

在 servlet 包中创建 AdminGoodsRecommendServlet 类，用于将商品加入或移出条幅推荐。AdminGoodsRecommendServlet 类的实现如文件 15-5 所示。

文件 15-5　AdminGoodsRecommendServlet.java

```
1  @WebServlet(name = "admin_goods_recommend",urlPatterns =
2  "/admin/goods_recommend")
3  public class AdminGoodsRecommendServlet extends HttpServlet {
4      private GoodsService gService = new GoodsService();
5      protected void doGet(HttpServletRequest request,
6  HttpServletResponse response) throws ServletException, IOException {
7   int id = Integer.parseInt(request.getParameter("id"));
8   String method = request.getParameter("method");
9   int typeTarget=Integer.parseInt(request.getParameter("typeTarget"));
10     if(method.equals("add")) {
11         gService.addRecommend(id, typeTarget);
12     }else {
13         gService.removeRecommend(id, typeTarget);
14     }
15 request.getRequestDispatcher("/admin/goods_list").forward(request,
16 response);
17     }
18 ...
19 }
```

在文件 15-5 中，第 10～17 行代码用于判断要执行的是加入条幅还是移出条幅推荐操作，当"method.equals("add")"为 true 时，通过 GoodsService 对象调用 GoodsService 类的 addRecommend( )方法，否则调用 GoodsService 类的 removeRecommend( )方法。

### 2. 编写 Service 层方法

在 GoodsService 类中创建 addRecommend( )方法和 removeRecommend( )方法，分别用于加入条幅和移出条幅推荐。这两个方法的实现代码如下：

```
1  public void addRecommend(int id,int type) {
2      try {
3          gDao.addRecommend(id, type);
4      } catch (SQLException e) {
5          e.printStackTrace();
6      }
7  }
8  public void removeRecommend(int id,int type) {
9      try {
10         gDao.removeRecommend(id, type);
11     } catch (SQLException e) {
12         e.printStackTrace();
13     }
14 }
```

从上述代码可以看出，Service 层并没有其他的业务逻辑处理，它调用的是 DAO 层 GoodsDao 类的 addRecommend( )方法和 removeRecommend( )方法。

### 3. 编写 DAO 层方法

在 GoodsDao 类中创建 addRecommend( )方法和 removeRecommend( )方法，分别用于加入条幅推荐和移出条幅推荐。这两个方法的代码如下：

```
1  public void addRecommend(int id,int type) throws SQLException {
2      QueryRunner r = new QueryRunner(DataSourceUtils.getDataSource());
3      String sql = "insert into recommend(type,goods_id) values(?,?)";
4      r.update(sql,type,id);
5  }
6  public void removeRecommend(int id,int type) throws SQLException {
7      QueryRunner r = new QueryRunner(DataSourceUtils.getDataSource());
8      String sql = "delete from recommend where type=? and goods_id=?";
9      r.update(sql,type,id);
10 }
```

至此，商品加入条幅推荐或移出条幅推荐功能编写完成。

将商品加入/移出热销推荐以及将商品加入/移出新品推荐的实现方式与加入/移出条幅推荐功能类似，在这里不做赘述，如果读者有兴趣，可以参考本书提供的源代码。

# 15.3　订单管理模块

## 15.3.1　查询订单列表功能

订单管理模块可按订单的状态查询订单，订单状态包括未付款、已付款、配送中、已完成。管理员可对订单的状态进行修改。例如，当客户提交订单并付款后，管理员选择已付款订单，单击"发货"按钮，这样订单的状态就会变为配送中。配送中状态的订单，若客户线下签收完成，管理员可单击"完成"按钮，将订单状态改为已完成。管理员还可以单击"删除"按钮，删除订单。订单已付款状态、订单配送中状态和订单已完成状态分别如图 15-8 至图 15-10 所示。

图15-8　订单已付款状态

图15-9　订单配送中状态

图15-10　订单已完成状态

下面分步骤讲解查询订单列表功能的实现。

### 1. 编写 Servlet

单击图 15-8 中的"发货"按钮，客户端会发送一个以"/admin/order_status?id=${order.id }&status=3"结尾的请求，该请求映射的是 AdminOrderStatusServlet 类，AdminOrderStatusServlet 类用于管理订单状态。

在 servlet 包中创建 AdminOrderStatusServlet 类，AdminOrderStatusServlet 类的实现如文件 15-6 所示。

文件 15-6　AdminOrderStatusServlet.java

```
1  @WebServlet(name="admin_order_status",urlPatterns="/admin/order_status")
2  public class AdminOrderStatusServlet extends HttpServlet {
3      private OrderService oService = new OrderService();
4      protected void doGet(HttpServletRequest request,
5  HttpServletResponse response) throws ServletException, IOException {
6          int id = Integer.parseInt(request.getParameter("id"));
7          int status = Integer.parseInt(request.getParameter("status"));
8          oService.updateStatus(id, status);
9          response.sendRedirect("/admin/order_list?status="+status);
10     }
11 }
```

在文件 15-6 中，第 6 行代码用于获取订单的 id；第 7 行代码用于获取订单的状态；第 8 行代码调用 Service 层 OrderService 类的 updateStatus( )方法更新订单状态；第 9 行代码通过 response 对象调用 sendRedirect( )方法将请求转发到/admin/order_list.jsp 页面并更新订单状态。

### 2. 编写 Service 层方法

在 OrderService 类中创建 updateStatus( )方法，用于更新订单状态。updateStatus( )方法的具体实现代码如下：

```
1  public void updateStatus(int id,int status) {
2      try {
3          oDao.updateStatus(id, status);
4      } catch (SQLException e) {
5          e.printStackTrace();
6      }
```

```
7  }
```

从上述代码可以看出，Service 层并没有其他的业务逻辑处理，它调用的是 DAO 层 OrderDao 类的 updateStatus()方法。

### 3. 编写 DAO 层方法

在 OrderDao 类中创建 updateStatus()方法，代码如下：

```
1  public void updateStatus(int id,int status)throws SQLException {
2      QueryRunner r = new QueryRunner(DataSourceUtils.getDataSource());
3      String sql ="update `order` set status=? where id = ?";
4      r.update(sql,status,id);
5  }
```

在上述代码中，第 2 行代码创建了一个 QueryRunner 对象；第 3 行代码编写了一条更改订单状态的 SQL 语句；第 4 行代码调用 QueryRunner 对象的 update()方法更新订单状态。

本小节以单击"发货"按钮将订单状态调整为配送中为例，单击"完成"按钮将订单状态调整为已完成状态与之类似，唯一不同的是以"/admin/order_status?id=${order.id }&status=4"结尾的请求中的 status=4。

至此，查询订单列表功能编写完成。

## 15.3.2　删除订单功能

除了修改订单状态，系统管理员还可以通过订单管理模块对已经支付的订单进行删除操作。在订单管理页面上，订单列表中每条数据后都有"删除"按钮，单击"删除"按钮即可删除订单。订单管理页面如图 15-11 所示。

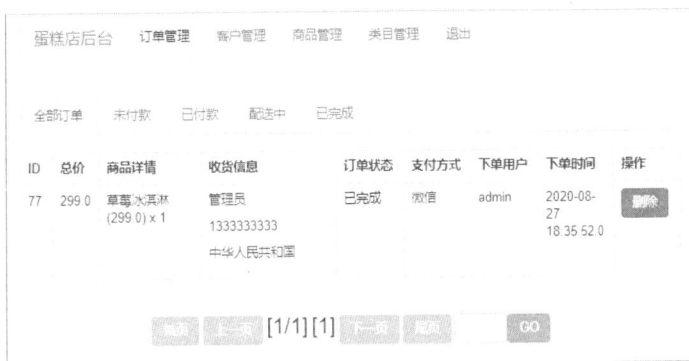

图15-11　订单管理页面

下面分步骤讲解删除订单功能的实现。

### 1. 编写 Servlet

单击图 15-11 中的"删除"按钮，客户端会发送一个以"/admin/order_delete?id=${order.id}&pageNumber=${p.pageNumber}&status=${status}"结尾的请求，该请求映射的是 AdminOrderDeleteServlet 类，AdminOrderDelete-Servlet 类用于管理订单状态。

在 servlet 包中创建 AdminOrderDeleteServlet 类，用于删除订单操作。AdminOrderDeleteServlet 类的实现如文件 15-7 所示。

文件 15-7　AdminOrderDeleteServlet.java

```
1  @WebServlet(name="admin_order_delete",urlPatterns="/admin/order_delete")
2  public class AdminOrderDeleteServlet extends HttpServlet {
3      private OrderService oService = new OrderService();
4      protected void doGet(HttpServletRequest request,
5          HttpServletResponse response) throws ServletException, IOException {
6          int id = Integer.parseInt(request.getParameter("id"));
7          oService.delete(id);
8          request.getRequestDispatcher("/admin/order_list").forward(request, response);
```

```
9        }
10 }
```

在文件 15-7 中，第 6 行代码用于获取订单 id；第 7 行代码调用 Service 层的 OrderService 类的 delete() 方法删除订单；第 8 行和第 9 行代码将请求转发到 "/admin/order_list" 路径。

### 2. 编写 Service 层方法

在 OrderService 类中创建 delete() 方法，用于删除订单。delete() 方法的具体实现代码如下：

```
1  public void delete(int id) {
2      Connection con = null;
3      try {
4          con = DataSourceUtils.getDataSource().getConnection();
5          con.setAutoCommit(false);
6          oDao.deleteOrderItem(con, id);
7          oDao.deleteOrder(con, id);
8          con.commit();
9      } catch (SQLException e) {
10         e.printStackTrace();
11         if(con!=null)
12             try {
13                 con.rollback();
14             } catch (SQLException e1) {
15                 e1.printStackTrace();
16             }
17     }
18 }
```

从上述代码可以看出，Service 层并没有其他的业务逻辑处理，它只是调用了 DAO 层 OrderDao 类的 deleteOrderItem() 方法和 deleteOrder() 方法，在 service 层的 delete() 方法中用到了事务，且进行了事务的回滚处理。

### 3. 编写 DAO 层方法

在 OrderDao 类中创建 deleteOrder() 方法和 deleteOrderItem() 方法，它们的功能分别是根据 id 删除订单和根据 id 删除订单项。deleteOrder() 方法和 deleteOrderItem() 方法的具体实现代码如下：

```
1  public void deleteOrder(Connection con ,int id) throws SQLException {
2      QueryRunner r = new QueryRunner();
3      String sql ="delete from `order` where id = ?";
4      r.update(con,sql,id);
5  }
6  public void deleteOrderItem(Connection con ,int id) throws SQLException {
7      QueryRunner r = new QueryRunner();
8      String sql ="delete from orderitem where order_id=?";
9      r.update(con,sql,id);
10 }
```

上述代码中的 deleteOrder() 方法和 deleteOrderItem() 方法都首先创建了一个 QueryRunner 对象，然后编写了一条删除订单的 SQL 语句，最后通过 QueryRunner 对象调用 update() 方法更新订单状态。

至此，删除订单功能编写完成。

## 15.4 客户管理模块

网上蛋糕商城中的客户管理是指对客户信息的管理，例如收货人、收货电话、收货地址等。客户管理模块的主要功能包括添加客户、修改客户信息、删除客户和重置客户密码。客户管理模块的功能结构如图 15-12 所示。

超级管理员进入后台管理系统后，单击导航栏中的 "客户管理"，即可进入客户管理模块的主页面。客户管理模块的列表页面如图 15-13 所示。

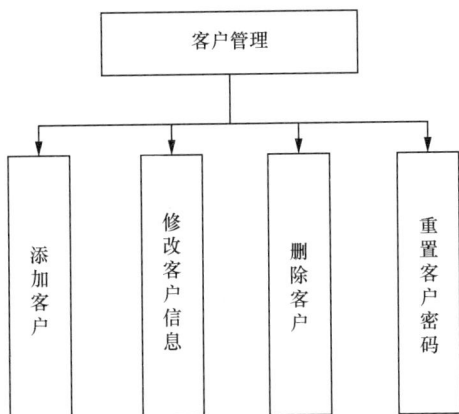

图15-12　客户管理模块的功能结构

图15-13　客户管理模块的列表页面

### 15.4.1　添加客户功能

当有新用户注册时，这些用户信息都会保存到数据库中。超级管理员也可以在后台添加客户。在图 15-13 所示的客户管理页面上，单击"添加客户"按钮，打开添加客户信息页面，如图 15-14 所示。

图15-14　添加客户信息页面

在图 15-14 中，填写客户信息，单击"提交保存"按钮，新添加的客户信息即可在列表页面显示出来。下面分步骤讲解添加客户功能的实现。

#### 1. 创建添加客户页面

在 web/admin 目录下创建名称为 user_add 的 JSP 文件，该文件是客户添加页面。user_add.jsp 的实现如文件 15-8 所示。

文件 15-8　user_add.jsp

```
1  <body>
2  <div class="container-fluid">
3    <jsp:include page="/admin/header.jsp"></jsp:include>
4    <c:if test="${!empty failMsg }">
5      <div class="alert alert-danger">${failMsg }</div>
6    </c:if>
7    <br><br>
8    <form class="form-horizontal" action="/admin/user_add"
9          method="post">
10     <div class="form-group">
11       <label for="input_name" class="col-sm-1 control-label">用户名
12 </label>
13       <div class="col-sm-6">
14         <input type="text" class="form-control" id="input_name"
15          name="username" required="required" value="${u.username }" />
16       </div>
17     </div>
18     <div class="form-group">
19       <label for="input_name" class="col-sm-1 control-label">邮箱
20 </label>
21       <div class="col-sm-6">
22         <input type="text" class="form-control" id="input_name"
23          name="email" required="required" value="${u.email }"/>
24       </div>
25     </div>
26     <div class="form-group">
27       <label for="input_name" class="col-sm-1 control-label">密码
28 </label>
29       <div class="col-sm-6">
30         <input type="text" class="form-control" id="input_name"
31          name="password" required="required" value="${u.password }"/>
32       </div>
33     </div>
34     <div class="form-group">
35       <label for="input_name" class="col-sm-1 control-label">收件人
36 </label>
37       <div class="col-sm-6">
38         <input type="text" class="form-control" id="input_name"
39          name="name" value="${u.name }"/>
40       </div>
41     </div>
42     <div class="form-group">
43       <label for="input_name" class="col-sm-1 control-label">电话
44 </label>
45       <div class="col-sm-6">
46         <input type="text" class="form-control" id="input_name"
47          name="phone" value="${u.phone }" />
48       </div>
49     </div>
50     <div class="form-group">
51       <label for="input_name" class="col-sm-1 control-label">地址
52 </label>
53       <div class="col-sm-6">
54         <input type="text" class="form-control" id="input_name"
55          name="address" value="${u.address }"/>
56       </div>
57     </div>
58     <div class="form-group">
59     <div class="col-sm-offset-1 col-sm-10">
60      <button type="submit" class="btn btn-success">提交保存</button>
61     </div>
62     </div>
63   </form>
64 </div>
```

```
65 </body>
```

在文件 15-8 中，第 8～63 行代码为填写客户信息的 form 表单，填写完客户信息后，单击"提交保存"按钮，将 form 表单中的数据信息提交给 urlPatterns = "/admin/user_add"映射的 Servlet；第 4～6 行代码用于回显提交失败时返回的提示信息。

### 2. 创建 Servlet

在 servlet 包中创建 AdminUserAddServlet 类，用于保存客户信息。AdminUserAddServlet 类的实现如文件 15-9 所示。

文件 15-9　AdminUserAddServlet.java

```
1  @WebServlet(name = "admin_user_add",urlPatterns = "/admin/user_add")
2  public class AdminUserAddServlet extends HttpServlet {
3      private UserService uService = new UserService();
4      protected void doPost(HttpServletRequest request,
5  HttpServletResponse response) throws ServletException, IOException {
6          User user = new User();
7          try {
8              BeanUtils.copyProperties(user, request.getParameterMap());
9          } catch (IllegalAccessException e) {
10             e.printStackTrace();
11         } catch (InvocationTargetException e) {
12             e.printStackTrace();
13         }
14         if(uService.register(user)) { //调用 register()方法进行注册
15             request.setAttribute("msg", "客户添加成功！");
16 request.getRequestDispatcher("/admin/user_list").forward(request,
17 response);
18 }else {
19         request.setAttribute("failMsg", "用户名或邮箱重复，请重新填写！");
20         request.setAttribute("u",user);
21 request.getRequestDispatcher("/admin/user_add.jsp").forward(request,
22 response);
23         }
24     }
25 }
```

在文件 15-9 中，第 6 行代码创建了一个 User 对象，第 8 行代码调用第三方工具类 BeanUtils 的 copyProperties( )方法，将所有信息封装到 User 对象中；第 14～23 行代码调用 UserService 对象的 register( )方法添加客户，添加成功则提示"客户添加成功！"，添加失败则提示"用户名或邮箱重复，请重新填写！"，并将请求转发到"/admin/user_add.jsp"页面。

至此，添加客户功能编写完成。

## 15.4.2　修改客户信息功能

在图 15-13 所示的客户管理页面上，单击"修改"按钮，打开修改客户信息页面，如图 15-15 所示。

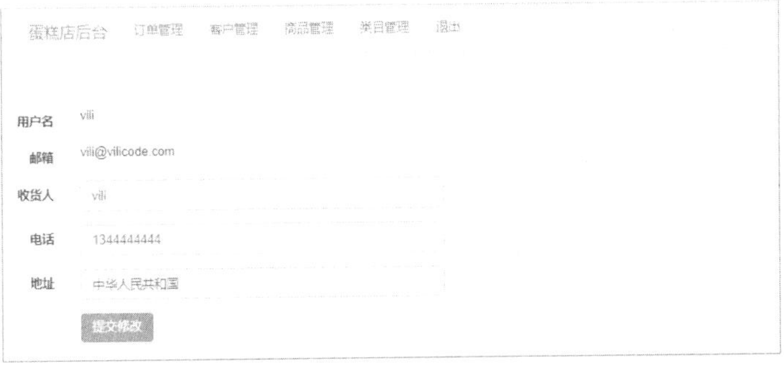

图15-15　修改客户信息页面

在图 15-15 中，修改客户信息后，单击"提交修改"按钮，客户管理首页将显示修改后的客户信息。下面分步骤讲解修改客户信息功能的实现。

### 1. 创建 Servlet

在 servlet 包中创建 AdminUserEditServlet 类，用于修改客户信息。AdminUserEditServlet 类的实现如文件 15-10 所示。

文件 15-10　AdminUserEditServlet.java

```
1  @WebServlet(name = "admin_user_edit",urlPatterns = "/admin/user_edit")
2  public class AdminUserEditServlet extends HttpServlet {
3      private UserService uService = new UserService();
4      protected void doPost(HttpServletRequest request,
5          HttpServletResponse response) throws ServletException, IOException {
6          User u = new User();
7          try {
8              BeanUtils.copyProperties(u, request.getParameterMap());
9          } catch (Exception e) {
10             e.printStackTrace();
11         }
12         uService.updateUserAddress(u);
13 request.getRequestDispatcher("/admin/user_list").forward(request,
14 response);
15     }
16 }
```

在文件 15-10 中，第 3 行代码创建 UserService 对象；第 8 行代码调用第三方工具类 BeanUtils 的 copyProperties()方法，将所有信息封装到 User 对象中；第 12 行代码通过 UserService 对象调用 UserService 类的 updateUserAddress()方法修改客户的地址；第 13 行和第 14 行代码将请求转发到 "/admin/user_list" 路径，通过该请求回到客户管理的列表页面。

### 2. 编写 Service 层方法

在 UserService 类中编写 updateUserAddress()方法，用于修改客户地址。updateUserAddress()方法的具体代码如下：

```
1  public void updateUserAddress(User user) {
2      try {
3          uDao.updateUserAddress(user);
4      } catch (SQLException e) {
5          e.printStackTrace();
6      }
7  }
```

从上述代码可以看出，Service 层并没有其他的业务逻辑处理，它只是调用了 DAO 层 UserDao 类的 updateUserAddress()方法。

### 3. 编写 DAO 层方法

在 UserDao 类中编写 updateUserAddress()方法，该方法的具体代码如下：

```
1  public void updateUserAddress(User user) throws SQLException {
2      QueryRunner r = new QueryRunner(DataSourceUtils.getDataSource());
3      String sql ="update user set name = ?,phone=?,address=? where id
4      = ?";
5      r.update(sql,user.getName(),user.getPhone(),user.getAddress(),user.
6      getId());
7  }
```

在上述代码中，第 2 行代码创建了一个 QueryRunner 对象；第 3 行代码编写了一条更改客户表数据的 SQL 语句，并调用 QueryRunner 对象的 updateUserAddress()方法更新数据。

至此，修改客户信息功能编写完成。

## 15.4.3　删除客户功能

通过单击列表页面中客户后面的"删除"按钮，实现删除对应客户的功能。下面分步骤讲解删除客户功能的实现。

## 1. 编写 Servlet

当单击图 15-13 中客户后面的"删除"按钮后，客户端将发送一个以"${pageContext.request.contextPath}/admin/user_delete?id=${u.id}"结尾的 URL 请求，该请求后面带了一个参数 id，用于指定要删除的客户。

在 servlet 包中创建 AdminUserDeleteServlet 类，用于删除客户信息。AdminUserDeleteServlet 类的实现如文件 15-11 所示。

文件 15-11　AdminUserDeleteServlet.java

```
1  @WebServlet(name = "admin_user_delete",urlPatterns ="/admin/user_delete")
2  public class AdminUserDeleteServlet extends HttpServlet {
3      private UserService uService = new UserService();
4      protected void doGet(HttpServletRequest request,
5  HttpServletResponse response) throws ServletException, IOException {
6          int id = Integer.parseInt(request.getParameter("id"));
7          boolean isSuccess = uService.delete(id);
8          if(isSuccess) {
9              request.setAttribute("msg", "客户删除成功");
10         }else {
11             request.setAttribute("failMsg", "客户有下的订单，请先删除该客户
12  下的订单，再来删除客户！");
13         }
14  request.getRequestDispatcher("/admin/user_list").forward(request,
15  response);
16     }
17  ...
18  }
```

在文件 15-11 中，第 3 行代码创建 UserService 对象；第 6 行代码获取请求参数的 id 值；第 7~13 行代码通过 UserService 对象调用 UserService 类的 delete( )方法，根据 id 删除客户，如果删除成功，则提示"客户删除成功"，如果该客户有下的订单，则提示"客户有下的订单，请先删除该客户下的订单，再来删除客户！"；第 14 行和第 15 行代码将删除客户的请求转发到"/admin/user_list"路径，通过该请求回到客户管理的列表页面。事实上，不只是删除客户信息操作结束后要将请求转发到"/admin/user_list"路径，添加和修改客户结束后也同样如此。

## 2. 编写 Service 层方法

在 UserService 类中创建 delete( )方法，用于删除客户。delete( )方法的具体实现代码如下：

```
1  public boolean delete(int id ) {
2      try {
3          uDao.delete(id);
4          return true;
5      } catch (SQLException e) {
6          e.printStackTrace();
7          return false;
8      }
9  }
```

从上述代码可以看出，Service 层并没有其他的业务逻辑处理，它调用的是 DAO 层 UserDao 类的 delete( )方法。

## 3. 编写 DAO 层方法

在 UserDao 类中创建 delete( )方法，该方法的代码如下：

```
1  public void delete(int id) throws SQLException {
2      QueryRunner r = new QueryRunner(DataSourceUtils.getDataSource());
3      String sql = "delete from user where id = ?";
4      r.update(sql,id);
5  }
```

在上述代码中，第 2 行代码创建了一个 QueryRunner 对象；第 3 行和第 4 行代码编写了一条更改客户表数据的 SQL 语句，并调用 QueryRunner 对象的 delete( )方法更新数据。

至此，删除客户信息功能编写完成。

### 15.4.4　重置客户密码功能

通过单击图 15-13 中客户后面的"重置密码"按钮，可以重置客户密码。客户密码重置页面如图 15-16 所示。

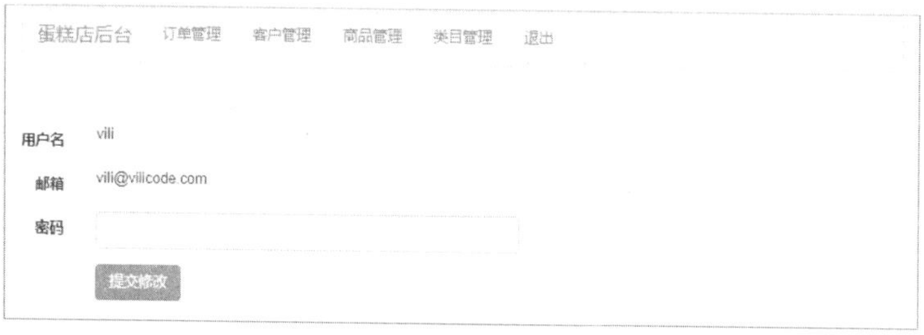

图15-16　客户密码重置页面

在图 15-16 中重置密码后，单击"提交修改"按钮即可。

下面分步骤讲解重置客户密码功能的实现。

#### 1. 编写重置密码页面

在 admin 文件夹下创建名称为 user_reset 的 JSP 文件，该文件是重置密码的页面。user_reset.jsp 的实现如文件 15-12 所示。

文件 15-12　user_ reset.jsp

```
1  <body>
2  <div class="container-fluid">
3    <jsp:include page="/admin/header.jsp"></jsp:include>
4    <br><br>
5    <form class="form-horizontal" action="/admin/user_reset" method="post">
6        <input type="hidden" name="id" value="${param.id }">
7        <div class="form-group">
8        <label for="input_name" class="col-sm-1 control-label">用户名</label>
9          <div class="col-sm-5">${param.username }</div>
10   </div>
11   <div class="form-group">
12   <label for="input_name" class="col-sm-1 control-label">邮箱</label>
13     <div class="col-sm-5">${param.email }</div>
14   </div>
15   <div class="form-group">
16    <label for="input_name" class="col-sm-1 control-label">密码</label>
17   <div class="col-sm-6">
18    <input type="text" class="form-control" id="input_name"
19    name="password" value="" required="required">
20   </div>
21   </div>
22   <div class="form-group">
23     <div class="col-sm-offset-1 col-sm-10">
24       <button type="submit" class="btn btn-success">提交修改</button>
25     </div>
26   </div>
27  </form>
28  </div>
29  </body>
```

在文件 15-17 中，第 18 行和第 19 行代码是填写密码的文本框；填写密码后，单击"提交修改"按钮，将 form 表单中的数据信息提交给 urlPatterns = "/admin/user_reset" 映射的 Servlet。

#### 2. 编写 Servlet

在 servlet 包中创建 AdminUserResetServlet 类，用于重置客户密码。AdminUserResetServlet 类的实现如文件 15-13 所示。

文件 15-13　AdminUserResetServlet.java

```
1  @WebServlet(name = "admin_user_reset",urlPatterns = "/admin/user_reset")
2  public class AdminUserResetServlet extends HttpServlet {
3      private UserService uService = new UserService();
4      protected void doPost(HttpServletRequest request,
5  HttpServletResponse response) throws ServletException, IOException {
6          User u = new User();
7          try {
8              BeanUtils.copyProperties(u, request.getParameterMap());
9          } catch (IllegalAccessException e) {
10             e.printStackTrace();
11         } catch (InvocationTargetException e) {
12             e.printStackTrace();
13         }
14         uService.updatePwd(u);
15 request.getRequestDispatcher("/admin/user_list").forward(request,
16 response);
17     }
18 }
```

在文件 15-13 中，第 3 行代码创建了 UserService 对象；第 8 行代码调用第三方工具类 BeanUtils 的
copyProperties( )方法，将所有信息封装到 User 对象中；第 14 行代码通过 UserService 对象调用了 UserService
类的 updatePwd( )方法，修改客户信息；第 15 行和第 16 行代码将请求转发到 "/admin/user_list" 路径，回到
客户的列表页面。

### 3. 编写 Service 层方法

在 UserService 类中创建 updatePwd( )方法，该方法的具体实现代码如下：

```
1  public void updatePwd(User user) {
2      try {
3          uDao.updatePwd(user);
4      } catch (SQLException e) {
5          e.printStackTrace();
6      }
7  }
```

从上述代码可以看出，Service 层并没有其他的业务逻辑处理，它调用的是 DAO 层 UserDao 类的
updatePwd( )方法。

### 4. 编写 DAO 层方法

在 UserDao 类中创建 updatePwd( )方法，该方法的代码如下：

```
1  public void updatePwd(User user) throws SQLException {
2      QueryRunner r = new QueryRunner(DataSourceUtils.getDataSource());
3      String sql ="update user set password = ? where id = ?";
4      r.update(sql,user.getPassword(),user.getId());
5  }
```

在上述代码中，第 2 行代码创建了一个 QueryRunner 对象；第 3
行和第 4 行代码编写了一条更改客户表数据的 SQL 语句，并调用
QueryRunner 对象的 update( )方法更新数据。

至此，重置客户密码功能编写完成。

## 15.5　商品类目管理模块

网上蛋糕商城后台管理系统中的商品类目管理模块主要功能包
括添加商品类目、修改商品类目和删除商品类目。商品类目管理模块
的功能结构如图 15-17 所示。

超级管理员进入后台管理系统后，单击导航栏中的 "商品类目管
理"，即可进入商品类目管理模块的主页面，商品类目管理模块列表

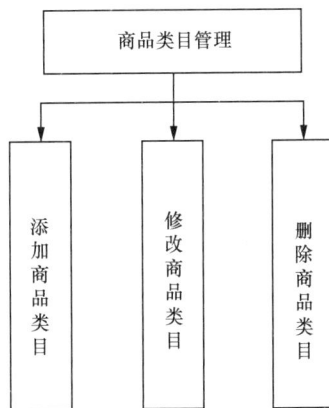

图15-17　商品类目管理模块的功能结构

页面如图 15–18 所示。

图15–18　商品类目管理模块列表页面

由图 15–18 可知，在商品类目列表中的每个类目后面，都带有用于针对该类目的修改和删除按钮。

商品类目管理模块类目的新增、修改、删除功能的实现方式与客户管理模块客户信息的新增、修改、删除功能的实现逻辑类似，在这里不做讲解，读者可以通过项目配套源代码进行学习。

# 15.6　本章小结

本章主要对网上蛋糕商城项目的后台管理程序设计进行了详细的讲解。通过本章的学习，读者可以掌握网上蛋糕商城项目后台管理系统中商品管理模块、订单管理模块、客户管理模块、商品类目管理模块等功能模块的实现，还可以了解后台系统如何与前台进行交互并管理前台网站。